새로운 문명은 어떻게 만들어지는가

HOW A NEW CIVILIZATION IS BEING MADE:
THE 21st CENTURY REVOLUTIONS
IN SCIENCE AND BEING
FROM THE KOREAN PENINSULA

'한반도發'
21세기 과학혁명과
존재혁명

최민자 지음

새로운 문명은 어떻게 만들어지는가

HOW A NEW CIVILIZATION IS BEING MADE:
THE 21st CENTURY REVOLUTIONS
IN SCIENCE AND BEING
FROM THE KOREAN PENINSULA

모시는사람들

서문

'인간이 최초로 진 빚은 생명'이라고 세계적인 미래학자 자크 아탈리는 말한다. 선과 악, 쾌락과 고통, 생과 사의 이원론적 상황에 대한 인간 정신의 종속으로 생명이라는 빛을 운명처럼 짊어지게 된 것이다. 오늘도 지구상에는 숱한 사람들이 '죽음만이 생명이라는 빛을 갚는 유일한 해방구'라고 여겨 세상과 작별을 고한다. 많은 미래학자들은 개인주의와 소유의 개념에 입각한 서구중심주의가 더 이상 지속가능하지 않다고 본다. '제2물결'의 낡은 정치제도나 조직은 위기를 증폭시키는 요인이 되기 때문에 수평적 권력으로의 패러다임 전환이 불가피하다는 것이다. '관계의 경제' 개념에 기초한 아탈리의 '하이퍼 민주주의'와 소유지향적이 아니라 체험지향적인 제러미 리프킨의 '하이퍼 자본주의'는 토플러가 말하는 '제3물결'의 새로운 문명이나 존 나이스빗이 말하는 미래의 '메가트렌드'와 그 방향성이 일맥상통한다. 삶 자체를 소유 개념이 아닌 관계적인 접속 개념으로 인식함으로써 소유·사유화·상품화와 더불어 시작된 자본주의가 새로운 국면을 맞게 될 것임을 예고한 것이다. 이는 곧 근대 서구의 세계관과 가치 체계의 근본적인 변화, 즉 데카르트-뉴턴의 기계론적 세계관으로부터 전일적인 새로운 실재관으로의 패러다임 전환을 의미한다.

본서는 토머스 쿤의 저서 『과학혁명의 구조 *The Structure of Scientific*

Revolutions』(1962)에 대한 비판적 분석에서부터 시작한다. 쿤은 과학 사조의 급격한 이행을 인식의 구조인 패러다임의 변화로 나타냄으로써 인식과 존재의 변증법적 관계에 대해 주목하게 했다. 쿤이 과학혁명과 패러다임 전환의 상관관계를 밝히고, 패러다임의 '불가공약성'을 강조함으로써 과학이론이 객관적 진리 체계가 아니라 특정 시기 과학자들 간 합의의 산물이라는 점을 부각시킨 것은 학문적 논의의 토양을 비옥하게 했다는 점에서 기여한 바가 크다. 쿤의 패러다임 이론이 주목 받는 이유는 그것이 과학뿐만 아니라 사회·문화·역사 전반에 걸쳐서 통용될 수 있는 이론이기 때문이다. 그러나 쿤은 혁명적 발전의 지향점에 대해 명료하게 밝히지 못했을 뿐더러, 과학혁명을 존재혁명의 차원과 연결시키지도 못했다. 다시 말해 쿤의 과학혁명은 패러다임 전환의 존재론적 의미에 대한 거시적 분석은 유보한 채 미시적 담론에만 치중함으로써 존재혁명으로 나아갈 추동력을 발휘하지 못했다.

현대 물리학자들은 객관주의와 과학적 합리주의만으로는 현재 인류가 직면한 난제들을 해결할 수 없다고 보고 과학이 인간의 의식세계와 분리될 수 없음을 분명히 했다. 21세기 과학혁명의 '혁명'이란 말은 과학과 의식의 심오한 접합을 함축한다. 이러한 접합은 홀로무브먼트(holomovement), 즉 전일적 흐름으로서의 생명 현상을 파악할 수 있게 하는 핵심 요소다. 일체의 이원론의 뿌리는 생명의 순환에 대한 몰이해에 있다. 바다에 밀물과 썰물이 있듯이 생명의 바다에도 삶과 죽음의 에너지 대류현상이 있는 것이다. 쿤이 역점을 두어야 할 것은 혁명이냐 아니냐보다는 왜 그러한 변화가 일어나며 그것의 존재론적 의미가 무엇인지를 밝히는 것이다. 삶의 혁명적 전환을 추동해 내는 진정한 의미에서의 과학혁명, 진정한 의미에서의 존재혁명이 바로 본서가 추구하는 바이다.

근대 과학혁명이 그러했듯이 21세기 현대 과학혁명 또한 새로운 문명을 창출해 낼 것이다. 근대 과학 문명이 이분법적 패러다임을 기반으로 지배와 복종, 억압과 차별의 분열적인 성격을 띤 것이었다면, 21세기 현대 과학 문명은 전일적 패러다임(holistic paradigm)을 기반으로 상생과 조화의 통섭적인 성격을 띠게 될 것이다. 21세기 과학혁명은 과학과 의식의 접합을 추구하는 특성을 갖는 까닭에 필연적으로 삶 자체의 혁명, 즉 존재혁명의 과제를 수반한다. 이는 곧 소명召命으로서의 과학과 관련된 것이다. 21세기 존재혁명의 과제는 현재 진행되고 있는 전 지구적 및 우주적 변화의 역동성과 상호 연계성으로 인해 철저하게 수행될 것으로 예측된다. 생명의 전일적 본질에 기초한 한반도의 정신적 토양과 양 극단(남과 북, 좌와 우, 보수와 진보 등)을 통섭해야 할 과제를 안고 있는 한반도의 존재론적 지형, 그리고 전 지구 차원의 메가톤급 폭발력을 가진 액티바(Activa) 혁명 등에 의해 뒷받침될 '한반도발發' 21세기 과학혁명은 '과학기술 한류(Korean Wave)'의 출현과 더불어 새로운 문명의 홍기를 예단케 하는 제2의 르네상스, 제2의 종교개혁의 기폭제가 될 전망이다.

윤희봉 소장이 개발한 액티바 신소재와 기술력의 핵심은 전자파의 파동 증폭으로 높은 에너지를 얻어 물 분자와의 공명 활성도를 높여 물의 물성을 고도화하는 것이다. 액티바의 응용 범위는 일일이 열거할 수 없을 정도로 방대하다. 우선 액티바 소재는 원소 변성 소재로 활용될 수 있다. 그에 따르면 두 개의 원소가 결합하여 제3의 새로운 물질이 생성되는 과학 이론을 전개하려면 핵반응의 높은 결합에너지가 필요한데, 다원적 에너지를 이용한 핵자核子 이동으로 새로운 물질을 만드는 것이 현실적으로 가능하다는 것이다. 말하자면 액티바 신기술을 적용한 하이테크 변성공법으로 고철(Fe^2O^3)을 고순도 구리(copper)로 변성 인고트(Ingot: 구리괴)화하는 것이다. 양성 수소 핵자가 양성자수(원자번호) 26인 철 원소 핵자들을 포격, 철 원소 핵자들에 의해 수소 양성자 3개가 포획되어 새로운 원소, 즉 양성자수 29인 구리 원소로 변성하는 액티바 신기술은 핵자 이동의 원리로 설명될 수 있다.

필자는 지난 수년 간 십 수차례에 걸친 시연試演에 참여해 철이 염화구리로, 그리고 구리괴로 변성하는 과정을 지켜보았다. 액티바는 핵자 이동의 촉매제로서의 기능과 더불어 제련製鍊시 인고트화시키는 데 이온이 기화되지 않고 용융되게 하며 고순도의 구리 추출을 가능케 한다. 시연에 참여한 일본 과학자들은 일본에서도 철을 구리 원소로 변성할 수는 있지만 이온이 대부분 기화되는 관계로 거기서 추출해 낼 수 있는 구리 양은 극히 미미해 전혀 경제성이 없다고 했다. 그런데 철 함량에 해당한 것만큼 고순도의 구리 양이 100% 추출되는 것을 보고 엄청난 고부가가치를 창출해 내는 액티바 첨단소재와 원천기술이야말로 '노벨상 0순위감'이라고 했다. 액티바 신기술을 이용해 철을 구리로 변성할 수 있다면, 같은 원리로 다른 원소 간의 핵자 이동에도 이러한 신기술이 응용될 수 있을 것이다. 그렇게 되면 인류의 난제인 지구 자원 문제 해결에도 획기적인 전기를 마련할 수 있다.

액티바 첨단소재와 원천기술 개발의 원래 취지는 핵폐기물과 악성 산업폐기물 등에 함유된 방사능과 유해물질을 가장 안전하고 완벽하게 영구 처리하기 위한 것이었다. 방사성폐기물(방폐물) 유리고화(琉璃固化 vitrification) 소재인 액티바의 응용 기술은 저온 용융(550°C 이하)으로 방사성 물질의 휘발을 방지하고 무결정無結晶의 최첨단 유리고화로 영구처리를 가능케 하며, 또한 재처리 과정에서 분리 추출되는 플루토늄의 핵무기 전용 가능성을 원천적으로 차단한다는 점에서 원자력의 평화적 이용을 담보하는 세계 최초의 획기적인 기술이다. 이스라엘 공대(테크니온) 교수 다니엘 셰흐트만은 '준결정(準結晶 quasicrystal) 물질'을 발견해 2011년 노벨 화학상을 수상했는데, 방사능이 방출되지 않도록 완전 유리고화하려면 '비정질(非晶質 noncrystalline)' 또는 '무결정질無結晶質'이 돼야 한다. 윤 소장은 이미 1988년에 '비정질(무결정질)'을 발견하였다.[1] '준결정질'을 발견하고도 노벨상을 수상했는데, 이보다 훨씬 앞서 '무결정질'을 발견하였으니 노벨상 수상감이라 할 만하지 않는가.

　1978년 원전을 처음 가동한 이래 35년이 되도록 방폐장을 갖지 못한 채 방폐물을 각 원전의 임시 저장시설에 저장해 온 우리나라의 경우 머지않아 저장 용량이 포화상태에 이르게 된다는 점에서 액티바 신소재와 원천기술은 우리의 당면 문제를 획기적으로 푸는 열쇠가 될 것이다. 우선 원전 가동에 따른 방폐물을 기존 드럼처리 방식에 비해 획기적으로 감량 처리하고, 유리고화 공법을 사용해 영구적인 안정성이 담보되므로 핵폐기물을 임시로 저장하는 방폐장이 거의 필요치 않게 된다. 또한 전 세계 원전 시장과 방폐물 처리 시장, 국내의 원전 기술과 플랜트 수출에서 액티바 기술을 적용한 엔지니어링 기술 수출을 병행함으로써 차별화된 국제경쟁력을 확보함은 물론, 원전·군수용·병원·산업체 등에서 나오는 방폐물과 악성 산업폐기물 처리 시장에서도 이 기술이 유용하게 활용될 것으로 전망된다. 신소재 액티바를 이용한 혁신적 응용기술이 에너지·환경·생명과학 분야에서 국내외적으로 널리 보급되면 고유가와 지구온난화 주범인 온실가스 문제에 직면한 지구촌 각국에서 에너지난 해소와 지구온난화 문제 해결책으로 안전성과 경제성을 갖춘 원전 발전량을 크게 늘리게 될 것이다.

　필자가 액티바 신소재와 원천기술에 주목한 것은 그것이 물의 물성을 고도화함으로 해서 그 응용 범위가 무궁무진하다는 데 있다. 살아 꿈틀거리는 모든 것들은 물에서 시작됐다. 지구상의 최초의 생명이 태고 때의 바다에서 탄생했고, 태아 또한 모체 내의 따뜻한 양수羊水 속에서 육성된다. '아이가 태어나면 바로 더운 물로 몸을 씻고, 이로부터 약 70년 사이에 대체로 56t의 물을 마시고 33t의 분뇨를 배설하고 12t의 땀을 흘리고 결국은 임종 때 물로 최후의 몸을 씻고 땅 속이나 불의 세계로 유명을 달리한다.'[2] 인체의 경우 약 70%가 물이므로 액티바 공법에 의한 전자파의 파동 증폭으로 높은 에너지를 얻어 물 분자와의 공명 활성도를 높임으로써 물의 물성을 고도화하면 전자 운동이 활발해지고 진동수가 높아져 생명력이 고양된다. 이 원리를 응용하면 의학 분야에서도 암이나 백혈병 등의 치료에 획기적인 전기를 마련할 수 있을 것이다.

액티바 신소재는 수소에너지 생산 소재로도 활용될 수 있다. 오늘날 수소 가운데 반 정도는 수증기 개질改質 공정을 거쳐 천연가스로부터 추출되지만, 향후 에너지 산업에서는 화석연료 의존도를 낮추고 대체에너지원을 사용해 전력을 생산한 후 물 전해電解에 의해 수소를 추출할 것이 요망된다. 현재 수소의 연간 생산량 가운데 물 전기분해로 얻어지는 것은 4%에 불과한데, 이는 높은 전기료 때문에 수증기 개질 공정보다 경쟁력이 떨어지기 때문이다. 윤 소장에 따르면 원자력을 사용해 전력을 생산한 후 액티바 신소재와 기술을 적용해 물 전해 공정을 거쳐 추출하면, 액티바가 7~20㎛ 파장대 광파를 흡수·방사하여 물 분자를 공명시켜 에너지를 증폭시키므로 훨씬 더 많은 수소에너지를 추출해 낼 수 있다고 한다. 대체에너지원 가운데 원자력은 가장 저렴하고, 원전 가동에 따른 방폐물은 액티바가 유리고화 공법으로 영구처리할 수 있으므로 안전성도 확보되며, 또한 아직은 경제성과 기술 개발이 미흡한 신재생에너지의 실용적 한계를 극복할 수 있는 방책이기도 하다.

액티바 첨단소재와 원천기술은 현재 지구촌의 핵심 이슈가 되는 난제들, 예컨대 에너지 문제·자원 문제·핵폐기물 처리 문제·식량 문제·건강관리 문제 등의 상당 부분을 해결할 수 있을 전망이다. 특히 방폐물 유리고화 영구처리, 철(Fe)로 구리(Cu) 제조, 수소 생산, 희토류 생산, 수질 및 토양 개선 등에 대해 액티바 공법은 인류의 미래를 담보하는 세계 최고의 원천기술로서 임상시험 단계를 넘어 현재 공장 양산체제를 갖춤으로써 산업화 단계에 이르렀다. 1895년 X선(뢴트겐선)을 발견하여 최초의 노벨 물리학상(1901)을 수상한 독일의 물리학자 빌헬름 뢴트겐이 진단 의학계에 혁명을 일으키며 방사선에 관한 후속 연구를 촉발시키고 근대 과학의 새로운 지평을 열었듯이, 엄청난 고부가가치를 창출해 내는 액티바 첨단소재와 원천기술은 '구리 혁명'과 더불어 '원자력 혁명', '수소 혁명' 등과 연결되어 기존의 과학계에 지진을 일으키며 자원과 에너지 문제 등에 관한 후속 연구를 촉발시키고 21세기 과학의 새로운 지평을 열 것이다.

우리나라는 물리학, 화학, 의학 등 과학의 다양한 분야에서 이미 괄목할 만한 저변 연구가 확대되어 왔다. 특히 생명과학, 정보통신, 초분자화학(超分子化學 supramolecular chemistry) 등의 분야는 세계적인 권위를 인정받고 있다. 그럼에도 본서에서 21세기 과학혁명과 관련하여 주로 액티바 첨단소재와 원천기술에 주목한 것은 그 응용 범위가 워낙 방대하고 파급효과가 지대해서 그것에 집중하는 것만으로도 충분한 가치가 있다고 판단했기 때문이다. 액티바는 물의 원리를 이용하는 만큼 거의 모든 분야에 응용될 수 있으므로 융합연구에 도미노 현상을 일으켜 21세기 과학혁명을 촉발함으로써 진정한 의미의 창조경제를 구현할 수 있게 할 것이다. 이러한 과학혁명은 고용창출 효과는 물론 지속가능한 복지를 구현하고 미래 신성장 동력의 중추적인 역할을 담당함으로써 동북아의 역학 구도와 경제 문화적 지형을 변화시키고 그에 따른 한반도 통일과 더불어 세계 질서는 급속하게 재편될 것이다.

한반도 평화통일은 아태시대를 여는 '태평양의 열쇠'이며, 지구촌의 난제를 해결하는 시금석이고, 동북아 나아가 지구촌 대통섭의 신호탄이다. 우리가 명심해야 할 한 가지 분명한 사실은 한반도를 둘러싼 국제정세가 어떻게 변화하든, 통일을 위한 우리의 과제는 여전히 남아 있으며 이제 더 이상 그 과제를 미룰 수가 없게 됐다는 것이다. 그것은 어떻게 통일을 위한 물질적·정신적 토대를 구축할 것인가 하는 것이다. 남북경협이 이루어져 북쪽의 풍부한 철을 변성시켜 구리를 제조하면 그 부가가치만으로도 통일 비용을 충분히 해결할 수 있는 수준이 될 것이다. 남南의 자본·기술과 북의 자원·노동이 만나면 고도의 시너지 효과를 발휘할 수 있다는 말이다. 또한 전 세계 원자력발전의 아킬레스건腱인 방폐물 유리고화 영구처리 한 가지만으로도 한반도 통일의 물적 토대 구축은 물론, 전 인류를 방폐물의 위협에서 벗어나게 함으로써 세계평화의 이념을 확산시키고 동북아의 경제 문화적 지형을 변화시킬 수도 있다.

세계는 지금 양자兩者 FTA 시대를 넘어 광역 경제 통합 시대로 나아가고 있음에도 동북아는 여전히 영토 문제와 역사 문제 그리고 북핵 문제 등에 갇혀 역내 협력과 경제 통합이 원활하게 이루어지지 못하고 있다. 남북한, 중국, 러시아, 몽골, 일본 등을 포괄하는 원-원 협력체계의 광역 경제 통합은 역내 협력의 시너지 효과를 높이고 지역 통합을 촉진함으로써 지역 정체성 확립과 상호 신뢰 회복을 통해 한반도의 평화적 통일에도 순기능적으로 작용할 수 있을 것으로 기대된다. 이처럼 21세기 개념의 광역 경제 통합과 한반도 통일 문제를 입체적으로 풀기 위해 필자가 구상한 것이 유엔세계평화센터(UNWPC) 프로젝트이다. 필자는 UNWPC(본문 제8장 2절 참조)가 중국 방천防川에서 막혀 버린 동북3성, 즉 랴오닝성·지린성·헤이룽장성의 동해로의 출로를 열어 극동러시아와 북한, 그리고 동해를 따라 일본 등으로 이어지는 아태 지역의 거대 경제권 통합을 이룩하고 동북아를 일원화함으로써 한반도 통일과 동북아 평화 정착 및 동아시아공동체 구축을 통해 21세기 문명의 표준을 전 세계에 전파하는 북방 실크로드의 발원지가 될 것이라고 생각한다.

UNWPC는 아시아-유럽의 동서문화권이 만나고, 한반도와 일본 등의 해양

문화권과 중·러의 대륙문화권이 만나며, TKR과 TSR이 만나는 유라시아 특급 물류혁명의 전초기지로서 아태시대 신문명의 허브가 될 수 있는 요건을 갖춘 곳이다. 적절한 시기에 북·중·러 관련 3국의 동의하에 UNWPC 구역이 무비자(No-Visa) 지대로 설정되고 국제 표준에 맞는 화폐 통용과 관리가 이루어지면, 광역 경제 통합이 탄력을 받게 되면서 동북아 지역의 통합은 가속화될 것이다. 또한 이 지역에서 국제 석학과 비정부기구들(NGOs)과 국제 해양 관계자와 유엔의 승인을 얻어 프리즈마 유리고화 시스템을 장착한 10만t급 이상의 특수 대형선박을 해상에 띄워 심해深海에 방폐물을 투여하는 계획을 추진할 수도 있다. 그렇게 할 경우 세계 각국의 방폐물 처리 시장을 크게 확장할 수 있을 뿐만 아니라 동북아원자력공동체의 출범이 가시화될 수 있다. 이처럼 UNWPC는 한반도의 평화적인 통일 분위기를 조성하고, 지역 통합과 광역 경제 통합을 촉진하며, 세계평화의 기반을 조성함으로써 신新장보고 시대(본문 제8장 2절 참조)를 여는 첨병 역할을 할 수 있을 것으로 기대된다.

한반도 통일은 단계적 접근이 필요하다. 우선 1국가 2체제의 남북연합 형태에서 시작해 남북경협 활성화로 남북경제공동체 기반 조성을 통해 남북 간 경제적·심리적 통합을 추진해야 한다. 아울러 동북아 광역 경제 통합에의 참여를 통해 지역 정체성 확립과 상호 신뢰 회복을 도모하며, 여건이 성숙하는 대로 국방과 외교를 하나로 묶는 연방 단계를 거쳐 종국적으로 한반도 통일로 나아가는 것이 바람직하다. 지금은 근본적인 해법이 필요하다. 승자와 패자가 나누어지지 않는 세상, 우리 모두가 승자인 세상을 한반도에서 열어야 한다. 그것이 남과 북의 집단 카르마를 종식시키는 가장 확실한 방법이다. 그리고 이 모델을 전 세계로 확산시켜야 한다. 우리가 마지막 분단국가로 남은 이유다. 우리가 조화력을 회복할 때 지구는 잠재적 비상사태에서 벗어날 수 있다. '코리아의 동북아'로서가 아니라 '동북아의 코리아'로서 모종의 결단을 내려야 할 때다. 통일은 동북아의 경제 문화적 지형을 변화시키는 큰 그림 속에서 이뤄질 것이다.

과학적 연구에 따르면 지금은 낡은 것이 새것이 되고 새것이 낡은 것이 되는 위대한 정화淨化의 시간이다. 지구 대격변은 지구가 자연적인 순환주기에 따라 부정적인 에너지를 정화하기 위해 근본적인 변화를 겪는 것으로 지구의 자정自淨작용의 일환이다. 돌고 돌아서 떠난 자리로 돌아오는 이번 자연의 대순환주기는 대정화와 대통섭의 신문명을 예고하고 있다. 파미르 고원의 마고성에서 시작된 우리 민족이 마고, 궁희, 황궁, 유인, 환인, 환웅, 단군에 이르는 과정에서 전 세계로 퍼져나가 우리의 천부天符 문화를 세계 도처에 뿌리내리게 하고, 또한 천부사상('한' 사상, 삼신사상)에서 전 세계 종교와 사상 및 문화가 수많은 갈래로 나뉘어 제각기 발전하여 꽃피우고 열매를 맺었다가 이제 다시 하나의 뿌리로 돌아가 통합돼야 할 역사의 한 주기가 끝나는 시점에 이른 것이다. 이제 인류의 문명은 이른바 '오메가 포인트(Omega Point: 인류의 영적 탄생)'를 향하여 나아가고 있으며, 그 마지막 단계가 그리스도 의식의 탄생, 즉 '집단 영성의 탄생'이라고 피에르 테야르 드 샤르댕은 말한다.

21세기 과학혁명과 존재혁명의 연계는 과학의 대중화와 관계가 있다. 근대 과학의 주체가 전문가 집단에 국한된 것과는 대조적으로 21세기 과학의 주체는 일반 대중들이다. 말하자면 과학이 더 이상은 전문가 집단의 전유물이 아니라는 말이다. 오늘날 정보화혁명의 급속한 진전으로 과학의 대중화는 가속화될 전망이다. 근대 과학혁명 이후 종교와 과학, 정치와 종교의 분리와 더불어 학문의 분과화가 가속화되고, 기계론적 세계관의 확산으로 환경 파괴와 생태 재앙에 따른 심대한 위기의식이 지구촌을 강타하면서 과학혁명과 존재혁명의 연계성은 더욱 절실해지고 있다. 과학의 존재혁명은 기존의 정상과학의 패러다임으로는 해결할 수 없는 총체적인 존재론적 딜레마를 새로운 전일적 실재관으로의 패러다임 전환을 통해 근본적으로 해결하고자 하는 것이다. 리프킨이 말하는 '공감의 문명(The Empathic Civilization)'은 문명의 외피를 더듬는 것만으로는 그 모습을 드러내지 않는다. 그것은 전일적 실재관에 대한 이해를 전제로 하며, 그 핵심에는 생명이 자리 잡고 있다. 이 우주 자체가 분리될 수 없는 '하나'인 생명의 피륙임을 인식하는 일반 대중들의 참여로 존재혁명의 과제는 완수될 것이다.

21세기 과학혁명이 수반하는 신문명의 건설, 서구적 근대를 초극하는 신문명의 건설은 전일적 패러다임에 부응하는 사상과 정신문화를 가진 민족이 담당하게 되는 것은 역사적 필연이다. 패권주의와 종교적·인종적·민족적 분열주의가 초래한 전 지구적 테러와 폭력 등으로 지구가 심대한 위기에 처한 지금 세계는 다시 평화적인 경영의 주체를 갈망하고 있다. 단군 이래 반만년간 9백여 차례의 외침과 폭정이라는 지난한 역사적 학습 과정은 대통섭에 이르기 위한 내공을 쌓는 과정이었다. 거듭되는 외침과 폭정 속에서 새로운 세상에 대한 이상을 쓰라린 내상內傷으로만 간직한 한민족—우리는 과연 '대통섭의 기말고사'를 성공적으로 치를 수 있을 것인가? 이제 한반도와 동북아 그리고 지구촌의 미래 청사진을 그려야 할 때다. 큰일에 몰두하면 반미니 친일이니 종북이니 하는 자질구레한 논쟁은 잊혀지기 마련이다. '해혹복본 (解惑復本: 미혹함을 풀고 참본성을 회복함)'을 맹세하며 부도符都3 건설을 약속했던 우리의 '천부天符스타일'이 머지않아 대조화의 후천문명을 열기 위해 전 세계로 퍼져나갈 것이다.

총 3부로 구성되는 본서의 특징은 다음 몇 가지로 요약할 수 있다. 첫째, 한반도의 정신적 토양과 존재론적 지형, 그리고 전 지구 차원의 메가톤급 폭발력을 가진 액티바 혁명 등에 의해 뒷받침될 '한반도발發' 21세기 과학혁명을 예단한다는 점, 둘째, 무결정無結晶의 최첨단 유리고화로 방폐물 영구처리, 핵자核子 이동으로 철(Fe)로 구리(Cu) 제조, 수소에너지 증산, 희토류 생산, 수질 및 토양 개선 등을 가능케 하는 세계 최초의 액티바 첨단소재와 원천기술을 한반도 통일의 물적 토대로 제시한다는 점, 셋째, 남북한, 중국, 러시아, 몽골, 일본 등을 포괄하는 윈-윈 협력체계의 광역 경제 통합과 한반도 통일 문제를 필자가 구상한 UNWPC 프로젝트를 통해 입체적으로 풀어낸다는 점, 넷째, 21세기 과학혁명과 존재혁명의 연계성을 강조하며 대정화와 대통섭의 신문명을 예고한다는 점, 다섯째, 서구적 근대를 초극하는 신문명의 건설은 전일적 패러다임에 부응하는 사상과 정신문화를 가진 민족이 담당하게 되리라고 본 점 등이 그것이다.

본 연구는 지금까지 필자의 학문적 여정과 실천적 여정이 총합된 것이다. 생태학, 정치학, 동서고금의 철학과 사상, 역사학, 사회심리학, 경제철학, 현대 물리학, 우주과학, 종교학 등을 넘나드는 필자의 학문적 여정은 생명학 3부작―『천부경·삼일신고·참전계경』(2006)·『생태정치학: 근대의 초극을 위한 생태정치학적 대응』(2007)·『생명에 관한 81개조 테제: 생명정치의 구현을 위한 眞知로의 접근』(2008)―과 『통섭의 기술』(2010), 『동서양의 사상에 나타난 인식과 존재의 변증법』(2011) 등으로 나타났다. 필자의 실천적 여정은 상호 불가분의 세 범주로 나눌 수 있다. 우선 개인적 의미의 환국(桓國: 밝고 광명한 나라, 즉 태양의 나라), 즉 우리 영혼의 환국을 찾기 위하여 명상에 '올인' 하기도 했고, 또한 만인을 이롭게 하는 홍익인간의 이념으로 환하게 밝은 정치를 하는 나라인 우리 민족의 환국[4]을 찾기 위하여 상고사 복원에 '올인' 하기도 했으며, 그 연장선상에서 중국 산동성에 「장보고기념탑」(1991.4~1994.7, 현지 문물보호단위로 지정)을 세우기도 했고, 나아가 인류의 환국을 찾기 위하여

UNWPC를 구상하고 거기에 '올인' 하기도 했다.

이제 이론과 실천, 정신과 물질의 총합으로서 본서를 출간하는 바이다. 필자는 '한반도발發' 21세기 과학혁명이 '과학기술 한류'의 출현과 더불어 새로운 문명의 흥기를 예단케 하는 제2의 르네상스, 제2의 종교개혁의 기폭제가 될 것임을 믿어 의심치 않는다.

여러 가지 일로 바쁘신 중에도 불구하고 기꺼이 대담과 토론에 응해 주시고 또 본고를 읽으시고 유익한 코멘트를 주신 이 시대의 탁월한 과학자 윤희봉 소장님께 깊이 감사드리며, 아울러 인류 사회가 직면한 난제들을 풀기 위해 부단한 노력과 열정으로 평생을 바쳐온 그 숭고한 정신에 경의를 표한다. 그리고 이 책이 출판되기까지 성심을 다한 '도서출판 모시는사람들'의 박길수 대표와 편집진 여러분에게도 감사드린다.

상생의 바다로 출항하는 방주方舟에 여러분의 동승同乘을 기대하며, 이 책을 해혹복본解惑復本의 시대를 간구懇求하는 모든 분들과 함께 나누고 싶다.

2013년 8월
성신관 연구실에서
최민자

차례 새로운 문명은 어떻게 만들어지는가 HOW A NEW CIVILIZATION IS BEING MADE:

서문 —— 5

제1부 | 21세기 과학혁명의 진원지, 한반도 —— 21

01 21세기 과학혁명의 특성과 과제 —————————— 23
    토머스 쿤의 과학혁명의 구조 —— 23
    과학혁명의 본질과 패러다임 —— 35
    21세기 과학혁명의 특성과 과제 —— 46

02 왜 한반도가 과학혁명의 진원지인가 ——————— 63
    한민족의 사상과 정신문화 —— 63
    한반도의 존재론적 지형 —— 77
    액티바(ACTIVA) 혁명의 진원지, 한반도 —— 85

03 21세기 과학혁명과 존재혁명 ——————————— 99
    21세기 과학혁명과 3차 산업혁명 —— 99
    우주법칙과 삶의 법칙 —— 110
    제2의 르네상스, 제2의 종교개혁 —— 120

제2부 | '한반도發' 21세기 과학혁명 —— 133

04 구리 혁명 ——————————————————— 135
    원소 변성 이론 —— 135
    철(Fe)로 구리(Cu) 제조 —— 150
    구리 산업 분석 —— 158

05 원자력 혁명 —————————————————— 169

21세기 프로메테우스의 불, 원자력 —— 169
　　방사성 핵종 폐기물의 흡착 유리고화 —— 182
　　원자력 산업의 전망과 과제 —— 192

06 수소 혁명 ──────────────── 205
　　화석연료의 종말과 수소시대의 도래 —— 205
　　수소에너지 생산 및 실용화 —— 215
　　수소경제 비전과 에너지의 민주화 —— 225

제3부 | 한반도 통일과 세계 질서 재편 —— 239

07 지구 대격변과 대정화(great purification)의 시간 —— 241
　　전 지구적 및 우주적 변화의 역동성과 상호 연계성 —— 241
　　지자극地磁極 역전과 의식의 대전환 —— 251
　　대정화와 대통섭의 신문명 —— 261

08 동아시아 신질서와 신新장보고 시대 ──────── 271
　　동아시아 신질서와 한반도의 선택 —— 271
　　신장보고 시대와 유엔세계평화센터(UNWPC) —— 282
　　동아시아공동체의 가능성과 미래 —— 299

09 한반도 통일과 세계 질서 재편 ─────────── 311
　　21세기 문명의 표준과 동북아 —— 311
　　동북아 광역 경제 통합과 한반도 통일 —— 318
　　세계 질서 재편과 새로운 중심의 등장 —— 330

주석 —— 345
참고문헌 —— 371
찾아보기 —— 380

일찍이 아시아의 황금시기에
빛나던 등불의 하나였던 코리아
그 등불 다시 켜지는 날에
너는 동방의 밝은 빛이 되리라.
……그러한 자유의 천국으로
내 마음의 조국 코리아여, 깨어나소서."

"In the golden age of Asia
Korea was one of its lamp-bearers
And that lamp is waiting to be lighted once again
For the illumination in the East.
…Into that heaven of freedom, my Father, let my country awake."

- Rabindranath Tagore, *The Lamp of the East*(1929)

제1부

21세기 과학혁명의 진원지, 한반도

01 21세기 과학혁명의 특성과 과제 ——— 23

02 왜 한반도가 과학혁명의 진원지인가 ——— 63

03 21세기 과학혁명과 존재혁명 ——— 99

액티바 첨단소재와 원천기술은 현재 지구촌의 핵심 이슈가 되는 난제들, 예컨대 에너지 문제·자원 문제·핵폐기물 처리 문제·식량 문제·건강관리 문제 등의 상당 부분을 해결할 수 있을 전망이다. 특히 방사성폐기물 유리고화 영구처리, 철(Fe)로 구리(Cu) 제조, 수소 생산, 희토류 생산, 수질 및 토양 개선 등에 대해 액티바 공법은 인류의 미래를 담보하는 세계 최고의 원천기술로서 임상시험 단계를 넘어 현재 공장 양산체제를 갖춤으로써 산업화 단계에 이르렀다…21세기 과학혁명은 그 특성이 과학과 의식의 접합에 있는 까닭에 필연적으로 삶 자체의 혁명, 즉 존재혁명의 과제를 수반한다…우리의 정신적 토양과 존재론적 지형, 그리고 전 지구 차원의 메가톤급 폭발력을 가진 액티바 혁명 등에 의해 뒷받침될 '한반도발發' 21세기 과학혁명은 '과학기술 한류(Korean Wave)'의 출현과 더불어 새로운 문명의 홍기를 예단케 하는 제2의 르네상스, 제2의 종교개혁의 기폭제가 될 전망이다. 그렇게 되면 월드컵 응원을 위해 광화문에 운집했던 수백 만 관중이 존재혁명을 위해 다시 모여들지도 모를 일이다. 바야흐로 신인류의 탄생이 목전에 와 있다.

― '액티바 혁명의 진원지, 한반도' & '제2의 르네상스·제2의 종교개혁' 중에서

21세기 과학혁명의
특성과 과제

**토머스 쿤의
과학혁명의 구조**

　　　　　미국의 과학사학자이자 과학철학자이며 패러다임 개념 창안자인 토머스 쿤(Thomas S. Kuhn, 1922~1996)은 20세기 '지성사의 랜드마크(a landmark in intellectual history)'로 불리는 그의 저서 『과학혁명의 구조 The Structure of Scientific Revolutions』(1962)*에서 과학이 혁명적인 과정을 통해 발전한다는 혁명적 과학관을 제시했다. 이 책은 근대 이후 오늘에 이르기까지 과학발전의 과정에 나타난 과학혁명과 패러다임 전환(paradigm shift)의 상관관계를 구체적인 예증을

---

* The Structure of Scientific Revolutions는 『통합과학백과사전 Encyclopedia of Unified Science』의 일부분으로 집필돼 1962년 시카고대학(The University of Chicago)에서 출판됐다. '과학혁명'이란 용어는 1939년 러시아계 프랑스 철학자 알렉상드르 코이레(Alexandre Koyré)에 의해 창안된 이후, 헐버트 버터필드(Herbert Butterfield)의 저서 『근대 과학의 탄생 The Origins of Modern Science』(1946)에서 사용되었다. 버터필드는 서구 중심적 사상에 의한 세계사의 시대 구분이 부적절하다고 보고 비서구권에서도 수용할 수 있는 근대 과학의 보편성에 주목하여 과학혁명을 '근대'의 분기점으로 제시했다.

통해 명징하게 밝힘으로써 그의 패러다임 개념은 과학사 분야는 물론 인문사회과학, 철학, 예술 분야 전반에 커다란 반향을 불러 일으켰다. 그의 과학관의 핵심은 과학이 지식의 누적을 통해 점진적·연속적·선형적(線型的 linear)으로 발전하는 것이 아니라 패러다임 전환을 통해 혁명적으로 발전한다고 보는 것으로, 종래의 귀납주의적 과학관을 뿌리째 흔들어놓았다.

이러한 과학혁명의 사례로는 지구중심체계에서 태양중심체계로의 혁명적 전환을 이룩한 니콜라우스 코페르니쿠스(Nicolaus Copernicus, 1473~1543)의 지동설, 연소에 관한 플로지스톤(phlogiston 가상의 불의 요소) 이론을 산소(oxygen) 이론으로 대체함으로써 새로운 원소관元素觀을 확립한 앙투안 로랑 라부아지에(Antoine-Laurent Lavoisier, 1743~1794)의 화학혁명, 그리고 아이작 뉴턴(Sir Isaac Newton, 1642~1727)의 『프린키피아 Principia』(원제는 『자연철학의 수학적 원리 Philosophiae Naturalis Principia Mathematica』, 1687)로부터 파생된 고전역학에서 현대의 아인슈타인 역학(Einsteinian dynamics)으로의 변환 등을 들 수 있다. 즉, '지구중심설(geocentrism)로부터 태양중심설(heliocentrism)로, 플로지스톤으로부터 산소로, 미립자(corpuscles)로부터 파동(waves)으로의 변환' 등이 패러다임 전환을 통한 과학혁명의 대표적인 사례이다.[1]

토머스 쿤이 『과학혁명의 구조』를 집필하게 된 것은 그가 서문에서 밝히고 있듯이 하버드대 물리학 박사과정 재학 당시 동同 대학교 총장 제임스 코넌트(James B. Conant)의 권유로 인문사회과학 전공 학부생들에게 자연과학개론을 강의한 것이 그 계기가 되었다. 그는 과학사에 대해 깊은 관심을 갖게 되었고, 그러한 관심이 과학발전의 혁명적 성격에 대한 이해로 이어지면서 철학·심리학·언어학·사회학을 두루 섭렵하여 새로운 과학혁명의 이론체계를 정립하게 된 것이다. 쿤은 강의를 위해 아리스토텔레스(Aristotle, B.C. 384~322)의 『자연학 Physica』을 읽었다. 사실 아리스토텔레스는 철학자였을 뿐만 아니라 16세기까지 거의 2천 년 동안 서구의 과학 사조를 지배한 과학자였다. 과학혁명에 의해 뉴턴 역학이 체계화되기 전에는 '아리스토텔레스 역학'이 세계를 설명하는 준거였던 것이다. 그러나 과학혁명에 따른 과학적 인식의 전환으로 아리스토텔레스 역학이 뉴턴 역학으로 대체되면서 과학자로서의 그의 면모는 역사 속에 묻히게 되었다.

쿤은 운동에 대한 아리스토텔레스와 뉴턴의 생각이 근본적으로 다르다는 점을 인지했다. 아리스토텔레스는 모든 물체가 정지하려는 속성을 가지고 있다고 본 까닭에 그에게 운동은 한 정지 상태에서 다른 정지 상태로 변화하는 '상태의 변화(change of state)' 2를 의미하는 것이었다. 한편, 뉴턴은 모든 물체가 '관성(慣性 inertia)', 즉 외부에서 힘이 작용하지 않으면 운동하는 물체는 계속 운동하려 하고, 정지한 물체는 계속 정지하려 하는 성질이 있다고 보았다. 그는 물체가 정지한 상태를 운동하는 상태의 특수한 경우로 인식했던 까닭에 그에게 운동은 '상태'를 의미하는 것이었다. 그러나 쿤은 이들 두 사람의 관점이 서로 다른 것일 뿐, 옳고 그름을 판단할 수 있는 논리적인 방법은 없다고 주장했다. 그는 상호 경쟁하는 둘 이상의 패러다임, 즉 낡은 패러다임과 새로운 패러다임을 같은 기준으로 잴 수 없다는 패러다임의 불가공약성(不可公約性 incommensurability)3을 강조함으로써 과학발전의 객관적 보편성을 부정하고 혁명적인 성격에 초점을 맞추었다.

쿤은 특히 패러다임의 변화를 통한 과학혁명을 주요 테마로 삼았다. 기술적 진보 또는 과학 외적인 조건, 즉 사회적·경제적 및 지적(知的) 조건이 패러다임의 변화를 초래하고, 이러한 패러다임의 불연속적인 교체에 의해 과학이 발전한다고 생각한 것이다. 쿤은 '패러다임'이라는 용어를 한편으로는 특정 과학자 사회의 구성원들에 의해 공유되는 신념·가치·기술 등의 총체적 집합을 가리키는 사회학적인 의미로 사용하기도 하고, 다른 한편으로는 공유된 예제로서의 패러다임(paradigms as shared examples)—일반적으로 $f=ma$로 나타내는 뉴턴의 운동의 제2법칙은 널리 공유된 하나의 예제이다—이라는 의미로 사용하기도 한다.[4] 그는 과학자 사회의 구조에 주목하여 패러다임을 '정상과학(正常科學 normal science)' 과 밀접하게 연관시킨다.[5] 정상과학이란 그 시대가 공유하는 특정 패러다임 내에서 퍼즐 풀이(puzzle-solving)가 이루어지는 과학이다. 과학발전의 계기가 되는 과학혁명은 라부아지에의 산소의 발견으로 기존의 연소 개념이 총체적으로 전복되고 새 패러다임을 열었듯이, 정상과학의 연장선상에서가 아니라 기존의 패러다임이 철저하게 부정되는 단절적이고도 비약적인 방식에 의해 일어난다는 것이다.

쿤은 정치발전과 과학발전이 본질적인 차이가 있음에도 불구하고 위기로 몰고 갈 수 있는 기능적 결함이 팽배하면 혁명이 일어난다는 점에서는 일치한다고 보았다. 즉, 기존의 제도가 더 이상 사회적 제반 문제를 적절하게 해결할 수 없다는 인식이 정치사회 집단에 팽배하면 정치혁명이 일어나듯이, 기존의 패러다임이 더 이상 설명할 수 없는 현상이나 연구 실행의 기존 관행을 파괴하는 이변이 거듭되면 정상과학의 위기를 극복하기 위해서 과학혁명이 일어난다는 것이다.[6] 정상과학의 패러다임으로는 설명할 수 없는 이상 현상이 일어나거나 의문시되는 과학적 증거가 누적되어 정상과학이 위기에 처하면, 다시 말해 정상과학과는 다른 새로운 방식의 과학에 의한 설명이 과학자들 사이에서 널리 수용되면 과학혁명을 통해 새로운 정상과학의 패러다임이 그 자리를 대체하게 된다는 것이다. 쿤은 이것을 '패러다임 전환' 이라고 불렀는데, 그가 말하는 과학혁명의 성격이나 구조는 바로 이 패러다임 전환과 상관관계에 있다. 쿤은 새로운 과학의 등장이 마치 구체제(ancien régime)가 새로운 체제로 대체되는 것과도 같다고 봄으로써 정치가 아닌 과학 영역에서의 혁명 논의를 촉발시켰다.

그러나 쿤에게 있어 과학이론은 객관적 진리체계가 아니라 특정 시기 과학자들 간 합의의 산물로서, 새로운 발견과 논리의 수정에 의해 바뀔 수 있는 것이었다. 뉴턴 과학을 기준으로 아리스토텔레스 과학을 원시적이라고 재단할 수 없듯이, 알버트 아인슈타인(Albert Einstein)의 상대성이론(theory of relativity)과 닐스 보어(Niels Bohr), 베르너 하이젠베르크(Werner Heisenberg) 등에 의해 체계화된 양자역학(量子力學 quantum mechanics)을 기준으로 뉴턴 과학을 원시적이라고 재단할 수 없다는 것이다. 아리스토텔레스 과학에서 뉴턴 과학으로, 뉴턴 과학에서 다시 상대성이론과 양자역학으로의 전환은 세계에 대한 이해의 틀 자체가 크게 변화하였음을 보여준다. 영국의 이론물리학자 폴 디락(Paul Adrian Maurice Dirac)이 고전역학을 양자역학적 현상의 특수한 사례인 것으로 밝힌 것이나, 양자역학에 대한 표준해석으로 여겨지는 코펜하겐 해석(Copenhagen Interpretation of Quantum Mechanics, CIQM)*을 넘어서고자 하는 일련의 논의들**은 보다 포괄적인 사상체계로의 통합이 계속해서 이어질 것임을 시사한다.

그러나 쿤은 보다 포괄적인 사상체계로의 통합이 의미하는 바를 명쾌하게 밝히지는 않았다. 이에 대해서는 미국의 초개인심리학자(transpersonal psychologist)이자 대표적 포스트모던 사상가인 켄 윌버(Ken Wilber)의 홀라키적

---

* 코펜하겐 해석은 전자의 속도 및 위치에 관한 하이젠베르크의 불확정성원리(uncertainty principle)와 빛[전자기파]의 파동-입자의 이중성에 관한 보어의 상보성원리(complementarity principle)가 결합하여 나온 것이다.
** 코펜하겐 해석을 넘어서고자 하는 논의들로는 폰노이만(John von Neumann), 윌러(J.A. Wheeler) 등의 프린스턴 해석(PIQM), 아인슈타인을 필두로 한 앙상블 해석(EIQM), 에버렛(Hugh Everett) 등의 다세계해석(MWI), 결흩어짐(decoherence)을 중심으로 한 정합적 역사 관점(CHP), 머민(N.D. Mermin)이 이타카(Ithaca) 해석(IIQM), 장회익 등의 서울해석(SIQM) 등이 포함된다.

전일주의(holarchic holism)가 함축하고 있는 '영원의 철학(perennial philosophy)' 속에서 그 단서를 찾아볼 수 있다. '존재의 대사슬(The Great Chain of Being)'로 지칭되는 윌버의 통합적 진리관이 잘 드러나 있는 '영원의 철학' 속에는 인류의 전승된 지혜의 정수가 담겨져 있다. 그 핵심은 "물질에서 몸(body), 마음(mind), 혼(soul), 영(spirit)에 이르기까지 실재가 다양한 존재의 수준과 앎의 수준으로 이루어져 있다고 보는 것이다. 각 상위 차원은 그것의 하위 차원을 초월하는 동시에 포괄한다. 따라서 이는 속성俗性에서 신성에 이르기까지 무한계적으로 전체 속의 전체 속의 전체와도 같은 개념이다."[7]

아리스토텔레스 과학에서 뉴턴 과학으로, 뉴턴 과학에서 다시 상대성이론과 양자역학으로 보다 포괄적인 사상체계로의 통합은 흡사 일련의 동심원同心圓 혹은 동심구同心球와도 같이 각 상위 차원이 그것의 하위 차원을 포괄하는 형태로 볼 수 있다. 즉, 뉴턴 역학은 아리스토텔레스 역학이 설명하는 현상은 물론 아리스토텔레스 역학에 의해서는 설명할 수 없는 현상까지도 설명할 수 있는 것이다. 마찬가지로 상대성이론과 양자역학은 뉴턴 역학이 설명하는 현상은 물론 뉴턴 역학에 의해서는 설명할 수 없는 현상까지도 설명할 수 있다. 그러나 뉴턴 과학이 아리스토텔레스 과학을 대체했다고 해서 아리스토텔레스 과학이 완전히 폐기된 것은 아니듯, 상대성이론과 양자역학이 뉴턴 과학을 대체했다고 해서 뉴턴 과학이 완전히 폐기된 것은 아니다. 미시세계에는 양자역학의 원리가 적용되지만, 거시세계에는 지금도 뉴턴의 법칙, 즉 만유인력(중력)의 법칙, 뉴턴의 운동법칙(관성의 법칙, 가속도의 법칙, 작용·반작용의 법칙) 등이 적용되고 있다.

쿤이 지적하듯이, 과학이론은 특정 시기에 존재하는 특정 패러다임에 의거한 주장일 뿐 절대적 진리가 아니다. 모든 물체가 질량의 곱에 비례하고 거리의 제곱에 반비례하는 힘으로 서로를 끌어당긴다는 뉴턴의 중력법칙

(Newton's law of gravitation)이 수 세기 동안 과학계를 지배하면서 중력의 문제는 모두 해결된 듯이 보였다. 그러나 뉴턴의 중력법칙은 일상생활에는 여전히 유효하지만, 빛과 같이 질량이 0에 가까운 물질에는 적용할 수 없다는 한계가 있다. 반면 아인슈타인의 중력법칙(일반상대성이론)은 이런 상황까지도 설명이 가능하다. 즉, 뉴턴은 중력을 두 물체 사이에 작용하는 인력이라고 생각하여 '지구와 사과 사이의 만유인력'에 의해 사과가 떨어진다고 본 반면, 아인슈타인은 중력을 4차원 시공간에 작용하는 중력장(gravitational field)이라고 생각하여 '지구의 질량에 의해 휘어진 시공간 속으로 사과가 굴러 떨어지는 것'이라고 본다. 빛의 속도로 움직이는 차원에서는 아인슈타인의 상대성원리가 적용되는 것이다. 이처럼 아인슈타인의 이론은 뉴턴의 이론을 초월하는 동시에 포괄한다. 그러나 아인슈타인의 이론 또한 그것을 넘어서고자 하는 논의들[8]이 이어지고 있다는 점에서 절대적 진리라고 말할 수 없다.

쿤에 따르면 한 패러다임에서 다른 패러다임으로의 이행은 강제될 수 없는 일종의 '개종 경험(conversion experience)'[9]과도 같은 것이다. 게슈탈트 전환(gestalt switch)에서와 같이 그것은 일시에 일어나거나 또는 전혀 일어나지 않아야 한다는 것이다.[10] 특히 정상과학의 옛 전통 신봉자들이 일생에 걸쳐서 벌이는 저항은 과학적 표준에 위배되는 것이 아니라 과학적 연구의 본질 자체에 대한 지표가 된다는 것이다. 전문 과학자 사회가 낡은 패러다임의 잠재적 범위와 정확성을 개발해 내고 새로운 패러다임의 출현에 관한 연구를 통해서 난관을 분리시킬 수 있는 것은 오직 정상과학을 통하는 길밖에 없다는 것이다. 그러나 저항이 불가피하고 정당하며, 패러다임의 변화가 증명에 의해 정당화될 수 없다고 말한다고 해서 어떤 논증도 무관하다거나 또는 과학자들이 자신들의 마음을 바꾸도록 설득될 수 없다는 것을 의미하는 것은 아니라고 했다. 때론 변화를 일으키는 데에 한 세대가 요구되기도 하지만, 계속해

서 새로운 패러다임으로 전향해 오고 있다는 것이다.[11]

쿤은 패러다임 전환과 과학혁명의 상관관계를 밝힘으로써 과학혁명이 인식 구조의 변환과 긴밀한 함수관계에 있음을 보여준다. 인식 구조의 변환이 용이하지 않다는 것은 독일의 물리학자 막스 플랑크(Max Planck, 1858~1947)가 그의 『과학적 자서전 Scientific Autobiography』(1949)에서 개종의 어려움을 술회하는 데서도 잘 나타나고 있다. "새로운 과학적 진리는 그 반대자들을 납득시키고 이해시킴으로써 승리한다기보다는, 오히려 그 반대자들이 결국에는 죽고 그것에 익숙한 새로운 세대가 성장하기 때문에 승리하게 되는 것이다."[12] 라고 플랑크는 말한다. 마차 시스템이 지배하는 세계에서는 비행기의 가능성이 전혀 없듯이, 시공時空의 패러다임이 지배하는 세계에서는 UFO(Unidentified Flying Object 미확인비행물체)의 가능성이 전혀 없는 것이다. 그러나 새로운 패러다임을 공유하는 초기의 집단이 기성집단의 압력을 견뎌내어 임계점(critical point)을 넘게 되면 새 패러다임은 사회 전체로 퍼지고 낡은 패러다임은 사라지게 된다.

쿤은 과학 사조의 급격한 이행을 인식의 구조인 패러다임의 변화로 나타냄으로써 인식과 존재의 변증법적 관계에 대해 주목하게 했다. 과학적 방법론은 세계를 이해하는 인식론적 틀이다. 과학혁명의 구조와 성격을 규명하는 패러다임 이론은 과학뿐 아니라 사회 변화와 문화변동을 탐구하는 지표로도 활용될 수 있다는 점에서 쿤의 관점은 문화적 상대주의 내지 다문화주의와도 접합하는 측면이 있다. 쿤은 과학이 사회적으로 구성되는 것이라고 봄으로써 사회구성주의(social constructivism)에도 많은 영향을 끼쳤다. 또한 그의 패러다임 이론은 과학의 가치중립성, 합리성 및 객관성을 비판함으로써 이성 중심적인 근대의 도그마를 지양하는 포스트모더니즘이 이를 수용하는 계기를 제공했는가 하면, 과학기술에 대한 사회적 통제 가능성의 근거를 제공하기도 했다. 이러한 쿤의 관점은 그로 하여금 '세기의 논쟁'으로 일컬어지는 과학철학 논쟁의 중심에 서게 했으니, 과학적 합리주의를 바탕으로 '열린사회(open society)'의 청사진을 제시한 오스트리아의 철학자 칼 포퍼(Karl Raimund Popper, 1902~1994)와의 논쟁*이 그것이다.

과학의 본성을 둘러싼 쿤-포퍼 논쟁에서 쿤은 과학 탐구의 자율성을 강조한 반면, 포퍼는 과학에 사회철학의 비판 정신을 접목시켰다. 쿤은 과학 탐구가 기존 패러다임 내에서 이뤄져야 한다고 보고 포퍼 이론의 핵심인 '반증가능성(反證可能性 falsifiability)'을 신랄하게 비판한 반면, 포퍼는 어떤 패러다임이나 이론도 문제가 있다면 대안 이론을 모색해야 한다며 비판적 태도를 역설했다. 쿤-포퍼 논쟁을 재조명한 영국 워릭 대학(The University of Warwick) 사회학과 교수 스티브 풀러(Steve Fuller)는 비판 정신이 결여된 과학 탐구의 자율성이 원자폭탄과 같은 괴물을 낳을 수도 있다며, 과학적 합리성의 근거를 비판과 토론에서 찾는 포퍼의 관점을 옹호했다. 당시 논쟁에서 승자로 비쳐진 쿤에 대해 풀러는 쿤이 과학의 개방성을 옹호한 것이 아니라 냉전의 압력으로부터 과학자들의 자율성을 견지하려 한 것일 뿐이라고 하면서 포퍼의 비판적 합리성을 옹호했다. 그리하여 풀러는 과학자 사회의 독단적 권한을 경계하기 위해 포퍼의 감수성을 부활시켜야 한다고 역설했다.[13]

과학의 발전이 누적적인 형태로서가 아니라 혁명적인 형태로서 이어진다는 쿤의 역설은—전체가 부분의 단순한 합은 아니라는 점에서 단순히 누적적 발전이라고 할 수는 없겠지만—지나치게 이분화한 감이 없지 않다. 과학혁명을 초래하는 인식 구조의 변환은 누적적인 학습 효과와 분리시켜 생각할 수

---

* 1965년 7월11일부터 17일까지 영국 베드포드 대학에서 열린 국제 과학철학 세미나에서 벌어진 쿤-포퍼 논쟁은 제2차 세계대전 이후 가장 대표적인 과학철학 논쟁으로 꼽힌다.

없다는 점에서 혁명적 발전에 대한 쿤의 역설은 이분법적인 근대의 도그마를 떠올리게 한다. 사실 누적적 발전과 혁명적 발전 사이에 명확한 경계선을 긋기란 어렵다. 이상 현상이 누적되어 임계점에 이르면 과학혁명을 통해 새로운 정상과학의 패러다임이 그 자리를 대체하게 되는 것이니, 혁명은 누적인 동시에 초월이라고 하는 편이 사실에 가까울 것이다. 과학의 발전은 총합으로서의 문명의 발전과 불가분의 관계에 있다는 점에서 누적적이냐 혁명적이냐에 천착하기보다는 과학혁명에 대한 인식론적 지평을 확장시키는 것이 보다 거시적 관점에서의 과학발전 논의를 가능케 할 것이다.

미국의 역사학자이자 지질학자인 찰스 햅굿(Charles H. Hapgood)의 저서 『고대 해양왕의 지도 Maps of the Ancient Sea Kings』는 이에 관한 많은 시사점을 제공한다. 햅굿은 그의 저서에서 "전 세계적인 고대 문명, 혹은 상당한 기간 동안 세계의 대부분을 지배했음이 틀림없는 문명이 존재했다는 증거는 상당히 풍부하다."[14]라고 결론을 내린다. 오늘날 모든 대륙에서 원시 문명이 진보된 현대 문명과 공존하는 현상을 찾아볼 수 있듯이, 아주 먼 옛날 다른 고대 문명에 비해 상대적으로 진보된 수준의 전 세계적인 문명이 존재했다는 것이다. 따라서 구석기시대, 신석기시대, 청동기시대, 철기시대의 점진적인 단계를 밟아 문명이 발전한다는 단선적인 사회발전 단계 이론은 포기되어야 한다는 것이다.

햅굿이 1953년에 주창한 지각이동설은 아인슈타인의 열렬한 지지를 받은 바 있다. 지각의 극이 바뀐 것에 대한 증거는 16세기 오스만 제국(Ottoman Empire)의 제독 피리 레이스(Pîrî Reis), 16세기 네덜란드의 지도 제작자 메르카토르(Gerardus Mercator), 16세기 프랑스의 지도 제작자 오론테우스 피나에우스(Oronteus Finaeus) 등이 얼음으로 뒤덮이지 않았던 기원전 1만 3천 년부터 기원전 4천 년 사이 남극대륙의 산맥과 강 등을 모사한 지도에서 찾아볼 수 있다.

이들이 모사한 지도는 빙기가 오기 전의 남극을 초고대 문명이 작성한 것이라는 추측을 가능케 한다. 자장磁場의 반전에 따른 '철저한 파괴'에도 불구하고 페루의 나스카 지상 그림, 고대 이집트의 오시리스 숫자, 이집트의 피라미드와 스핑크스, 각 민족에 전해지는 홍수 신화 등 전 세계에 걸쳐 불가사의한 문명의 유산은 계승돼 왔다. 지금까지 인류가 그랬던 것처럼 앞으로도 남겨진 문명의 흔적 위에 새로운 문명은 계속 발전해 갈 것이다.

따라서 과학과 문명의 접합이 빚어내는 의미와 가치를 파악할 수 있기 위해서는 진화(evolution), 발전(development) 또는 진보(progress)가 의미하는 바가 무엇인지에 대해 명료하게 밝힐 필요가 있다. 무엇을 진화라고 부르며, 발전 또는 진보라고 부르는가? 과학의 사명은 무엇이며, 혁명적 발전의 지향점은 어디인가? 모든 학문의 존재 이유가 그러하듯 과학 또한 시대적 및 사회적 요구에 부응할 수 있어야 한다. 그러기 위해서는 과학과 삶의 화해가 이루어져야 한다. 현대 물리학자들은 객관주의와 과학적 합리주의만으로는 현재 인류가 직면한 난제들을 해결할 수 없다고 보고 과학이 인간의 의식세계와 분리될 수 없음을 분명히 했다. 과학혁명은 존재혁명이고 또한 존재혁명이어야 한다. 쿤의 패러다임 이론이 주목 받는 이유는 그것이 과학뿐만 아니라 사회·문화·역사 전반에 걸쳐서 통용될 수 있는 이론이기 때문이다. 그럼에도 쿤의 과학혁명은 패러다임 전환의 존재론적 의미에 대한 거시적 분석은 유보한 채 미시적 담론에만 치중함으로써 존재혁명으로 나아갈 추동력을 발휘하지 못했다.

과학이 진정한 의미에서 '삶의 과학'이 되려면, 과학혁명이 삶의 혁명적 전환을 추동해 낼 수 있어야 한다. 영원이라는 역사의 무대 위에서 무수히 명멸하는 다양한 패러다임은 표면적으로는 기술적 진보 또는 사회적·경제적 및 지적知的 조건의 변화에 따른 것처럼 보일 수 있다. 그러나 보다 근원적으로는 상대계에서의 일체 변화–그것이 물질 차원이든, 정신 차원이든–가 의식의 진화(靈的 進化 spiritual evolution)를 위한 최적 조건의 창출과 관계된다. 우주의 실체는 의식(意識 consciousness)이며,* 그 진행 방향은 영적 진화이고, 인간은 그러한 지향성을 갖는 우주의 불가분의 한 부분인 까닭이다. 천·지·인은 본래 일체이므로 과학 또한 우주 진화의 궤도에서 벗어날 수 없다. 이 우주에는 필연적인 자기법칙성에 따라 움직이는 차원이 분명 실재한다. 그리스어로 자연(nature)을 뜻하는 '피시스(physis)'가 물리학(physics)의 어원인 데서도 알 수 있듯이, 특히 물리학은 자연의 필연적 법칙성의 규명에 초점을 맞춘다. 동서양의 숱한 지성들이 필연적 법칙성의 원리 규명에 천착한 것은 그러한 원리를 자각할 수 있을 때 '진인사대천명盡人事待天命'의 지혜가 발휘되어 자유의지와 필연이 하나가 되는 조화로운 세상을 열 수 있기 때문이다.

쿤이 과학혁명과 패러다임 전환의 상관관계를 밝히고, 패러다임의 '불가공약성'을 강조함으로써 과학이론이 객관적 진리체계가 아니라 특정 시기 과학자들 간 합의의 산물이라는 점을 부각시킨 것은 학문적 논의의 토양을 비옥하게 했다는 점에서 기여한 바가 크다. 모든 학문과 종교가 그러하듯 과학이론 또한 절대적 진리라고 할 수 없는 것은, 그것이 달을 가리키는 손가락일 뿐 '진리의 달' 그 자체가 될 수는 없기 때문이다. 그러나 쿤은 혁명적 발전의 지향점에 대해 명료하게 밝히지 못했을 뿐더러, 과학혁명을 존재혁명

---

* 元曉 대사의 '一切唯心造' 사상은 우주의 실체가 의식임을 이렇게 나타내고 있다. 즉, "마음이 일어나면 갖가지 법이 일어나고 마음이 사라지면 갖가지 법이 사라지니, 三界는 오직 마음뿐이요 萬法은 오직 識뿐이라(心生則種種法生 心滅則種種法滅 三界唯心 萬法唯識)." 또한 미국의 양자물리학자 데이비드 봄(David Bohm)과 신경생리학자 칼 프리브램(Karl Pribram)의 홀로그램(hologram) 우주론에 따르면 우리가 인지하는 물질세계는 실재하는 것이 아니라 단지 우리 두뇌를 통하여 비쳐지는 홀로그램적 영상에 지나지 않는다. 말하자면 이 우주는 우리의 의식이 지어낸 이미지 구조물이다.

의 차원과 연결시키지도 못했다. 쿤이 역점을 두어야 할 것은 혁명이냐 아니냐보다는 왜 그러한 변화가 일어나며 그것의 존재론적 의미가 무엇인지를 밝히는 것이다. 삶의 혁명적 전환을 추동해내는 진정한 의미에서의 과학혁명, 진정한 의미에서의 존재혁명은 이제부터 시작되어야 한다.

과학혁명의 본질과 패러다임

패러다임의 변화에 따른 과학의 혁명적 전환, 즉 아리스토텔레스 과학에서 뉴턴 과학으로, 다시 아인슈타인 과학으로의 전환은 영국·프랑스·미국 등지에서의 정치혁명과 18세기 이래 4차에 걸친 산업혁명-인쇄술과 석탄 동력의 증기기관이 조우한 1차 산업혁명, 전기통신기술과 석유 동력의 내연기관이 조우한 2차 산업혁명, 인터넷과 재생에너지가 결합한 3차 산업혁명,[15] 그리고 'IBCA(IoT(사물인터넷), Big Data(빅데이터), CPS(가상 물리 시스템), AI(인공지능))로 대표되는 4차 산업혁명-과 더불어 오늘의 세계를 규정하는 기본 틀이 되었다. 오늘날 선진 민주국가에서 정치혁명은 더 이상 목표가 될 수 없지만, 과학의 각 분과별로 진행되는 IT 혁명, 바이오 혁명, 나노 혁명, 에너지 혁명 등 일련의 과학혁명은 국가 차원에서 정책적으로 추진되고 있으며 그에 따라 기술과 산업의 한계가 사라질 것이라는 전망을 낳고 있다.

과학혁명과 정치혁명, 그리고 산업혁명에 따른 경제적 변혁은 그 구조적 본질이 패러다임의 변화와 밀접한 관계가 있다. 앞서 살펴보았듯이 쿤은 '패러다임'이라는 용어를 특정 과학자 사회의 구성원들에 의해 공유되는 신념, 가치, 기술 등의 총체적 집합을 가리키는 사회학적인 의미로 사용하기도 하고, 또는 공유된 예제로서의 패러다임(paradigms as shared examples)이라는 의미로 사용하기도 한다. '패러다임'이란 용어는 원래 범례範例를 뜻하는 그리스어 'paradeigma'에서 유래되어 언어학 개념으로 사용되었으나, 오늘날에는 사회 구성원들에 의해 공유되는 세계관, 사고방식 및 가치체계 등을 총칭하는 광의의 의미로 사용되기도 한다. 말하자면 특정 시대나 사회가 공유하는 인식의 구조 내지는 사고의 틀을 지칭하는 것이라 할 수 있다. 과학혁명의 구조적 본질이 패러다임의 변화와 긴밀한 관계에 있음은 과학사적인 고찰을 통해 분명히 드러난다.

근대 과학혁명 이전의 2천여 년 동안 서구의 과학 사조는 자연에 관한 철학적 탐구가 중심이 되었다. 아리스토텔레스 역학이 지배한 이 시기 동안 자연은 통제할 수 있는 대상이 아니라 이해해야 할 대상이었다. 아리스토텔레스는 '세계 원리(world principle)' 또는 사물의 원리를 4원인설(Four Causes),[16] 즉 질료인(Material Cause), 형상인(Formal Cause: 무엇인가), 동력인(또는 작용인 Efficient Cause), 목적인(Final Cause)으로 제시하고 이를 크게 질료(質料 matter)와 형상(形相 form)으로 이분화했다.* 형상과 질료는 아리스토텔레스 범주론의 골간을 이루는 것이다. 여기서 형상은 '그 자체로서' 존재하는 실체이고, 질료는 실체인 형상에 '부대해서' 우연히 존재하는 분량·성질·관계·장소·시간·위치·상태·능동·수동의 아홉 가지 범주이다. 이처럼 그의 범주론은 세계에 대한 총체적 분류로서 실체를 포함한 열 가지 범주를 설정하고 있다. 아리스토텔레스는 이 열 가지 범주를 세계의 분석틀로 삼아 존재에 대한 이론을 전개했다.

---

* 여기서 질료인은 '무엇으로 만들어지는가?' 즉 소재에 대한 것이고, 형상인은 '무엇인가?' 즉 定義에 대한 것이고, 동력인은 '무엇에 의해 만들어지는가?' 즉 원인이 되는 힘에 대한 것이고, 목적인은 '어떤 목적으로 만들어지는가?' 즉 지향하는 목적에 대한 것이다. 여기서 동력인과 목적인은 형상인에 포괄되므로 4원인설은 크게 질료와 형상으로 이분된다. 질료와 형상은 마치 氣와 理의 관계와도 같이 설명의 편의상 구분일 뿐, 분리 자체가 근원적으로 불가능하다.

아리스토텔레스의 자연철학은 12, 13세기에 자연철학의 신학적 가치에 초점을 맞춘 로마 가톨릭 유럽의 학계 안으로 동화되어 신학적 맥락에서의 논의가 여러 세기 동안 지속되었다. 한편 12세기 아랍 철학자 아베로에스(Averroës)는 아리스토텔레스의 자연철학에 대한 방대한 주석서를 집필하여 종교적 교리와는 독립적으로 자연철학의 내용을 설명하고자 했다. 13세기 파리에서 아리스토텔레스에 대한 아베로에스의 해석을 발전시키는 추종자들이 나타나기도 했으나, 아베로에스의 견해는 자연철학을 신학의 '하녀'로 간주하는 토머스 아퀴나스(Thomas Aquinas)에 의해 반박되었고, 아베로에스주의(Averroïsm)는 명시적으로 불허되었다. 16세기에 들어 선도적인 대학 중심지였던 파도바(Padova)에서는 '아베로에스주의'가 신학적 맥락과 무관하게 아리스토텔레스의 자연철학을 논의해야 한다고 주장하면서 커다란 논쟁을 야기하기도 했다.[17]

코페르니쿠스의 저서 『천구의 회전에 관하여 De revolutionibus orbium coelestium』(1543)가 출판되기 이전의 유럽 대학 세계에는 아리스토텔레스적인 우주론이 통용되고 있었다. 아리스토텔레스의 자연철학에서 그 이론 틀을 따온 클라우디우스 프톨레마이오스(Claudius Ptolemaeos, 2세기)의 저서 『알마게스트 Almagest』는 구형의 지구가 우주의 중심에 정지해 있고 천체들이 지구 주위를 회전한다는 것을 논증했다. 프톨레마이오스의 천동설은 1543년 코페르니쿠스의 태양중심설(지동설)로 대체되었다. 코페르니쿠스의 지동설은 지구가 자전축을 중심으로 자전하면서 정지해 있는 태양 주위를 공전한다고 주장함으로써 근대 과학의 출현에 커다란 의미를 갖는 개념을 발전시켰다. 이 외에도 천재적 미술가이자 또한 과학자로서도 천재성을 드러낸 레오나르도 다빈치(Leonardo da Vinci)의 과학적 연구, 요하네스 케플러(Johannes Kepler)의 천체 운동법칙, 갈릴레오 갈릴레이(Galileo Galilei)의 천문학 연구, 윌리엄 하비

(William Harvey)의 생리학 및 해부학 연구, 로버트 보일(Robert Boyle)의 화학 연구, 그리고 뉴턴의 역학 체계의 확립 등으로 완성된 근대 과학은 신 중심의 세계관에서 인간 중심의 기계론적 세계관으로의 패러다임 전환을 주도하는 획기적인 과학혁명을 이룩했다.

'근대 과학의 기원에 대한 최고의 개론서'로 꼽히는 피터 디어(Peter Dear)의 『과학혁명 Revolutionizing The Sciences』(2001)에는 코페르니쿠스로부터 뉴턴에 이르기까지 새로운 방식으로 실천적 지식을 강조하는 거대한 문화적 전환이 일어나게 된 배경이 간명하게 나와 있다.

> 근대 과학의 핵심은 지식과 실천의 긴밀한 연관이다. 그러나 모든 시대의 과학이 그랬던 것은 아니다. 이러한 근대 과학을 탄생시킨 것은 16, 17세기 유럽 과학에서 일어난 변화, 바로 '과학혁명'이라 불리는 거대한 지적·문화적 전환이다. 이전의 과학이 자연에 관한 철학적 탐구였다면 이 시기의 과학은 자연을 통제하려는 실용적·실천적 시도가 더욱 중요해졌다. 인간이 자연을 이해하는 문제는 '왜'에서 '어떻게'로, '관조적인 삶(vita comtemplativa)'에서 '실천적인 삶(vita activa)'으로 이동한 것이다.[18]

근대적 사유의 특성은 프랑스의 천문학자이자 수학자인 라플라스(Pierre Simon de Laplace, 1749~1827)의 결정론적 세계관 속에 잘 함축되어 있다. 그는 뉴턴 역학과 케플러의 행성의 운동에 관한 3개의 법칙 등에 힘입어 『천체역학 celestial mechanics』(5 vols. 1799~1825)을 완성하였다. 또한 독일의 종교 개혁자 마르틴 루터(Martin Luther, 1483~1546)의 양검론兩劍論은 르네 데카르트(René Descartes, 1596~1650)의 합리주의 철학에 이르러서는 정신과 물질이라는 극단적인 이원론의 공식화를 초래하고, 나아가 근대 과학의 탄생과 더불어 물질문명의 비약적인 진보를 이루는 계기가 되었다. 이렇듯 16, 17세기에 그 본질적 형태가 형성된 근대 서구의 세계관과 가치체계는 르네상스와 종교개혁, 과학혁명, 계몽주의 및 산업혁명(Industrial Revolution) 등 일련의 서구 문명의 흐름과 연결되어 지난 수백 년간 서구 문화를 지배한 기초적 패러다임이 되었다. 16세기부터 시작된 근대 과학혁명과 더불어 기계론적 세계관(mechanistic world view)의 등장으로 중세기의 스콜라철학은 무너지고 17세기 근대 철학이 새로운 모습을 띠게 된다.

르네상스 후의 근대 철학, 특히 영국 고전 경험론의 선구자로서 근대 과학혁명에 중요한 기여를 한 철학자가 바로 영국의 프랜시스 베이컨(Francis Bacon, 1561~1626)이다. 그는 1620년에 출간된 철학적 주저主著 『노붐 오르가눔 Novum Organum』에서 지식을 향상시키기 위하여 모든 인간 지식에 보편적으로 적용될 수 있는 두 가지 경험적 방법론을 제시하였다. 즉, 인간을 오류로 이끌기 쉬운 '마음의 우상(편견)'을 제거할 것과 자연의 원리를 발견하기 위해 귀납적 방법을 사용할 것을 제시한 것이 그것이다.[19] 베이컨이 논박한 진리 탐구에 방해가 되는 네 가지 유형의 우상은 종족의 우상(idola tribus), 동굴의 우상(idola specus), 시장의 우상(idola fori), 극장의 우상(idola theatri)[20]이다. 여기서 우상이란 인간을 오류에 빠지게 하는 마음의 모든 경향을 일컫는 것이다. '노붐 오르가눔'*은 아리스토텔레스의 연역논리학(deductive logic)**에 대항하는 새로운 귀납논리학(inductive logic) 또는 학문 방법을 의미한다. 그는 연역

---

* '노붐 오르가눔'이라는 명칭은 영어로는 'New Organ', 즉 '새로운 기관' 또는 '신기관'이라는 뜻으로 새로운 학문의 도구 또는 방법을 의미하며, 구체적으로는 과학적 귀납법을 의미한다.
** 6세기부터 아리스토텔레스의 논리학을 하나의 학문 기관으로 정의하여 '오르가논(Organon)'이라고 불렀다.

논리학의 삼단논법이 명제들 사이의 관계만을 이야기할 뿐, 관찰과 실험을 통해 보다 일반적인 명제를 이끌어내지 못했다는 이유로 연역논리학에 반대했다.

이와 같이 베이컨의 신논리학은 과학적 지식의 진보에 부응하는 새로운 인식 방법을 담고 있으며, 마음의 우상 극복과 과학적 귀납법이 그 주된 내용이다. "아는 것(지식)이 힘이다(Knowledge is power)"라는 그의 경구驚句 속에는 자연에 대한 올바른 이해를 가로막는 교회의 권위를 비판하면서 당시의 철학과 과학을 개혁하고 학문의 진보를 도모하려 한 그의 의지가 담겨 있다. 이 말의 전정한 의미는 지식이 실생활에 미치는 결과와 관계된다. 그는 관찰이나 실험을 기반으로 하지 않은 종래의 스콜라적 편견이나 독단에서 오는 우상(偶像 idola)을 배척하고 새로운 과학적 인식 방법과 귀납적 연구 방법을 제창했다. 그가 지식의 힘을 강조한 것은 과학의 수단에 의해 자연에 대한 인간의 지배권을 강화하기 위한 것이다. 지식의 가치와 기능에 대한 다음 말은 베이컨이 추구하는 근대 과학의 지향점을 분명히 제시해 준다.

> 지식의 가치와 정당화는 무엇보다도 그것의 실제적인 응용과 유용성에 있다. 지식의 참된 기능은 인간 종족의 지배권을 확장하는 것이고, 자연에 대한 인간의 지배를 확장하는 것이다.
>
> The value and justification of knowledge…consists above all in its practical application and utility; its true function is to extend the dominion of the human race, the reign of man over nature.[21]

베이컨에 따르면 학문의 진정한 목표는 새로운 발명 또는 발견을 통해 자연에 대한 인간의 지배력을 확장하여 인류 생활을 향상시키는 데 있다. 건전한 학문의 기준은 사변적 지식에 있는 것이 아니라, 인쇄술·화약·나침반·종이 등과 같이 인류의 생활 향상과 행복 증진에 효과적으로 작용하는 도구의 발명과 같은 산출된 성과에 있다는 것이다. 베이컨이 새로운 과학적 방법을 충분히 이해하지도 못했고, 과학에 관한 정확한 지식을 가지고 있지도 않았으며, 무엇보다도 과학적 사고에서의 수학의 역할을 깨닫지 못했다는 점에서 그를 자연과학의 정초자定礎者라고 할 수는 없을 것이다. 그럼에도 그가 『노붐 오르가눔』에서 과학적 귀납법을 제창하고, 『학문의 진보』에서 학문 개혁, 특히 자연과학의 개혁을 제창한 것은 근대성의 신기원을 연 것으로 볼 수 있다.[22]

이와 같이 16, 17세기 유럽에서 일어난 '과학혁명'이라 불리는 지적·문화적 전환기의 과학은 자연을 통제하고 정복하려는 실천적 시도에 초점을 두었다. 그러나 데카르트-뉴턴의 기계론적 세계관에 입각한 합리적 정신과 과학적 방법은 모든 현상을 분할 가능한 입자의 기계적 상호작용으로 파악하여 드디어는 정신까지도 물질화하는 결과를 초래함으로써 물신 숭배가 전 지구적으로 만연하게 되었다. 근대 물질문명의 진보 과정은 과학기술과 밀접하게 관련된 '도구적 이성(instrumental reason)'의 기형적 발달을 극명하게 보여주는 것으로 생태계 파괴, 생산성 제일주의, 무한경쟁, 공동체 의식 쇠퇴와 같은 심각한 폐해를 낳았다. 그리하여 반反생태적 패러다임이 사회 전반을 주도하게 되고, 힘의 논리에 입각한 파워 폴리틱스(power politics)가 횡행하면서 인류는 총체적인 인간 실존의 위기에 처하게 되었다. 낡은 기계론적 세계관의 관점이 더 이상은 실제 세계를 반영하지도, 문제 해결의 유익한 단서를 제공하지도 못한다는 사실이 분명해지면서 '도구적 이성'과 '도구적 합리주의(instrumental rationalism)'에 대한 자기반성이 촉구되고 패러다임 전환의 필요성이 제기된 것이다.

근대 합리주의와 과학적 객관주의가 함축하는 과도한 인간 중심주의와 이원론적 사고 및 방법론은 실험물리학(experimental physics)의 발달로 그 한계성을 지적받게 된다. 라플라스의 결정론적 세계관은 20세기에 들어와 원자와 아(亞)원자 세계에 대한 탐구로 물질, 시간, 공간, 인과율과 같은 고전 물리학의 기본 개념에 대한 근본적인 수정이 불가피해지면서 서서히 빛을 잃게 된다. 아인슈타인의 상대성이론과 양자론이 정립됨에 따라 뉴턴의 3차원적 절대 시공時호의 개념은 폐기되고 4차원의 '시공' 연속체가 형성됨으로써 우주는 본질적으로 역동적이며 불가분적인 전체로서, 정신적인 동시에 물질적인 하나의 실재로서 인식되게 된 것이다. 다시 말해 정신과 물질을 두 개의 독립된 영역으로 간주하던 근대 과학이, 실험물리학의 발달로 물질[色, 有]의 궁극적 본질이 비물질[호, 無]과 둘이 아님을 밝혀낸 것이다. 그리하여 전일적 패러다임(holistic paradigm)으로의 대체 필요성이 역설되면서 근대의 초극을 위한 새로운 패러다임에 관한 논의가 확산되었다.

20세기에 들어 물리학계에 나타난 가장 커다란 변화 중의 하나가 바로 세계를 바라보는 관점이 비결정론적으로 바뀌었다는 사실이다. 1920년대 초반까지도 물질의 최소 단위를 알면 우주 전체를 이해할 수 있다거나, '우주의 초기 상황을 정확히 알 수 있다면 우주의 미래도 정확히 예측할 수 있다.'는 결정론적 세계관이 지배적이었다. 그러나 1920년대 중반에 들어 '부분의 단순한 합으로는 전체를 이해할 수 없다.'는 주장이 제기되면서 결정론적 세계관에 기초한 뉴턴의 고전역학은 양자역학(quantum mechanics, 광의로는 양자론)이라는 새로운 패러다임으로 전환된다. 주체와 객체의 이분법이 폐기된 양자역학적 실험 결과나 산일구조(散逸構造 dissipative structure)의 자기조직화(self-organization) 원리는 새로운 전일적 패러다임을 기용하는 논의들에서 자주 인용되는 대표적인 것이다.

비결정론적인 새로운 패러다임으로의 전환은 처음으로 양자 개념을 도입해 양자역학의 효시로 알려진 독일의 물리학자 막스 플랑크(Max Planck)의 양자가설(quantum hypothesis, 1900)에 이어, 빛의 입자성에 기초한 광양자가설(photon hypothesis)로 설명되는 아인슈타인의 광전효과(photoelectric effect, 1905), 그리고 결정적으로는 하이젠베르크의 행렬역학(matrix mechanics, 1925)과 슈뢰딩거(Erwin Schrödinger)의 파동역학(wave mechanics, 1926)의 정립에 따른 것이다. 결정론적 세계관이 결정적으로 빛을 잃게 된 것은 1927년 하이젠베르크가 불확정성원리(uncertainty principle)를 통해 미시적 양자 세계에서의 근원적 비예측성(unpredictability)을 입증하면서부터다. 그에 따라 물리세계는 인식론적 차원에서도 비결정론적이고 통계적인 것으로 변환된다. 이른바 '나비효과(butterfly effect)' [23]를 비롯해 카오스이론(chaos theory) 등 복잡계(complex system) 과학은 이러한 불확실성에 근거한 것이다.

20세기 후반에 들어 현대 물리학의 주도로 본격화된 패러다임 전환은 21세기에 들어 가속화되고 있으며 우리의 세계관에도 심대한 변화를 초래하고 있다. 즉, 데카르트-뉴턴의 기계론적·환원론적(reductionistic)인 세계관에서 시스템적·전일적인 세계관으로의 전환이 그것이다. 근대 합리주의가 중세적 패러다임을 전근대적이며 비합리적인 것으로 규정하고 과학적 합리주의에 의해 세계를 해석하려고 했던 것처럼, 이제 생태 합리주의는 근대의 이분법적 패러다임을 기계론적이며 비합리적인 것으로 규정하고 전일적 패러다임에 의해 세계를 재해석하려고 한다. 근대 과학혁명을 통해 새로운 정상과학이 기계론적 세계관의 새 패러다임에 의해 기존의 정상과학을 대체했듯이, 이제 20세기 이후의 현대 과학혁명을 통해 새로운 정상과학이 전일적 실재관(holistic vision of reality)의 새 패러다임에 의해 기존의 정상과학을 대체하려 하고 있다.

오늘날 양자물리학, 양자의학, 유기체생물학, 게슈탈트 심리학, 신경생리학, 홀로그램 모델, 복잡계 이론(complex system theory), 생태이론 등에서 광범하게 나타나는 전일적 실재관의 핵심은 이 우주가 부분들의 단순한 조합이 아니라 유기적 통일체이며 우주만물은 개별적 실체성을 갖지 않고 전일적인 흐름(holomovement) 속에서만 파악될 수 있다는 것이다. 21세기의 주류 학문인 생명공학, 나노과학 등의 이론적 토대가 되는 복잡계 과학은 생명계뿐만 아니라 생명의 본질 그 자체를 네트워크로 인식한다. 부분과 전체의 유기적 통합성에 기초한 시스템적 사고는 상호 배타적인 것이 상보적이라는 양자역학적 세계관에 잘 나타나 있다. 양자역학적 관점은 부분으로부터 전체를 유추해 내는 분석적·환원주의적 접근 방법과는 달리, 상호작용하는 부분들이 전체 조직과의 맥락 속에서만 파악될 수 있다고 보는 점에서 생태계를 하나의 네트워크로 인식하는 생태학적 관점과 그 맥을 같이 한다. 그리하여 현대 과학의 전일적 실재관과 생태 담론 및 포스트모더니즘(postmodernism) 사조가 전 지구적으로 확산되면서 이원론적 세계관의 해체(deconstruction)를 둘러싼 담론이 불붙게 되는데, 그 핵심은 의식 차원과 깊이 연결돼 있다.[24]

이 우주를 의식이 지어낸 이미지 구조물로 보는 현대 물리학의 홀로그램 우주론은 의식계와 물질계의 유기적 통합성을 바탕으로 우주의 실체가 의식[우주의 창조적 에너지]임을 말하여 준다. 현대 물리학의 새로운 실재관은 본체인 동시에 작용으로 나타나는 생명의 전일적 흐름과 조응한다. '보이지 않는 우주'와 '보이는 우주', 다시 말해 일체가 에너지로서 접혀 있는 전일성의 세계인 본체계[의식계, 정신계]와 무수한 사상事象이 펼쳐진 다양성의 세계인 현상계[존재계, 물질계]는 내재적 질서에 의해 하나의 고리로 연결돼 있으며 상호 조응·상호 관통한다. 우주에서 일어난 모든 것은 사라져 버리는 것이 아니라 보이지 않는 질서 속으로 접혀 들어가 있으며, 보이지 않는 질서는 과거·현재·미래 우주의 전 역사를 다 담고 있는 것이다. 흔히 아카식 레코드(Akashic Records)*라고도 불리는 이 보이지 않는 질서는 인간과 우주의 모든 활동을 정보 파동에 의해 기록하고 지속적으로 자동 업데이트하여 보관하는 일종의 우주 도서관이자 우주를 창조한 슈퍼컴퓨터라 할 수 있다. 따라서 이러한 '보이지 않는 우주'에 접근할 수 있는 방법을 알게 되면 우주의 모든 비밀을 푸는 마스터키를 소지한 셈이 된다.

이상과 같은 과학사적인 고찰을 통해서도 드러나듯이 과학혁명의 구조적 본질이 패러다임 전환과 긴밀한 관계에 있음은 분명하다. 전일적 실재관에 기초한 현대 과학의 안내로 인류의 가치지향성 또한 대大에서 소小를 거쳐 극미세極微細에서 공空으로 진입하고 있다.25 '대소大小'는 물질 차원의 개념이지만, '공空'은 의식 차원의 개념이다. '공'은 모든 현상을 일으키는 살아 있는 '공', 즉 텅 빈 충만을 의미한다. 우주과학적 측면에서 보면, 우주 질서 속에서 지구 문명은 물고기 별자리인 쌍어궁雙魚宮시대에서 물병 별자리인 보병궁寶瓶宮시대로 진입하고 있으며,** 많은 사람들은 새 시대가 쌍어궁시대의 단순한 연장이 아니라 근본적인 패러다임 전환을 가져올 것이라고 예측

---

* 아카식 레코드는 하늘, 우주 등을 일컫는 산스크리트어 '아카샤(aksha)'에서 비롯된 말로서 인간과 우주의 모든 활동을 데이터화하여 기록, 보관하는 일종의 우주도서관이다. 아카식 레코드라는 개념이 처음 등장하게 된 것은 '神智學(theosophy)협회'를 창설한 러시아의 종교적 신비주의자 헬레나 페트로브나 블라바츠키(Helena Petrovna Blavastky, 1831~1891)와 '人智學(anthroposophy)협회'를 창설한 독일계 오스트리아의 人智學 창시자 루돌프 슈타이너(Rudolf Steiner, 1861~1925)와 관련이 있다.
** 뉴턴이 만유인력의 법칙으로 설명한 지구의 세차 운동(precession) 기간은 25,920년이다. 이 세차 운동상에는 12별자리가 있으며, 각 별자리와 별자리 사이의 거리에는 2,160년이라는 시간이 소요된다. 천문학적으로는 기원전 약 1백년 경 황도대의 춘분점부터 물고기 별자리가 시작된 것으로 보며, 2천 1백여 년이 흐른 현재는 다시 물병 별자리로 옮겨져 가고 있다는 것이다.

한다. 이는 곧 물질시대에서 의식시대로의 패러다임 전환을 의미한다. 물병별자리가 바로 '공'을 상징함은 우연이 아닐 것이다. 바야흐로 우주의 시간대가 문명의 대전환기로 접어들고 있는 것이다.

21세기 과학혁명의
특성과 과제

21세기 과학혁명의 '혁명'이란 말은 과학과 의식의 심오한 접합을 함축한다. 이러한 접합은 현대 물리학의 '의식' 발견에 따른 것으로 홀로무브먼트(holomovement)로서의 생명 현상을 파악할 수 있게 하는 핵심 요소다. 아亞원자 물리학의 '양자장(quantum field)' 개념에 따르면, 물질은 개별적인 원자들로 구성된 실재가 아니라 장場이 유일한 실재이며 물질은 장이 극도로 강하게 집중된 공간의 영역에 의해 성립되는 것이다. 말하자면 양자계는 근원적으로 비분리성(inseparability) 또는 비국소성(non-locality)[초공간성]을 갖고 파동인 동시에 입자로서의 속성을 상보적으로 지닌다는 것이다. 이러한 비국소성은 '양자장'이 작용하는 차원에서는 분리 자체가 근원적으로 불가능하기 때문에 위치라는 것이 더 이상 존재하지 않음을 시사한다. 모든 곳에 존재하거나 어디에도 존재하지 않는다는 '미시세계에서의 역설(paradox)'은 바로 이를 두고 하는 말이다.

이러한 양자역학적 관점은 주체와 객체의 이분법이 폐기됨으로써 전 우주가 참여자의 위치에 있게 되는, 이른바 '참여하는 우주(participatory universe)'의 경계를 밝힌 것으로 '무주無住의 덕德' –그 덕이 미치지 않는 곳이 없으므로 모든 곳에 존재한다고 할 수 있지만, 특정한 곳에 머무르지 않으므로 어디에도 존재하지 않는다고 한–에 계합하는 것이다. 『금강삼매경론金剛三昧經論』 「본각이품本覺利品」 장에 나오는 무주보살無住菩薩은 "본각(本覺: 一心의 본체)에 달하여 본래 기동함이 없지만 그렇다고 적정寂靜에 머무르지 않고 항상 두루 교화하는 일을 하기 때문에 그 덕에 의해 '무주' 란 이름이 붙여진 것이다."[26] 무주의 덕은 적정한 일심의 체성體性이 그대로 드러난 것이므로 "공空도 아니고 공 아닌 것도 아니어서 공함도 없고 공하지 않음도 없다."[27] 이는 곧 걸림이 없는 완전한 소통성을 표징한다.

이렇게 볼 때 미시세계에서의 역설은 생명의 본체인 일심[보편의식, 전체의식, 우주의식, 근원의식, 순수의식]의 초공간성을 드러낸 것이다. 일심의 경계는 상대적 차별성을 떠난 여실한 대긍정의 경계로서 긍정과 부정의 양 극단을 상호 관통한다. 일심의 체體는 이분법적 사유체계를 초월하여 "인因도 아니고 과果도 아니므로 '인' 을 짓기도 하고 '과' 가 되기도 하며, '인' 의 '인' 을 짓기도 하고 '과' 의 '과' 가 되기도 한다."[28] 우주만물이 곧 일심의 화현化現이라는 뜻이다. 마치 비가 대지를 고루 적시고 태양이 사해를 두루 비추는 것과도 같이 평등성지平等性智가 드러난 '무주의 덕' 을 이해하면 역설의 의미 또한 이해할 수 있다. 이와 같이 양자계의 비국소성은 양자역학과 마음의 접합을 통해 보다 명료하게 드러난다. 진여眞如인 동시에 생멸生滅로 나타나는 마음의 구조를 이해하면, 파동인 동시에 입자로 나타나는 양자역학적 세계관을 이해할 수 있다. 양자역학을 '마음의 과학' 이라고 부르는 것은 이 때문이다.

미국의 양자물리학자 데이비드 봄(David Bohm)의 '숨은 변수이론(hidden variable theory)' 이 말하여 주듯 다양하게 분리된 것처럼 보이는 '드러난(explicate)' 물리적 세계는 일체의 이원성을 넘어선 '숨겨진(implicate)' 전일성의 세계가 물질화되어 나타난 것이다.[29] 이러한 질서를 데이비드 봄은 부분이 전체를 포함하는 홀로그램(hologram)적 비유로 설명하고, 현실세계 또한 홀로그램과 같은 일반 원리에 따라 구성된 것으로 보았다.[30] 말하자면 자연은 내재적인 동시에 외재적이다. 내재적 자연(intrinsic nature)이란 일심, 즉 한 이치 기운理氣을 말하는 것이고, 외재적 자연(extrinsic nature)이란 음양의 원리와 기운의 조화造化 작용으로 체體를 이룬 것이다. 이는 곧 생명의 본체와 작용이, 본체계[의식계]와 현상계[물질계]가 합일임을 보여주는 것이다. 아리스토텔레스가 '그 자체로서' 존재하는 실체인 형상이 형상에 '부대해서' 존재하는 질료 속에 내재해 있다고 한 것은 전체성과 개체성이 결국 하나임을 말해주는 것이다.

봄은 에너지, 마음, 물질 등 우주에 존재하는 모든 것이 초양자장(superquantum field or superquantum wave)으로부터 분화되며, 물질은 원자로, 원자는 소립자로, 소립자는 파동으로, 파동은 다시 초양자장으로 환원될 수 있다고 보고 초양자장 개념에 의해 파동과 입자의 이중성(wave-particle duality)을 통섭하고자 했다. 그는 양자역학이 확률론적으로 해석되는 것이 아직 발견되지 않은 숨은 변수 때문이라고 보고 양자역학에 대한 코펜하겐 해석의 확률론적인 해석에 반대하여 파동함수를 존재의 확률이 아닌 실제의 장場으로 인식했다.[31] 그리하여 양자계에서 전자(electron)의 위치와 운동량을 모르기 때문에 불확정성 원리에 따르는 확률론적 해석과는 달리, 스스로의 내재적 법칙성에 따라 운동하는 전자가 반드시 있을 것이라고 보고 '숨은 변수이론'에 의해 결정론적인 해석을 내놓았다.

이러한 봄의 결정론적인 해석은 거시세계에 투영시켜 보면 그 의미가 보다 명료해진다. 봄이 말하는 바로 그 내재적 법칙성에 의해 우주만물이 간 것은 다시 돌아오고 돌아온 것은 다시 돌아가는 순환운동이 일어나는 것이다. '무왕불복지리無往不復之理', 즉 '가고 돌아오지 않음이 없는 이법理法'[32]이란 이를 두고 하는 말이다. 일체가 초양자장에서 나와 다시 초양자장으로 환원하는 봄의 양자이론은, 일체가 '하나(ONE 天地人)'에서 나와 다시 '하나'로 복귀하는 『천부경天符經』의 '한' 사상과 조응한다. 봄이 파동의 기원을 우주에

미만彌滿해 있는 초양자장*이라고 보고 초양자장 개념에 의해 파동과 입자의 이중성을 통섭하고자 한 것은, 만물만상이 무상한지라 한결같을 수 없고 오직 '하나' 만이 한결같아서 대립과 운동을 통일시킨다는 '한' 사상과 같은 맥락이다. 말하자면 우주만물이 생성과 소멸을 반복하지만 생멸을 초월한 영원한 실재의 차원이 있다는 것이다. 진리 불립문자眞理不立文字이니 무어라 명명할 수는 없지만, 설명의 편의상 『천부경』에서는 이 무극無極의 원기元氣를 '하나' 로, 봄은 초양자장으로 나타낸 것이다.

동양적 지혜의 정수에 닿아 있는 데이비드 봄의 '양자 형이상학(quantum metaphysics)' 은 다양한 분야에서 폭넓은 호응을 얻고 있으며, 현대 물리학의 미래에 많은 시사점을 제공한다. 그의 초양자장은 정보-에너지 의학에서 동일시하는 세 가지, 즉 자기조직화의 창발(emergence) 현상을 가능하게 하는 '정보-에너지장(information-energy field)', 만프레드 아이겐(Manfred Eigen)의 효소의 자기조직화하는 원리[hypercycle], 그리고 루퍼트 쉘드레이크(Rupert Sheldrake)의 '형태형성장(morphogenic field)' 과도 조응한다. 현대 과학자들에 의하면 분자가 갖고 있는 '정보-에너지장場' 은 목적과 방향을 알고 있고 필요에 따라 모여서 단세포 생물이 탄생하게 된다고 한다. 우주만물을 잇는 에너지장場, '디바인 매트릭스(Divine Matrix)' 라고도 불리는 이 미묘한 에너지를 막스 플랑크는 '의식과 지성을 가진 정신(conscous and intelligent Mind)' 33이라고 명명했다.

생명의 본체와 작용, 의식계와 물질계가 상호 조응·상호 관통하는 이치

---

* 봄은 파동의 기원을 연구한 결과 제임스 맥스웰(James Maxwell)의 전자기장 방정식에서 스칼라 포텐셜(scalar potential)이 있다는 사실을 발견하고 삭제된 포텐셜의 필요성을 인정, 그 이름을 바꾸어 초양자장 혹은 초양자 파동이라고 불렀다.

를 알게 되면 미시세계에서의 파동과 입자의 이중성에 대한 규명도 자연히 이루어지게 된다. 이러한 이중성은 자연이 불합리해서가 아니라 대립자의 역동적 통일성에 기초하는 '스스로自 그러한然' 자의 본질인 까닭이다. 다시 말해 생명의 본질 자체가 내재성(immanence)인 동시에 초월성(transcendence)이며, 전체성[一]인 동시에 개체성[多]이며, 우주의 본원인 동시에 현상 그 자체, 즉 완전한 소통성인 데서 기인하는 것이다. 우주만물은 전체와 부분이 상즉상입相卽相入의 구조로 상호 연기緣起하고 있는 것이다. 말하자면 전체와 부분 간의 상호 피드백에 의해 자기조직화(self-organization)가 일어나는 것이다. 이러한 자기조직화는 우주만물[多]을 전일성[一]의 자기복제(self-replication)로 보는 일즉다一卽多·다즉일多卽一의 원리와 조응한다. 이러한 생명의 전일성과 자기근원성을 깨닫지 못하고서는 이분법의 환영幻影에서 벗어날 수가 없고, 따라서 자유·정의·복지·평화 등 인간이 추구하는 제 가치는 실현될 수가 없다.

    과학과 의식의 접합을 추구하는 21세기 과학혁명의 핵심 키워드는 '생명(life)' 이다. 우주의 본질인 생명은 필연적인 자기법칙성에 따라 스스로 생성되고 스스로 변화하여 스스로 돌아가는 '스스로自 그러한然' 자, 즉 자연이다.[34] 만물의 개체성은 누가 누구를 창조한 것이 아니라 궁극적 실재인 '하나' 가 자기복제 내지는 자기조직화한 것이며, 이 우주는 자기생성적 네트워크 체제로 이뤄져 있다. 생명은 '스스로 그러한 자' 이니, 생명은 자유다. 「요한복음(John)」(14:6)에 나오는 "나는 길이요 진리요 생명이니…"[35]라는 구절이 말하여 주듯 생명은 진리다. 생명은 자유이고 진리이니, "진리가 너희를 자유롭게 하리라."[36]는 말은 사실과 부합된다. 진리는 전지(全知 omniscience)·전능(全能 omnipotence)이다. 앎이 중요한 것은 이 때문이다. 안다는 것은 곧 이해한다는 것이다. 우주의 본질인 생명을 이해한다는 것이다. 생명이 자유임에도 자유롭지 못한 것은 개체화된 자아 관념에 사로잡혀 진리로부터 멀어졌기 때문이다. 개체화된 자아 관념은 개체화되고 물질화된 신 관념만큼이나 허구적이다.

현대 과학의 생명사상은 전체를 유기적으로 통찰하려는 세계관이자 방법론인 복잡계[네트워크] 과학의 특성에서 잘 드러난다. 포스트 게놈시대(Post-Genome Era)의 새로운 패러다임 구축을 선도하고 있는 복잡계 과학에서는 네트워크가 상호작용하며 스스로 만들어내는 다양한 패턴을 '자기조직화'라고 부른다. 오늘날 복잡계 이론을 이해하는 키워드가 되는 자기조직화는 부분과 전체가 함께 진화하는 공진화(co-evolution) 개념을 이해하는 키워드이기도 하다. 이 우주가 자기유사성[자기반복성]을 지닌 닮은 구조로 이루어져 있다는 프랙털(fractal) 구조 또한 자기조직화의 원리에 기초해 있다. 생명의 자기조직화는 불안정한 카오스 상태에서 자발적으로(저절로) 질서의 창발이 일어나는 것을 말한다. 따라서 카오스는 단순한 무질서가 아니라 오히려 진화를 가능하게 하는 조건으로 볼 수 있다.

러시아계 벨기에의 화학자이자 물리학자인 일리야 프리고진(Ilya Prigogine)은 일체 생명 현상과 거시세계의 진화, 그리고 세계의 변혁을 복잡계의 산일구조(dissipative structure)에서 발생하는 자기조직화[37]로 설명한다. 그가 카오스 이론[38]에서 밝히듯이 비평형의 열린 시스템에서는 자동촉매작용(autocatalysis)에 따른 비선형 피드백 과정(non-linear feedback process)에 의해 증폭된 미시적 요동(fluctuation)의 결과로 엔트로피가 감소하면서 새로운 구조로의 도약이 가능하다는 것이다. 그렇게 생성된 새로운 구조가 바로 카오스의 가장자리(edge of chaos)인 산일구조, 즉 새로운 창조가 일어나는 임계점이고, 그러한 과정이 산일구조의 유기적·시스템적 속성과 맞물려 일어나는 자기조직화다. 모든 생명체는 산일구조체로서 지속적인 에너지 유입에 의해서만 생존이 가능하며, 개체의 생명이나 종으로서의 진화는 바로 이 산일구조에서 비롯되는 것이다. 복잡계에서 일어나는 변화는 분기(bifurcation)와 같은 현상 때문에 비가역적(irreversible)인 것이 특징이며, 이러한 비가역성이 혼돈으로부터 질서를 가져오는 메커니즘이라는 것이다.[39]

프리고진은 '됨(becoming)'의 가변적 과정보다 '있음(being)'의 불변적 상태를 일반적인 것으로 인식한 종래의 평형 열역학(equilibrium thermodynamics)에서와는 달리, 비평형 열역학(non-equilibrium thermodynamics)을 통해 '됨'의 과정이 일반적이고 '있음'의 상태는 예외적인 것으로 인식함으로써 전일적인 흐름으로서의 생명 현상을 파악할 수 있게 했다.[40] 이처럼 생명의 전일적·시스템적 속성이 과학적으로 규명된 것은 과학과 영성의 불가분성을 보여주는 것으로 생명의 자기근원성과 진화의 핵심 원리를 파악할 수 있게 한다는 점에서 그 의미가 크다. 프리고진의 과학적 세계관은 실재(reality)를 변화의 과정 그 자체로 본 알프레드 화이트헤드(Alfred North Whitehead)의 과정철학(process philosophy or philosophy of organism)[41]과 같은 맥락 속에 있다. 프리고진으로 대표되는 브뤼셀학파의 자기조직화 원리는 독일의 헤르만 하켄(Hermann Haken)과 만프레드 아이겐, 영국의 제임스 러브록(James Lovelock), 미국의 린 마굴리스(Lynn Margulis), 칠레의 움베르토 마투라나(Humberto Maturana)와 프란시스코 바렐라(Francisco Varela) 등에 의해 더욱 정교화 되었다.

이처럼 프리고진의 비평형 열역학을 이해하는 핵심 개념인 산일구조와 자기조직화는 평형 열역학으로는 설명할 수 없는 생명의 기원을 알려주는 단서를 제공한다. 영국의 물리학자 스티븐 호킹(Stephen Hawking)은 그의 저서 『위대한 설계 The Grand Design』(2010)[42]에서 우주를 탄생시킨 빅뱅은 신에 의해서가 아니라 중력의 법칙에 의해 저절로 생겨난 현상이라고 보았다. 말하자면 중력의 자연법칙에 의해 우주와 인류가 무無에서 자연발생적으로 창조된 것일 뿐, 신의 개입으로 이루어진 것은 아니라는 것이다. 그는 만물의 최소 단위가 입자가 아니라 '진동하는 끈' 이라고 보는 끈이론(string theory)에 기초한 'M이론(M-theory, superstring theory)' 43으로 우주의 생성 원리를 설명할 수 있다고 보았는데, 이 'M이론'이 바로 아인슈타인이 추구했던 '통일장이론(unified field theory)' *이다. 호킹은 신이 무엇인지를 밝히지도 않은 채 신의 존재를 부정함으로써 신에 대한 불필요한 논쟁을 야기했다. 그가 부정하는 신은 에고의식이 빚은 저차원의 속성을 갖는 물신物神이다. 그러나 고차원의 무속성無俗性의 순수의식은 만유가 만유일 수 있게 하는 제1원리를 신[진리]으로 인식한다. 호킹이 말하는 중력의 자연법칙이란 것도 이 범주에 속한다.44

한편 2012년 7월 4일 유럽입자물리연구소(CERN)는 스위스 제네바에서 거대강입자가속기(LHC) 실험을 통해 우주 생성의 비밀을 밝혀 줄 새로운 입자가 발견됐다고 발표했다. 물질을 이루는 기본입자 중 가장 핵심적인 '힉스(Higgs)와 일치하는' 입자를 발견했다는 것이다. 2013년 3월 14일 CERN은 2012년에 발견한 것이 '힉스 입자' 임이 분명하다고 밝히고, 다만 힉스 입자의 종류를 알아내려면 갈 길이 멀다고 했다. 우주 탄생을 설명하는 입자물리학(particle physics) '표준모형(standard model)'에 따르면 우주만물은 12개 기본입자(쿼크 6개, 렙턴 6개)45와 이들 사이의 상호작용을 담당하는 4개 매개입자로 구성되어 있는데, 137억 년 전 우주 대폭발(빅뱅) 직후 탄생한 기본입자에는 질량이 없었다는 것이다. 그런데 기본입자들로 구성된 물질에는 질량이 존

* 이론 물리학의 핵심 화두가 되어온 '통일장이론'은 자연계에 존재하는 네 가지 절대적인 힘, 즉 뉴턴의 만유인력의 법칙을 설명하는 중력, 제임스 클럭 맥스웰(James Clerk Maxwell)의 전자기 법칙을 설명하는 전자기력, 물질의 붕괴를 설명하는 약력, 핵의 구조를 설명하는 강력 등을 통합하여 하나의 원리로 설명하려는 이론이다. 이 원리를 밝혀낼 수 있으면 우주의 비밀을 푸는 마스터키를 소지한 것이나 다름없게 된다.

재하니, '표준모형'의 모순을 해결하기 위해 우주 탄생 초기 다른 입자들에 질량을 부여한 '힉스'라는 입자가 있었다고 추정하는 것이다. 이른바 '신의 입자(God Particle)'로 불리는 힉스 입자(Higgs Boson)는 1964년 이러한 가설을 처음 제시한 영국의 물리학자 피터 힉스(Peter Higgs)의 이름을 딴 것이다.

힉스 입자 발견은 우주 탄생의 비밀을 밝히고 새로운 문명을 가져올 것이라는 예단을 낳고 있다. 그런데 우주 탄생 초기에 '힉스 입자가 다른 입자들에 질량을 부여하고 사라졌다.'는 설명은 명쾌하지가 않다. 실로 이 우주에서 사라지는 것은 아무것도 없기 때문이다. 앞서 살펴보았듯이 우주의 본질인 생명은 스스로 생성되고 변화하여 돌아가는 '스스로 그러한 자'이므로 본체와 작용이 둘이 아니다. 따라서 누가 누구에게 질량을 부여하여 물질화되는 것이 아니라 자기조직화한 것이다. 생명은 분리 자체가 근원적으로 불가능한 절대유일의 하나, 즉 영성[靈] 그 자체다. 참자아인 영(Spirit)—흔히 신[神性]이라고도 부르는—은 우주 생명력 에너지(cosmic life force energy)인 동시에 우주 지성이며 또한 우주의 근본 질료로서, 이 셋은 이른바 제1원인의 삼위일체라고 하는 것이다. 에너지·지성·질료는 참자아인 '영'이 활동하는 세 가지 다른 모습이다.

> 물질세계는 '영(Spirit)' 자신의 설계도가 스스로의 에너지·지성·질료의 삼위일체의 작용으로 형상화되어 나타난 것이다. '영'이 생명의 본체라면, 육은 그 작용으로 나타난 것이므로 우주만물은 '물질화된 영(materialized Spirit)'이고 그런 점에서 영과 육, 의식계와 물질계는 둘이 아니다. 생명의 전일성과 자기근원성, 만유의 근원적 평등성과 유기적 통합성이 이로부터 도출된다.[46]

말하자면 '보이는 우주'는 '보이지 않는 우주', 즉 '영'의 자기복제로서의 작용 내지는 자기조직화에 의해 나타난 것이다. '영'의 자기조직화 하는 원리가 바로 우주 지성, 즉 우주의식[전체의식, 보편의식, 근원의식, 순수의식]이다. 우주의 진행 방향이 영적 진화인 것은 바로 이 우주 지성의 작용에 기인하는 것이다. 생명의 본체인 '영'은 곧 천지이기天地理氣다. 천지이치와 기운에 의해 만물이 화생하고 움직이는 조화 작용이 있게 되는 것이다. 기氣가 질료라면, 이理는 그 질료가 어떤 형태로 나타날 것인지를 결정해 주는 원리인 셈이다. 해월海月 최시형崔時亨은 「천지이기天地理氣」에서 우주만물의 근원인 이理와 기氣의 전일적 관계를 명료하게 설명하고 있다. '이치와 기운 두 글자 중 어느 것이 먼저인가.'라는 물음에, 해월은 "천지, 음양, 일월, 천만물의 화생한 이치가 한 이치 기운一理氣의 조화 아님이 없다."[47]라고 하고 있다. 한마디로 기운이 곧 이치氣則理이고 이치가 곧 기운理則氣이니 이치와 기운은 하나다. '천지이기'를 알지 못하고서는 생명을 논할 수 없다.

> 처음에 기운을 편 것은 이치요, 형상을 이룬 뒤에 움직이는 것은 기운이니, 기운이 곧 이치이다…기(氣)란 조화의 원체(元體) 근본이고, 이(理)란 조화의 현묘함이니, 기운이 이치를 낳고 이치가 기운을 낳아 천지의 수(數)를 이루고 만물의 이치가 되어 천지 대정수(大定數)를 세운 것이다.[48]

데이비드 봄이 아원자의 역동적 본질을 나타내기 위해 사용한 '홀로무브먼트'라는 용어는 우주의 창조적 에너지의 흐름을 잘 함축하고 있다. 홀로무브먼트의 관점에서 이 우주는 각 부분 속에 전체가 내포돼 있는 거대한 홀로그램적 투영물이며, 전자(electron)는 기본입자가 아니라 단지 홀로무브먼트의 한 측면을 지칭한 것으로 입자인 동시에 파동으로 나타나게 된다는 것이다.⁴⁹ 그에 따르면 입자(물질)란 정확하게 말하면 입자처럼 보이는 파동(의식)일 뿐이다. 우주만물은 특정 주파수대의 에너지 진동이며 99.99%가 텅 빈 공간으로 이루어져 있다. 생각 또한 에너지 진동이지만 물질보다 높은 주파수대에 속해 있으므로 볼 수도, 만질 수도 없는 것이다. 우주의 실체는 의식이며, 인간이란 지구에 살고 있는 의식에 지나지 않는다. 힉스 입자 발견이 아니라 인간이 단순한 육체적 존재가 아니라는 사실을 발견하는 것이야말로 어쩌면 이 세상에서 가장 경이로운 일인지도 모른다. 미국의 양자물리학자 아밋 고스와미(Amit Goswami)는 말하지 않았던가. "우리가 우리 자신의 의식을 이해할 때 우주 또한 이해하게 될 것이고, 우리와 우주 사이의 분리는 사라질 것이다."라고.

앞서 살펴본 바와 같이 과학혁명은 패러다임의 변환과 연계돼 있고 패러다임 변환은 사회구조 변화와 맞물려 의식의 진화를 위한 최적 조건의 창출과 관계된다. 20세기 이후의 과학혁명은 특히 현대 물리학의 주도로 과학과 의식의 접합을 추구해 왔으며, 21세기에 들어서는 더욱 가속화될 전망이다. 그러나 현대 과학은 인간 존재의 세 중심축–종교와 과학과 인문, 즉 신과 세계와 영혼의 세 영역(天地人 三才)–의 연관성 및 통합성에 대한 자각이 결여되어 우주만물의 전일성을 자각하지 못할뿐더러, 생명 현상을 분리된 개체나 종種의 차원에서 인식함으로써 단순한 물리 현상으로 귀속시키는 결과를 낳았다. 또한 입자와 파동의 이중성이나 미시세계에서의 역설에 관한 설명은 여전히 현대 물리학의 아킬레스건(achilles腱)으로 남아 있으며, 양자역학이 소립자素粒子물리학이나 고체물리학에서 거둔 많은 성과와는 달리, 상대성이론과 접목한 양자장 이론이나 중력과의 통합을 모색하는 이론 분야는 여전히 많은 과학자들의 현안으로 남아 있다. 이에 필자는 21세기 과학혁명의 과제를 다음과 같이 상호 연관되는 몇 가지로 요약해 보고자 한다.

첫째, 물리物理와 성리性理, 미시세계와 거시세계를 통섭하는 보편적인 지식체계 구축의 과제이다. 이는 곧 현대 물리학적 사유와 동양적 사유의 상호 피드백과 관련된 것이다. 미시세계를 다루는 실험물리학과 거시세계를 다루는 동양적 지혜의 상호 피드백 과정(mutual feedback process)이 긴요하다는 것이다. 우주 전체 질량 중 현대 물리학으로 설명되는 것은 4%에 불과한 것으로 나타난다. 물리세계는 성리에 대한 인식의 바탕이 없이는 명쾌하게 설명될 수가 없다. 왜냐하면 사물의 이치란 곧 물성物性을 일컫는 것으로 사물의 이치와 성품[本性]의 이치는 마치 그림자와 실물의 관계와도 같이 상호 조응하는 까닭이다. 유·불·선에서 물리는 각각 기氣·색色·유有로 나타나고, 성리는 이理·공空·무無로 나타난다. 말하자면 전일적·유기론적 세계관에 기초한 고대 동양의 인식체계에서 물리와 성리는 물질과 정신, 작용과 본체, 필변과 불변이라는 불가분의 표리관계로서 통합된 형태로 나타난다.

복잡계인 생명체는 전체가 부분의 총화 이상의 것이라는 점에서 물리·화학적인 분석 방법만으로는 우주와 생명의 본질을 이해하는 데는 한계가 있다. 인간 존재의 '세 중심축' 이랄 수 있는 천·지·인의 통합성에 대한 자각이 없이 생명 현상을 이해하기는 불가능하며, 이에 대해 동양적 지혜는 많은 시사점을 제공해 줄 수 있을 것이다. 이성과 영성, 논리와 직관의 상호 피드백 과정은 인식의 지평을 확장시킴으로써 우주와 생명의 본질에 보다 심층적으로 접근할 수 있게 할 것이다. '마음의 과학'이라 불리는 양자역학과 일체가 오직 마음이 지어낸 것이라는 '일체유심조一體唯心造' 사상의 접합은 이러한 상호 피드백의 적실성을 보여주는 대표적인 것이다. 특히 오스트리아계 미국의 물리학자 프리초프 카프라(Fritjof Capra)는 이러한 상호 피드백을 심도 있게 구사한 인물이다. 또한 거시세계를 다루는 연구자들도 미시세계를 다루는 실험물리학과의 상호 피드백 과정을 통하여 인식 체계를 공고히 하고 이론 체계를 강화하며 정밀화할 수 있을 것이다.

특히 미시 차원과 거시 차원의 연구 성과의 상호 조응 여부를 검토해 보는 것은 학문적 논의의 토양을 비옥하게 함으로써 지식 체계의 기반을 공고히 할 것이다. 동양사상에서 생명의 본체와 작용의 합일, 즉 천인합일天人合一에 대한 인식이 진화의 요체인 것으로 드러나듯, 현대 물리학에서도 파동과 입자의 이중성에 대한 규명이 '자기조직화' 원리의 핵심 과제인 것으로 드러난다. 생명의 본체[眞如]와 작용[生滅]이 일심에 의해 통섭되는 '생명의 3화음적 구조(the triad structure of life)'*를 이해하면, 파동과 입자가 초양자장에 의해 통섭되는 양자역학적 세계관을 이해할 수 있게 된다. 동양사상의 가르침은 전체 속에 포괄된 부분이 동시에 전체를 품고 있을 때 자기실현이 가능하며 공共진화 또한 가능함을 보여준다. 이는 현대 물리학에서 자기강화적인 비선형 피드백 과정이 산일구조의 유기적·시스템적 속성과 맞물려 자기조직화의 창발 현상이 일어나는 것과 상통한다.

둘째, 새로운 인식론과 존재론의 정립의 과제이다. 이는 곧 이원론의 유산 극복과 관련된 것이다. 일체의 이원론의 뿌리는 생명의 순환에 대한 몰이해에 있다. 말하자면 본체계[의식계]와 현상계[물질계]의 관계성을 인식하지 못한 데서 오는 것이다. 내재와 초월, 전체와 개체, 본체[理]와 작용[氣]이 이분법적으로 인식되는 것은, 생명의 본질 자체가 내재성인 동시에 초월성이며, 전체성인 동시에 개체성이며, 우주의 본원인 동시에 현상 그 자체, 즉 완전한 소

---

* '생명의 3화음적 구조'라는 용어는 필자가 천부경 81자의 구조를 窮究하다가 그것이 생명의 '본체-작용-본체와 작용의 합일'을 의미하는 천·지·인 삼신일체의 가르침을 함축한 것이라 생각되어 그렇게 명명한 것이다. 천부경의 삼신일체는 그 체가 一神[유일신, 天]이며 작용으로만 三神(천·지·인 三神)이다. 말하자면 우주의 본원인 '하나'가 천·지·인 셋으로 갈라진 것이다.

통성임을 알지 못하는 데서 오는 것이다. 생명의 순환을 이해하는 열쇠는 궁극적 실재인 '하나'가 만유의 본질로서 내재하는 동시에 만물화생萬物化生의 근본 원리로서 작용한다는 사실을 이해하는 데 있다. 말하자면 생명은 '스스로 그러한' 자이므로 본체와 작용이 둘이 아니라는 것이다. 바다에 밀물과 썰물이 있듯이 생명의 바다에도 삶과 죽음의 에너지 대류현상이 있는 것이다. 이를 이해하기 위해서는 '생명의 3화음적 구조'를 이해할 필요가 있다. 천부경의 삼신일체(천·지·인), 불교의 삼신불(三身佛: 法身·化身·報身), 기독교의 삼위일체(聖父·聖子·聖靈), 그리고 동학「시(侍: 모심)」의 세 가지 뜻인 내유신령內有神靈·외유기화外有氣化·각지불이各知不移는 모두 일심[自性]의 세 측면을 나타낸 것으로 본체-작용-본체와 작용의 합일이라는 '생명의 3화음적 구조'와 조응한다.[50]

복잡계 이론을 창시함으로써 생명의 기원에 관해 새로운 장을 연 프리고진에 의하면 분자들이 필요에 따라 모여서 큰 분자를 만들고 큰 분자가 또 필요에 따라 모이는 식으로 해서 생명력이 있는 단세포가 만들어졌다고 한다. 무기물질인 분자들이 모여서 생명이 있는 유기물질로 변하는 과정을 그는 창발이라고 했는데, 한마디로 생명은 비생명에 뿌리를 두고 있다는 것이 생명의 기원에 관한 그의 인식이다. 그러나 우주의 본질인 생명은 만유의 본질로서 내재하는 동시에 만물을 화생시키는 지기至氣로서 없는 곳이 없이[無所不在] 실재하는 까닭에 생명과 비생명의 구분 자체가 실효성이 없다. 생명은 시작도 끝도 없으며[無始無終], 태어남도 죽음도 없으며[不生不滅], 자본자근自本自根·자생자화自生自化하는 불가분의 하나인 까닭에 전일성을 그 본질로 한다. 또한 생명은 이 세상 그 어떤 것도 포괄하지 않음이 없고 포괄되지 않음도 없다. 따라서 우주 속의 그 어떤 것도 근원성·포괄성·보편성을 띠는 생명의 그물망을 벗어나 존재할 길이 없는 것이다.

일체의 이원론은 물질과 비물질, 생명과 비생명, 작용과 본체의 구분에서 파생된 것으로 그러한 구분은 실재성이 없는 관념상의 구분에 불과하다. 오직 이 육체만이 자기라는 에고의식, 즉 개체화 의식은 근본적으로 영성이 결여된 데서 생기는 것이다. 일체의 이분법이 완전히 폐기된 열린 의식, 즉 보편의식 속에서는 인식과 존재의 괴리는 일어나지 않는다. 관측자의 의식이 관측 대상과 연결되어 있다는 점에서 인간 의식의 확장은 현대 물리학계의 쟁점들을 푸는 열쇠로 작용할 수 있을 것이다. 이 세상의 모든 문제는 인식과 존재의 문제로 귀결된다고 해도 과언이 아니다. 모든 것이 어떻게 인식하느냐에 따라 향방이 달라지기 때문이다. 우리의 인식이 사실 그대로의 존재태를 반영하지 못하는 것은 존재와 인식의 괴리 때문이다. 그러나 우주 원리를 인식하지 못한다고 해서 우주 원리가 작용하지 않는 것은 아니다. 존재와 인식의 괴리는 보다 근원적으로는 생명에 관한 진지眞知의 빈곤에서 비롯된다. 이러한 진지의 빈곤은 생명의 전일적 과정을 직시하지 못하게 함은 물론, 우주적 질서에 순응하는 삶을 살 수 없게 한다. 새로운 인식론과 존재론의 정립이 필요한 것은 이 때문이다.

셋째, 존재혁명의 과제이다. 이는 곧 소명召命으로서의 과학과 관련된 것이다. 21세기 과학혁명은 진정한 의미에서 존재혁명이고 또한 존재혁명이어야 한다. 왜냐하면 21세기 과학혁명의 특성이 과학과 의식의 접합에 있으므로 과학혁명과 의식혁명이 상관관계에 있고, 또한 의식과 존재가 상호 조응관계에 있으므로 의식혁명은 곧 존재혁명이기 때문이다. 이는 자유, 정의, 평화, 복지 등 인류가 추구하는 제 가치가 실현되는 것을 의미한다. 21세기 과학혁명이 정신·물질 이원론에 입각한 근대 과학혁명의 연장선상에 있지 않다는 것은 현대 물리학의 전일적 실재관이 분명히 말하여 준다. 유럽의 근대사가 인간적 권위와 신적 권위의 회복을 각기 기치로 내건 르네상스(Renaissance)와 종교개혁(Reformation)에서 시작되어 미완성인 채로 끝나 버렸다면, 21세기 과학혁명의 새로운 문명은 과학과 의식의 접합을 통해 제2의 르네상스, 제2의 종교개혁으로 서구의 르네상스와 종교개혁을 완수할 것이다.

현대 사회과학의 창시자로 평가받는 독일의 막스 베버(Max Weber, 1864~1920)가 1919년에 펴낸 『소명으로서의 정치』에서는 정치인이 구비해야 할 덕목으로 신념 윤리와 책임 윤리를 강조한다. 책임 윤리가 수반되지 않는 신념 윤리는 극단적 원리주의로 흐르기 쉬우므로 양 윤리 사이에 균형을 잡는 것이 바람직한 정치 리더십이라는 것이다. 이러한 베버의 관점은 정치 영역뿐만 아니라 과학 영역에도 적용될 수 있다. 만일 과학이 책임 윤리에 대한 고려 없이 단순히 과학자의 신념을 실현하는 유토피아적 기획이 되면 인간의 생명을 볼모로 잡는 가공할 만한 재앙을 초래할 수도 있다. 유전자공학을 통하여 개발된 생화학무기, 의료 체계와 우생학 과정, 유전자 조작과 관련된 식품 등에서 보듯 오늘날 과학기술의 발전이 세계 자본주의 체제의 이윤 극대화의 논리와 긴밀히 연계돼 인간의 생명을 볼모로 잡고 있음은 주지의 사실이다. 더욱이 지구 자체를 무기로 이용하는 '지구공학(geoengineering)' 무기화 시대를 앞두고 신념 윤리와 책임 윤리 간의 적절한 균형 모색은 시대적 당면과제로 떠오르고 있다.

21세기 과학혁명과 존재혁명, 미시세계와 거시세계의 연계는 과학의 대중화와 관계가 있다. 말하자면 과학이 더 이상은 전문가 집단의 전유물이 아니라는 말이다. 21세기 과학의 주체는 일반 대중들인 것이다.[51] 이는 근대 과학의 주체가 전문가 집단에 국한된 것과는 대조적이다. 오늘날 정보화 혁명의 급속한 진전으로 과학의 대중화는 가속화될 전망이다. 근대 과학혁명 이후 종교와 과학, 정치와 종교의 분리와 더불어 학문의 분과화가 가속화되고, 기계론적 세계관의 확산으로 환경 파괴와 생태 재앙에 따른 심대한 위기의식이 지구촌을 강타하면서 과학혁명과 존재혁명의 연계성은 더욱 절실해지고 있다. 과학의 존재혁명은 기존의 정상과학의 패러다임으로는 해결할 수 없는 총체적인 존재론적 딜레마를 새로운 전일적 실재관으로의 패러다임 전환을 통해 근본적으로 해결하고자 하는 것이다. 그것은 우주의 본질인 생명의 전일성과 자기근원성을 밝혀내 인식과 존재의 괴리를 해소함으로써 그림자 세계가 아닌 실재 세계를 다루는 방식으로 전개될 것이다. 그리하여 이 우주 자체가 '하나'인 생명의 피륙임을 인식하는 일반 대중들의 참여로 존재혁명의 과제는 완수될 것이다.

왜 한반도가
과학혁명의 진원지인가

한민족의 사상과 정신문화

1929년 당시 우리나라가 일제치하에서 신음하고 있을 때 인도의 시성詩聖 라빈드라나드 타고르(Rabindranath Tagore, 1861~1941)는 〈동아일보〉에 기고한 '동방의 등불'이란 시에서 찬연한 빛을 발하는 우리 민족의 과거와 미래를 이렇게 읊었다. "일찍이 아시아의 황금시기에 빛나던 등불의 하나였던 코리아, 그 등불 다시 켜지는 날에 너는 동방의 밝은 빛이 되리라. 마음에는 두려움이 없고 머리는 높이 쳐들린 곳, 지식은 자유스럽고 세계가 좁다란 담벼락으로 조각조각 갈라지지 않는 곳, 진실의 깊은 곳에서 말씀이 솟아나는 곳, 끊임없는 노력이 완성을 향해 팔을 벌리는 곳, 지성의 맑은 흐름이 굳어진 습관의 모래벌판에 길 잃지 않는 곳, 무한히 퍼져나가는 생각과 행동으로 우리들의 마음이 인도되는 곳, 그러한 자유의 천국으로 내 마음의 조국 코리아여, 깨어나소서."

루마니아의 작가 콘스탄틴 비르질 게오르규(Constantin Virgil Gheorghiu,

1916~1992)는 그의 소설 『25시 Vingt-cinquième heure』(1949)에서 '빛은 동방에서 온다'는 말로써 서구 물질문명의 붕괴와 동방에서 빛을 발할 영적 부흥의 도래를 예언했다. 1974년 3월 『문학사상』지의 초청으로 우리나라를 방문했을 때 그는 『25시』에서 자신이 예언한 동방– '25시'라는 인간 부재의 상황과 폐허와 절망의 시간에서 인류를 구원할 동방–은 바로 우리 한민족이라고 단언했다. 수없는 고난을 불굴의 의지와 인내로써 꿋꿋이 이겨내며 담담하게 자신의 운명을 개척해 온 한민족이야말로 성서 속의 '욥(Job)'과도 같은 존재라는 것이다. 또한 그는 1986년 4월 18일자 프랑스의 유력 주간지 〈라프레스 프랑세스(La press Francaise)〉지를 통해 널리 세상을 이롭게 하는 "홍익인간弘益人間의 통치이념은 지구상에서 가장 강력한 법률이며 가장 완전한 법률이다."라고 발표했다. 홍익인간이라는 단군의 법은 그 어떤 종교와도 모순되지 않으며 온 인류의 행복과 평화를 추구하는 인류 보편의 법이기에 21세기 아태시대를 주도할 세계의 지도이념이라는 것이다.

게오르규의 『코리아 찬가 Eloge de la Corée』(1984)[52]는 한민족의 사상과 정신문화에 대한 깊은 경외감의 표출이며 예언적 묵시록이다. 그는 한민족이 전 세계에서 유일하게 개천절을 봉축하는 '영원한 천자天子'이고 '세계가 잃어버린 영혼'이며, 한반도는 동아시아와 유럽이 시작되는 '태평양의 열쇠'로서 세계의 모든 난제들이 이곳에서 풀릴 것이라고 예단했다. 한민족에 대한 그의 찬탄은 문자(한글) 공포일을 국경일로 제정한 유일한 나라, 우주적 질서의 정수를 함축한 국기(태극기)를 가진 유일한 나라, 그리고 영원한 꽃 '무궁화無窮花'에 대한 영적 직관으로까지 이어진다. 이러한 게오르규의 직관은 독일계 오스트리아의 인지학人智學 창시자 루돌프 슈타이너(Rudolf Steiner, 1861~1925)의 직관과도 일맥상통한다. 슈타이너에 따르면 인류 문명의 대전환기에는 새로운 삶의 양식의 원형(archetype)을 제시하는 성배聖杯의 민족이 반드시 나타나게 되는데, 깊은 영성을 지닌 이 민족은 거듭되는 외침과 폭정 속에서 새로운 세계에 대한 이상을 쓰라린 내상內傷으로만 간직한 민족이다. 그는 극동에 있는 이 성배의 민족을 찾아 경배하라고 했고, 그의 일본인 제자 다카하시 이와오(高橋嚴)는 그 민족이 바로 한민족이라고 했다.

『존재와 시간 Sein und Zeit』(1927)이라는 저서로 잘 알려진 독일의 철학자 마르틴 하이데거(Martin Heidegger 1889~1976)는 초대를 받고 프랑스를 방문한 서울대 철학과 모 교수에게 자신이 유명해진 철학사상은 동양의 무無 사상인데, 동양철학을 공부하면서 아시아의 위대한 문명의 뿌리가 바로 한민족이라는 사실을 알게 됐다고 말했다는 것이다. 그는 세계 역사상 완전무결한 평화적인 정치로 2천 년이 넘도록 아시아 대륙을 통치한 단군 고조선의 실재를 자신이 인지하고 있다며, 한민족의 국조 단군의 천부경을 이해할 수 있도록 설명을 요청하면서 천부경을 펼쳐 놓더라는 것이다. 당연히 알고 있으려니 생각하고 요청한 것이지만, 그 교수는 그것에 대해 아는 바가 없어 설명을 하지 못하고 돌아왔다고 한다. 아마도 하이데거는 천부경이야말로 인류 구원의 생명수임을 직감적으로 알고 있었던 것이리라.

영국의 역사학자 아놀드 토인비(Arnold Joseph Toynbee, 1889~1975)는 1972년 〈동아일보〉와의 인터뷰에서 21세기에는 인간이 부富에만 집착하지 않고 지구를 좀 더 살기 좋은 곳으로 만들려는 노력을 경주하게 될 것이며, 한국·중국, 일본 등이 있는 동북아가 세계의 중심부로 등장하게 될 것이고, 극동에서 21세기를 주도할 새로운 사상이 나올 것이라고 예견했다. 이러한 토인비의 역사적 예단은 『강대국의 흥망 The Rise and Fall of the Great Powers』(1988)의 저자인 예일대 역사학 교수 폴 케네디(Paul M. Kennedy, 1945~)의 직관과도 일맥상통한다. 케네디는 수년 전 일본 동경대 강연에서 "21세기 아시아 태평양 시대의 중심은 누구냐?"라는 질문에 "미국은 청교도 정신, 개척자 정신, 정신적 지도력을 잃었다."며 "일본도 아니고, 중국도 아니고, 아마도 코리아일 것이다.(Never Japan, never China, maybe Korea)"라고 하면서, 사회적 도덕성, 정신적 문화력, 자유민주주의 역량 등을 세 가지 근거로 제시했다.

폴 케네디가 21세기 아태시대의 주역으로 코리아를 지목하면서 정신적 문화력을 세 가지 근거 중 하나로 제시한 것은 우리나라가 경제력·군사력의 성장과 함께 동아시아의 문화적 르네상스를 주도하고 있다고 보았기 때문일 것이다. 21세기 문화 코드라고 할 수 있는 '퓨전(fusion)' 코드의 급부상과 더불어 퓨전 문화의 대표적인 것으로 주목받고 있는 '한류' 현상은 문화적 공동체에 대한 아시아인들의 열망이 표현된 것일 수 있다는 점에서 적극적 의미를 부여할 수 있다. 그러나 지금의 '한류' 현상은 시작에 불과하다. 서양이 갈망하는 우리의 사상과 정신문화를 본격적으로 수출하기 위해서는 이들 석학들의 예지叡智를 빌려서라도 그 맑고 광대했던 역사의 진실을 되찾고 우리의 역사적 소명에 눈뜨지 않으면 안 된다. 우리가 간직해 온 무한한 지혜의 보물, 온 인류의 행복과 평화를 함축한 '홍익인간' 사상과 정신문화야말로 우리의 수출품목 제1위가 되어야 하지 않을까. 그렇게 되면 백범白凡 김구金九 선생이 그토록 바라던 '문화 강국'의 꿈, 세계에서 가장 '아름다운 나라'의 꿈은 실현될 것이다.

'홍익인간' 사상과 정신문화는 우리 한민족의 정신세계의 총화이다. 우리의 고유한 패러다임, 즉 우리의 세계관과 사고방식 및 가치체계 등을 형성하고 반영하는 지표가 되는 것인 동시에 이 시대 문화적 르네상스의 바탕을 이루는 것이기도 하다. 세계적인 석학들이 21세기 세계경영의 주체를 '코리아'라고 예단하는 것은 온 인류의 행복과 평화를 함축한 우리의 사상과 정신문화가 시대적 요구와 필요에 부합하기 때문이다. 과학과 의식의 접합을 추구하는 21세기 과학혁명은 그 깊이와 폭에 있어 정신·물질 이원론에 입각한 근대 과학혁명과는 본질적으로 다를 수밖에 없다. 그것은 전 인류적이요 전 지구적이며 전 우주적인 존재혁명이 될 것이다.

오늘날 현대 물리학의 주도로 빠르게 진행되고 있는 전일적 실재관(holistic view of reality)으로의 패러다임 전환은 21세기 과학혁명의 본질이 전일적인 우리의 고유한 사상과 정신문화에 맞닿아 있음을 보여준다. 말하자면 '홍익인간' 사상과 정신문화는 오늘의 첨단과학과 소통하는 '가장 오래된 새것'이다. 21세기 과학혁명은 물질시대에서 의식시대로, 파워 폴리틱스(power politics 권력정치)에서 디비너틱스(divinitics 영성정치)[53]로의 이행과 맥을 같이 하는 것이라는 점에서 필연적으로 존재혁명을 수반하게 된다. 21세기 과학혁명이 수반하는 신문명의 건설은 전일적 패러다임에 부응하는 사상과 정신문화를 가진 민족이 담당하게 되는 것은 역사적 필연이다.

근대 과학혁명이 그러했듯이 21세기 현대 과학혁명 또한 새로운 문명을 창출해 낼 것이다. 전자가 이분법적 패러다임을 기반으로 수직적인 구조의 분열적인 성격을 띤 것이었다면, 후자는 전일적 패러다임(holistic paradigm)을 기반으로 수평적인 구조의 통섭적인 성격을 띠게 될 것이다. 전일적 패러다임은 한민족의 고유한 사상과 정신문화를 형성하는 기본 틀이기에 이 시대의 선각자들은 우리의 사상과 정신문화에 주목하는 것이다. 전일적 패러다임이 한민족의 정신문화 속에 용해돼 있다는 것은 우리가 사용하는 언어에서도 여실히 드러난다. 한글은 다른 언어와는 달리 개인 소유격보다는 단체 소유격을 즐겨 쓴다. 예컨대, 제3자에게 자기 집이나 남편 또는 아내에 관한 얘기를 할 때 '우리 집, 우리 남편, 우리 집사람'과 같은 식의 표현을 쓴다. 이러한 표현을 영어로 옮기면 그 집은 제3자와의 공동의 집이 되고 남편이나 아내 또한 공동의 남편이나 아내가 되는 것이니, 있을 수 없는 일이다.

우리의 언어 습관이 개인 소유격보다는 단체 소유격으로 일관해 있다는 것은 아마도 한민족에 내재된 홍익인간 DNA 때문일 것이다. 고도로 진화된 사회에서나 볼 수 있는 현상으로 가히 '천손족天孫族'이란 호칭에 걸맞은 언어습관이다. 삶이란 것이 소유할 수 있는 것이 아님을 우리 조상들은 일찍이 깨달았던 것이다. 독일 이상주의 철학을 종합 집대성한 게오르크 헤겔(Georg Wilhelm Friedrich Hegel)이 갈파했듯이, '이성적 자유(rational freedom)'의 실현은 '나(I)'의 형태로서가 아니라 보편적으로 상호의존적인 '우리(We)'의 형태로서의 자유로운 정신이다. '우리'는 보편의식이므로 이는 곧 사랑이다. 우주원리가 사랑이니, '우리'는 곧 우리宇理다.

현대 물리학의 전일적 실재관의 원형은 마고麻姑의 삼신三神사상에서 찾아볼 수 있다.54 동양 사상과 문화의 원형인 마고의 삼신사상은 '삼신할미(마고할미)'* 전설과 함께 우리에게는 상당히 오래 되고도 친숙한 사상이다. '삼신할미' 전설은 생명의 본체인 유일신(天)과 그 작용인 우주만물이 하나임을 의미하는 일즉삼一卽三·삼즉일三卽一의 원리에 기초한 삼신사상55에서 나온 것으로 전일적 실재관이 투영된 것이다. 삼성三聖으로 일컬어지는 환인·환웅·단군(天皇·地皇·人皇) 또한 역사 속에 나오는 신인으로서의 삼신이다. 『고려사高麗史』 제36권 세가世家 제36 충혜왕조忠惠王條에 나오는 '아야요阿也謠'**라는 노래가 말하여 주듯 우리나라의 옛 이름은 '마고지나(麻古之那: 마고

---

* 여기서 '할미'는 '한어미' 즉 大母라는 뜻이다. '삼신할미'는 본체의 측면에서는 一神이니 천·지·인 三神이 神人인 麻姑에 투영된 것으로 볼 수 있고, 작용의 측면에서는 三神이니 역사 속에 나오는 神人으로서의 麻姑·穹姬·巢姬−궁희와 소희는 마고의 딸들임−를 일컫는 것으로 볼 수 있다.
** 충혜왕이 몽고로 끌려갈 때 백성들 사이에서 불려진 '아야요'라는 노래는 "아야 마고지나 종금거하시래(阿也 '麻古之那 從今去何時來)" 즉 "아아 '마고의 나라' 이제 떠나가면 언제 돌아오려나"라는 짧은 노래다. 충혜왕이 귀양길에서 독을 먹고 죽자 백성들

의 나라)'였다.

삼신사상은 천·지·인 삼신일체의 사상이다. '삼신'은 천·지·인 삼신을 의미하는 것이니, 우주만물이 하나라는 사상이다. '3'은 마고 문화를 상징하는 숫자이기도 하다. '생명의 본체-작용-본체와 작용의 합일'이라는 우주섭리를 도형화한 원방각(圓方角, △)은 삼신일체의 의미를 함축한 것이다. 삼신일체는 그 체가 일신[유일신]이며 작용으로만 삼신이다. 우주의 본원인 '하나[天]'가 천·지·인 셋[三神]으로 갈라졌다가 다시 그 근원인 '하나'로 돌아가는 것이니, 생명은 전일적이고 자기근원적이다. '하나[天]'를 천·지·인 삼재로 나타낸 것은 '하나'의 진성眞性을 성性·명命·정精 셋으로 표현하는 것과도 같은 것이다. 또한 이는 참자아인 영(靈, 神)을 우주 지성[性]인 동시에 우주 생명력 에너지[命]이며 우주의 근본 질료[精]로 나타내는 것과도 같은 것으로 이른바 제1원인의 삼위일체[三神一體]라고 하는 것이 이것이다.

삼신사상은 우리 민족의 근간이 되는 사상일 뿐만 아니라 모든 종교와 진리의 모체가 되는 사상이다. 천·지·인 삼신일체는 불교의 삼신불, 기독교의 삼위일체와 마찬가지로 우주의 본질인 생명의 3화음적 구조, 즉 본체-작용-본체와 작용의 합일을 나타낸다. 생명의 본체와 작용이 하나라고 한 것은 하나인 본체—그것을 하늘이라고 부르든, 유일신이라고 부르든, 도라고 부르든, 그 밖의 다른 어떤 이름으로 부르든—의 자기복제로서의 작용으로 우주만물이 생겨나고 다시 그 근원으로 돌아가는 과정이 순환 반복되는 것을 두고 하는 말이다. 본체계에서 나와 활동하는 생명의 낮의 주기를 삶이라고 부르고 다시 본체계로 돌아가는 생명의 밤의 주기를 죽음이라고 부른다면, 생명은 삶과 죽음을 관통하는 전일적인 흐름(holomovement)이라는 것이 삼신사상

이 麻姑城의 復本을 기원하며 '마고지나'를 노래로 지어 부른 것이다.

의 가르침*의 진수眞髓다. 이러한 가르침은 환인씨桓因氏의 나라 환국(桓國, B.C. 7,199~3,898)이 열린 시기를 기점으로 지금으로부터 9천 년 이상 전부터 전해진 것이다.56

삼신사상은 곧 '한' 사상이다. 일즉삼·삼즉일의 원리가 말하여 주듯, 무수한 사상事象이 펼쳐진 '다(多, 三)'**의 현상계와 그 무수한 사상이 하나로 접힌 '일一'의 본체계는 외재적 자연과 내재적 자연, 작용과 본체의 관계로서 상호 조응하는 까닭이다. 말하자면 생명은 본체의 측면에서는 유일신[一]57이지만, 작용의 측면에서는 천·지·인 삼신이므로 삼신사상과 '한' 사상은 동전의 양면과도 같은 것이다. '한(桓,韓), 하나(一)'은 전일全一·광명光明 또는 대大·고高·개開를 의미하는 것으로 소통성을 그 본질로 한다. '한' 사상의 특질은 생명의 본체와 작용이 하나라는 일즉삼·삼즉일의 변증법적 논리 구조 속에 있다. 삼라만상의 천변만화千變萬化가 모두 한 이치 기운理氣의 조화 작용인 까닭에 본체인 '하나'와 그 작용인 우주만물은 상호 연관·상호 의존 관계에 있다는 것이다. 말하자면 '한' 사상은 본체와 작용의 상호 관통에 기초한 생명사상이다. 일체 생명이 근원적으로 평등하고 유기적으로 연결되어 있다고 보는 천인합일의 사상이다.

'한' 사상은 천·지·인 삼재의 융화에 기초한 경천숭조敬天崇祖의 '보본報本' 사상이다. '보본' 사상은 일즉삼·삼즉일의 원리를 생활화한 것으로 이는 곧 홍익인간·광명이세光明理世의 이념과 맥을 같이 한다. 우리 조상들은 박

---

* 삼신사상의 가르침은 天神敎, 神敎, 蘇塗敎, 代天敎(부여), 敬天敎(고구려), 眞倧敎(발해), 崇天敎·玄妙之道·風流(신라), 王儉敎(고려), 拜天敎(遼·金), 主神敎(만주) 등으로 불리며 여러 갈래로 퍼져 나갔다.

** 삼라만상은 흔히 천·지·인 삼신으로 나타내기도 하므로 '三'은 그 의미가 사실상 '多'와 같은 것이다.

달나무 아래 제단을 만들고 소도蘇塗라는 종교적 성지가 있어 그곳에서 하늘과 조상을 숭배하는 수두교蘇塗敎를 펴고 법질서를 보호하며 살았다. 예로부터 높은 산은 하늘(참본성)로 통하는 문으로 여겨져 제천의식이 그곳에서 거행되었다. 천제의식을 통하여 미혹함을 풀고 참본성을 회복함으로써[解惑復本] 광명이세·홍익인간의 이념을 구현하고자 했던 것이다. 이렇듯 우리 조상들은 참본성을 따르는 것이 곧 천도天道이며,[58] 만유를 떠난 그 어디에 따로이 하늘이나 신이 존재하는 것이 아님을 알고서 경천敬天·경인敬人·경물敬物을 생활화해 왔던 것이다.

지금 이 시대에 '한' 사상이 주목받는 이유는, 그 속에 함유되어 있는 '하나(一)'의 원리가 인간 존재의 '세 중심축'—신과 세계와 영혼의 세 영역(天地人 三才)—의 연관성 상실을 초래한 근대 서구의 정치적 자유주의를 치유할 수 있는 묘약을 함유하고 있기 때문이다. 이러한 '한'의 이념은 국가·민족·계급·인종·성·종교 등 일체의 장벽을 초월하여 평등하고 평화로운 이상세계를 창조하는 토대가 될 수 있다는 점에서 본질적으로 에코토피아(ecotopia)적 지향성을 띠게 된다. 아시아의 대제국 '환국(밝고 광명한 나라)'이라는 국호가 말하여 주듯 우리 한민족은 온 인류가 행복하고 평화로울 수 있는 세상, 밝고 광명한 세상을 만들고자 했던 것이다. 전일적 실재관의 원형이 마고의 삼신사상, 즉 '한' 사상이고 그 사상의 맥이 이어져 환단桓檀시대에 이르러 핀 꽃이 천부天符사상이다.

신라 눌지왕訥祗王 때의 충신 박제상朴堤上의 『부도지符都誌』에 따르면, 파미르 고원의 마고성麻姑城에서 시작된 우리 민족은 황궁씨黃穹氏와 유인씨有因氏의 천산주天山州 시대를 거쳐 환인씨桓因氏의 적석산積石山 시대, 환웅씨桓雄氏의 태백산(중국 陝西省 소재) 시대, 그리고 단군 고조선 시대로 이어지는 과정[59]*에서 전 세계로 퍼져 나가 천·지·인 삼신일체의 가르침에 토대를 둔 우리의 천부 문화를 세계 도처에 뿌리내리게 한 것으로 나온다. 당시 국가지도자들은 사해四海를 널리 순행했으며, 천부에 비추어서 수신하고 해혹복본解惑復本을 맹세하며 모든 종족과 믿음을 돈독히 하고 돌아와 부도符都를 세웠다. 말하자면 상고시대 조선은 세계의 정치적·종교적 중심지로서, 사해의 공도公都로서, 세계 문화의 산실産室 역할을 하였다.

환국의 12연방 중 하나인 수밀이국須密爾國은 천부사상에 의해 오늘날 4대 문명의 하나로 일컬어지는 수메르 문명을 발흥시켰으며, 특히 수메르인들의 종교문학과 의식이 오늘날 서양 문명의 뿌리라고 할 수 있는 기독교에 상당한 영향을 미쳤다는 사실은 이미 밝혀진 바이다. 오늘날까지도 세계 각지의 신화, 전설, 종교, 철학, 정치제도, 역易사상과 상수학象數學, 역법曆法, 천문, 지리, 기하학, 물리학, 언어학, 수학, 음악, 건축, 거석巨石, 세석기細石器, 빗살무늬 토기 등 거의 모든 분야에서 천부 문화의 잔영을 찾아볼 수 있다는 점에서 인류의 문화·문명사와 더불어 전일적 실재관의 원형을 이해하려면 지금으로부터 9천 년 이상 전부터 찬란한 문화·문명을 꽃피우며 전일적 패러다임을 구현하였던 우리 상고사와 그 중심축으로서 기능하였던 천부사상에 대한 이해가 필수적이다.

천부사상은 천·지·인 삼신일체의 천도에 부합하는 사상이란 뜻으로 주로 『천부경(天符經, 造化經)』·『삼일신고(三一神誥, 敎化經)』·『참전계경(參佺戒經, 治化經)』의 사상을 의미한다. 생명의 본질을 본체와 작용의 상호 관통을 의미하는 일즉삼·삼즉일의 논리구조로써 밝히고 있는 까닭에 '한' 사상 또는 삼신사상이라고도 한다. 본체의 측면에서는 분리할 수 없는 절대유일의 '하나

---

* 파미르 고원의 마고성에서 시작된 우리 민족은 마고, 궁희, 황궁, 유인, 환인 7대(환국), 환웅 18대(배달국), 단군 47대(단군조선)로 이어진다.

(一)'이니 '한' 사상이라 하는 것이고, 작용의 측면에서는 천·지·인 삼신(우주만물)이니 삼신사상이라고 하는 것이다. 모든 경전의 종주宗主요 사상의 원류라 할 수 있는 천부경·삼일신고·참전계경을 관통하는 원리는 한마디로 영원한 '하나(一)'의 원리다. '하나(一)'에서 우주만물(三, 多)이 나오고 다시 그 '하나'로 돌아가는 다함이 없는 이 과정은 생명의 전일성과 자기근원성을 명료하게 보여준다.

천부경에 나타난 '한' 사상의 특질은 천부경 81자의 본체-작용-본체와 작용의 합일이라는 변증법적 논리 구조 속에 잘 드러나 있다.60 즉, 상경上經「천리天理」에서는 무시무종無始無終인 '하나(一)'의 본질과 무한한 창조성, 즉 생명의 본체인 '하나(一)'에서 우주만물(三)이 나오는 일즉삼의 이치를 드러내고, 중경中經「지전地轉」에서는 음양 양극 간의 역동적인 상호작용으로 천지 운행이 이루어지고 음양오행이 만물을 낳는 과정이 끝없이 순환 반복되는 '하나(一)'의 이치와 기운의 조화 작용을 나타내며, 하경下經「인물人物」에서는 우주만물의 근본이 '하나(一)'로 통하는 삼즉일의 이치와 소우주인 인간과 대우주와의 합일을 통해 하늘의 이치가 인간 속에 징험徵驗됨을 보여준다.61 여기서 생명의 본체인 '하나(一)' 즉 하늘은 우리의 참본성(一心, 自性)이다. 천·지·인 삼신은 참본성, 즉 일심의 세 측면을 나타낸 것이다. 이러한 일심의 세 측면은 삼신일체로서 '회삼귀일(會三歸一, 三卽一)'의 이치에 입각하여 본체인 '하나(一)' 즉 유일신으로 돌아간다. 만유에 편재한 '하나'인 참본성이 바로 절대유일의 '참나'인 유일신이다.

일즉삼·삼즉일의 원리에 기초한 천부경의 '한' 사상(삼신사상)은 유일신 논쟁을 침묵시킬 만한 난공불락의 논리 구조와 '천지본음天地本音'62을 담고 있다. 생명의 본체가 한 이치 기운(一理氣)을 함축한 전일적인 의식계(본체계), 즉 내재적 본성인 신성이라면, 그 작용은 한 이치 기운의 조화 작용을 나타낸 다양한 물질계[현상계], 즉 음양의 원리와 기운의 조화 작용으로 체를 이룬 것이고, 본체와 작용의 합일은 양 차원을 관통하는, 한 이치 기운과 하나가 되는 일심의 경계를 일컫는 것이다. 천부경의 실천적 논의의 중핵을 이루는 '인중천지일人中天地一'은 천·지·인 삼신일체의 천도가 인간 존재 속에 구현된 것을 의미한다. 말하자면 일심의 경계에서 생명의 본체와 작용이 하나임을, 생명의 전일성과 자기근원성을 깨달았음을 의미하는 것으로 인간의 자기실현이란 이를 두고 하는 말이다. 이렇듯 천부경은 본체-작용-본체와 작용의 합일이라는 '생명의 3화음적 구조'를 지닌 생명경生命經이다. 이러한 3화음적 구조는 전일적 실재관의 바탕을 이루는 것이다.

 이 세상의 모든 반목과 갈등은 일즉삼·삼즉일의 원리를 이해하지 못함으로 해서 절대유일의 '참나'를 깨닫지 못하고 본체와 작용을 분리시킨 데서 오는 것이다. 참본성[性]이 곧 하늘[天]이요 신神임을 알지 못하고서는 인간의 자기실현은 불가능한 까닭에 모든 경전에서는 그토록 우상숭배를 경계했던 것이다. 수천 년 동안 국가 통치 엘리트 집단의 정치교본이자 만백성의 삶의 교본으로서 전 세계에 찬란한 문화·문명을 꽃피우게 했던 천부경은, 현재 지구촌의 종교 세계와 학문 세계를 아우르는 진리 전반의 문제와 정치 세계의 문명 충돌 문제의 중핵을 이루는 유일신 논쟁, 창조론·진화론 논쟁, 유물론·유심론 논쟁, 신·인간 이원론, 종교의 타락상과 물신物神 숭배 사조, 인간소외 현상 등에 대해 그 어떤 종교적 교의나 철학적 사변이나 언어적 미망에 빠지지 않고 단 81자로 명쾌하게 그 해답을 제시하고 있다는 점에서 모든 종교와 진리의 진액이 응축되어 있는 경전 중의 경전이라 할 것이다.[63]

 삼일신고는 천·지·인 삼신일체에 기초한 삼일三一사상을 본령本領으로 삼고 삼신三神 조화造化의 본원과 세계 인물의 교화를 상세하게 논한 것이다.[64] 삼일사상이란 집일함삼執一含三과 회삼귀일會三歸一[65]을 뜻하는데 이는 곧 일즉삼·삼즉일을 말하는 것으로 우주만물(三)이 '하나(一)' 라는 인식에 기초해 있다. 삼일 원리의 실천성은 한마디로 성통공완性通功完에 함축돼 있다. 우주만물은 '하나' 의 자기복제인 까닭에 '하나' 는 우주만물에 편재해 있으며 이러한 '하나' 의 진성(眞性: 참본성)을 통하면 태양과도 같이 광명하게 되니 성통광명性通光明이라고 한 것이다. 이는 곧 사람(人物)이 하늘임을 알게 되는 것으로, 개인적 수신에 관한 '성통' 은 재세이화在世理化·홍익인간의 구현이라는 '공완' 을 이루기 위한 전제조건인 동시에 인간의 자기실현을 위한 필수조건이다. 느낌을 그치고[止感] 호흡을 고르며[調息] 부딪침을 금하여[禁觸] 오직 한뜻으로 이 우주가 '한생명' 이라는 삼일의 진리를 닦아 나가면, 삼진(三眞: 眞性·眞命·眞精), 즉 근본지根本智로 돌아가 천인합일을 이룰 수 있게 되므로 참본성이 열리고 공덕을 완수하게 되는 것이다.66

삼일신고에서도 천天과 성性과 신神은 하나인 것으로 나타난다. 이는 생명의 본체와 작용의 합일, 즉 천인합일에 대한 인식을 보여주는 것으로 '한' 사상의 바탕을 이루는 것이다. 삼일신고의 "성기원도 절친견 자성구자 강재이뇌(聲氣願禱 絶親見 自性求子 降在爾腦)"라는 구절은 천인합일의 정수를 보여준다. 즉, "소리 내어 기운을 다하여 원하고 기도한다고 해서 '하나' 님을 친견할 수 있는 것이 아니다."라고 한 것은, 자성[本性]에 대한 직관적 지각을 통해서만 내재적 본성인 신성이 발현될 수 있다는 의미이다. "자성에서 '하나' (님)의 씨를 구하라. 네 머릿골에 내려와 계시니라."고 한 것은 만유에 편재해 있는 '하나' 인 참본성이 곧 하늘이요 신인 까닭에 참본성을 떠나 따로이 하늘이나 신이 존재하는 것이 아니라는 말이다. '하나' 님은 이미 머릿골에 내려와 계시므로 참본성에 대한 자각이 없는 기도 행위는 아무리 소리 내어 기운을 다하여 한다고 해도 공허한 광야의 외침과도 같이 헛되다는 것이다. 따라서 참본성이 곧 하늘임을 알지 못하고서는 경천敬天의 도를 바르게 실천할 수 없고 따라서 인간의 자기실현은 불가능하게 된다.

참전계경은 천부경의 '인중천지일', 삼일신고의 '성통공완'에 이르는 구체적인 길을 366사事로써 제시한 것이다.[67] 참전계경의 가르침의 정수는 제345사에 나오는 '혈구지도絜矩之道'로 압축될 수 있다. '혈구지도'란 남을 나와 같이 헤아리는 추기도인推己度人의 도이다.[68] 남을 나와 같이 헤아린다는 것은 내 마음으로 미루어 남의 마음을 헤아리는 것으로 홍익인간·광명이세를 구현하는 요체다. 이러한 '혈구지도'는 참전계경의 8강령, 즉 성誠·신信·애愛·제濟·화禍·복福·보報·응應 속에 잘 나타나 있다. 8강령은 천·지·인 삼재의 융화에 기초하여 '경천숭조'하는 보본報本의 계戒로서 그 논리 구조는 성·신·애·제 4인因과 화·복·보·응 4과果의 인과관계로 이루어져 있어 참본성이 열리지 않고서는 우주만물의 근본이 하나임을 알 수가 없으므로 세상을 밝힐 수 없음을 보여준다. 따라서 이화세계理化世界를 구현하기 위해서는 참본성을 자각함으로써 만유의 근본이 하나임을 아는 것이 필수적이다.

참전계경은 하늘(天)과 사람(人)과 만물(物)을 하나로 관통하는 '한' 사상(삼신사상)의 전형을 보여준다. 참전계경의 8강령은 우주만물의 근본이 하나임을 터득하게 하고 사람의 도리를 깨우치게 하여 광명이세의 이념을 구현하기 위한 것이었다. 그러기 위해서는 정성을 다하는 삶을 살아야 한다. 사람은 정성으로 깨달음을 얻으며, 정성은 신神에서 완성된다. 이는 곧 행위의 결과에 대한 집착을 버리고 오직 사람이 할 바를 다하며 하늘의 명을 기다리는 '진인사대천명盡人事待天命'의 자세를 견지하는 것이다. 8강령의 4인因과 4과果의 인과관계가 말하여 주듯, 하늘에 죄를 짓는 것이란 도리에 위배함으로써 참본성에서 멀어지는 것이고, 복은 하늘의 이치와 사람의 도리에 순응해야 받는 것이다. 그런 까닭에 참전계경에서는 8강령에 따른 삼백 예순 여섯 지혜

(366事)로 뭇 사람들을 가르침으로써 천인합일의 이치를 터득하게 하고 사람의 도리를 깨우치게 하여 재세이화 · 홍익인간의 세계를 구현하고자 했던 것이다.

이상에서와 같이 동이족(東夷族: 風夷族의 후예)인 우리 한민족의 사상과 정신문화는 주체와 객체의 이분법이 성립하지 않는 것으로 드러난 양자역학적 실험 결과나 산일구조의 자기조직화 원리와 마찬가지로 이 우주를 자기생성적 네트워크 체제로 인식한다. 말하자면 모든 존재가 자기근원성을 가지고 있으므로 창조하는 주체와 창조되는 객체가 따로 있는 것이 아니라, 전 우주가 참여자의 위치에 있는 '참여하는 우주'라는 것이다. 이 우주가 '참여하는 우주'라는 사실을 이해하지 못하고서는 부분과 전체가 함께 진화하는 공진화 개념을 이해할 수가 없고, 생명의 전일성과 자기근원성, 근원적 평등성과 유기적 통합성의 본질에 접근할 수도 없다. 한마디로 현대 물리학이 밝혀낸 전일적 실재관의 원형이 '한' 사상이고 삼신사상이며 천부사상이라는 것이다. 그 사상적 맥은 한말 동학사상으로까지 면면히 이어지고 있다. 이러한 한반도의 정신적 토양은 과학과 의식의 접합을 추구하는 21세기 과학혁명을 점화시키는 하나의 뇌관으로 작용할 수 있을 것이다.

한반도의
존재론적 지형

21세기 과학혁명을 점화시키는 또 하나의 뇌관으로 한반도의 존재론적 지형을 들 수가 있다. 한반도의 존재론적 지형은 생명체의 DNA(deoxyribonucleic acid: 디옥시리보핵산)와 같은 전형적인 나선형(spiral) 구조이다.* 한반도의 존재론적 지형을 논하기 전에 먼저 DNA의 이중나선(二重螺線 double helix) 구조와 그것의 존재론적 함의를 살펴볼 필요가 있다. DNA 분자는 2개의 뉴클레오티드(neucleotide) 가닥이 서로 꼬인 나선형 사다리 구조이며, 대응하는 염기들이 상보적으로 결합하고 있다. 염기(鹽基 base)는 아데닌(A), 구아닌(G), 티민(T), 시토신(C)의 네 종류가 있는데, A-T, G-C의 상보적 염기쌍(鹽基雙 base pair)만이 존재하며 이 염기쌍은 수소 결합에 의해 분자 중앙에서 연결된다. 유전 정보가 세대를 거치더라도 똑같은 것은 바로 이러한 상보적 염기쌍에 의해 유전 정보가 정확히 복사될 수 있기 때문이다. 따라서 상보적 염기쌍은 DNA의 이중나선 구조를 이해하는 핵심 열쇠로서 그것의 비밀은 역동적 통일성에 있다.

21세기 과학혁명의 핵심 키워드는 '생명(life)'이다. 생명체의 DNA 구조가 이중나선 구조인 것은 생명의 본질 자체가 내재성인 동시에 초월성이며, 전체성[一]인 동시에 개체성[多]이며, 우주의 본원인 동시에 현상 그 자체로서 이중성(duality)인 데에 기인한다.** 이러한 본체[본체계, 의식계]와 작용[현상계, 물질계], 영성靈性과 물성物性의 상호 관통은—일一과 다多, 이理와 사事, 정靜과 동動, 공空과 색色의 관계에서 보듯—생명의 본질이 대립자의 역동적 통일성에 기초해 있음을 말해 준다. 이러한 생명의 전일적 본질은 상호 배타적인 것이 상보적이라는 닐스 보어의 상보성원리(complementarity principle)에서도 잘 드러난다. 이처럼 생명은 이분법을 지렛대로 삼아 일체의 이분법을 넘어 서 있으며, 삶과 죽음의 경계마저도 관통한다. 이러한 생명의 역동적 본질이 바로 DNA의 이중나선 구조를 만들어내는 것이다.

---

* DNA가 이중나선 구조라는 것은 1953년 미국의 생물학자 제임스 왓슨(James Watson)과 프랜시스 크릭(Francis Crick)에 의해 밝혀진 것이다.
** 여기서 생명의 본질을 '이중성'으로 나타낸 것은 삶과 죽음을 분리시키는 물질계의 관점에서이다. 인간의 의식이 진화하여 眞如性과 生滅性이라는 二重意識에서 벗어나면, 이러한 '이중성'은 한갓 가설에 불과한 것임을 알게 된다.

따라서 DNA의 이중나선 구조는 본체와 작용, 진여성眞如性과 생멸성生滅性의 양 극단을 오가는 이중의식(double consciousness), 즉 3차원 지구의식의 반영이다. 우리 의식이 우주의식[보편의식]으로 진화하여 모든 분리와 이원성, 양극성을 극복하게 되면, 생명체의 DNA 구조는 진화된 의식을 반영하는 형태로 조정될 것이다. 의식의 진동수가 높아질수록 DNA가 활성화되어 본래의 생명력을 되찾게 되는 것이다. 생명의 본체인 참자아[참본성]⁶⁹의 이중성*―진여성과 생멸성의 이중의식―은 우주의 진행방향인 영적 진화(의식의 진화)와 조응해 있다. 이는 영성과 물성의 변증법적 리듬이 조성한 긴장감이 진화를 위한 학습효과를 극대화시킬 수 있다는 데에 있다. 그것은 양 극단의 변증법적 통합을 통해 의식을 확장시키고 앎의 수준을 높여 가는 것이다. 만유가 동등한 내재적 가치를 지니며 이 세상 그 어떤 것도 도구적 위치에 있지 않다는 사실을 자각하는 것은 오직 온전한 앎을 통해서이다. 노예의 노동이 신성한 것은 주인에게 봉사하는 도구적 의미에서가 아니라 신성[참본성]에 이르는 의식의 자기교육과정으로서의 의미를 함축하고 있기 때문이다.

생명체의 DNA 구조와 마찬가지로 우리 삶의 지형 자체가 지그재그로 양 극단을 오가며 진화하는 나선형 구조임은 우리가 살고 있는 상대계의 이원성에서 잘 드러난다. 상대계인 물질적 우주가 존재하는 이유는 의식의 확장을 위한 최적 조건의 창출과 관계된다. 우리가 처하는 매순간이 의식의 진화를 위한 최적 상황이다. 우리가 의식의 확장을 통해 우주의식으로 진화하는

---

* cf. 파동-입자의 이중성(wave-particle duality). 眞如性[본체]인 동시에 生滅性[작용]으로 나타나는 一心의 이중성은 파동인 동시에 입자로 나타나는 파동-입자의 이중성과 같은 맥락에서 이해될 수 있다. 참자아의 이중성은 "불멸인 동시에 죽음이며, 존재하는 것과 존재하지 않는 모든 것이다"(*The Bhagavad Gita*, 9. 19: "I am life immortal and death; I am what is and I am what is not").

것은 상대계에서 양 극단의 지그재그식 체험-예컨대, 성공과 실패, 행복과 불행, 평화와 전쟁, 사랑과 증오, 건강과 병 등-을 통해서이다. 모든 체험은 의식의 진화를 위한 학습기제로서의 의미가 있을 뿐, 좋은 체험과 나쁜 체험이 따로 있는 것이 아니다. 그럼에도 그러한 구분을 하는 것은 자신이 누구이며 어떤 목적으로 존재하는지, 상대계의 존재 이유가 무엇인지를 알지 못하는 데서 오는 것이다. 의식하든 하지 못하든 우리는 영적 진화의 지향성을 갖는 우주의 불가분의 한 부분이다. 상대계는 양 극단의 변증법적 통합을 통해 생명의 전일성을 체험하기 위해 존재한다. 따라서 어떤 상황에서든 호好·불호不好의 감정을 버리고 긍정적으로 수용하고 적극적으로 배우는 자세로 일관해야 한다.

권력·부·명예·인기 등 이 세상 모든 것은 에고(ego 個我)의 자기 이미지(self-image)의 확대 재생산과 자기 확장을 위한 학습기제로서 작용한다. 그리하여 에고가 무르익어 떨어져 나갈 때까지, 다시 말해 양 극단의 완전한 소통성이 이루어질 때까지 선과 악의 지그재그식 진실게임은 계속된다. 이러한 사실을 알지 못한 채 선과 악의 진실게임에 빠져들면 '삼사라(samsara 生死輪廻)'가 일어난다. 『마이뜨리 우파니샤드 Maitri Upanishad』에서는 말한다. "마음은 속박의 원천인 동시에 해방의 원천이다. 사물에 집착하면 속박이고 집착하지 않으면 해방이다."[70] 증오와 분노는 어떤 대상이 있는 것이 아니라 바로 증오하고 분노하는 자기 자신의 마음의 작용이다. 그리고 증오와 분노를 유발한 것으로 간주되는 그 대상은 단지 자기 내부의 부정적인 에너지를 외부로 끌어낸 동인動因에 불과하다. 따라서 증오하고 분노해야 할 상대는 외부의 육적인 대상이 아니라 자신의 내부에서 영적 진화를 방해하는 온갖 부정적인 에너지인 것이다.

우주의 본질인 생명은 곧 파동이고, 우주만물은 각기 고유한 파동(진동수, 에너지장)을 갖고 있으며, 단지 그 주파수만 다를 뿐이다. 철새가 이동경로를 정확하게 파악하는 것은 지구 자기장(geomagnetic field)의 고유한 파동에 반응하는 '제2철염(Fe3+)'이라는 자기광물질이 신경세포에 내장돼 있기 때문이다. 레이더 작동 원리 또한 파동의 원리를 이용한 것이다. 파동은 에너지이며, 우주의 창조적 에너지(律呂)-고도의 지성이 내재해 있는-가 물질화한 것이 우주만물이고, 만물은 우주적 생명의 리듬 '율려(律呂, 波動, 에너지장)'로 상호 연결돼 있다. '마음이 가는 곳에 기운이 간다.'는 말이 있듯이 마음은 곧 기운이며 파동이다. 양 극단을 오가는 마음의 작용이 나선형 파동을 만드는 것이다. 나선형 파동의 진실은 양 극단의 통합에 있으며, 그것이 곧 생명의 전일성을 체험하는 것이다. 이러한 체험은 마치 레이더에 포착되지 않는 비행물체와도 같이 역逆파동에 의한 상쇄 원리를 이용한 것이다. 사랑하는 마음과 미워하는 마음, 용서하는 마음과 원망하는 마음, 편안한 마음과 두려워하는 마음 등은 상호 역파동 관계의 염파念波들로서 상쇄되는 성질을 갖는다. 상쇄 원리에 의해 이원화된 습벽習癖이 제거됨으로써 이원성을 넘어서게 되는 것이다.

이상에서 DNA의 이중나선 구조와 그것이 갖는 존재론적 함의에 대해 살펴보았다. 상대계에서의 우리 삶의 지형 자체가 본질적으로 나선형 구조인데, 본 절에서 특히 한반도의 존재론적 지형에 대해 고찰하고자 하는 것은 한반도가 그러한 나선형 구조의 전형을 보여주기 때문이다. 현재 한반도는 지구상에 남은 유일한 분단 지역으로 남과 북, 좌左와 우右, 보수와 진보 등 양 극단의 대립상을 극명하게 보여주고 있다. 이러한 양 극단의 경험은 대통합*을 위한 우리 민족의 자기교육과정이며, 인류 구원의 보편의식에 이르기

---

* 본서에 나오는 '대통합' 또는 '통합'의 의미는 주관성과 객관성이 조화를 이루는 통합, 다시 말해 다양성이 살아 있는 통합이다.

위한 자기정화과정이다. 말하자면 한반도 통일을 위한 불가피한 산고産苦이며, 그것의 진실은 대통합에 있다. 여기서 대통합이란 단순히 한반도 차원의 통합이 아니라 지구촌 차원, 나아가 우주 차원의 통합을 의미한다. 한반도 통일은 해혹복본解惑復本에 의한 대통합의 전주곡이다. 『역경易經』「설괘전說卦傳」에는 "간동북지괘야 만물지소성종이소성시야艮東北之卦也 萬物之所成終而所成始也"라는 대목이 나온다. 이는 곧 "간艮은 동북의 괘로서 만물의 종말을 이루게 하는 것이고 또한 그 시작인 것이다." '간艮'은 한반도를 포함한 동북 간방을 가리키는 것으로, 선천문명이 여기서 종말을 고하고 동시에 후천문명의 꼭지가 여기서 열린다는 뜻이다. 빛이 강할수록 그림자도 강한 것이 자연의 이치다.

자유민주주의와 공산주의, 자본주의와 사회주의라는 20세기 지구촌의 이분화 경험은 이제 한반도에서 압축적으로 전개되고 있다. 역사는 우리에게 양 차원의 소통이 이루어지지 않으면 그 어느 쪽도 온전히 자유로울 수 없음을 말해 준다. 사회주의는 자본주의의 내재적 모순을 극복하기 위해 자본주의의 자기분열로서 나타난 것이다. 그러나 사회주의는 근대 자본주의가 개체성 속에 내재된 전체성을, 자유 속에 내재된 평등성을 간과한 것과 마찬가지로 전체성 속에 내재된 개체성을, 평등 속에 내재된 자유를 간과함으로써 마침내 베를린 장벽의 붕괴라는 국면을 맞게 되었다. 그럼에도 사회주의의 등장은 전체성과 평등성을 일깨움으로써 인류의 의식을 확장시키고, 자본주의의 자기 수정을 촉구하였으며, 개체성[다양성]과 전체성[전일성], 자유와 평등의 유기적 통합의 필요성을 각인시켰다는 점에서 그 의의를 찾을 수 있다. 이러한 이데올로기들의 실험은―상대계에서의 모든 대립자의 관계가 그러하듯―소통의 중요성을 일깨워 주는 학습기제일 뿐, 그 이상도 이하도 아니다.

극명한 이분법에 기초한 한반도의 존재론적 지형은 우리나라의 국기인 나선형 문양의 태극기太極旗가 상징적으로 말하여 준다. 문화재청이 고시한 문화재 등록 태극기는 총 18점이다.[71] 태극기의 연혁을 개략적으로 살펴보면 다음과 같다. 1882년 9월 특명전권대신 겸 수신사 박영효朴泳孝 일행이 고종황제의 칙명으로 도일渡日하던 중 메이지마루(明治丸)호 선상에서 고종의 지시 내용에 따라 건곤감리乾坤坎離 4괘만을 그려 넣은 '태극・4괘(太極四卦) 도안'의 기를 만든 것이 태극기의 효시다. 최초의 태극기 창안자가 고종황제였음은 1882년 10월 2일자 일본의 〈시사신보時事新報〉 기사에서 밝히고 있다. 이 신문 2면에 게재된 태극기는 4괘의 형태가 현재의 그것과 많이 다르고, 나선형 문양의 태극양의太極兩儀가 상하 대칭이 아니라 좌우 대칭이다. 1883년 3월 6일 고종은 왕명으로 '태극・4괘 도안'의 태극기를 국기로 제정・공포했다.

1884년 통리교섭통상사무아문統理交涉通商事務衙門에서 제작하여 각국에 제공한 조선 태극기, 1885년 고종황제가 당시 정부의 외교고문이었던 미국인 오웬 데니(Owen N. Denny)에게 하사한 것으로 알려진 태극기, 1896년에 발행된 독립신문 제호에 도안된 태극기, 1900년 파리 박람회장 한국관에 게양된 태극기, 1923년 상해 임시정부 의정원 회의실에 걸려 있던 대한민국임시정부 태극기 등은 모두 나선형 문양의 '태극양의'가 다소 상이한 형태로 좌우 대칭이고, 4괘의 기본 형태나 위치도 서로 다르다. 1948년 대한민국 정부 수립 초기의 태극기는 '태극양의'가 좌우 대칭인 것과 상하 대칭인 것이 혼용되었는데, 1948년 주한 영국공사가 본국에 보고한 영국 국립문서보관소 소장 태극기는 '태극양의'가 상하 대칭이다. 1949년 1월 '국기시정위원회'를 구성, 그해 10월 15일 문교부 고시 제2호로 공표한 현재의 태극기는 4괘가 대각선 구도로 배치되어 있고, 나선형 문양의 '태극양의'가 좌우 대칭이 아니라 상하 대칭이다. 동양의 태극도太極圖에 나타난 '태극양의'는 상하 대칭이 아니라 좌우 대칭이며, 음과 양에 그려진 두 점의 '태극의 눈'이 상하 대칭을 이루고 있다.

태극기의 흰색 바탕은 밝음, 순수, 평화를 사랑하는 우리의 민족성을 나타내고, 가운데의 태극 나선형 문양은 음과 양의 조화를 상징하는 것으로 우주 만물이 음양의 원리와 기운의 조화 작용으로 생성·변화하는 원리를 형상화한 것이며, 모서리의 4괘는 태극에서 음양의 효爻가 생기고 이 효의 조합을 통해 음과 양이 상호 변화하고 발전하는 모습을 구체적으로 나타낸 것이다. 4괘 가운데 '건' 괘는 천天·동東을, '곤' 괘는 지地·서西를, '이' 괘는 일(日, 火)·남南을, '감' 괘는 월(月, 水)·북北을 각각 상징한다. 따라서 '건곤이감' 4괘는 천지일월(또는 하늘·땅·불·물), 동서남북을 뜻한다. '태극·4괘'를 한반도의 존재론적 지형에 대입해 보면, 상하 대칭인 나선형 문양의 '태극양의' (1949년 10월 15일 이후 공식화됨)는 현 남북 대치 상황을, 대각선 구도의 '건곤이감' 4괘는 각각 중국·미국·일본·러시아를 나타내는 것으로 볼 수 있다. 이들 4괘는 태극을 중심으로 조화로운 통일을 이루고 있다.

태극 문양의 국기가 상징적으로 말해 주듯 나선형 구조의 전형을 보여주는 한반도의 존재론적 지형은 생명체의 DNA 구조와 마찬가지로 양 극단을 오가며 진화하게 되어 있다. 남과 북, 좌와 우, 보수와 진보 등 양 극단의 요소가 극명하게 나타나는 것은 대통합에의 열망과 의지가 강력하게 분출하고 있기 때문이다. 티끌세상의 불순함에 물들지 않고서는 순수 자아의 의미를 알 수가 없고, 시련의 용광로 속을 통과하지 않고서는 지복至福의 의미를 알 수가 없고, 폭풍우 같은 분노의 구간을 통과하지 않고서는 이해와 용서의 의미를 알 수가 없다. 삶의 의미를 알기 위해선 처절한 죽음의 터널을 통과해야 하고, 사랑의 의미를 알기 위해선 증오의 불길 속을 통과해야 하고, 평화의 의미를 알기 위해선 참담한 전쟁의 구간을 통과해야 하는 것이 자연의 이치다. 9백여 차례의 외침과 폭정이라는 역사적 학습을 통해 우리 민족의 잠재 의식은 이러한 이치에 닿아 있다. 상호 역逆파동 관계의 염파念波들이 상쇄됨으로써 이원성을 넘어서게 되는 것이다.

생명의 전일적 본질에 기초한 한반도의 정신적 토양이 21세기 과학혁명을 점화시키는 하나의 뇌관으로 작용할 수 있듯이, 양 극단을 통섭해야 할 과제를 안고 있는 한반도의 존재론적 지형 또한—과학과 의식의 접합을 추구하는 현대 과학의 특성에 비추어 볼 때—21세기 과학혁명을 점화시키는 또 하나의 뇌관으로 작용할 수 있을 것이다. 양 극단의 통합, 그것은 천·지·인 삼재의 유기적 통합성에 대한 자각을 통하여 생명의 전일성을 체득하는 것이다. 21세기 과학혁명의 핵심 키워드는 '생명'이다. 우주만물이 생성·변화하는 원리를 함축하고 있는 태극기는 '생명의 기旗'이고, 우리는 태생적으로 생명을 화두로 삼아온 민족으로서 21세기 생명시대를 개창해야 할 내밀한 사명이 있음을 인지하지 않으면 안 된다. 우리 동이족의 선조인 풍이족風夷族이 뱀을 아이콘으로 삼았던 것은, 똬리를 틀고 있는 뱀의 형상이 '쿤달리니(kundalini)'라고 하는 근원적인 에너지[神·생명]의 형상을 표징하고, 또 지그재그식으로 움직이는 뱀의 모습이 진화하는 DNA의 나선형 구조를 닮았기 때문이 아닐까? 우주의 본질인 생명이 무엇인지를 깨닫게 되면 일체의 이원성은 한갓 가설에 지나지 않음을 알게 된다. 서구적 근대를 초극하는 신문명의 건설은 생명의 전일성에 대한 자각으로부터 시작될 것이다.

액티바(ACTIVA) 혁명의
진원지, 한반도

무기이온교환체 '액티바(ACTIVA)'는 이를 개발한 (주)에코액티바(대표이사: 尹熙鳳)가 'activate(활성화하다)'를 줄여 만든 신조어로 동양의 기氣와

서양의 바이오(bio)를 총합한 용어다. 1999년에 에코액티바(EcoActiva)는 '규산염硅酸鹽 광물(화강암, 규장암, 고령토 등)을 열수변질 진동파쇄법熱水變質振動破碎法을 이용, 7~20㎛ 파장대 원적외선 방사(복사)체 규산염 광분 제조' 특허를 취득하고 다양하게 응용 범위를 확대해 나가고 있다. 1980년대에는 생체리듬 활성화의 영향 연구와 실제 실험에 매진하였고, 1990년대에는 물리적·화학적·광학적·생물학적 친환경 소재로서의 고도 처리의 영향 연구와 실제 실험에 매진하였으며, 2000년대에 들어서는 생명공학적 응용과 실제 실험에 매진해오고 있다. '생명공학 첨단화·수소산업 실용화·지구온난화 방지·국가경제 활성화·인류사회 평화화'라는 에코액티바의 5대 사명이 말하여 주듯, 나노(Nano) 기술의 세계적 첨단 신소재인 액티바는 향후 수자원, 대체에너지, 지구온난화 방지, 바이오테크(biotech) 등의 연구 분야에 응용됨으로써 지구 환경과 인류의 삶의 질을 높이는 데 크게 기여할 전망이다.

본 절은 액티바 첨단소재와 원천기술을 개발한 에코액티바 환경기술연구소(이하 액티바연구소) 윤희봉 소장의 3부작―『무기이온교환체 ACTIVA 연구와 응용의 실제와 가설 1권: 기초 점토연구 편』(1988);『무기이온교환체 ACTIVA 연구와 응용의 실제와 가설 2권: 파동과학으로 보는 새 원자 모델 편』(1999);『무기이온교환체 ACTIVA 연구와 응용의 실제와 가설 3권: 물의 물성과 물관리 편』(2007)―과 액티바연구소 자료집(2002~2012), 그리고 십 수차례에 걸친 시연試演 참여와 대담·토론 등을 바탕으로 정리한 것임을 밝혀 둔다.

모든 물체는 양(+)이온과 음(-)이온의 흐름으로 분자 조직을 유지시키고 분자 간의 강력한 결합으로 물성을 유지한다. 그런데 절대온도가 0(-273°C)이 되면 전자파가 가동되지 않으므로 물성이 없고, 그보다 온도가 상승하면 물체는 고유의 전자파가 가동된다. 액티바연구소를 주도적으로 이끌어 온 윤 소장에 따르면 모든 물체의 전자파는 신축伸縮, 변각變角, 회전回轉, 병진竝進 등 4

대 운동을 한다. 예컨대, 물(H_2O)일 경우 수소핵과 산소핵 간의 신축운동, 산소핵을 중심으로 2개의 수소 진동폭에 의해 각이 변하는 변각운동, 분자 전체의 외부 회전운동, 분자 외부 회전운동 궤도에 일어나는 병진운동이 그것이다. '물질의 각角을 변화시키면 지구를 지배한다.' 는 말이 과학계에서 나오고 있지만 이는 아직은 도전할 수 없는 미지의 영역으로 남아 있다. 그런데 윤 소장에 따르면 액티바는 태양광선 중 7~20㎛ 파장대 광파를 흡수·방사하여 물의 물 분자각을 파장 세차수勢差數와 같이 공명시켜 핵자기 운동이 일어나는 높은 에너지(1,200Hz~2,0000Hz)까지 물의 변각운동을 증폭시키는 원리로 개발한 것이다.

물체의 전자파는 물의 경우 물을 통과하는 것과 물 분자와 공명하는 것, 그리고 물에 반응을 주지 않는 광파광선이 있듯이 에너지 흡수 파장대를 달리한다. 윤 소장의 연구에 따르면 물 분자와 가장 공명 반응이 높은 액티바의 생육광파生育光波는 6각원환형六角圓丸形의 구조로 구조상 안전하고, 열수변질 진동파쇄법을 이용하여 제조상 안전하며, 나노입자가 갖는 독성 문제를 해결하여 생체이론상 안전하고, 무석면 물질을 선택하여 원료 선정상 안전하다는 것이다. 그가 밝히는 액티바의 특성과 구조를 요약하면 다음과 같다.

액티바는 물 분자와 가장 공명 반응이 높은 7~20㎛ 파장대의 광(光)에너지를 방사(복사)하는 규산염 광분이다. 주성분은 SiO_2이고, Al과 화합한 수화성 규산알루미늄(천연규산알루미늄)으로 구성돼 있으며, Ca, Mg, K, Na, Ti, Ge, Au 등 20여 종 전위원소들이 함유된 수화성 무기물(천연 미네랄)이다. 광분은 화강암, 규장암, 고령토 등에서 열수변질 진동파쇄법(발명특허 보유), 즉 천연의 수화성(OH)을 잃지 않는 범위의 400℃ 수온 이내에서 물의 팽창을 이용한 구조 분쇄로 시트 상태에서 동형치환(同形置換 isomorphous substitution)된 6

각원환형 구조의 다정점多頂点 산소를 갖고 있는 다공성구상형多孔性球狀形이다. 4267w/㎠/40°C의 높은 에너지 방사성을 보유하고 있으며, 물 분자와의 공명 활성도를 170Hz/cm⁻¹에서 1200Hz/cm⁻¹ 이상 약 2.2π배 높여 물이 가지는 물성을 고도화한 것으로 7~20㎛ 파장대 92~95%의 원적외선 방사율을 높인 무중금속, 무독성, 무석면, 무유리질화한 약알칼리성 음이온 천연 규산알루미늄이다.[72]

필자가 액티바 소재에 주목한 것은 그것이 전자파의 파동 증폭으로 높은 에너지를 얻어 물 분자와의 공명 활성도를 높여 물의 물성을 고도화한다는 점에 있다. 인체의 경우 약 70%가 물이므로 물성이 고도화된다는 것은 전자운동이 활발해지고 진동수가 높아진다는 것으로 이는 곧 생명력이 고양된다는 것이다. 노화나 질병은 전자(電子 electron)의 회전 속도가 느려진 결과이며, 이는 우리의 부정적인 생각과 감정이 배출한 독소가 어둠의 장場을 형성하여 빛의 흐름을 약화시킨 데 따른 것이다. 전자는 영원불멸의 가장 근원적인 에너지로서 지성이 내재해 있으며, 우리의 생각과 감정에 즉각적으로 반응하는 빛의 질료다. 우주만물은 전자라고 하는 동일한 질료로 만들어져 있으며, 전자들의 수와 회전 속도는 우리의 생각과 감정에 의해 결정된다.

1998년 양자물리학 분야에서 최고 권위를 자랑하는 이스라엘의 와이즈만 과학연구소(Weizmann Institute of Science)에서 실시한 전자의 운동성에 대한 '이중슬릿 실험(double slit experiment)'은 전자의 운동성이 관찰자의 생각에 따라 달라짐을 보여준다. 즉, 관찰자가 바라본 전자의 움직임은 직선으로 슬릿을 통과해 벽면에 입자의 형태를 남긴 반면, 관찰자가 바라보지 않은 전자의 움직임은 물결처럼 슬릿을 통과해 벽면에 파동의 형태를 남긴 것이다. 양자물리학에서 말하는 '관찰자 효과(observer effect)'라는 것이 이것이다. 입자라고 생각하고 관찰하면 입자의 형태가 나타나고, 관찰하지 않으면 파동의 형태로 나타나는 것이다. 말하자면 일체가 오직 마음이 지어내는 것이다. 전자는 에너지의 올바른 이용법을 터득한 사람이 사용하면 활인검活人劍이 되고, 그렇지 못한 사람이 사용하면 살인검殺人劍이 되는 일종의 생명검生命劍이다. 의심, 비난, 원망, 분노, 두려움, 탐욕과 같은 부정적인 에너지는 사망에 이르게 하는 살인검이다. 우리의 생각과 감정, 의지가 중요한 것은 그것이 바로 우리의 삶을 창조하기 때문이다.

윤 소장이 밝히는 액티바의 세포 활성화(세포재생력) 원리는 물 분자와의 공명 활성도를 높여 물의 물성을 고도화함으로써 전자운동이 활성화되고 진동수가 높아지는 원리이다. 그는 액티바의 세포내 침투력, 정혈精血작용, 에너지 대사 작용, 항산화 작용의 네 가지 측면에서 이를 고찰하고 있다. 그에 따르면 햇빛이 물 1cm를 통과하는 데는 수억 분의 1초면 가능하고 그 짧은 시간에 물의 전자파는 신축, 변각, 회전, 병진 등 4대 운동을 약 170회 하는데, 여기에 원적외선을 투과시키면 3.14배(π배)로 증폭되어 540회 정도 운동을 하고(파이워터 π-Water), 액티바를 투과시키면 파이워터보다 약 2.2배 활성화되어 1200회 정도 운동을 한다(액티바워터). 또한 액티바를 투여하면 물 분자는 순간적으로 2만분의 1로 작게 부서진다. 이와 같이 액티바워터는 파이워터보다 2.2배 강한 활성수(진동수)로 혈관을 깨끗하게 해 주고 혈액의 물 분자를 2만분의 1로 극소화시킴으로써 산소나 영양소의 세포내 침투력을 극대화시키며, 세포내에 강한 생육광파 에너지를 공급한다는 것이다.

액티바의 생육광파는 물(체액, 혈액)의 활성화(2.2 파이워터)와 더불어 체내 포화지방을 분해하는 강한 지방 분해력이 있고, 또한 혈액 속에 있는 화학물질·농약성분·중금속 및 각종 노폐물 등을 흡착 배출하는 강한 흡착력이 있어 정혈 작용이 특히 뛰어나다고 한다. 이러한 액티바의 강한 흡착력을 활용하여 윤 소장은 액티바연구소, 한국원자력연구소, 원자력환경기술원, 호서대학교 등과 공동으로 1차에 방사능을 99.53%까지 흡착하여 550°C에서 유리고화(琉璃固化 vitrification)시켰다. 이는 일반 토양에 있는 방사능보다도 적은 수치이다.[73] 방사능을 흡착시켜 유리고화하면 방사능이 유출되지 않는다는 것은 전 세계가 알고 있지만, 실제로는 어느 나라도 성공한 사례가 없는데 세계 최초로 방사능 흡착·유리고화 영구처리에 성공한 것이다. 2차, 3차에는 완전히 흡착시켜 손에 들고 있어도 안전하다는 검증 결과가 독일 뮌헨대학교(Ludwig-Maximilians Universitat Munchen) 원전폐기물 연구소 실험에서도 인정되었다. 이 한 가지만으로도 연간 수천억 달러(2008년 기준)의 수출을 기대할 수 있다고 한다.[74]

액티바의 생육광파는 미토콘드리아(mitochondria) 내에서의 NADH(조효소인 NAD의 환원 형태) 생성을 활성화하고 젖산 축적을 낮추어 혈액 산성화와 노화 등 대사성 질환을 제어하는 에너지 대사 작용이 탁월하다고 한다. 젖산은 몸속에 산소가 부족하면 형성되는데, 젖산 축적량이 많아질수록 피로감도 높아진다. NADH는 미토콘드리아 내에서 TCA회로(tricarboxylic acid cycle: 미토콘드리아 내에서 일어나는 에너지 생성을 위한 화학적 순환과정)를 통해 몸속에 산소가 많이 축적돼 있을 때 에너지원으로서 형성되는 물질이다. 액티바를 섭취하면 NADH가 평상시보다 3~8배 더 많이 만들어진다고 하는데, 이는 액티바가 강한 지방 분해력이 있고 몸속에 있는 산소를 더 많이 활용하게 하기 때문일 것이다.

액티바의 생육광파는 활성산소를 흡수·환원시킴으로써 세포막 파괴를 막아 면역력을 강화하고, DNA를 보호함으로써 단백질 합성을 원활하게 하며, 효소를 보호함으로써 생리 대사를 원활하게 하는 항산화 작용이 매우 우수하다고 한다. ORAC 테스트에 의하면 액티바는 활성산소 수용량에서 일반

소재보다 약 125배 높게 나타나는데 이는 활성산소의 작용을 125배 막아 준다는 뜻이다. 또한 ORAC 테스트에 의하면 액티바는 활성산소 환원량이 약 8.5배 높게 나타나는데 이는 유해한 활성산소를 건강한 산소로 환원시키는 능력이 8.5배 이상이라는 뜻이다. 이처럼 액티바는 활성산소로부터 세포막, DNA, 효소 등을 보호하는 항산화 작용을 한다는 것이다.[75]

액티바연구소에서 제시하는 액티바 소재의 다양한 활용 범주는 1) 환경산업 소재(水質 개선 및 대기오염방지(調達廳優秀製品送定), 폐수 처리, 소각로, 핵폐기물 유리고화琉璃固化 영구처리, 유기농업, 치산치수 산업), 2) 토양개선제(농약 및 방사능 분해*, 생장촉진), 3) 동·식물 생장촉진제, 4) 음용수飮用水 활성 미네랄 연수화軟水化, 5) 생활건강 소재(간염 치유 식품산업, 당뇨 치유 식품산업, 암과 에이즈 치유 의약산업), 6) 기능성 식품 가공제, 7) 의약품 첨가제, 8) 의료기기 소재, 9) 에너지 산업 소재(원자력발전 산업, 수소생산 산업), 10) 원소 변성 소재(철로 구리 제조 등), 11) 연료 절감기,[76] 12) 화장품 소재[77] 등이다. 이들 대부분에 대한 임상시험은 이미 끝났으며, 지금은 산업화 단계에 들어서 있다. 일본의 노벨 물리학상 수상자인 에사키 레오나(江崎玲於奈) 박사와 점토 및 세라믹의 최고 권위자인 기무라 구니오(木村邦夫) 박사는 액티바를 '이 시대의 무기물산삼無機物山蔘'**이라고 평가하였다.[78]

이상에서 제시된 것 외에도 액티바 소재는 다양하게 응용 범위가 확대되고 계속해서 새로운 기능이 발견되고 있어 이를 개발한 윤 소장조차도 그 끝을 알 수 없다고 할 정도이다. 근년에 들어 연일 지속된 고온 현상의 여파로

---

* 현재 일본에서는 후쿠시마 원전사고(2011)로 방사능이 오염된 토양 개선을 위해 액티바 사용을 진지하게 검토하고 있다고 한다.
** 액티바는 섭취시 침착되지 않고 완전 배설되며, 특히 석면(발암물질)을 함유하지 않은 유일한 천연 미네랄이다.

4대강에서 급속히 확산되고 있는 녹조綠藻 현상과 관련하여, 액티바가 수질水質 개선 소재로 활용될 수 있다는 점에 착안할 필요가 있다. 지난 2000년 이후 한강 상수원에는 조류주의보가 총 다섯 차례 발령됐는데, 2008년 7월 이후 4년 만에 이러한 현상이 다시 나타난 것이다. 최근에 녹조 현상을 일으킨 조류(藻類: 식물성 플랑크톤의 일종)는 간과 신경계통에 독성을 유발할 수 있어 수돗물 안전성에 비상이 걸렸다. 또한 서울을 제외한 수도권 주민들이 사용하는 수돗물에서 '지오스민(geosmin)'이라는 악취 물질의 농도가 환경기준(20ppt 이하)의 최대 18배를 넘어섰다고 하니 매우 우려할 만한 수준이다. 앞서 살펴본 바와 같이 물에 액티바를 투과시키면 '파이워터'보다 2.2배 강한 활성수(진동수)가 되므로 액티바의 탁월한 정수 효능은 이미 입증된 셈이다.

액티바 소재가 원소 변성 소재로도 활용될 수 있다는 점에 대해 좀 더 살펴보기로 하자. 윤 소장의 3부작-『무기이온교환체 ACTIVA 연구와 응용의 실제와 가설 1, 2, 3권』-에는 현재 인류가 직면한 에너지 문제, 자원 문제, 핵폐기물 처리 문제, 식량 문제, 건강관리 문제 등을 해결할 수 있는 파동과학의 혁명적인 원리가 제시돼 있다. 그에 따르면 두 개의 원소가 결합하여 제3의 새로운 물질이 생성되는 과학 이론을 전개하려면 핵반응의 높은 결합 에너지가 필요한데, 다원적 에너지를 이용한 핵자(核子 nucleon: 양성자와 중성자) 이동으로 새로운 물질을 만드는 것이 현실적으로 가능하다는 것이다. 말하자면 액티바 신기술을 적용한 하이테크 변성공법으로 고철(Fe^2O^3)을 고순도 구리(copper)로 변성 인고트(Ingot: 구리괴)화하는 것이다.

필자는 지난 수년간 십 수차례에 걸친 시연試演에 참여해 철이 염화구리로, 그리고 구리괴로 변성하는 과정을 지켜보면서, 근대 과학혁명에 중요한 기여를 한 프랜시스 베이컨의 과학적 유토피아인 『신아틀란티스 The New Atlantis』가 떠올랐다. 거기에는 과학자들이 실험을 통해 철을 황금으로 변성시키는 이야기가 나오는데, 그러한 '황금' 시대로의 진입에 대한 베이컨의 예단이 결코 공허한 것이 아님을 체험적으로 알게 되었다. 당시 시연에 참여한 일본 과학자들은 핵자 이동으로 새로운 물질을 만드는 것에 대해 비교적 잘 이해하고 있었는데, 이는 1949년 일본인으로서는 처음으로 노벨 물리학상을 수상한 일본의 이론물리학자 유카와 히데키(湯川秀樹 Yukawa Hideki, 1907~1981)의 지적 유산에 힘입은 것이라 생각되었다. 핵력(核力 nuclear force: 양성자와 중성자를 결합시키는 힘)을 매개하는 중간자(π中間子 pion)의 존재를 정확히 예측한 유카와 히데키의 중간자 이론에 따르면 모든 핵자(혹은 핵입자)는 지속적으로 파이온을 내놓거나 흡수하는데, 이때 다른 핵자가 근처에 있으면 방출된 파이온은 원래의 핵자로 돌아가지 않고 다른 핵자로 이동할 수 있다는 것이다.

양성 수소 핵자가 양성자수(원자번호) 26인 철 원소 핵자들을 포격, 철 원소 핵자들에 의해 수소 양성자 3개가 포획되어 새로운 원소, 즉 양성자수 29인 구리 원소로 변성하는 액티바 신기술은 핵자 이동의 원리로 설명될 수 있다. 윤 소장의 연구에 따르면 액티바는 핵자 이동의 촉매제로서의 기능과 더불어 제련製鍊시 인고트(Ingot)화 시키는데 이온이 기화되지 않고 용융(鎔融 melting)되게 하며 고순도의 구리 추출을 가능케 한다. 시연에 참여한 일본 과학자들은 일본에서도 철을 구리 원소로 변성할 수는 있지만 이온이 대부분 기화되는 관계로 거기서 추출해 낼 수 있는 구리 양은 극히 미미해 전혀 경제성이 없나는 것이다. 그런데 철 함량에 해당한 것만큼 고순도의 구리 양이 100% 추출되는 것을 보고 엄청난 고부가가치를 창출해 내는 액티바 신소재와 원천기술이야말로 '노벨상 0순위감'이라고 했다. 액티바 신기술을 이용해 철을 구리로 변성할 수 있다면, 같은 원리로 다른 원소 간의 핵자 이동에도 이러한 신기술이 응용될 수 있을 것이다. 그렇게 되면 인류의 난제인 지구

자원 문제 해결에도 획기적인 전기를 마련할 수 있다.

윤 소장에 따르면 액티바 규산염 광분에 석류석이 함유된 현문암을 적정 비율로 섞으면 고순도의 희토류稀土類 제조가 가능하다고 한다. '희토류' 란 드미트리 멘델레예프(Dmitrii Ivanovich Mendeleev, 1834~1907)의 원소 주기율표에서 21번 스칸듐(Sc)과 39번 이트륨(Y), 그리고 원자번호 57에서 71까지의 란탄(La) 계열의 15원소를 합친 17원소를 통칭한 것으로 화학적 성질이 매우 비슷하고 천연 상태에서 서로 섞여서 존재한다. 20세기가 석유 전쟁의 세기였다면, 21세기는 희토류 전쟁의 세기로 일컬어진다. 이처럼 희토류가 자원 전쟁의 핵심 이슈가 된 것은 그것이 '첨단 산업의 비타민'이라고 불릴 정도로 컴퓨터, 스마트폰, 고성능 자석, 형광체 등 각종 첨단 제품의 신소재로 이용되기 때문이다. 현재 희토류와 관련된 우리나라의 산업 기반이 매우 취약하고, 소재 및 부품으로 사용 가능한 희토류 제품은 대부분 수입에 의존하는 실정이어서 안정적인 공급처 확보만으로는 21세기 자원 전쟁에서 국가의 생존을 담보할 수 없다.[79] 우리가 액티바 신소재와 응용기술에 주목해야 하는 이유다.

윤 소장에 의하면 액티바 신소재와 원천기술 개발의 원래 취지는 핵폐기물(低準位, 中準位, 高準位)과 악성 산업폐기물 등에 함유된 방사능과 유해물질을 가장 안전하고 완벽하게 영구처리하기 위한 것이었다. 액티바 신소재를 사용해 방사성 핵종 폐기물 유리고화(琉璃固化 vitrification)에 적용한 이 제품의 생산기술은 현재까지 전 세계에서 유일하게 (주)에코액티바가 단독으로 보유하고 있으며, 이 기술과 관련해 세계 굴지의 초일류 기업 도요타(Toyota)와 수년간의 국제특허소송에서 승리하는 쾌거를 거두었다. 따라서 액티바 신소재를 적용한 응용기술과 생산기술에 대한 특허권은 이미 국제적으로 공인된 것으로 볼 수 있다. 또한 국제원자력기구(IAEA), 해외 핵폐기물 연구소와 방사성폐기물 처리 전문기업 등으로부터 액티바 소재를 이용한 방사성 핵종의 흡착(adsorption) 유리고화 영구처리 기술에 대한 성능 테스트 평가와 연구 성과에 대한 실증 실험 결과를 토대로 세계적인 기술력을 인정받았다.[80]

액티바연구소 자료집에 따르면 액티바 공법과 신소재는 방사성폐기물(radioactive waste 방폐물)을 저온 용융(550°C 이하)할 수 있어서 세계에서 유일하게 방사능의 휘발 없는 무결정의 최첨단 유리고화 영구처리 기술을 가능케 한다. 이러한 첨단 기술과 소재의 개발은 원자력발전을 가동함에 따라 발생하는 방폐물을 기존 드럼처리 방식에 비해 획기적으로 감량처리하고, 영구적인 안전성이 입증된 유리고화 공법을 사용해 처리 안전성에 대한 우려를 불식시키며, 또한 방폐장 부지 확보의 어려움을 해결할 수 있게 할 것이다. 또한 10만t급 이상의 특수 대형선박에 프리즈마 유리고화 설비와 시설을 장착하여 해상에서 방폐물을 처리할 수 있도록 할 경우 세계 각국의 방폐물 처리 시장을 더 크게 확장할 수 있다고 한다.[81]

액티바 신소재는 수소에너지 생산 소재로도 활용될 수 있다. 수소는 물, 화석연료(fossil fuel), 바이오매스(biomass) 등 자연으로부터 추출해 연료전지(燃料電池 fuel cell)에 저장한 뒤 전기로 변환시켜 사용할 수 있는 2차 에너지이다. 오늘날 수소 가운데 반 정도는 수증기 개질改質 공정을 거쳐 천연가스로부터 추출된다. 현재로서는 수증기 개질 공정이 가장 저렴한 수소 생산법이기 때문이다. 그러나 천연가스는 탄화수소체이기 때문에 수증기 개질 공정에서 이산화탄소가 부산물로 생성되며, 이를 따로 분리해 격리시키자면 수수 생산비가 증가한다. 따라서 향후 에너지 산업에서는 화석연료에 대한 의존성을 줄이고 대체에너지원을 사용해 전력을 생산한 후 물 전해電解에 의해 수소를 추출할 것이 요망된다. 그렇게 되면 환경친화적인 에너지 체계 구축에도 크게 도움이 될 것이다.

현재 수소의 연간 생산량 가운데 물 전기분해(electrolysis)로 얻어지는 것은 4%에 불과한 것으로 나타난다. 이는 높은 전기료로 인해 수증기 개질 공정보다 경쟁력이 떨어지기 때문이다.[82] 윤 소장에 따르면 원자력을 사용하여 전력을 생산한 후 액티바 신소재와 기술을 적용해 물 전해電解 공정을 거쳐 추출하면, 액티바가 7~20㎛ 파장대 광파를 흡수·방사하여 물 분자를 공명시켜 에너지를 증폭시키게 되므로 훨씬 더 많은 수소에너지를 추출해 낼 수 있다고 한다. 대체에너지원 가운데 원자력은 가장 저렴하고, 또한 원자력발전 가동에 따른 방폐물은 액티바가 영구적으로 유리고화 시킬 수 있으므로 안전성도 확보된다. 화석연료의 종말에 대한 예측과 더불어 불규칙적으로 생산되는 재생에너지는 수소 저장 기술로 보존할 수 있다는 점에서 수소는 지속적으로 전력을 공급할 수 있는 가장 확실한 에너지 저장 수단으로 받아들여지고 있다.

액티바 첨단소재와 원천기술은 현재 지구촌의 핵심 이슈가 되고 있는 난제들, 예컨대 에너지 문제, 자원 문제, 핵폐기물 처리 문제, 식량 문제, 건강관리 문제 등의 상당 부분을 해결할 수 있을 전망이다. 특히 방폐물 유리고화 영구처리, 철(Fe)로 구리(Cu) 제조, 수소 생산, 희토류 생산, 수질 및 토양 개선 등에 대해 액티바 공법은 인류의 미래를 담보하는 세계 최고의 원천기술로서 임상시험 단계를 넘어 현재 공장 양산체제를 갖춤으로써 산업화 단계에 이르렀다. 한반도의 정신적 토양과 존재론적 지형, 그리고 한반도가 액티바 혁명의 진원지라는 사실은 '한반도발發' 21세기 과학혁명에 대한 예단을 가능케 한다.

여기서 액티바 혁명의 진원지를 '한반도'라고 한 것은 남南의 자본·기술과 북?의 자원·노동이 만나면 고도의 시너지 효과(synergy effect)를 발휘할 수 있기 때문이다. 민간연구단체인 북한자원연구소의 최경수 소장에 따르면

"2012년 현재 북한의 주요 지하자원인 18개 광물의 잠재 가치는 올 상반기 시장가격을 기준으로 9조7천574억6천만 달러(약 1경1천26조 원)"인 것으로 추정된다. 그는 2001년부터 2008년까지 30여 차례 방북해 북한의 광산을 직접 살펴본 북한 지하자원 전문가다. 그에 따르면 "2012년 북한 지하자원의 잠재 가치는 남한(4천563억 달러)의 21배 수준이며, 북한 철광석의 잠재가치는 6천207억 달러로 남한 철광석의 잠재가치 46억7천600만 달러의 133배다."[83] 남북경협이 이루어져 북쪽의 풍부한 철을 변성시켜 구리를 제조하면 그 부가가치만으로도 통일 비용을 충분히 해결할 수 있는 수준이 될 것이다.

그리스발發 유럽 재정 위기가 촉발한 '더블딥(double deep)' 공포가 수년간 세계 경제를 강타한 데 이어, 2013년 6월 현재 미국 연방준비제도이사회(FRB) 벤 버냉키 의장의 금융 완화 정책 축소 계획 공개로 전 세계 금융시장이 요동치고 있고, 또한 한·중·일 3국간 역사·영토 갈등의 파고가 날이 갈수록 높아지고 있는 이 격랑의 시대에 어떻게 국가의 생존을 유지하고, 평화적 통일의 민족적 대업을 달성하며, 나아가 지구와 인류의 평화와 복지 달성이라는 시대적 과제를 완수할 것인가? 세계 방폐물처리업 시장규모는 2008년 기준으로 6천억 달러 정도라고 하니[84] 지금은 이를 훨씬 상회할 것으로 추정된다. 방폐물 처리, 구리 제조, 수소 생산, 희토류 생산 등을 모두 합하면 연간 수조數兆 달러의 수출이 이루어질 것으로 기대된다. 2012년도 우리 정부 예산 총액이 325조4천억 원이라고 하니, 어림잡아 10배 이상이 되는 셈이다.

그렇게 되면 성장률과 고용률의 동반 상승으로 경제지표(economic indicator)가 지속적으로 호조를 보이게 될 것이고, 동북아시아의 통합적 가치가 증대되면서 '동북아 경제권(Northeast Asian Economic Sphere)' 형성이 가시화될 수 있을 것이며, 나아가 세계 금융의 중심이 판문점이나 개성으로 이동할지도 모를 일이다. 경제는 문화를 운반하는 운반선이다. 전 세계 원자력발전의 아킬레스건健인 방폐물 유리고화 영구처리 한 가지만으로도 한반도 통일의 물적 토대 구축은 물론, 전 인류를 방폐물의 위협에서 벗어나게 함으로써 세계평화의 이념을 확산시키고 동북아의 경제 문화적 지형을 변화시킬 수도 있다. 한반도의 평화적 통일은 통일세를 걷는 소극적인 방식에 의해서가 아니라 동북아의 경제 문화적 지형을 변화시키는 큰 그림 속에서 이뤄질 것이다.

03 21세기 과학혁명과 존재혁명

**21세기 과학혁명과
3차 산업혁명**

과학과 의식의 접합을 추구하는 21세기 과학혁명은 필연적으로 존재혁명과 연결된다. 21세기 과학혁명이 존재혁명이고 또한 존재혁명일 수밖에 없는 것은, 존재혁명이 패러다임 전환과 상관관계에 있고 패러다임 전환은 과학혁명과 상관관계에 있기 때문이다. 토머스 쿤이 밝힌 과학혁명과 패러다임 전환의 상관관계는 중세의 신 중심의 세계관이 근대의 인간 중심의 세계관으로, 그리고 다시 오늘날의 전일적 실재관으로 변화한 데서 잘 드러난다. 근대적 사유의 특성은 정신·물질 이원론에 입각한 데카르트-뉴턴의 기계론적 세계관에 잘 함축돼 있다. 대개 16세기에 시작하여 17세기에 그 정점에 이른 근대 과학혁명은 이러한 기계론적 세계관에 힘입어 과학기술의 비약적 발전과 더불어 물질적 풍요의 혜택을 가져옴으로써 인류의 문명사에 획기적인 전기를 마련하였다.

그리하여 과학기술의 발전이 경제적 측면에 응용되면서 자본주의의 발달을 가져오고 또한 이를 운용하기 위한 제도로서의 민주주의가 나타나게 되면서 근대 민족국가, 나아가 근대 국민국가로 일컬어지는 근대 세계가 열리게 된 것이다. 이성적이고 과학적이며 합리적인 근대 세계의 특성은 흔히 근대성으로 통칭되어 근대 세계를 규정하는 근본원리가 되었을 뿐 아니라 인류의 보편적인 세계관과 가치체계를 추동해내는 원리로 작용하였으며, 오늘에 이르기까지도 과학적 방법론과 합리주의는 연구 영역은 물론 자본주의적 원리를 따르는 경제 활동과 사회정치적인 실천 영역에서도 충실하게 이행되고 있다. 현대 세계에서 통용되는 패러다임이나 과학적 방법론은 여전히 근대 세계의 연장선상에 있는 것이다. 말하자면 오늘의 세계는 근대성에서 비롯되어 근대성에 의해 지배돼 온 것이다.[85]

우리가 처한 시대는 모더니즘과 포스트모더니즘(postmodernism)이 중층화重層化된 구조를 이루는 과도기인 까닭에 비록 근대성의 패러다임이 유효하게 작동하고 있긴 하지만, 인간의 이성과 과학적 합리주의를 중심으로 한 근대 세계에 대한 비판적 담론 또한 거세게 일고 있다. 근대의 과학적 합리주의가 함축하는 과도한 인간 중심주의와 이원론적 사고 및 과학적 방법론은 20세기에 들어 실험물리학의 발달로 그 한계성이 지적되고 전일적 패러다임(holistic paradigm)으로의 대체 필요성이 역설되면서 서구 문명의 지양을 위한 새로운 패러다임, 즉 새로운 실재관의 정립에 관한 논의가 확산된 것이다.

이러한 논의의 구체적인 배경으로는 전 지구적 차원의 환경 파괴와 생태 재앙 그리고 총체적인 인간 실존의 위기가 이제 더 이상 방치할 수 없는 임계점에 이르고 있기 때문이다. 즉, 화석에너지에 의존한 지구 문명이 초래한 물·대기·토양 오염, 오존층 파괴, 지구온난화와 해빙, 지진과 화산폭발, 사막화, 자연자원의 고갈, 생물종 다양성의 감소, 원전原電 방사능 유출 등 심각한 환경 파괴와 생태 재앙, 그리고 정치적·종교적 충돌에 따른 테러와 폭력의 만연, 자연재해에 따른 빈곤과 실업의 악순환, 민족간·종교간·지역간·국가간 대립과 분쟁의 격화, 군사비 지출 증대 등에 따른 총체적인 인간 실존의 위기가 그것이다. 또한 기상이변과 생태 재앙에 따른 식량 생산의 절대 감소로 지구촌 곳곳에서 대규모 기아 사태가 발생하는 등 심대한 위기의식이 지구촌을 강타하고 있다. 뿐만 아니라 대두, 유채, 오일팜, 코코넛, 자트로파, 피마자 등이 바이오디젤 원료로 사용되면서 식량난은 가중되고 있다. 21세기 과학혁명이 존재혁명의 과제를 풀지 못하고서는 지구가 지탱할 수 없게 될 것이다.

근대 과학혁명은 진정한 의미에서 존재혁명의 과제를 수행하지 못했다. 이 세상이 바로 우리 의식의 투사체임을 인지하지 못했기 때문이다. 근대 세계는 정신·물질 이원론에 사로잡혀 과학과 의식을 뚜렷이 분화된 두 개의 영역으로 간주함으로써 스스로를 그림자 세계인 동굴세계 속에 유폐시켰다. '도구적 이성'과 '도구적 합리성' 및 과학적 방법에 대한 과도한 신뢰는 일체 현상을 분할 가능한 입자의 기계적 상호작용으로 파악하고 정신까지도 물질화하는 결과를 초래함으로써 반생태적(반생명적)·반윤리적인 물신物神 숭배가 만연하게 되었다. 이 점에서 근대성은—프랑스의 환경철학자 오귀스탱 베르크(Augustin Berque)가 적절하게 지적했듯이— '윤리의 뿌리를 말살시켜 가는 거창한 과정'[86]이었다. 이처럼 근대 세계는 생명의 전일성과 자기근원성에 대한 인식 부재로 인해 과학발전이 문명의 이기利器와 경쟁적인 무기체제 개발로 이어졌을 뿐, 존재혁명의 철저한 수행은 유보될 수밖에 없었다. 근대성이 '미완성의 프로젝트'일 수밖에 없는 이유다.

20세기 이후의 현대 과학혁명이 근대 과학혁명과 다른 점은 그것이 과학과 의식의 접합을 통해 철저한 존재혁명의 과제를 수반하고 있다는 점이다. 오늘날 양자혁명(quantum revolution)이 가져온 사상적·사회적 및 기술적 영향력의 심대함은 이러한 현상을 잘 말해 준다. 양자계가 근원적으로 비분리성 또는 비국소성(non-locality)을 갖고 파동인 동시에 입자로서의 속성을 상보적으로 지닌다는 양자역학적 관점은 주체와 객체의 이분법이 성립되지 않음을 드러낸 것으로 생명의 전일성과 자기근원성에 대한 인식을 보여준다. 양자역학과 의식(마음)의 접합의 단초는 양자역학의 통섭적 세계관에 있다. 통섭적 세계관은 장場이 유일한 실재이며 물질은 장이 극도로 강하게 집중된 공간의 영역에 의해 성립되는 것이라고 보는 아원자 물리학의 '양자장(quantum field)' 개념에서도 분명히 드러난다. 이러한 통섭적 세계관은 근대 합리주의의 해체의 필요성을 역설하며 등장한 생태적 사유와도 그 맥을 같이 한다.

플라톤(Plato)의 '동굴의 비유(the allegory of the Cave)'에서는 한 사람이 풀려나서 햇빛[진리]을 보았지만, 현대 물리학의 '의식' 발견에 따른 통섭적 세계관의 보급으로 이제 많은 사람이 햇빛을 보았고, 정보화혁명의 급속한 진전으로 수많은 사람이 햇빛을 보게 될 것이므로 그림자 세계가 아닌 실재 세계를 논할 수 있게 되었다. 우주의 본질인 생명을 논할 수 있게 된 것이다. 물성과 영성, 삶과 죽음의 경계 저 너머에 있는 생명, 즉 절대유일의 참자아는 시작도 끝도 없고, 태어남도 죽음도 없으며, 없는 곳이 없이 실재하는 순수 현존(pure presence)이다. 말하자면 우주만물이 궁극적 실재인 참자아의 자기현현이다. 현대 과학의 존재혁명 수행 가능성에 대한 전망은 모든 생명체의 설계도를 밝혀낼 수 있을 것으로 기대되는 포스트 게놈시대(Post-Genome Era)의 도래에 대한 예단과 무관하지 않다.

21세기 과학혁명과 존재혁명을 추동하는 핵심 키워드는 '생명'이다. 생명에 대한 인식은 온전한 앎에서 일어난다. 그러나 지식은 관념이고 파편이며 과거와 연결되어 있으므로 온전한 앎은 지식에서 일어날 수 없다. 과학적 지식은 생명을 가리키는 손가락일 뿐, 생명 그 자체가 아니다. '순수 현존'인 생명은 단순히 과학적 지식으로부터 인지될 수 있는 것이 아니다. 온전한 앎은 존재로서의 체험을 통해서만 가능하다. 고난의 구간을 통과하는 체험을 통해 앎이 체화體化될 때 비로소 지식과 삶의 괴리가 사라진다. 말하자면 내면의 깨어남을 통해 실천적 지성인이 될 때 존재혁명을 추동해 낼 수 있는 에너지가 생겨나는 것이다. 의식의 자기교육과정이 필요한 것은 이 때문이다. 지구는 인류의 자유의지를 시험하는 시험장인 동시에 영적 진화(의식의 진화)를 위한 학습장이다. 일체의 상황은 영적 진화를 위한 학습 여건 조성과 관계된 것일 뿐, '좋은 것'과 '나쁜 것'이 따로 있는 것이 아니다. 오늘날 수많은 인류가 질병과 기아와 전쟁 및 폭력에 시달리는 것도 영적 각성을 위해 통과해야 할 고난의 구간에 놓여 있기 때문이다.

21세기 존재혁명의 과제는 지구의 대규모 재앙과 맞물려 철저하게 수행될 것으로 예측된다. '가이아 이론(Gaia theory)'[87]의 창시자이자 영국의 과학자인 제임스 러브록(James Lovelock, 1919~)은 지구를 자기조절 능력을 가진 거대한 생명체로 파악한다. 화학과 의학, 천문학과 대기과학, 생물학을 연구한 '행성 의사(planetary physician)'임을 자처하는 그는 산업문명이 초래한 지구의 기후 변화가 회복 불능 상태에 빠졌다며, 기후 붕괴에 따른 식량난과 자원전쟁으로 인해 21세기 안에 수십 억 명이 사망할 것이라고 진단한다. IPCC(기후변화에 관한 정부간 협의체)는 세계 각국이 온실가스를 현재 추세로 배출할 경우 대기大氣 중 이산화탄소(CO_2) 농도가 수십 년 안에 450ppm을 돌파한 뒤 금세기 말에는 540~940ppm까지 이를 것이라며, CO_2농도를 450ppm 이하로 막지 않으면 기후 변화로 인해 지구가 사실상 파국을 맞게 될 것이라고 경고해 왔다.[88] 그런데 2013년 5월 9일 미국 해양대기청(NOAA)이 CO_2농도의 준거 지표인 미국 하와이 마우나로아(Mauna Loa)산에서 측정한 대기 중 CO_2농도가 400.03ppm을 기록, 역사상 처음으로 400ppm을 넘어섰다고 밝힌 것[89]은 러브록의 진단에 신빙성을 더해 준다.

러브록에 따르면 금세기에 지구 기온의 급상승으로 가이아(Gaia: 그리스 신화에 나오는 대지의 여신)는 혼수상태에 빠질 것이며, 가이아가 자기조절 시스템을 가동해 온 지금까지와는 달리 이제 그 시스템이 제대로 작동할 수 없는 위기 상황에 직면하게 됐다는 것이다. 러브록은 그의 저서 『가이아의 복수 The Revenge of Gaia』(2006)[90]에서 환경 대재앙을 가이아가 인간에게 되돌려주는 '복수'라는 관점에서 분석하며, 인류가 지구에 '이중 타격'을 가하는 방식으로 해악을 끼쳤다고 진단한다. 즉, 화석연료의 사용으로 대기 중의 온실가스 농도가 급격히 증가하여 가이아에 열을 가하는 동시에 그 열을 조절할 수 있게 하는 숲을 파괴해 왔다는 것이다. 이 책에서 그는 '지속가능한 발전(sustainable development)'이란 것이 근본적인 해법이 될 수 없으므로 포기해야 하며, 그 대신 식량 자급 방안을 마련하고, 기후 붕괴의 연착륙을 위해 '지속가능한 후퇴(sustainable retreat)' 전략을 선택해야 한다고 주장한다.

그는 최근의 기후 변화가 지난 2천만 년 동안의 기후 역사상 전대미문의 수준이며, 특히 자연적인 요인에 의한 것이 아니라 인간의 책임이라는 점을 강조하면서 인간의 삶을 환경친화적으로 전환하는 것만이 지구온난화를 막을 수 있는 방법이라고 설명한다. 그가 지구와 인류의 미래에 대해 비관적인 진단을 하는 구체적인 근거는 현재의 기후 위기에 대한 IPCC의 평가, 금세기 말까지 지구 표면온도 상승에 대한 IPCC의 예측(섭씨 4.5도 상승할 가능성이 가장 높은 것으로 예측), 기후 변화의 상승작용에 대한 IPCC 제4차 보고서의 과소평가, 이산화탄소 방출량에 대한 IPCC의 예측보다 훨씬 심각한 현실, 바닷말(algae)의 급격한 소멸 가능성과 아마존 열대우림의 사막화, 지구 위기에 대한 인류의 몰인식 등이다.[91]

러브록이 말하는 환경친화적인 삶으로의 전환이란 바로 패러다임 전환을 통한 존재혁명이다. 그는 산업혁명에 따른 화석연료의 사용과 지나친 농경지 개간 및 남벌이 지구온난화를 가속화시키는 네거티브 피드백으로 나아가게 했다면서, 지속가능한 발전이나 지금의 생활방식이 생존 정책이라고 기대하는 것은 마치 폐암 환자가 담배를 끊으면 낫는다고 기대하는 것과도 같다고 말한다. 지구온난화의 재앙에 대한 그의 진단과 대책은 섣부른 환경론의 위험성을 통렬히 비판한다. 그가 제안하는 '지속가능한 후퇴' 처방은 다음과 같다. 즉, 재생에너지 개발 중단, 원자력발전 증대, 유기농법 포기,* 치명적인 3C(연소(combustion), 소(cattle), 전기톱(chainsaw)) 중단, 환경친화적인 삶으로의 전환, 행성 규모의 거시공학에 의한 해법 모색, 인류 문명에 대한 장단기 대책 마련 등이다.[92]

특히 그는 원자력발전을 지지하는 것에 대해 환경론자들로부터 많은 비판을 받고 있지만, 기후 붕괴의 연착륙을 위해 이산화탄소를 방출하지 않는 원자력발전을 가장 효과적인 대안이라고 주장한다. 원자로는 화석연료에 비해 200만분의 1에 불과한 폐기물만을 배출하고 온실가스를 만들지 않으면서 효율성이 높기 때문에 현재로서는 원자력발전이 우리 수중에 있는 유일하게 효과적인 처방이라는 것이다.[93] 그는 녹색주의자들에게 지속가능한 발전과 재생에너지, 에너지 절약이면 할 일이 다 끝난다는 순진한 믿음을 재고하기를 간청한다. 또한 그는 환경운동이 인간 중심주의에서 벗어나 생명에 대한

---

* 러브록에 의하면 집약농업에 비해 생산성이 낮은 유기농업으로는 지구촌의 식량문제를 해결할 수 없을뿐더러, 천연 발암물질이 화학산업이 만드는 발암물질보다 농도가 수천 배 더 높은 경우도 흔하다고 한다. 궁극적으로는 이산화탄소, 물, 질소, 황, 미량원소 등을 활용하는 화학적·생화학적 공법으로 식량을 합성하거나 식품 원료의 조직 배양을 하는 방식으로 식량을 생산하여 현재의 농경지가 다시 숲이 되게 하는 것이 올바른 해법이라고 한다.

본능적인 인식을 확장시켜 지구까지 포함시켜야 한다고 주장한다. 인간이 모든 생명체를 지배할 자격과 운명을 타고났다고 믿는 것은 다른 생명체들을 주로 먹을거리로 보도록 유전적으로 프로그래밍 되어 있기 때문이라는 것이다.[94]

러브록의 '지속가능한 후퇴' 처방은 선뜻 동의하기 어려운 측면도 있지만, 그러한 처방을 뒷받침하는 매우 구체적인 근거들이 제시돼 있어 커다란 울림으로 다가온다. 인간 중심주의적 사고에 대한 그의 비판은 베스트셀러 작가이자 환경 파수꾼인 톰 하트만(Thom Hartmann)이 그의 저서 『우리 문명의 마지막 시간들 The Last Hours of Ancient Sunlight』(1998)에서 지적하는 문제의 핵심과도 상통한다. "설사 상온 핵융합 방식이 성공하여 석유 사용을 그만두고 모든 사람에게 무료로 전기를 공급해 준다 해도 그것이 세상을 구하지는 못할 것이다. 진실로 의미 있는 변화가 이루어지려면 세상을 바라보고 받아들이는 방식을 바꿔야 한다. 자연스런 인구 조절과 산림 복구, 공동체의 재창조, 물자 낭비의 감소는 이런 시각 변화가 있고서야 가능하다."[95]

독일 녹색당의 창립자인 페트라 켈리(Petra Kelly)는 우리 세대가 "불가능한 일을 하지 않으면 우리 모두가 상상할 수도 없는 재난을 맞게 될 것"이라고 경고했다. 인식의 획기적인 전환을 통한 존재혁명이야말로 이 시대의 화두다. 시간의 역사가 말하여 주듯, 인간이 올바른 해법을 찾지 못하면 대자연은 문명의 정리 수순에 착수하게 된다. 오늘의 인류가 겪고 있는 자연 대재앙은 생명체인 지구가 살기 위한 자정작용自淨作用의 일환이다. 세상을 바라보고 받아들이는 방식이 바뀌지 않으면, 다시 말해 패러다임의 변화가 일어나지 않으면 존재혁명을 기대하기 어렵다. 물리학자이자 신과학운동의 거장인 프리초프 카프라(Fritjof Capra)가 지적했듯이,[96] 현대 물리학의 전일적 실재관은 동양의 전일적이고 유기론적인 세계관에 맞닿아 있음으로 해서 동·서양이

사상적으로 접합하고 있음을 명징하게 보여준다. 이러한 사상적 접합은 동·서양을 통섭하는 새로운 문명의 개창이 임박했음을 예고한다.

미국 펜실베이니아대 교수이며 미래학자인 제러미 리프킨(Jeremy Rifkin, 1943~)은 그의 저서 『3차 산업혁명 The Third Industrial Revolution』(2011)에서 수평적 권력으로의 패러다임 전환이 에너지, 경제, 그리고 세계를 어떻게 바꾸는지를 구체적인 예증을 통해 보여준다. 그에 따르면 역사상 위대한 경제적 변혁은 새로운 커뮤니케이션 기술이 새로운 에너지 체계와 만날 때, 다시 말해 커뮤니케이션과 에너지 매트릭스가 만들어내는 승수효과乘數效果의 힘에 따라 발생한다. 새로운 형태의 커뮤니케이션이 새로운 에너지원을 이용해 보다 복잡한 문명을 체계화하고 관리하는 매개체 역할을 한다는 것이다. 즉, 18세기 말 인쇄술과 석탄 동력의 증기기관이 조우하여 1차 산업혁명을 일으켰고, 20세기 초 전기 커뮤니케이션 기술과 석유 동력의 내연기관이 조우하여 2차 산업혁명을 일으켰으며, 그리고 오늘날 인터넷 커뮤니케이션 기술과 재생에너지가 결합하여 3차 산업혁명을 일으키고 있다는 것이다.*[97]

그는 화석연료에 의존한 지금의 2차 산업혁명 경제성장 모델이 향후 20~25년이면 끝난다고 보고, 지금 세계 경제 위기는 그 말기 증세라며 성장이냐 복지냐 이분법 논쟁에 골몰할 것이 아니라 다가오는 3차 산업혁명에 대비하는 것이 더 중요하다고 했다. 그에 따르면 3차 산업혁명은 인터넷 기술과 재생에너지의 융합으로 생기는 변동이다. 그가 제시하는 3차 산업혁명의 5대 핵심요소는 1) 재생에너지로의 전환, 2) 모든 건물은 재생에너지를 생산하는 미니 발전소로 변형, 3) 불규칙적으로 생산되는 재생에너지는 수소 저

---

* 제러미 리프킨에 따르면 3차 산업혁명의 아이콘은 3D프린터이며, 3차 산업혁명의 특징은 누구나 기업가가 돼 혁신적 아이디어를 제품으로 만드는 것이다.

장 기술로 보존, 4) 인터넷 기술을 활용해 에너지 공유 인터그리드(intergrid) 구축, 5) 교통수단은 전기 및 연료전지 차량으로 교체 등이다.[98]

그는 3차 산업혁명이 우리가 금세기 중반에 다다르기 전에 비극적인 기후변화를 피할 수 있게 하고 지속가능한 탄소 후 시대에 도달할 수 있게 할 것이라는 기대감을 피력한다. 다가오는 시대는 수억 명의 사람들이 가정과 직장, 공장에서 직접 녹색 에너지를 생산하여 지능적인 분산형 전력 네트워크, 즉 인터그리드로 공유할 것이며, 이런 식의 에너지 민주화는 인간관계를 근본적으로 상하 구조가 아닌 수평 구조로 재정립해 우리 사회의 미래에 심오한 변화를 초래하게 될 것이라고 전망한다. 즉, 1, 2차 산업혁명의 전통적인 중앙집권화 경영 활동이 3차 산업혁명의 분산 비즈니스로 점차 대체될 것이며, 또한 경제 및 정치권력에서 볼 수 있는 전통적인 계급 조직이 사라지고 사회 전반에 걸쳐 수평적 권력이 그 자리를 대신할 것이라고 본다.[99] 그는 수많은 소규모 플레이어들이 참여하는 보다 민주적 형태의 분산 자본주의(distributed capitalism) 시대의 특성을 다음과 같이 제시한다.

에너지체계는 문명의 성격을 결정한다. 즉, 문명의 조직 방식, 상업 및 무역의 결실에 대한 분배 방식, 정치권력의 행사 방식, 사회적 관계의 관리 방식 등을 결정한다. 21세기에는 에너지 생산 및 분배의 통제 중심이 이동할 것이다. 화석연료를 기반으로 한 중앙집권형 거대 에너지기업 중심에서 거주지에서 직접 재생 가능 에너지를 생산하고 잉여분은 에너지 정보 공유체를 통해 교환하는 수백만의 소규모 생산자 중심으로 바뀔 것이다. 이러한 에너지 민주화에는 향후 100년간 인류가 삶을 총체적으로 지휘하는 방법에 대한 심오한 암시가 들어 있다. 우리는 분산 자본주의 시대에 들어서고 있다.[100]

리프킨에 따르면 1, 2차 산업혁명 세대는 생산수단을 누가 소유하느냐, 즉 사유제냐 공유제냐, 자본주의냐 사회주의냐에 관심이 있었다면, 인터넷 세대는 정치 제도가 수평적이냐 수직적이냐, 분산적이냐 집중적이냐가 관건이다. 다시 말해 1, 2차 산업혁명에선 '소유'가 중시됐지만, 3차 산업혁명시대엔 '공유'가 주요 경제 모델인 것이다. 3차 산업혁명은 분산형 재생 가능 에너지를 중심으로 조직되기 때문에 위계형 통제 메커니즘과는 맞지 않으며 협업 메커니즘이 필요하다. 이러한 수평적 에너지 체계는 공유성을 기반으로 하는 '액체 민주주의(Liquid Democracy)'와 '협업 경제(the collaborative economy)'로의 이행을 촉발할 것이고, 산업혁명의 분산성과 협업성이 클수록 생성되는 부의 분배 또한 더욱 분산되고 투명성에 초점을 맞추게 될 것이다.[101] 한마디로 세계 경제의 패러다임 자체가 바뀌면서 수평적 권력이 에너지, 경제, 그리고 세계를 근본적으로 바꾸게 될 것이라는 전망이다. 그가 사용한 분석틀은 오늘의 세계를 규정하는 기본 틀로서 여전히 유효하며 이러한 산업혁명의 연장선상에서 이제 인류는 제4차 산업혁명의 여명기를 맞고 있다.

리프킨은 3차 산업혁명 모델 기준에서 볼 때 우리나라가 반도라는 지리적 특성 때문에 태양, 바람, 해류 등 재생에너지가 풍부하며, 5대 기축에 필요한 조선·정보통신·건설·물류 등 산업이 발달해 있어 장기적으로 아시아 대륙 통합의 중계자 역할을 맡을 수 있다고 본다. 또한 정부의 FTA 전략도 수평적 3차 산업혁명 성장 모델의 좋은 기반이 될 것이라고 본다.[102] 그러나 아쉽게도 우리나라에 대한 그의 평가는 핵심이 빠져 있다. 21세기를 이끌어갈 우리의 광대한 정신적 토양이나 과학적 역량에 대해서는 아는 바가 없다. 그가 말하는 '공감의 문명(the empathic civilization)'은 문명의 외피를 더듬는 것만으로는 그 모습을 드러내지 않는다. 그것은 전일적 실재관에 대한 이해를 전제로 한다. 전일적 실재관의 핵심에는 생명이 자리 잡고 있다. 생명은 전일성과 다양성의 속성을 동시에 지닌다. 이러한 생명의 속성을 알지 못하고서는 '공감의 문명'에 접근할 수가 없다. 21세기 과학혁명과 존재혁명은 우주의 본질인 생명에 대한 이해를 바탕으로 한다.

우주법칙과
삶의 법칙

본 절을 시작하면서 필자는 양자역학에 대한 표준해석으로 여겨지는 코펜하겐 해석(CIQM, 1927)을 둘러싼 보어와 아인슈타인의 세기적인 논쟁을 떠올리게 된다. 코펜하겐 해석의 핵심은 양자계가 근원적으로 비분리성(inseparability) 또는 비국소성(non-locality)을 갖고 파동인 동시에 입자로서의 속성을 상보적으로 지니며 서로 양립하지 않는 물리량(예컨대 위치와 운동량)은 불확정성 원리에 따른다는 것이다. 양자역학의 내용을 해석하는 방법에는 코펜하겐 해석의 확률론적인 해석 외에 결정론적인 해석이 있다. 양자역학의 출현에 크게 기여한 아인슈타인은 물리적 사건에서 본질적인 역할을 하는 것은 우주에 내재해 있는 절대 법칙이라며 "신은 주사위 놀이를 하지 않는다"는 말로써 불확정성 원리와 같은 양자역학적 해석을 수용할 수 없음을 분명히 했다.

아인슈타인과 보어의 논쟁, 즉 결정론적 해석과 확률론적 해석은 필연과 우연의 해묵은 논쟁이다. 필연과 우연은 '보이지 않는 우주'와 '보이는 우주'의 관계로서 본래 그 뿌리가 하나다. 물질세계는 '보이지 않는 우주', 즉 '영(Spirit)' 자신의 설계도가 스스로의 에너지·지성·질료의 삼위일체의 작용으로 형상화되어 나타난 것이다. '영[神]'이 생명의 본체라면, 육은 그 작용[self-organization]으로 나타난 것이므로 우주만물은 '물질화된 영(materialized Spirit)'이고 그런 점에서 본체[理]와 작용[氣], 영과 육, 필연과 우연은 둘이 아니다. 그럼에도 우리가 살고 있는 상대계에서 이러한 이분법이 마치 공식처럼 통하는 것은 우리 자신이 개체화(particularization) 의식(에고의식)에 사로잡혀 있기 때문이다. 우주의 본질인 생명은 전체성인 동시에 개체성이고, 내재성인 동시에 초월성이며, 우주의 본원인 동시에 현상 그 자체로서 영원과 변화, 필연과 우연의 저 너머에 있다.

우연과 필연의 논쟁은 생명의 전일성과 자기근원성에 대한 인식 결여에서 오는 것이다. 그것은 옳고 그름의 문제가 아니라 대립자의 역동적 통일성의 문제다. 생명의 낮의 주기[삶]가 되면 물성物性으로 표현되고 생명의 밤의 주기[죽음]가 되면 영성[靈性]으로 표현되는 생명의 순환에 대한 이해가 없이는 에고(ego)의식에서 벗어날 수가 없다. 이분법의 진실은 존재로서의 체험을 통해 이원성을 극복함으로써 앎의 원圓을 완성하는 데 있다. 시행착오와 자기성찰의 과정을 통해, 말하자면 의식의 자기교육과정을 통해 온전한 앎[根本智]에 이르기 위한 것이다. 이는 곧 심心에 입각하여 무심無心을 이룸으로써 에고[分別智]를 초월하는 것이다. 일체의 이원화된 의식은 모두 '분별지'의 산물이다. 선악善惡과 시비是非를 넘어설 수 있을 때, 그리하여 대립자의 역동적 통일성을 깨달을 때, 바로 그때 온전한 앎이 일어난다.

사물을 본다는 것은 단순한 눈의 작용이 아니라 마음(의식)의 작용이다. 그런 까닭에 『참전계경』에서는 사람의 몸에만 눈, 코, 입, 귀, 요도, 항문의 구규九竅가 있는 것이 아니라 마음에도 구규가 있다(心有九竅)고 한 것이다.[103] 본체인 동시에 작용으로 나타나는 생명의 전일적 본질은 시공을 초월해 있으므로 정신·물질 이원론의 덫에 걸린 개체화 의식으로는 생명을 파악할 길이 없는 것이다. 현대 물리학의 아킬레스건(achilles腱)인 빛(전자기파)의 파동-입자의 이중성이나 '미시세계에서의 역설'은 소위 과학적 합리주의에 기초한 지금의 칸막이지식으로는 적절하게 설명될 수가 없다. 현대 물리학의 혁명적 진보는, 다시 말해 인류의 가치체계의 혁명적 변화는 과학과 신神의 운명적인 만남을 통해 이루어질 것이다. 그것은 곧 이성과 신성의 합일이며 물리와 성리의 통합이다.

21세기 과학혁명은 삶 자체의 혁명이고 또한 혁명이어야 한다. 21세기 과학혁명이 수반하는 존재혁명은 기존의 정상과학의 패러다임으로는 해결할 수 없는 총체적인 존재론적 딜레마를 전일적 실재관으로의 패러다임 전환을 통해 해결함으로써 인류가 추구하는 제 가치를 실현하고자 한다. 현대 과학혁명이 이룬 물리학의 핵심 화두가 되어온 '통일장이론' —즉, 자연계에 존재하는 중력, 전자기력, 약력, 강력 등 네 가지 절대적인 힘을 통합해 하나의 원리로 설명하려는 이론—미시세계를 다루는 양자역학과 거시세계를 다루는 일반상대성이론을 통합한 초끈이론(superstring theory), 그리고 초끈이론의 최신 버전인 M이론 등으로 압축되는 것은 대통합을 지향하는 존재혁명과 본질적으로 연결돼 있음을 말해 준다. 여기서 대통합으로의 추동력은 소우주(microcosm)와 대우주(macrocosm), 부분[개인]과 전체[공동체]의 유비관계(analogy)에 대한 이해에서 오는 것이다.* 이러한 유비관계를 이해하지 못하고서는 있는 그대로의 세상을 바라볼 수가 없으므로 고통과 부자유 상태에 빠지게 된다.

과학혁명과 존재혁명의 연관성은 우주법칙과 삶의 법칙의 연관성에 기인한다. 소우주인 우주만물과 대우주는 상즉상입相卽相入의 구조로 연기緣起하고 있는 까닭에 삶의 법칙과 우주법칙의 연동성을 파악하지 못하고서는 인간세계를 논할 수 없다. 인류 지성사에 커다란 영향을 끼친 동서고금의 철학자·사상가들 대부분이 과학에도 깊은 조예를 가졌던 것은 이 때문이다. '정의 없

---

* 소우주와 대우주, 부분과 전체의 類比的 대응관계는 『華嚴一乘法界圖』에 "하나 속에 일체가 있고 여럿 속에 하나가 있으니, 하나가 곧 일체이며 여럿이 곧 하나이다(一中一切 多中一 一卽一切多卽一)"라는 구절 속에 잘 나타나 있다.

이는 땅 위에 평화가 없다.'는 말이 있다. 정의가 뿌리내리지 못한 곳에 평화가 정착될 수 없다는 뜻이다. 사회적 정의가 뿌리내리지 못하는 것은 우주적 정의에 대한 이해가 없기 때문이다. 정의롭고 싶다는 의지만으로 정의로울 수 있는 게 아니라는 말이다. 인간 의지의 자유란 의지 스스로 자유가 있는 것이 아니라 인식의 지시를 따르는 것이라는 점에서 의지는 필연적으로 인식에 예속된다. 있는 그대로의 세계를 직시하지 못하는 왜곡된 인식 상태에서 의지의 자유란 한갓 관념에 불과한 것이다. 인간 의지의 자유는 개체성과 전체성, 우연과 필연, 주관과 객관의 완전한 조화에 대한 인식에서 오는 것이다.

우주적 정의는 자연법인 카르마(karma 業)의 법칙에 의해 구현된다. '카르마(karma)'는 산스크리트어로 원래 '행위'를 뜻하지만, 죄罪와 괴로움의 인과관계를 나타내는 '업業'이라는 의미로 흔히 사용된다. 지금 겪는 괴로움은 과거의 어떤 행위가 원인이 되어 나타나는 결과라는 것이다. 카르마는 주체와 객체 간의 가공의 분리로 인해 근본적으로 영성靈性이 결여된 데서 생기는 것이다. 말하자면 영적 일체성(spiritual identity)이 결여되어 '나'와 '너', '이것'과 '저것'을 구분하는 데서 생기는 것이다. '콩 심은 데 콩 나고 팥 심은 데 팥 난다.' 또는 '뿌린 대로 거둔다.'는 말 속에는 정의正義를 표징하는 카르마의 진수가 함축돼 있다. 작용·반작용의 법칙, 인과因果의 법칙, 또는 윤회輪廻의 법칙이라고도 하는 카르마의 법칙은 우주의 자연법인 동시에 인간이 완성을 향해 진화하는 과정에서 작용하는 삶의 법칙이다. 삶의 법칙과 우주법칙은 표表와 리裏의 관계다.

카르마의 법칙이란 카르마의 작용이 불러일으키는 생명의 순환을 지칭한 것이다. 이러한 순환은 생生·주住·이異·멸滅의 사상四相의 변화가 그대로 공상空相임을 깨닫지 못하고 탐욕과 분노의 에너지에 이끌려 집착하는 데 있다. 우주적 견지에서 보면 죽음은 소우주인 인간이 보편의식[전체의식, 근원의식,

순수의식, 우주의식을 향해 진화하는 과정에서 단지 다른 삶으로 전이하는 것에 불과하다. 카르마의 법칙은 죄를 지으면 반드시 괴로움이 따르기 마련이라는 죄와 괴로움의 인과관계에 대한 응시를 통해 궁극적인 영혼의 완성에 이르게 하는 자연법이다. 영적 진화 과정에서 생성과 소멸의 주기를 반복하며 작용하는 이 삶의 법칙은 인간 행위의 불완전성에서 기인한다. 이러한 불완전성은 의식이 깨어나지 못하여 행위가 온통 결함으로 뒤덮여 있는 데서, 다시 말해 행위가 전체적이지 못한 데서 오는 것이다. 이는 곧 생명의 전일성을 자각하지 못하고 이기적 행위에 사로잡히게 되는 것을 말한다.

생명계는 '부메랑 효과(boomerang effect)'로 설명되는 에너지 시스템이며, 이러한 '부메랑 효과'를 가져오는 카르마의 법칙은 진화를 추동하는 자연법이다. 행위 그 자체보다는 동기와 목적이 카르마의 작용을 불러일으키는 원인이 된다. 카르마의 법칙에서 인과관계는 아주 가까운 과거에 있을 수도 있고, 아주 먼 과거에 있는 경우도 있다. 카르마가 작용하는 것은 한정된 시간과 공간에서가 아니라 시공時空 연속체에서 일어난다. 한마디로 카르마를 보상하기에 가장 적절한 시기와 장소에서 나타나는 것이다. 카르마의 목적은 단순한 징벌에 있는 것이 아니라 영적 교정의 의미와 함께 영적 진화를 위한 영성 계발에 있으며, 인간의 영혼이 완성에 이르기 위한 조건에 관계한다. 생사윤회란 내적 자아의 각성과 영적인 힘의 계발을 위해 상대성과 물질성이라는 관점 속으로 다시 들어와 재수강할 기회를 갖는 것이다. 이 광막한 파동의 대양에 쳐 놓은 카르마의 그물은 바로 이 재수강을 필요로 하는 자들을 잡기 위한 것이다. 이러한 법칙에 대한 유일한 용제溶劑는 인내하고 용서하고 사랑하는 마음이다.

카르마의 법칙은 자기조직화하는 우주의 진화를 설명한 물리학자 에리히 얀츠(Erich Jantsch)의 공진화(co-evolution) 개념과도 조응한다. 진화란 정확하게 말하면 공진화이다. 이 우주(宇宙) 생명력 에너지가 영적 진화의 지향성을 갖는 것은 그 자체 속에 '우주 지성[보편의식, 참본성]'이 내재하기 때문이다. 이 우주 지성은 물성과 영성 그 어느 것에도 구애됨이 없이 생성·유지·파괴의 전 과정을 주재한다. 이는 곧 우주의 창조적 에너지인 신神이 기氣로, 다시 정精으로 에너지가 물질화하는 과정인 동시에 '정'은 '기'로, 다시 '신'으로 화하여 일심의 원천으로 돌아가는 과정이다. 이기적 행위는 결국 스스로를 옥죄는 카르마의 원천인 까닭에 개인과 공동체 그 어느 쪽에도 도움이 되지 않는다. 삶과 죽음의 계곡을 오가며 거칠고 방종한 자아를 길들이는 의식의 자기교육과정이 있게 되는 것도 이 때문이다. 생사윤회란 실로 없는 것이지만,* 이기심에 사로잡힌 자들에게는 실로 있는 것이다. 카르마의 그물에 걸리지 않는 유일한 방법은 행위가 전체적이 되게 하는 것이다. 사회 정의와 공공선(common good)을 강조하는 것은 이 때문이다.

우주상의 모든 물체 사이에 인력이 작용하고 있는 것처럼, 영적 진화 과정에서 각각의 인격은 같은 진동수의 의식을 끌어당기는 경향이 있는데 이것이 바로 인력의 법칙이다. 밝은 기운(에너지)은 밝은 기운끼리, 어두운 기운은 어두운 기운끼리 어울린다. 긍정적인 기운은 긍정적인 기운과 친화력을 갖고, 부정적인 기운은 부정적인 기운과 친화력을 갖는다. 한마디로 유유상종類類相從이다. 사랑의 기운은 그와 같은 기운을 끌어들여 사랑을 더욱 깊게 하

---

* 영[정신]과 육[물질]이 하나임을, 생명의 전일성을 깨달은 자에게는 가는 것도 오는 것도 없으니 생사윤회란 실재하지 않는 것이다. 죽음이란 자기 자신을 참자아로, 순수의식으로 인식하지 못하고 에고(ego)와 욕망을 뿌리로 한 삶을 사는 자들을 잡기 위한 일종의 덫이다. 그러나 죽음의 덫은 육체는 소멸시키지만 집착하는 마음은 소멸시키지 못한다. 죽음조차도 소멸시키지 못하는 분별하고 집착하는 그 마음을 삶은 깨달음을 통하여 소멸시킨다. 心에 입각하여 無心을 이룸으로써 에고를 초월하는 것이다.

지만, 분노와 탐욕의 기운은 그와 같은 기운을 끌어들여 분노와 탐욕을 확대 재생산해 낸다. 우리의 생각 자체가 자석이 되어 같은 진동수대의 기운을 우주로부터 끌어당기는 것이다. 부정적인 생각은 부정적인 기운을 끌어들여 삶 자체를 부정하게 되므로 진화에 역행하게 된다. 긍정적이고도 적극적인 사고방식을 강조하는 이유가 여기에 있다. 이렇듯 인간의 감정체계에 내재한 긍정적 및 부정적인 에너지의 이원성은 그 자체의 리듬과 긴장감이 영적 진화를 위한 학습기제가 된다.

인간이 부정적인 성향을 키우게 되는 것은 근원적인 영혼의 갈증 때문이다. 그러한 갈증은 물질 차원의 세 기운, 즉 밝은 기운(sattva), 활동적인 기운(rajas), 어두운 기운(tamas)*[104]이 만들어 내는 현상이라는 환영幻影에 미혹되어 그 배후에 있는 생명의 본체인 불생불멸의 참자아를 인식하지 못한 데서 오는 것이다. 『바가바드 기타 The Bhagavad Gita』에서는 말한다. "사트바는 행복에 집착하게 하고, 라자스는 활동으로 내몰며, 타마스는 지혜를 가려 미혹에 빠지게 한다."[105] "지혜는 밝은 기운에서 생기고, 탐욕은 활동적인 기운에서 생기며, 태만과 미망과 무지는 어두운 기운에서 생긴다."[106] 그러나 "물질 차원의 세 기운을 초월한 사람은 생로병사에서 벗어나 불멸에 이른다."[107] 근본지根本智에 이르면 일체의 대립성과 분절성이 소멸돼 하나인 참자아가 그 모습을 드러내게 되는 것이다.

이상에서 보듯 우주만물은 불변不變의 우주섭리를 그 체體로 하는 까닭에 불변의 이치를 알지 못하고서는 현상계의 변화하는 이치 또한 알 수 없다. 자연 현상에서부터 인체 현상, 사회 및 국가 현상과 천체 현상에 이르기까지 우

---

* 사트바, 라자스, 타마스라는 물질의 세 성질이 불멸의 영혼을 육체의 감옥 속에 유폐시키는 것이다.

주섭리에서 벗어나 존재할 수 있는 것은 이 우주에 아무것도 없다. 천지운행 그 자체가 우주섭리인 까닭이다. 따라서 삶의 법칙과 우주법칙이 표리관계임을 알게 되면 작용·반작용의 법칙[카르마의 법칙]이나 인력의 법칙이 물리세계에만 적용되는 것이 아니라 우리 삶의 세계에도 적용되는 것임을 알게 된다. 우주만물은 진동하는 에너지장場이며, 우리의 생각과 감정과 말 또한 똑같은 에너지 진동이다. 모든 진동은 그 진동의 발원지로 되돌아가는 속성이 있는 까닭에 우리의 생각과 감정과 말이 빚어낸 모든 것들은 그대로 우리가 되받게 된다. 말하자면 심판자가 따로 있는 것이 아니라 우리가 우리 자신을 심판하게 되는 것이니, 매일 매일이 심판의 날인 셈이다.

  새로운 카르마를 짓지 않는 비결은 이 육체가 '나'라는 착각에서 벗어나 만물을 하나인 참본성으로 인식하는 것이다. 올바른 생각과 행위가 뿌리를 내리면, 그리하여 행위를 하되 그 행위의 결과에 집착함이 없이 담담하게 행위 할 수 있으면 원래의 카르마의 방향이 바뀌고 그 힘 또한 약해지게 된다. 원래 카르마는 전체적이지 못한 불완전한 생각이나 행위가 축적된 것이라는 점에서 자유의지와 필연의 변증법적 복합체다. 불완전한 생각이나 행위가 오랫동안 축적되면 카르마는 더욱 강력해져서 그 방향을 바꾸기가 어렵고 스스로도 통제 불능 상태에 빠지게 되므로 결국 카르마의 지배하에 있게 된다는 점에서는 필연과 연결 지을 수 있지만, 영성 계발과 영적 교정을 통해 행위가 전체적이 되면 카르마가 약해지고 그 방향 또한 바뀐다는 점에서는 자유의지와 연결 지을 수 있다. 자유의지는 인과의 법칙[카르마의 법칙]의 인因에 조응하고, 필연은 과果에 조응하는 것으로 '인'이 '과'를 낳아 '인과'가 한 몸이듯, 자유의지와 필연 또한 한몸이다. 카르마는 자유의지와 필연, '인'과 '과'의 변증법적 복합체다.[108]

  따라서 '인'에 조응하는 자유의지가 바뀌면 '과'에 조응하는 필연 또한 그 힘이 약해지고 방향이 바뀔 수 있는 것이다. 인간이 자유의지로 선택하고 그에 따른 책임을 지는 과정에서 영적 진화가 이루어지는 우주의 법칙이 바로 선택과 책임의 법칙이다. 이 법칙은 우주가 분리할 수 없는 거대한 파동의 대양이며, 우주만물은 그 파동의 세계가 벌이는 우주적 무도舞蹈에 동등하게 참여하고 있다는 사실에서 분명히 드러난다. 말하자면 이 우주는 누가 누구를 창조하는 것이 아니라 필연적인 자기법칙성에 따라 스스로 생성되고 변화하여 돌아가는 '스스로自 그러한然' 자, 즉 '참여하는 우주(participatory universe)'인 것이다. 출생에서부터 사망에 이르기까지 인간이 직면하는 모든 상황과 조건은 영적 진화를 위한 최적의 조건 창출과 관계되는 것으로 자신의 영혼[109]이 선택한 것이다. 영적 진화에 필요한 조건을 선택해 삶이 일어나듯, 더 이상 육체로 존재하는 것이 영적 진화에 도움이 되지 않는다고 판단하면 스스로 육체를 떠나는 죽음이 일어나는 것이다.*

삶의 세계에서 책임감 있는 선택은 긍정적인 에너지를 발휘하여 카르마를 약화시키는 반면, 무의식적인 혹은 무책임한 선택은 부정적인 카르마를 낳게 된다. 자유의지는 영적 진화의 전제조건이긴 하지만, 자유의지가 분리의식의 투사체인 물신物神들에 의해 점령당하면 책임감 있는 선택을 할 수 없게 되어 부정적인 카르마가 맹위를 떨치게 되므로 자유의지를 순화시키고 단련시키는 것이 무엇보다 중요하다. 이는 우리의 생각과 행위가 우리가 선택하는 정보의 양과 질에 의해 좌우된다는 점에서 더욱 그러하다. 하나인 참본성을 회복하는 것이 올바른 선택을 할 수 있는 필수조건이다. 일심의 원천으로 돌아가기를 역설하는 이유가 여기에 있다. 매순간 정성을 다하여 중도

---

* 정확하게 말하면 죽음이란 물질적 사고로만 가능한 한갓 관념일 뿐, 영적 사고로는 실재하지 않는 것이다.

中道, 즉 중정中正의 도를 지킬 줄 아는 '지중知中'의 경지에 이르면, 자유의지는 필연과 하나가 되어 진인사대천명의 지혜를 발휘하게 된다.

인내・용서・사랑은 참본성에 이를 수 있도록 의식을 성장시키는 주요한 덕목이다. 인간은 마음의 작용을 통하여 시간과 공간 위에 행위의 궤적을 남긴다. 영적 진화를 추동하는 마음의 작용을 이해하지 못하고서는 물질계의 존재 이유를 알 수가 없고, 책임감 있는 선택을 하기도 어렵다. 인간의 무의식의 창고 속에는 각자가 개체화되고 난 이후의 모든 기억이 저장돼 있다. 인간은 영적 교정을 위해 자신의 과거 행위에 대한 반작용을 받고 있으며, 동시에 장차 반작용으로 나타나게 될 새로운 카르마를 짓고 있다. 사심 없는 행위를 하는 것, 바로 여기에 새로운 카르마를 짓지 않는 비결이 있다. 사심 없는 행위를 하는 것은 곧 순천順天의 삶을 사는 것이다. 운명이란 각자의 영혼이 하늘[참본성]과 어떤 관계를 형성하느냐에 달려 있다. 수신을 통해 참본성을 깨닫고 헌신적 참여를 통해 우주 진화에 자율적이고도 적극적으로 참여함으로써 영적 진화가 이루어진다. 이렇게 각성된 의식이 이 세상을 주관하는 시대가 급속히 도래할 것이다.[110]

이상에서 볼 때 우주법칙이자 삶의 법칙인 카르마의 법칙, 인력의 법칙, 선택과 책임의 법칙은 분리시켜 이해하기보다는 종합할 때 상호 연관과 상호 의존의 세계 구조가 보다 분명히 드러나고 진화의 원리 또한 분명해진다. 우주적 정의를 드러내는 이들 법칙에 대한 이해가 없이는 사회적 정의가 뿌리내리기 어렵다. 우주법칙과 삶의 법칙의 연동성을 이해할 수 있을 때 진정한 의미에서 과학의 존재혁명 수행이 가능해진다. 인간의 삶은 단순히 육안으로 보이는 지상에서의 삶 그것이 아니다. 우리가 상상할 수조차 없는 큰 세계가 있다. 인간의 삶은 우주적 구도 속에서 카르마의 법칙, 인력의 법칙, 선택과 책임의 법칙에 따라 영적 진화를 향해 나아간다. 일체가 마음, 즉 기운의 작용이므로 모든 문제의 해답은 각자의 내부에 있다. 실로 마음의 과학을 이해할 수 있을 때 우리의 삶은 일체의 이원성에서 벗어나 생명의 뿌리와 연결되어 평화와 행복으로 충만할 것이다.

제2의 르네상스,
제2의 종교개혁

이상에서 보듯 과학과 의식의 접합을 추구하는 21세기 과학혁명과 존재혁명은 불가분의 관계로서 제2의 르네상스, 제2의 종교개혁으로 압축될 수 있다. 그러면 서구의 르네상스와 종교개혁에 대해 먼저 개관해 보기로 하자. 유럽의 근대사는 인간적 권위와 신적 권위의 회복을 각기 기치로 내건 르네상스(Renaissance)와 종교개혁(Reformation)에서 시작되었다. 르네상스는 14~16세기에 걸쳐 고대 그리스・로마 문화의 재생 또는 부활을 통하여 인간성이 말살된 시대정신을 극복하려는 휴머니즘 사상・운동으로 나타났다. 이탈리아를 시작으로 페트라르카(Francesco Petrarca), 보카치오(Giovanni Boccaccio)를 선구적 지도자로 하여 프랑스・독일・영국 등 북유럽 지역에 전파되어 교회로부터 독립된 새로운 인간관・자연관을 낳고 인간 중심의 세속적 인생관을 추구함으로써 근대 유럽 문화를 태동시키는 기반이 되었다. 그 범위는 학문과 예술 분야, 즉 사상・문학・미술・건축 등 다방면에 걸친 것으로, 거기에는 단순한 복고 정신뿐만 아니라 인간성의 부활 내지는 인간의 지적・창조적 힘의 재흥, 그리고 합리적 사유 및 생활 태도로 나아가게 한 근대 문화의 선구라는 의미가 담겨 있다.

르네상스는 중세 봉건 이데올로기의 붕괴 과정과 결부된 운동이라는 점에서 단순한 문예부흥 운동이 아니라 일종의 사회개혁 운동으로 종교개혁과 불가분의 관계에 있다. 1517년 마르틴 루터(Martin Luther, 1483~1546)는 로마 교황의 면죄부 발매에 반대하여 95개조 반교황선언문을 기치로 내걸고 종교개혁의 횃불을 들었다. 그가 비텐베르크 성성(城) 교회 정문에 게시한 〈95개조의 논제〉는 순식간에 전 독일에 퍼져 종교개혁 운동의 발단이 되었으며, 나아가 중세 봉건 질서의 해체를 촉발시킴으로써 유럽 근대사를 여는 포문이 되었다. 그는 양검론兩劍論에 의거하여 신국과 지상국가, 정신적 권위와 세속적 권위를 구분하고 양 권위의 영역의 한계를 설정하여 군주의 독립된 정치적 권위를 인정함으로써 법황을 정점으로 하는 교회의 위계주의적 권위를 거부했다. 그리하여 교회의 권위 남용을 비난하며 법황 제도의 전면적인 급진 개혁을 주장함으로써 유럽 사회의 봉건적 사회구조를 붕괴시키고 근대 민족국가 형성을 촉발시키는 계기를 제공했다.[111]

루터의 양검론은 데카르트의 합리주의 철학에 이르러서는 정신·물질 이원론의 공식화를 초래하고 나아가 근대 과학의 탄생으로 물질문명의 비약적인 진보를 이루는 계기를 맞게 된다. 특히 근대 과학의 비약적인 발달에 따른 과학만능주의 사조는 산업사회의 물적物的 토대 구축과 더불어 우리의 인식 및 가치체계와 행동양식을 총체적으로 지배해 왔을 뿐만 아니라, 전 학문 분야 또한 실증주의적인 과학적 방법론이 지배해 왔다. 그러나 인문과학은 인문 정신을 배제하고서는 논하기 어렵고, 사회과학이나 생활과학은 수많은 구성 요소들이 유기적으로 링크돼 있는 복잡계를 이해하지 못하고서는 실상을 파악하거나 유효한 대처 방안을 제시하기 어렵다. 따라서 정신·물질 이원론에 입각한 근대 과학의 기계론적 세계관으로는 사실 그대로의 세계를 파악할 수도, 산적한 현실의 문제를 해결할 수도 없다는 존재론적 딜레마에 빠지게 된 것이다.

오늘날 자유민주주의는 오로지 물질적 성장이라는 신화를 꿈꾸며 이분법적인 패러다임의 태생적 한계로 인해 개인적 가치를 공동체적 가치와 결합시키지 못했을 뿐더러 오늘의 생태 위기에 그 어떤 효율적인 방안도 내놓지 못하고 있는 실정이다. 오늘의 사회과학이 시대적 및 사회적 요구에 부응하기 위해서는 현대 과학의 방법론을 수용할 필요가 있다. 21세기의 주류 학문인 생명공학, 나노과학 등의 이론적 토대가 되는 일명 '네트워크 과학'으로도 불리는 복잡계 과학은 생명 현상까지도 모두 물리·화학적으로 설명하려는 환원주의에서 완전히 벗어나 생명계뿐만 아니라 생명의 본질 그 자체를 네트워크로 인식한다. 오늘의 인류가 부분의 모든 것을 알게 되고서도 전체를 파악하지 못하는 것은 우리가 살고 있는 세계가 수많은 구성 요소들이 유기적으로 링크돼 있는 복잡계인 까닭이다. 네트워크 과학은 생명계를 전일적이고 유기적으로 통찰하는 세계관이자 방법론으로서 21세기 전 분야의 패러다임을 주도하게 될 전망이다.[112]

　오늘의 인류가 직면한 생태적 딜레마에 효율적으로 대처하는 위기 관리(crisis management) 능력을 배양하기 위해서는 인간 중심의 가치관에서 생명 중심의 가치관으로의 패러다임 전환을 통해 인류 문명의 구조를 생태 패러다임으로 재구성할 필요가 있다. 그것은 데카르트–뉴턴의 기계론적 세계관에서 현대 물리학의 전일적 실재관으로의 패러다임 전환을 통해 물질적 성장 제일주의가 아닌 인간의 의식 성장을 목표로 하는 것이어야 한다는 점에서 서구적 근대의 초극에 관한 대안적 논의와 연결된다. 서구적 근대의 초극이 단순한 선언적 의미로서가 아니라 세계사적인 실천으로 나타날 수 있기 위해서는 개인과 국가와 세계를 관통하는 새로운 세계관 및 역사관의 정립이 필요하다. 무엇보다도 인간 존재의 세 중심축인 천·지·인 삼재의 통합성에 대한 자각이 선행되어야 하며, 그러한 자각적 기초 위에 근대 초극의 방향과 방법에 대한 구체적인 논의가 필요하다.

　제2의 르네상스, 제2의 종교개혁의 징후는 통섭通涉의 형태로 전개되는 오늘날의 지식 혁명에서 볼 수 있다. 여기서 통섭은 종속적 환원주의가 아니라 상호 관통하는 대등한 의미의 통섭이다. 세계는 지금 근대 분과학문의 경계를 허물고 지식의 융합을 통해 복합적이며 다차원적인 세계적 변화의 역동성에 대처하고 새로운 문명의 가능성을 탐색하려는 움직임이 전 세계적으로 일고 있다. 오늘의 인류가 직면한 이슈들은 자연과학적 지식과 인문사회과학적 지식의 경계를 넘나들지 않고서는 해결될 수 없는 것이 대부분이다. 21세기에 들어서면서 거의 모든 학문 분야에 거세게 불고 있는 통합 바람, 즉 인문사회과학과 자연과학, 과학과 예술, 과학과 종교의 교류와 융합은 '새롭고 종합적인 학문'에 대한 탐색과 더불어 호모 레시프로쿠스(Homo Reciprocus: 상호 의존하는 인간)·호모 심비우스(Homo Symbious: 공생하는 인간)의 새로운 문명을 모색하고 있다.

근년에 들어 과학기술의 융합현상이 여러 학문분과에서 동시다발적으로 진행되면서 '통합 학문'의 시대를 촉발시키고, 사회 전 분야에 걸쳐 혼융을 통해 새로운 문화를 창출해내는 '퓨전(fusion)' 코드의 급부상을 초래하고 있다. 말하자면 과학기술 패러다임의 변화가 지식의 대통합을 통해 총체적인 패러다임 전환을 주도하고 있는 것이다. 기술융합이 단일 기술로는 해결하기 어려운 의료복지, 환경 등의 복합적인 문제 해결을 위한 사회적 필요에 의해 생겨난 것이듯, 지식통합 또한 개별 학문의 지식만으로는 해결하기 어려운 현대 사회의 복합적인 문제 해결을 위한 사회적 필요에 의해 생겨난 것이다. 기술융합이 현재의 경제적, 기술적 정체상태를 돌파할 수 있게 함으로써 모든 산업분야에서 근본적인 변화를 추동해낼 전망이듯, 지식통합 또한 협소한 전문화의 도그마에서 벗어날 수 있게 함으로써 전 인류적이고 전 지구적이며 전 우주적인 존재혁명을 추동해낼 전망이다.[113]

여기서 말하는 '통합 학문'은 미국의 생물학자 에드워드 윌슨(Edward O. Wilson)이 그의 저서 『통섭 Consilience』(1998)[112]에서 말하는 '통합 학문의 꿈'과는 본질적으로 다르다. 윌슨이 말하는 '통합 학문'은 서구 계몽주의의 지적 유산을 계승하여 자연과학을 통섭의 주축으로 삼아 지식의 대통합을 지향하는 것이다. 생물학에 근거하여 인문사회과학과 자연과학의 통섭을 지향하는 그의 사회생물학적 통합 논리는 현대 과학이 혁명적으로 발견한 새로운 차원의 우주자연과는 거리가 먼 '종속적 환원주의'라는 이유로 많은 비판에 직면해 있다. 실로 '종속적 환원주의'에 근거한 분자생물학적 방식으로는 새로운 통합 학문의 시대를 열 수가 없다. 자연과학 중심의 반(反)통섭적 사고는 상호 관통하는 대등한 의미의 통섭을 역설적으로 보여주는 것이라는 점에서 통섭 논쟁에 불을 붙이는 도화선이 될 수 있을 것이다. 이러한 모든 과정이 통섭의 한 과정임을 직시할 때 진정한 통섭이 일어날 수 있다.[114]

통섭의 본질에 대한 무지는 우주의 본질인 생명에 대한 무지에서 오는 것이다. 보이지 않는 무한의 대우주[비존재]와 보이는 유한의 소우주[존재], 즉 영성[본체]과 물성[작용]을 상호 관통하는 생명의 역동적 본질을 이해하지 못하는 데서 오는 것이다. 물질의 궁극적 본질이 비물질과 다르지 않다는 물질의 공성(voidness)을 이해하면, 생명은 전일적인 흐름이며 이 우주에 분리되어 존재하는 것은 아무것도 없다는 것을 알게 된다. 켄 윌버가 말하는 '근본적인 이원주의(the Primary Dualism)', 즉 우리 자신을 현상의 세계에 가둬 버린 최초의 분리 행동이 바로 신학에서 말하는 원죄다. "아담과 이브의 타락은 사고와 감각에서 이원론적 상황에 대한 인간 정신의 종속이다. 선과 악, 쾌락과 고통, 생과 사의 해결할 수 없는 갈등에로의 종속을 뜻하는 것이다."[115] "인식론적으로 그것은 인식자를 인식 대상과 분리하는 행위이고, 존재론적으로 무한한 것을 유한한 것과 분리하는 행위이다."[116] 그것은 제1질료(Prima

Materia)로부터 세계의 창조를 설명하며, 인류가 지식의 나무에서 선악과善惡果라는 열매를 따먹었을 때 타락이라 불리는 이원론적 지식이 발생한 것을 설명한다.

근대 세계는 '근본적인 이원주의'의 연장선상에서 이원론적 지식을 확대 재생산해 왔다. 그러나 생명은 심리·물리적 통합체일 뿐만 아니라 정신적·영적 통합체이므로 올바른 이해를 위해서는 다양한 분야를 포괄하는 통합 학문의 정립이 시급하다. 오늘날 지식사회 전반에 걸쳐 확산되고 있는 융합 현상은 통합 학문으로의 지향성을 잘 말해 준다. 문화예술에서 과학기술에 이르기까지 장르의 벽을 뛰어넘어 사회 전 분야에 걸쳐 혼융을 통해 새로운 문화를 창출해 내는 '퓨전(fusion)' 코드의 급부상으로 지식 융합이 시대사조로 자리 잡아 가고 있는 것이다. 특히 4대 핵심 기술인 나노 기술, 바이오기술, 정보기술, 인지과학의 융합은 인류가 융합기술 '르네상스' 기에 진입하고 있음을 환기시킨다.

21세기는 과학과 영성의 접합 시대라는 점에서 예술과 과학의 통섭은 시대적 필연이다. 과학은 예술적 직관과 상상력의 도움 없이는 창의성을 발휘하기 어려우며, 예술은 과학적 방법론의 도구 없이는 조화의 묘미를 표현할 길이 없다. 예술과 과학의 창의성이 최고도로 발휘되는 것은 예술적 상상력과 고도로 각성된 의식 속에서이다. 고대인들의 탁월한 예술성은 바로 생명 경외敬畏에서 오는 것이다. 그러나 중세 이후 이러한 생명 경외는 차츰 약화되어 근대에 들어서는 기계론적 세계관의 등장으로 과학이 사회의 핵심적인 역할을 수행하게 된 반면, 예술은 생명과 소통하지 못한 채 표피적이고 그로테스크(grotesque)한 아름다움에 빠져 삶의 종합예술로 자리 잡지 못했다. 20세기 이후 포스트모더니즘적인 전위예술(아방가르드 avant-garde) 및 행위예술(performance)의 등장과 더불어 기존의 예술 개념은 혁명적으로 변화하게 된다. 20세기 후반에 들어 특히 미술은 그 전위적 양상이 더욱 두드러져-팝 아트, 하이퍼 리얼리즘, 비디오 아트에서 보듯-후기 산업사회의 성격을 수용하는 새로운 방향으로 나아가고 있다.

21세기 들어 예술과 과학의 긴밀한 연계는 레이저 기술과 홀로그램 및 컴퓨터 그래픽의 도입 등에 의해 촉발되고 있다. 홀로그램은 공간적인 상상력을 자극함으로써 새로운 미학적 영역을 개척하고 있다. 보다 혁신적인 예술 형태를 위한 경쟁이 거세게 일고 있긴 하지만, 오늘날 가장 도전적인 경쟁자는 인터넷을 서핑하는 청소년들이라는 점에서 예술과 과학에서 창조성은 이제 더 이상 전문가의 영역임을 주장할 수 없게 되었다. 예술 작업에서 컴퓨터 프로그래밍의 도움을 받을 경우, 그 예술은 다분야 작업이 된다. 과학 기술의 발달은 연출가와 대중 사이의 커뮤니케이션의 본질 자체를 바꿔 놓고 있으며, 그에 따라 예술과 과학의 전통적인 경계 또한 허물어지고 있다. 예술의 본질은 생명력의 고양을 통한 영적 진화와 긴밀히 연계된 까닭에 생명과 소통하는 예술, 삶이라는 이름의 종합예술에 대한 인식이 점차 높아지고 있다.

한편 과학과 종교의 통섭에 관한 논의가 본격적으로 이루어지기 시작한 것은 20세기 후반에 들어서이다. 중세에는 물론, 16세기 갈릴레이 시대까지도 신의 이름으로 종교가 과학을 심판하는 위치에 있었다. 갈릴레이의 지동설이 가톨릭의 우주관에 대한 정면 도전으로 간주돼 종교재판에서 유죄 판결을 받은 것은 과학과 종교의 불화를 보여주는 대표적인 사례다. 그러나 근대 과학의 탄생과 더불어 물질문명의 비약적인 진보로 과학이 신을 심판하고 드디어는 인간 이성의 궁극적인 승리를 선언하게 되었다. 과학과 종교의 불화는 근대 과학혁명 이후 수 세기에 걸쳐 계속되었으며, 이러한 불화는 물질과 정신의 대립이라는 그 본질적 성격으로 인해 학문과 정치의 영역으로까지 들불처럼 번졌다. 그리하여 학문은 점차 진리로부터 멀어지고, 정치는 종교적 갈등의 인질이 되어 처참하게 이리저리 끌려 다녔다. 2001년 9·11테러를 기점으로 격화되기 시작한 서구 기독교권과 이슬람권의 갈등은 2012년 9월 11일 이슬람 모독 영화 예고편에 격분해 리비아와 이집트에서 반미反美 시위가 시작되면서 불과 수일 만에 전 세계 이슬람권으로 번졌고, 그 성격 또한 반미를 넘어 반反서방으로까지 확산되었다.

과학과 신의 관계는 곧 이성과 신성, 물질과 정신의 관계다. 신성과 이성이 조화를 이루었던 상고와 고대 일부의 제정일치시대, 세속적 권위에 대한 신적 권위의 가치성이 정립된 중세 초기, 왜곡된 신성에 의한 이성의 학대가 만연했던 중세, 신적 권위에 대한 세속적 권위의 가치성이 정립된 근세 초기, 왜곡된 이성에 의한 신성의 학대가 만연한 근대 이후 물질만능주의 시대를 지나 이제 인류가 지향할 바는 과학과 종교, 학문과 종교, 정치와 종교의 통섭이다. 즉, 제2의 르네상스이며, 제2의 종교개혁이다. 리처드 도킨스(Richard Dawkins)가 그의 저서 『신이라는 미망迷妄 The God Delusion』(2006)[117]에서 종교의 해악성을 설파하며 신을 인격신[物神]과 동일시하여 서둘러 폐기처분한 것은 문제의 본질을 놓친 것일 뿐만 아니라, 신이란 존재 자체를 영원히 미궁에 빠지게 한 것이다. 왜냐하면 물신만이 신이 아니라 정신 또한 신이며, 신이라는 존재를 부정한다고 해서, 또는 그 이름을 폐기처분한다고 해서 그것이 표징하는 생명의 근원 자체가 사라지는 것은 아니기 때문이다.

역사상 신이라는 이름으로 자행된 그 숱한 기만과 폭력, 살육과 파괴가 단순히 신을 부정하거나 그 이름을 폐기처분한다고 해서 사라질 수 있는 것은 아니라는 말이다. 신이라는 이름은 무명無名을 드러내기 위한 방편일 뿐, 신은 이름 그 너머에 있는 까닭에 신이라는 이름을 넘어서지 않고서는 신에 이를 수 없다는 것이 신의 역설이다. 사실 신이라는 이름은 생명이라는 진리를 담는 용기에 불과하므로 문제는 '유일신이냐 알라냐?'와 같은 이름에 있는 것이 아니라 신에 대한 왜곡된 인식에 있다. 기독교의 하느님과 이슬람교의 알라를 둘러싼 유일신 논쟁에서 보듯, 개체화 의식이 자리 잡으면 의식의 거울에 비친 신의 모습 또한 개체화되고 물질화된 형태로 나타난다. 말하자면 유일신이 짚신이나 나막신 수준의 물신物神으로 전락하는 것이다. 따라서 시스템적·전일적 사고를 가로막는, 왜곡된 인식을 조장하는 개체화 의식이야말로 신성 모독이며, 우상숭배를 낳는 원천이다. 진리에 대한 명료한 인식이 없이는 새로운 계몽시대를 열 수가 없다.

신은 에너지 시스템인 생명계를 지칭하는 대명사이기도 하고, 만물이 만물일 수 있게 하는 우주의 근본 원리이기도 하며, 천변만화가 일어나게 하는 조화造化 작용이기도 하다. 생명의 전일성에 대한 인식 부재는 인류 의식의 현주소를 말하여 주는 것이다. 오늘날 만연한 물신 숭배 사조와 종교적 타락상은 인간적 권위와 신적 권위의 회복을 각기 기치로 내건 서구의 르네상스와 종교개혁이 결국 미완성인 채로 끝나 버렸음을 실증적으로 보여주는 것이다. 진정한 인간의 권위 회복은 인간 자신의 존재성에 대한 규명에서부터 시작되어야 한다. 우주만물은 궁극적 실재인 신의 자기 현현이므로 만물을 떠나 따로이 신이 존재하는 것이 아니라는 점에서 인간의 권위 회복은 곧 신의 권위 회복과 직결된다. 신의 권위 회복을 위해서는 신이라는 미망에서 벗어나야 한다. 우상숭배에서 벗어나야 한다는 말이다. 그러기 위해선 '신이 있는가 없는가?' 또는 '신을 믿는가 안 믿는가?'에 천착하기보다는 '신이란 대체 무엇이며 어떻게 인식할 것인가?'에 초점을 맞추어야 한다. 신이 무엇인지도 모르는데, 있는지 없는지 어찌 알겠는가?[118]

오늘날 만연한 인간성 상실은 곧 내재적 본성인 신성 상실에서 비롯되는 것이다. 곰팡이 슨 문화와 사상이 난무하는 시대-기술과 도덕 간의 심연 속에서 이제 우리는 다시 인간을 찾아야 한다. 종교 이기주의와 세속화·상업화・기업화로 삶의 향기를 잃어버린 시대 – 이성과 신성간의 심연 속에서 이제 우리는 다시 신을 찾아야 한다. 이성적 힘의 원천은 참본성인 신성(神)에 있기 때문이다. 잃어버린 우리 영혼의 환국(桓國), 홍익인간의 이념으로 환하게 밝은 정치를 하는 나라인 우리 민족의 환국, 나아가 우리 인류의 환국을 찾기 위하여, 미완성으로 끝나 버린 서구의 르네상스와 종교개혁을 완수해야 한다. 이는 곧 참본성에 대한 주체적 자각을 통하여 신성과 이성의 통합 시대를 열어야 한다는 말이다.

이제 우리 인류는 제2의 르네상스, 제2의 종교개혁을 통해 생명과 평화의 새로운 문명을 개창해야 할 시점에 와 있다. 서구의 르네상스와 종교개혁이 신 중심의 세계관에서 인간 중심의 세계관으로의 이행을 촉발함으로써 유럽 근대사의 기점을 이루었다면, 제2의 르네상스, 제2의 종교개혁은 물질에서 의식으로의 방향 전환을 통해 우주 차원의 새로운 정신문명 시대를 여는 계기가 될 것이다. 따라서 유럽적이고 기독교적인 서구의 르네상스나 종교개혁과는 그 깊이와 폭이 다를 수밖에 없다. 그것은 전 인류적이고 전 지구적이며 전 우주적인 존재혁명이 될 것이다. 바야흐로 낡은 문명은 임계점에 이르고 있으며, 인류의 문명은 '오메가 포인트(Omega Point: 인류의 영적 탄생)'를 향하여 나아가고 있다.

앞서 살펴본 바와 같이 21세기 과학혁명은 그 특성이 과학과 의식의 접합에 있는 까닭에 필연적으로 삶 자체의 혁명, 즉 존재혁명의 과제를 수반한다. 이는 곧 소명으로서의 과학과 관련된 것으로 인간이 추구하는 제 가치가 실현되는 것을 의미한다. 생명의 전일적 본질에 기초한 우리의 정신적 토양과 극명한 이분법에 기초한 한반도의 존재론적 지형은 한반도가 대통합에의 욕구가 강하게 분출되는 에너지 보텍스(energy vortex) 대에 위치해 있음을 역설적으로 말하여 준다. 실로 한반도라는 거대한 용광로는 전 세계의 사상과 종교를 융해시켜 평화롭게 공존할 수 있게 할 것이다. 우리의 정신적 토양과 존재론적 지형, 그리고 전 지구 차원의 메가톤급 폭발력을 가진 액티바 혁명 등에 의해 뒷받침될 '한반도발發' 21세기 과학혁명은 '과학기술 한류(Korean Wave)'의 출현과 더불어 새로운 문명의 흥기를 예단케 하는 제2의 르네상스, 제2의 종교개혁의 기폭제가 될 전망이다. 그렇게 되면 월드컵 응원을 위해 광화문에 운집했던 수백 만 관중이 존재혁명을 위해 다시 모여들지도 모를 일이다. 바야흐로 신인류의 탄생이 목전에 와 있다.

"핵에너지는 지금 우리가 가지고 있는 유일하게 효과적인 대안이다…우리는 핵에너지에 대한 두려움에서 벗어나 핵에너지를 지구에 미치는 온실가스 영향을 최소화하는 안전하고 검증된 에너지원으로 받아들여야 한다."

"…I see it(nuclear energy) as the only effective medicine we have now…We must conquer our fears and accept nuclear energy as the one safe and proven energy source that has minimal global consequences."

- James Lovelock, *The Revenge of Gaia*(2006)

제2부

'한반도發' 21세기 과학혁명

04 구리 혁명 ——————————— 135

05 원자력 혁명 ——————————— 169

06 수소 혁명 ——————————— 205

1895년 X선(또는 뢴트겐선)을 발견하여 최초의 노벨 물리학상(1901)을 수상한 독일의 물리학자 빌헬름 뢴트겐(Wilhelm Conrad Röntgen)이 진단 의학계에 혁명을 일으키며 방사선에 관한 후속 연구를 촉발시키고 근대 과학의 새로운 지평을 열었듯이, 엄청난 고부가가치를 창출해 내는 액티바 첨단 소재와 원천기술은 '구리 혁명'과 더불어 '원자력 혁명', '수소 혁명' 등과 연결되어 기존의 과학계에 지진을 일으키며 자원과 에너지 문제 등에 관한 후속 연구를 촉발시키고 21세기 과학의 새로운 지평을 열 것이다. 실로 한반도의 정신적 토양과 존재론적 지형, 그리고 한반도가 액티바 혁명의 진원지라는 사실은 '한반도발髮' 21세기 과학혁명에 대한 예단을 가능케 한다. 이러한 과학혁명은 고용 창출 효과는 물론 지속가능한 복지를 구현하고 미래 신성장 동력의 중추적인 역할을 담당함으로써 동북아의 역학 구도와 경제 문화적 지형을 변화시키고 그에 따른 한반도 통일과 더불어 세계 질서는 급속하게 재편될 것이다.

— '수소경제 비전과 에너지의 민주화' 중에서

구리 혁명

원소 변성 이론

　　순철 또는 산화철을 구리 원소로 변성하는 액티바 신기술을 논하기 전에 원소 변성에 관한 이해를 돕기 위해 본 절에서는 원소 변성 이론의 역사적 전개에 대해 살펴보기로 한다. 우선 원소(또는 화학 원소 chemical element)란 화학적인 방법을 통해서는 더 이상 분해되지 않는 순수한 물질을 의미하는 것으로 정의할 수 있다. 즉, 만물을 구성하는 근본 물질이 원소다. 1869년 러시아의 화학자 드미트리 이바노비치 멘델레예프(Dmitri Ivanovich Mendeleev)는 원소를 원자량의 증가 순서에 따라 원소의 주기성週期性을 이용하여 배열한 원소주기율표(the periodic table of the elements)를 창시했다. 이후 1913년 영국의 물리학자 헨리 모즐리(Henry Gwyn Jeffreys Moseley)가 이를 개량하여 원자번호, 즉 양성자 수의 증가 순서에 따라 재배열하여 오늘날의 주기율표와 유사한 형태를 갖추게 됐다.

　　현재 사용되고 있는 주기율표는 국제 순수 및 응용화학연맹(IUPAC)에서 고안한 장주기형 주기율표로서 총 118번까지의 원소*를 18족으로 분류한 것으로 동일 족의 원소들은 물리·화학적으로 비슷한 성질을 나타낸다. 원자번호 1부터 92까지는 자연(천연)원소이고, 93부터는 인공원소다. 주기율표상의 원소들은 크게 전형원소·전이원소, 금속원소·비금속원소로 분류된다. 전형원소는 주기율표의 1~2족, 12~18족 원소들로서 3~11족까지의 전이원소를 제외한 모든 원소를 말한다. 금속원소는 전자를 잃고 양이온이 되기 쉬운 원소이고, 비금속원소는 전자를 얻어 음이온이 되기 쉬운 원소이다.[1] 이 밖에 금속과 비금속의 중간적 성질을 띠어 그 구분이 명확하지 않은 원소를 준準금속(metalloid)이라고 부르는데, 붕소(B), 규소(Si), 게르마늄(Ge), 비소(As) 등이 이에 속한다. 또한 금속과 비금속의 성질을 모두 지니고 있어 산酸과 염기(鹽基 또는 알칼리)와 모두 반응하는 원소를 양쪽성원소라고 부르는데, 알루미늄(Al), 아연(Zn), 납(Pb), 주석(Sn) 등이 이에 속한다.

만물을 구성하는 근본 물질인 원소에 대한 설명은 기원전 6백년경 이오니아(Ionia)를 중심으로 주로 우주 혹은 자연의 원리에 대해 깊은 관심을 표명한 고대 그리스의 자연철학자들로까지 거슬러 올라간다. 소크라테스 이전의 자연철학자들의 관점은 크게 일원론(monism)과 다원론(pluralism)으로 나뉜다. 이들 중 일원론一元論적이고 물활론(物活論 hylozoism)적이며 우주론적인 자연철

* 주기율표는 지금까지 발견되거나 인공적으로 만들어진 모든 원자들을 주기율표에 수록한 것이다. 현재 주기율표상에는 지금까지 발견된 118번 원소까지가 배치되어 있다. 인공 합성 화학원소 114번과 116번은 2012년 5월에 각각 플레로븀(flerovium, Fl)과 리버모륨(livermorium, Lv)으로 명명됐다. 2016년 6월 국제순수·응용화학연합(IUPAC)은 원자번호 113번(2004년 합성) 우눈트륨(Ununtrium), 원자번호 115번(2004년 합성) 우눈펜튬(Ununpentium), 원자번호 117번(2010년 합성) 우눈셉튬(Ununseptium), 원자번호 118번(2006년 합성) 우눈옥튬(Ununoctium)이라는 잠정적 원소 이름을 각각 '니호늄(Nihonium, Nh)', '모스코븀(Moscovium, Mc), 테네신(Tennessine, Ts), 오가네손(Oganesson, Og)으로 명명할 것을 권고했고, 동년 11월 공식적으로 주기율표에 반영했다.

학을 전개한 당시의 대표적 철학자로는 우주의 아르케(archē 原理)를 물(water)이라고 본 탈레스(Thales), 탈레스의 제자로서 '아페이론(apeiron 無限者)'이라고 본 아낙시만드로스(Anaximander), 아낙시만드로스의 제자로서 공기(air)라고 본 아낙시메네스(Anaximenes)가 있었는데, 이들 세 사람은 이오니아지방의 그리스인 식민도시 밀레투스(Miletus) 출신으로 밀레투스학파라고 불린다. 또한 피타고라스학파(Pythagorean School)를 형성한 피타고라스(Pythagoras)는 수數가 세계의 모든 것을 설명하는 기본 원리라고 보았고, 에페시안학파(Ephesian School)를 형성한 헤라클레이토스(Heraclitus)는 우주의 아르케를 불(fire)이라고 보았으며, 엘레아학파(Eleatic School)의 선구자가 된 크세노파네스(Xenophanes)는 의인적 신관에 반대하여 우주의 아르케를 불생불멸·불변부동의 일원론적 특성을 지닌 것으로 보았다.

한편 다원주의학파(Pluralist School)를 형성한 엠페도클레스(Empedocles, B.C. 490?~430?)는 우주의 근원이 단 하나의 원소가 아니라 물·공기·불·흙의 4원소로 이루어져 있다고 보고 이들 절대적인 4원소를 이합離合시키는 사랑과 증오라는 작용인作用因으로 세계 변화를 설명함으로써 처음으로 다원론적 자연철학을 전개하였다. 이들 4원소는 액체·기체·고체 등의 상태를 대표하고, 건乾·습濕·냉冷·열熱·중량 등의 성질도 가지고 있으며, 이들 원소가 로고스에 의해 결합·분리될 때 이 세상의 모든 변화가 일어난다는 것이다. 이러한 사원론은 그보다 훨씬 앞선 동양의 지·수·화·풍이라는 사대설과도 상통하는 것이다. 이러한 다원론적 자연철학은 원소론자로 불리는 아낙사고라스(Anaxagoras)에 의해 더욱 발전되는데, 그는 몇 개의 원소가 아닌 무수한 '스페르마타(spermata 씨)'가 있다고 보고 이 스페르마타가 이성의 힘인 '누스(nous)'의 작용으로 질서 있는 세계를 형성한다고 했다.

또한 원자학파(Atomist School)를 형성한 레우키푸스(Leucippus, ?~?)와 그의 제자 데모크리토스(Democritus, B.C. 460?~370?) 등에 의해 전개된 원자론은 불생불멸의 더 이상 쪼갤 수 없는 아토마(atoma)가 무수히 있다고 보고 이러한 아토마가 존재하고 운동하기 위한 장소로서 케논(Kenon 공허)을 그 원리로 삼았다. 아토마가 각 방면에 움직여 충돌하는 동안에 선회운동을 일으키며 다양한 결집 방법을 통하여 물체를 형성하고 그에 따라 세상이 이루어진다는 것이다. 즉, 선회운동시 비교적 가벼운 원자는 바깥으로 밀집하여 공기·불·하늘이 되고, 비교적 무겁고 큰 원자는 안쪽으로 밀집하여 대지가 된다는 것이다. 모든 현상은 동질의 영원한 원자로 이루어져 있는 까닭에 절대적인 관점에서는 새로 생겨나거나 사라지는 것은 없다. 그러나 원자로 이루어진 복합체는 원자량의 증감에 따른 원자 구조의 질적 변화로 인해 형체의 변화를 가져오게 되는 것이므로 생성과 소멸은 이로써 설명될 수 있다.[2]

플라톤(Plato, B.C. 427~347)은 당시 자연철학자들의 사유를 이어받아 우주를 구성하는 근본 물질을 물·공기·불·흙의 4원소라고 보았지만 그들과는 달리 4원소를 기하학적 입자로서 설명하고, 우주의 생성 원리에 대해서도 수(數)의 비례 관계를 근거로 삼았다. 그의 형상론形相論의 근간을 이룬 것은 만물의 근원이 수數이고 수가 세계의 모든 것을 설명하는 기본 원리라고 본 피타고라스의 사상이었다. 피타고라스는 수가 양적인 크기를 가질 뿐만 아니라 기하학적인 모양도 가지고 있다며 자연 속에 내재한 수의 조화를 밝히는 일에 천착했다. 그리하여 그는 우주의 질료인(質料因 causa materialis)을 다뤘던 밀레투스학파와는 달리 형상인(形相因 causa formalis)을 다뤘던 것이다. 이러한 피타고라스의 사상은 플라톤을 통해 서양 철학 전체에 지대한 영향을 미쳤다. 플라톤의 후기 대화편 『티마이오스 Timaeus』는 수와 기하학적 질서에 근거한 우주의 발생과 구성 원리에 대한 이야기를 담은 것으로 현대 과학이 우주를 다루는 방식을 그대로 보여준다.

아리스토텔레스(Aristotle, B.C. 384~322) 또한 4원소설이 논리적으로 타당하다고 주장했다. 그는 원소를 상보적 성질인 습함과 건조함, 뜨거움과 차가움으로 설명하고 이들 4원소가 상호 변환하는 것으로 보았는데, 이러한 그의 견해는 근대 과학혁명이 일어나기까지 서양의 물질관을 지배했다. 당대 최고의 석학이었던 아리스토텔레스의 이러한 견해로 인해 모든 물질이 더 이상 쪼갤 수 없는 변하지 않는 원자로 구성돼 있다는 데모크리토스의 원자론은 배척됐다. 오늘날의 원자론과 상당한 유사성을 가진 데모크리토스의 원자론은 19세기에 들어 영국의 화학자이자 물리학자이며 기상학자로서 화학적 원자론을 창시한 존 돌턴(John Dalton, 1766~1844)에 의해 재발견된다. 아리스토텔레스는 모든 물질이 4원소가 적정 비율로 조합돼 만들어진다고 본 까닭에 금도 금속에서 4가지 원소의 비율만 바꾸면 만들 수 있다고 생각했다. 이러한 그의 원소 이론은 연금술의 이론적인 근거가 되기도 했다. 그러나 이러한 4원소설은 17세기 아일랜드의 화학자이며 물리학자인 로버트 보일(Robert Boyle, 1627~1691)에 의해 도전을 받게 된다.

보일의 과학은 연금술적 전통에서 출발했으나 근대 화학의 기초를 마련한 것으로 평가된다. 보일은 뉴턴과 교류하며 그와 더불어 연금술을 신비주의의 영역에서 끌어내렸다. 보일의 주저(主著) 『회의적 화학자 The Sceptical Chemist』 (1661)는 아리스토텔레스의 4원소이론과 파라셀수스(Paracelsus, 1493~1541)의 3원리(소금·황·수은) 대신 실험적 방법과 입자 철학을 도입하여 근본입자 개념을 발전시킴으로써 근대 화학의 효시가 됐다. 그에 따르면 물질이 서로 다른 것은 근본입자의 수·위치·운동이 다르기 때문이며, 모든 자연현상은 아리스토텔레스의 원소들과 성질에 의한 것이 아니라 근본입자들의 운동과 조직에 의한 것으로 설명될 수 있다는 것이다.[3] 그리하여 '성질 혹은 성분'으로 이해되던 원소 개념은 '물질' 개념으로 전환하게 된다. 그는 실험을 통해 더 이상

간단한 성분으로 쪼갤 수 없는 물질을 원소라고 정의하며, 물질은 각각의 여러 원소로 이루어져 있고 이들의 결합으로 화합물이 된다고 보았다. 말하자면 고대 그리스 철학에서 비롯된 형이상학적이고 선험적인 원소 개념이 구체적인 물질 개념으로 대체되기 시작한 것이다. 그는 일정한 온도에서 기체의 부피는 압력에 반비례한다는 '보일의 법칙(Boyle's Law)'을 발견하였으며, 이 법칙은 1662년 그에 의해 $PV=k$(k는 상수)로 공식화됐다.

연금술에서 출발한 근대 화학은 4원소설과 플로지스톤(phlogiston 가상의 불의 요소)설에서 탈피하여 과학의 영역으로 나아갔다. 18세기 후반 프랑스의 화학자이며 근대 화학혁명의 선구자인 라부아지에는 연소에 관한 플로지스톤 이론을 산소 이론으로 대체하고 새로운 원소관元素觀을 확립하여 근대 화학 발전에 크게 기여했다. 그는 세상의 모든 물질이 전통적인 4개의 기본 원소체계(물·공기·불·흙)로 이뤄졌다는 주장에 동의할 수가 없어 연소 과정에서 공기의 역할에 대해 연구했다. 그는 1781년에 출판된 보고서에서 연소는 물질이 산소와 결합하는 현상임을 밝혔다. 또한 그는 공기가 25%의 산소와 75%의 질소로 이루어진 것이라고 발표했고, 물은 산소와 수소가 결합하여 만들어진 화합물이라고 과학아카데미에 보고했다. 그는 물을 분해하여 수소를 얻는 데도 성공하였으며, 물의 분해가 성공함으로써 물질의 조성을 양적으로 조사하는 실험 또한 가능하게 됐다.[4]

1787년에는 라부아지에의 발견과 이론을 반영한 『화학명명법 Méthode de nomenclature chimique』이 일단一團의 프랑스 화학자들에 의해 출판돼 새로운 화학의 정립에 중요한 역할을 했다. 1789년에 출판된 라부아지에의 『화학요론 Traité élémentaire de chimie』은 그의 이론을 더욱 널리 확산시켰다. 이 책 서문에서 그는 원소를 화학적으로 더 이상 분해될 수 없는 물질이라고 정의하고, 이들이 결합하여 다른 물질을 만든다고 주장했다. 이 책에는 그의 원소 정의에 따른 33개의 원소가 들어 있는 원소표가 실려 있다. 또한 화학반응에서 물질의 총질량은 변하지 않는다는 '질량보존의 법칙(law of conservation of mass)'이 명확하게 기술돼 있다. 그는 발효 실험을 통해 화학반응의 전후에 질량은 보존되며, 따라서 생성되거나 소멸되는 것은 없고 단지 변형만이 있을 뿐이라는 질량보존의 법칙을 증명할 수 있었다. 이 법칙은 현대 화학에서도 그대로 받아들이는 법칙으로 그 핵심 내용은 다음과 같다. "우리는 기술과 자연의 모든 작동에서 아무것도 창조되거나 파괴할 수 없다는 것을 명백한 원칙으로 세워야 한다. 실험의 앞과 뒤에는 똑같은 양의 물질이 존재한다. 원소의 질과 양은 정확하게 똑같이 유지된다. 이런 원소들의 조합에서 변화와 변형 외에는 아무것도 일어나지 않는다."[5]

물질의 조성을 설명하기 위해서는 '질량보존의 법칙' 외에도 '일정성분비의 법칙(law of definite proportions 또는 정비례의 법칙)'에 대한 이해가 필요하다. 이 두 법칙은 가장 근본적인 화학적 관찰이다. 1799년 프랑스의 화학자 조제프 루이 프루스트(Joseph Louis Proust, 1754~1826)는 화합물을 구성하는 각 성분 원소의 질량비가 항상 일정하다는 '일정성분비의 법칙'을 증명함으로써 부정不定성분비를 주장한 프랑스의 화학자 클로드 루이 베르톨레(Claude Louis Berthollet, 1748~1822)와의 오랜 논쟁을 승리로 이끌었다. 모든 화합물에서 구성 원소의 질량비가 일정하다는 일정성분비의 법칙은 질량 1의 수소가 산소와 반응할 때는 언제나 질량 8의 산소와 반응하는 것을 그 예로 들 수 있다. 즉, 두 원소의 질량비는 항상 1:8로서 일정하다는 것이다. 그는 프랑스 전역에서 산출되는 염기성 탄산구리와 실험실에서 만든 염기성 탄산구리의 구성 성분을 조사한 결과, 탄소·산소·구리·수소의 비율이 일정하다는 것을 발견했으며, 다른 여러 가지 종류의 화합물에서도 그 조성 비율이 일정하다는 것을 입증했다. 이 원리는 1808년 존 돌턴의 화학적 원자론에 의해 구체적으로 공식화됐다.

돌턴은 프루스트의 연구를 확장하여 그리스의 원자론을 화학적 원자론으로 대체했다. 1808년에 출판한 그의 저서 『화학철학의 신체계 A New System of Chemical Philosophy』(1808~1810) 제1권에서 돌턴은 원자설을 제창함으로써 질량 보존의 법칙과 일정성분비의 법칙을 공식화했다. 그 주요 내용은 다음과 같다: 1) 모든 물질은 더 이상 쪼갤 수 없는 원자라는 작은 입자들로 구성돼 있다. 2) 같은 원소의 원자는 같은 크기와 질량, 성질을 가진다. 3) 화학반응에서 원자는 재배열될 뿐 다른 원소의 원자로 바뀌거나 소멸되지 않으며 질량은 보존된다. 4) 화합물을 구성하는 각 성분 원소의 질량 사이에는 간단한 정수비가 성립한다(배수비례의 법칙). 그러나 그의 가설 중 몇 개는 현대 물리학의 관점에서 수정이 요구되고 있다. 즉, 원자는 쪼개질 수 있으며, 핵분열과 핵융합에 의해 다른 원자로 바뀔 수 있고, 같은 원소의 원자라도 질량이 다른 동위원소가 존재하며, 방사성 붕괴로 원자의 종류가 변할 수 있다는 점 등에서 돌턴의 원자설은 수정돼야 한다는 것이다.[6]

현대 원자론의 시작은 당대 최고의 물리학자로 꼽히던 영국의 물리학자 조지프 존 톰슨(Sir Joseph John Thomson, 1856~1940)이 1897년 음극선 실험을 통해 전자(electron)를 발견하고, 영국의 물리학자이며 '핵물리학의 아버지' 로 불리는 어니스트 러더퍼드(Ernest Rutherford, 1871~1937)가 1911년 원자핵을 발견하면서부터이다. 돌턴의 원자 모형이 단단한 공 모양이었다면, 톰슨의 새로운 원자 모형은 마치 푸딩에 건포도가 박혀 있는 것처럼 양전하를 띤 물질로 이루어진 균일한 구(atom) 속에 음전하를 띤 전자가 박혀 있는 이른바 '플럼-푸딩 모형(plum-pudding model)'[7]이다. 톰슨은 전자를 발견함으로써 원자 구조에 대한 지식을 혁명적으로 변화시킨 공로로 1906년 노벨 물리학상을 수상했다. 그는 전자가 모든 종류의 물질 속에 존재하며 원자보다 훨씬 더 가볍다는 결론을 얻었다. 또한 음극선의 전하량과 질량의 비를 측정하고 음극선의 입자성을 발견함으로써 상대성이론이 출현하는 계기를 마련했다. 음극선의 입자성 발견은 과학계에 X-선의 본성에 대한 논쟁을 일으켜 파동-입자의 이중성이라는 빛에 대한 새로운 인식이 나타나게 된다. 이러한 빛의 이중성 개념은 드브로이(Louis Victor de Broglie)의 물질파(또는 드브로이파) 개념과 함께 양자역학의 성립에 커다란 역할을 했다.[8] 19세기 말에 이르러 대부분의 과학 분야에서 톰슨의 광범위한 발견을 수용함으로써 톰슨은 원자 물리학을 현대 과학으로 정착시킨 인물로 평가받게 됐다.

그러나 톰슨의 원자 모형은 1911년 러더퍼드의 원자핵 발견에 따라 러더퍼드의 새로운 원자 모형으로 대체됐다. 러더퍼드의 원자 모형은 마치 태양계의 '행성 모형(planetary model)'[9]과도 같이 양전하를 띤 원자핵 주위를 전자들이 돌고 있는 모양이다. 러더퍼드의 원자핵 발견은 원자력시대의 서막을 열었으며, 그의 새로운 원자 모형은 핵의 세계에 접근할 수 있는 통로를 만들었다. 러더퍼드는 캠브리지대학교(University of Cambridge)의 캐번디시 연구소(Cavendish Laboratory) 소장이었던 톰슨과 함께 전자기파의 검출에 관한 연구를 시작으로 기체 방전 현상을 연구해 방사능과 원자 구조에 대해 관심을 갖게 됐다. 1898년 톰슨의 추천으로 캐나다 맥길대학교(McGill University)의 물리학 연구소장으로 부임하여 그곳에서 화학자 프레드릭 소디(Frederick Soddy)*와 함께 방사성 원소를 연구했다. 그 결과, 우라늄·토륨 등의 방사성(radioactivity) 원소는 방사선(radiation)을 내면서 다른 원소로 변성된다는 사실을 발견했다. 드디어 원소의 변성 가능성이 확인된 것이다.[10]

모든 원소는 다른 원소로 바뀌지 않는다는 돌턴의 원자설에 익숙해 있는

---

* 소디는 방사성 원소의 붕괴에 관한 연구를 통해 처음으로 동위원소의 존재를 밝혔으며, 1921년 방사성 동위원소에 관한 연구로 노벨 화학상을 수상했다.

당시의 화학자들에게 이러한 연구 결과는 중세의 연금술과도 같이 믿기 어려운 것이었다. 1902년 러더퍼드와 소디는 그동안의 연구결과를 '방사선의 원인과 본질'[11]이라는 제목의 논문으로 발표했다. 이들은 방사능이 원자 내부 현상이며, 원소가 자연 붕괴하고 있음을 증명하는 현상이라고 밝혀 종래의 물질관에 커다란 변혁을 가져왔다. 1904년 방사능에 관한 보고서를 출판함으로써 전 세계적으로 인정을 받아 두 사람은 럼퍼드 메달(Rumford Medal)을 받았다. 1908년 러더퍼드는 방사선과 화학 원소의 변환에 관한 논문으로 노벨 화학상을 수상했다. 노벨상 심사자들이 원소가 바뀌는 것을 화학반응으로 잘못 알고 화학상을 수여한 것에 대해, 그는 수상 연설에서 자신이 물리학자에서 화학자로 바뀐 것이 원소의 변화보다도 더 놀라운 일이라고 말했다는 웃지 못할 일화가 있다.[12] 1911년 러더퍼드는 알파(α) 입자 산란 실험을 통해 양전하를 띤 원자핵의 존재를 발견하고 그 주위를 음전하를 띤 전자들이 돌고 있다는 것을 알게 됐다. 그 후에도 원자를 향해 알파 입자를 발사하는 실험은 계속됐다.

1914년 러더퍼드는 수소 원자핵이 모든 양전하를 가진 입자 중에서 가장 작은 알갱이라는 것을 밝혀냈다. 1919년 톰슨의 뒤를 이어 캐번디시 연구소 소장이 된 그는 질소 기체를 향해 알파 입자 발사 실험을 하던 중 질소 원자핵과 알파(α) 입자가 충돌하여 질소 원자핵이 깨지면서 그 속에 들어있던 수소 원자핵으로 보이는 입자가 방출되는 것을 발견했다. 알파 입자를 질소 원자핵에 충돌시켜서 최초로 인위적 원소 변환을 실현한 것이다. 이 실험을 통해 그는 수소 원자핵인 양성자(陽性子 proton)가 모든 원자핵을 구성하는 기본 입자라고 결론지었다. 실제 실험을 통해 원자핵을 쪼개 양성자를 발견한 것은 그가 처음이었다. 양성자수(원자번호)가 원소의 종류를 결정한다는 점에서 양성자 발견은 원소의 인공 변환의 서막을 연 것이라 할 수 있다. 1920년 그는 중성자(neutron)가 존재할 수 있다는 생각을 발표했다. 원자가 전기적으로 중성이 되려면 원자핵에 들어 있는 양성자수와 원자핵 주위를 도는 전자수가 같아야 하는데, 원자핵의 무게는 원자핵에 들어있는 양성자 무게보다 훨씬 무거워 원자를 구성하는 제3의 알갱이가 존재할 수 있다고 본 것이다.*[13] 중성자는 1932년 영국의 물리학자 제임스 채드윅(Sir James Chadwick)에 의해 발견됐고, 그 공로로 그는 1935년 노벨 물리학상을 수상했다.

러더퍼드의 연구를 바탕으로 덴마크의 물리학자 닐스 보어((Niels Bohr, 1885~1962)와 이탈리아계 미국의 물리학자 엔리코 페르미(Enrico Fermi, 1901~1954)는 핵물리학을 발전시켰고, 이로써 인류는 핵에너지를 사용할 수 있게 됐다. 졸리오퀴리(Joliot-Curie)**에 의해 인공 방사능이 발견되면서(1934) 페르미는 중성자에 의한 거의 모든 원소의 핵변환核變換 가능성을 시사했다. 실제로 그는 중성자에 의한 핵변환을 행하여 많은 인공 방사성 동위원소를 만들어 핵분열 연구의 길을 열었고, 맨해튼 계획(Manhattan Project)에도 참여하여 원자폭탄을 개발했으며, 볼프강 파울리(Wolfgang Pauli, 1900~1958)의 중성미자(中性微子 neutrino) 가설을 도입하여 베타 붕괴 이론을 완성시켰다. 1938년 그는 중성자에 의한 인공 방사능 연구의 업적으로 노벨 물리학상을 수상했다.[14] 1942년

---

* 원자의 무게를 나타내는 원자량(질량수)은 원자핵 속에 들어 있는 양성자 수와 중성자 수를 합한 것이다. 수소 원자는 1개의 양성자로 된 원자핵과 1개의 전자로 이루어져 있고, 수소 이외의 모든 원자의 원자핵은 양성자와 중성자를 포함하고 있다.
** 졸리오퀴리(Joliot-Curie) 부부는 프랑스의 원자물리학자 이렌 퀴리(Irène Curie, 1897~1956)와 그의 부군인 장 프레데리크 졸리오(Jean Frédéric Joliot, 1900~1958)를 지칭한다. 이렌은 라듐과 폴로늄 발견의 업적으로 노벨 화학상(1911)을 수상한 마리 퀴리(Marie Curie)의 장녀이며, 마리의 실험조수로 있던 원자물리학자 장 프레데리크 졸리오와 결혼하여 1934년 세계 최초로 인공 방사능을 발견하였고, 그 공로로 이들 부부는 1935년 노벨 화학상을 수상했다.

에는 세계 최초의 대형 원자로인 '시카고 파일 1호'를 건설하여 원자핵 분열(atomic fission) 연쇄 반응을 성공적으로 제어함으로써 인류가 핵에너지 시대에 돌입할 수 있게 했다.

한편 러더퍼드의 원자 모형에서 확인된 원자핵의 존재는 보어가 양자론을 도입하는 데 결정적인 근거가 됐다. 1913년 보어가 제안한 원자 모형은 양자역학적 원자 모형의 초기 형태이다. 보어의 새로운 원자 모형은 원자핵 주위를 행성처럼 도는 전자들의 운동에 대한 러더퍼드 원자 모형의 문제를 해결하기 위한 것이었다. 중력이 작용하는 행성들은 태양 주위를 돌아도 에너지를 잃지 않으므로 계속해서 태양 주위를 돌 수 있고 따라서 태양계는 항상 안정된 상태를 유지할 수 있지만, 원자핵 주위를 돌고 있는 전자의 경우는 그렇지 못하다는 것이다. 원자핵 주위를 돌고 있는 전자는 전하를 가지고 있어 전자기파를 방출하기 때문에 에너지를 잃게 되고 결국 원자핵 속으로 끌려 들어가는 모순을 안게 되므로 물리학적으로 불안정한 원자 모형이라는 것이다. 이러한 모순을 해결하기 위해 보어는 막스 플랑크(Max Planck)와 아인슈타인이 발전시키고 있던 양자화 가설을 도입하여 이전의 고전적 모형과는 달리 원자핵 주위의 전자가 가지는 물리량이 양자화 되어 있다는 착상에 근거한 새로운 '궤도 모형(orbit model)'을 제시했다.[15]

보어가 제시한 새로운 원자 모형은 원자핵 주위를 돌고 있는 전자가 모든 에너지를 가질 수 있는 것이 아니라 특정한 조건의 에너지만 가질 수 있다고 가정했다. 즉, 궤도전자는 양자화된 에너지를 흡수 또는 방출하지 않고서는 에너지 준위(energy level)가 다른 궤도로 옮겨갈 수 없다는 것이다. 따라서 주어진 에너지 준위에서 돌고 있는 전자는 전자기파를 방출하지도, 에너지를 잃지도 않으므로 안정 상태에 있게 되지만, 그러한 에너지 준위를 뛰어넘는 전이(transition)가 일어나면 에너지를 방출하거나 흡수하게 되므로 불안정한 상태에 있게 되는 것이다. 그리하여 그는 수소 원자 내의 전자 에너지 준위를 계산하여 수소 원자가 내는 스펙트럼의 진동수를 설명해 내는 데 성공했다.[16] 보어가 제시한 새로운 원자 모형의 중요성을 처음 간파한 사람은 아인슈타인이었다. 그러나 본서 제1부 3장 2절 첫머리에서 언급한 것처럼, 양자역학에 대한 표준해석으로 여겨지는 코펜하겐 해석(CIQM, 1927)을 둘러싼 두 사람의 논쟁으로 인해 이러한 협력 관계는 오래 가지 않았다. 보어의 원자 모형이 수소 원자가 내는 빛의 스펙트럼 실험 결과를 성공적으로 설명해 내자 대부분의 물리학자들도 보어 원자 모형의 탁월성을 인정했다. 원자의 내부 구조를 설명하려면 양자론에 대한 이해가 필요함을 알게 된 것이다. 비록 보어의 원자 모형이 수소 원자에만 적용되는 것이긴 했지만, 그의 혁명적인 관점은 양자물리학의 성립에 중요한 역할을 했다.

양자물리학은 양자화 된 물리량을 파동함수를 이용하여 다루는 까닭에 물리량의 양자화와 입자와 파동의 이중성에 대한 이해가 필수적이다. 독일의 이론물리학자이며 양자역학의 태두로 불리는 하이젠베르크의 행렬역학(matrix mechanics, 1925)은 오스트리아의 이론물리학자 슈뢰딩거의 파동역학(wave mechanics, 1926), 영국의 이론물리학자이며 반反물질(antimatter)[17]의 존재를 예견한 디락(Paul Adrian Maurice Dirac, 1902~1984)의 상대론적 양자역학(relativistic quantum mechanics, 1926) 등과 함께 양자물리학 이론의 가장 중요한 부분으로 일반적 이론 체계로서의 양자역학의 성립에 결정적으로 기여했다. 하이젠베르크가 제안한 불확정성의 원리(uncertainty principle)는 코펜하겐 해석의 핵심 내용 중의 하나로서 양자물리학의 내용 중 가장 널리 알려진 것이기도 하다. 이러한 불확정성 원리를 기반으로 하는 양자역학의 원자 모형은 원자핵 주위에 '전자구름'*이 확률적으로 분포하는 '전자구름 모형(electron cloud model)'이며, 전자구름은 양자수에 따른 파동함수로 기술된다.[18] 양자역학의 탄생에 기여한 공로를 인정받아 하이젠베르크는 1932년 노벨 물리학상을 수상했고, 슈뢰딩거는 디락과 공동으로 1933년 노벨 물리학상을 수상했다.

이상에서 보듯 최초의 원자 모형인 돌턴의 원자 모형은 더 이상 쪼개지지 않는 원자라는 가장 작은 알갱이로 이뤄진 모형이었으나, 톰슨의 전자 발견에 따라 양전하를 띤 원자 속에 음전하를 띤 전자가 박혀 있는 '플럼-푸딩 모형'으로 대체됐다. 또한 톰슨의 원자 모형은 러더퍼드의 원자핵 발견에 따라 양전하를 띤 원자핵 주위를 전자들이 돌고 있는 '행성 모형'으로 대체됐고, 이는 다시 원자핵 주위의 전자가 가지는 물리량이 양자화 되어 있다는 착상에 근거한 보어의 '궤도 모형'으로 대체됐으며, 이는 또다시 원자핵 주위에 확률적으로 분포하는 전자구름을 파동함수로 나타낸 현대의 '전자구름 모형'으로 대체됐다. 이처럼 원자들이 나타내는 물리·화학적 성질을 설명하기 위해 제시된 원자 모형은 계속해서 새로운 모형으로 대체돼 왔고 또 앞으로도 그럴 전망이다.

물질은 원자로 구성되고, 원자는 입자(양성자·중성자·전자)로 구성된다. 원자는 원자핵과 전자로 구성되고, 원자핵은 양성자와 중성자로 구성된다. 우주 탄생을 설명하는 입자물리학 '표준모형'에 따르면 우주만물은 기본입자 12개와 힘을 전달하는 매개입자 4개 등 16개의 소립자로 이뤄져 있고, 여기에 '힉스 입자'를 포함하면 17개의 소립자가 물질계를 이루고 있다. 2012년 7월 4일 유럽입자물리연구소(CERN)는 거대강입자가속기(LHC) 실험을 통해 우주 생성의 비밀을 풀 수 있는 열쇠로 알려진 '힉스 입자'와 일치하는 입자가

---

* 원자핵 주위를 돌고 있는 전자의 공간적 분포 상태는 양자장(quantum field)이 작용하는 차원에서는 非局所性(non-locality)[초공간성]의 원리에 따라 위치라는 것이 더 이상 존재하지 않으므로 이를 구름에 비유하여 '전자구름'이라고 한 것이다.

발견됐다고 발표한 데 이어 2013년 3월 14일에는 그것이 '힉스 입자'임이 분명하다고 밝혔다. 그런데 빅뱅 직후 우주만물을 이루는 16개 입자에 질량을 부여한 것으로 추정돼 '신의 입자'로 불리는 힉스 입자가 우주 탄생 초기에 다른 입자들에 질량을 부여하고 사라졌다는 설명은 생명의 전일성과 자기근원성이라는 관점에서 볼 때 명쾌하지가 않다. 이 우주는 누가 누구에게 질량을 부여한 것이 아니라 자기조직화한 것이기 때문이다. 말하자면 에너지의 바다(氣海)에 녹아 있는 질료가 스스로의 동력인動力因과 목적인目的因에 의해 응축돼 물질화되어 나타난 것이다.

힉스 입자 발견으로 우주 생성의 비밀이 풀릴 수 있게 되면 현대 물리학은 획기적인 전환을 이루게 될 것이다. 음극선 실험을 통한 톰슨의 전자 발견(1897), 러더퍼드와 소디의 방사성 원소 연구에 따른 원소의 변성 가능성 확인(1898~1904) 및 방사선과 화학 원소의 변환에 관한 논문으로 러더퍼드의 노벨 화학상(1908) 수상, 알파(α) 입자 산란 실험을 통한 러더퍼드의 원자핵 발견(1911) 및 최초의 인위적 원소 변환 실현(1919), 채드윅의 중성자 발견(1932), 중성자에 의한 핵변환을 통해 페르미의 인공 방사성 동위원소 제조 및 핵분열 연구 개막(1934~1938), 핵자核子 이동설을 제시한 유카와 히데키의 중간자 이론(1935), 보어·하이젠베르크·슈뢰딩거·디랙 등에 의한 20세기 양자물리학의 발전, 그리고 상온 핵융합과 원소 변환 등 19세기 말 이후 본격화된 원소 변성에 관한 이론의 전개 과정은 우주의 비밀에 한 발짝 더 다가설 수 있게 하다. 전자 발견과 원자핵 발견이 20세기 전자 시대와 핵에너지 시대의 개막으로 이어졌듯이, 힉스 입자 발견은 새로운 우주 시대의 개막으로 이어질 것이다. 또한 상온 핵융합과 원소 변환이 실용화되면 청정 에너지원의 무한한 공급 가능성을 기대할 수 있을 것이다.

철(Fe)로 구리(Cu) 제조

구리(銅 copper)는 주기율표 제1B족의 구리족 원소에 속하는 금속으로 원자번호 29, 원소기호 Cu, 원자량 63.546g/mol, 녹는점 1084.62°C, 끓는점 2562°C, 밀도 8.94g/㎤이다. 'copper'의 어원은 고대 로마시대의 구리 주산지였던 키프로스(Cyprus) 섬의 라틴명 'cuprum'에서 유래했다.[19] 2종(63Cu, 65Cu)의 안정 동위원소와 6종의 방사성 동위원소가 알려져 있다. 천연으로는 드물게 홑원소물질(자연구리)로서 산출되기도 하지만, 주로 황화물·산화물 또는 탄산염으로 산출되며 이를 제련하여 구리가 생산된다. 구리 광물은 현재 165종 정도이고, 그 중에서도 황동석(黃銅石 chalcopyrite, $CuFeS_2$), 휘동석(輝銅石 chalcocite, Cu_2S), 적동석(赤銅石 cuprite, Cu_2O), 반동석(斑銅石 bornite, Cu_5FeS_4), 공작석(孔雀石 malachite, $CuCO_3 \cdot Cu(OH)_2$), 남동석(藍銅石 Azurite, $2CuCO_3 \cdot Cu(OH)_2$) 등이 중요한 광물이다.[20] 황동석이 전체 구리 매장량의 약 50%를 차지한다. 은·금과 함께 화폐 제조에 사용됐기 때문에 '화폐금속(coinage metal)'으로 불린다. 우리가 사용하는 동전銅錢이란 말은 '구리로 만든 돈'이란 뜻으로 주화鑄貨가 주로 구리의 합금으로 만들어진 데서 연유한 것이다.

액티바 구리(Activa Copper)는 세계적 첨단 신소재인 액티바(Activa)와 원천기술을 적용한 하이테크 변성공법에 의해 철(Fe_2O_3)을 비철금속인 구리(Copper)로 변성 인고트화(Ingot=구리괴) 하는 고순도 전기동電氣銅 생산을 일컫는 것이다. 이러한 액티바 구리는 액티바를 원재료로 사용한 액티바 F400으로 이온 상태의 변성된 구리 분말을 인고트화 하는 고순도 구리 추출 기술을 입증한 것이다. 액티바 시스템(Activa System)은 구리 생산 전 과정에 환경오염 발생이 없는 최첨단 기술력에 의한 무방류의 친환경 공정으로 설계돼 있음을 보여준다. (주)에코액티바는 세계 최초 최첨단 공법인 액티바 시스템을 적용한 신기술로 철을 비철금속인 구리로 변성 인고트화 양산에 성공함으로써 국가 신성장 동력 사업의 발판을 마련하고, 안정적인 고용 창출에도 기여하며, 나아가 세계 자원화 할 것으로 전망하고 있다.[21]

순철 또는 산화철을 변성시켜 구리 제조법을 발명해 낸 윤희봉 소장에 따르면 구리 제조는 철 원소가 화학적인 반응에 의해 핵반응을 일으키며 구리 원소로 변성하는 원리를 이용한 것이다. 그 기술을 요약하면 다음과 같다.

환경오염의 중요 인자가 되는 산화철, 고철, PCBs 등 오염된 특정 폐기물과 방사선에 오염된 원전 방사성 폐기물 또는 핵잠수함 등의 방사성 폐철재 등을 부가가치가 높은 구리 원소로 변성시키기 위해, 가격이 저렴한 염화가스와 염산의 결합반응 및 분열반응이 수중(水中)에서 많은 에너지를 내는 발열작용을 하고, 이때 갈라져 나온 수소(H)가 H^+, H^{+2}, H^{+3} 등으로 에너지를 잃지 않는 것을 이용하여, 철 원소($_{26}Fe^{53-60}$)가 핵반응을 일으켜서 구리 원소($_{29}Cu^{63-67}$)로 변성케 되며 이를 제련하여 구리로 Ingot화하는 것을 특징으로 한다. 좀 더 상세히 설명하면, 화학반응을 이용하여 산화철을 염화제일철로 만들고, 이어서 용액 중 물의 백탁점을 활용하기 위해 70°C 이상으로 용액을 상온시킴과 동시에 염화가스를 분사 투입하여 염화제이철로 변화하는 과정에서 폭발적인 에너지 상승으로 양성 수소 핵입자를 철 원소 핵입자들이 포획하여 새로운 원소, 즉 구리 원소로 변성하는 기술이다. 본 발명은 핵반응 공법을 사용하여 철 원소를 구리 원소로 변성시켜 천연자원의 결핍을 대체하려는 핵입자 이동 기술이다.[22]

윤 소장은 상기 발명의 내용을 다음과 같이 부연해서 설명하고 있다.

염산(HCl)은 염화수소로 결합될 때($H^+ + Cl^- \rightarrow HCl$) 800~1,000kcal/mol의 높은

에너지를 발열하고, 염산이 물분자에 구속되어 35%±1% 밖에 용해되지 않을 때에도 18kcal/mol의 높은 에너지를 발열한다. 물 분자 세차진동을 증폭하기 위해 수온이 70°C±3°C에서 백탁점(Cloud Point)에 이르면 물 분자의 고분자쇄가 저분자쇄로 폭발적으로 갈라져 세차진동을 증폭시켜 염산의 H와 Cl 사이 반지름 간격의 세차진동을 공진 공명시킨다. 따라서 물 분자 질량보다 높은 염산의 질량에 진동에너지를 $20,000H^2/cm^{-1}$까지 상승시켜 핵반응할 때에 포획·포격하기 위한 핵입자들의 문턱에너지(threshold energy)를 만족시켜 주므로 철 원소가 구리 원소로 변성된다. 좀 더 자세히 설명하면, 염산의 수소와 염소의 결합 또는 해체 반응 에너지와 원소의 정전기적 쿨롱인력(coulomb attraction)과 원소 외각 전자 활동의 전자기 인력과 광파에너지와 물 분자 전자파 등 다원적 에너지를 촉진하는 염산과 광촉매 등을 이용하여 핵자기 공명을 일으켜 핵자 이동에 따른 두 원소의 결합으로 제3의 물질이 되기 위한 에너지를 만족시키는 것이다. 따라서 광가속기나 전자입자 가속기 등 고가의 첨단 장비와 첨단기술용역을 의뢰하지 않고 저비용으로 저가인 폐철재로써 고부가가치의 무산소 구리(Cu 99.91%)가 될 수 있는 염화구리를 변성, 생성시키려는 데 그 목적이 있다.[23]

윤 소장은 환경오염의 주범인 고철 등을 활용하여 자원인 구리를 만드는 친환경적인 기술의 이론적인 근거를 핵반응 공법으로 나타내고 있다. 다만 질량 불변 원칙을 설명하기 위해 화학적 표현을 이용하고 있음을 밝히고 있다. 특허를 취득한 기술의 이론적인 근거 및 내용은 그가 제시하는 '핵반응을 이용하여 철 원소에서 변성구리 원소를 얻는 수익률 계산'에서 명료하게 드러난다.

1. $2Fe + 6HCl \rightarrow 2(Fe + 3H)Cl + 2Cl_2 \rightarrow 2CuCl + 2Cl_2$이므로 1차 반응 후 세척 건조물은 $2CuCl$

핵 반응식은 $\underset{(53\text{-}60)}{\underset{26\ +\ (1\times 3)}{Fe + 3H}} \rightarrow \underset{(63Cu와\ 65Cu)로\ 안정됨}{\underset{29(양성자수)}{Cu}}$

2. 제련되기 전 $2CuCl$ (Cu_2Cl_2)에 2% 정도 수분이 함유되어 있으므로 $\underset{127+71=198}{Cu_2Cl_2}$ (2,180g)가 Cu는 1,397g

실취득한 Cu(99.90%) 1,380g이 되었으므로 17g이 결손된 것은 수분으로 평가되며 따라서 취득율은 100% 되었다고 사료됨. 반응과정에서 0.3TZn 철판조각은 Fe가 74%이므로 원자재 4,000g 중 Fe는 2,960g 함유되어 있으므로

 2Fe 원자량(55.8) × 2 = (126) 2,960g 2,960g (Fe)

 6H 원자량(2) × 6 = (12) 294g   3,254g (Fe+H)

 2Cl 원자량(35.4) × 2 = (70) 1,715g   4,969g (Fe+H+Cl)

2(Fe+3H)Cl 총 예상 무게는 4,969g이며, Cu 3,254g의 100%를 제련 취득하여 ingot Cu(99.9%)를 얻게 된다. 반응조에서 H 중량 294g(약 10%) 감량을 산업면에서는 결손으로 본다. 폐용액은 무한 재활용하고 수증기 증발과 공정상 약간의 결손이 있을 뿐이므로 Fe 함량에 해당한 것만큼 Cu 양은 100% 얻을 수 있다.[24]

또한 특허를 취득한 기술의 이론적인 근거 및 내용은 그가 제시하는 '용액의 재활용 및 무방류 시스템'에서도 명료하게 드러난다.

Cu 1t을 얻기 위해 CuCl 1,330kg이 필요하다. 즉, CuCl 1,330kg에서 Cl 30%를 제외하면 Cu 1t이 형성된다. HCl 35% 염산 용액 1m³ 속에는 HCl의 양이 0.35m³. 그 중에서 H(2), Cl(17+20)이므로 H(2) : Cl(37)의 비율이 된다. Cl의 무게는 330kg이며, 이는 진공상태에서는 만족하지만 제조 공정 과정에서 결손이 발생하는데, 이러한 공정상 결손은 Cl_2 가스로 충진 보충해주면 된다. Cl_2 가스는 H_2O와 반응하는데, H+(OH)의 H와 반응하여 2HCl이 되기도 한다. 따라서 용액 1m³ 속에 Cl_2가스 1.7%(약 2%) = 0.025m³(20kg) 정도를 보충해주면 된다.[25]

윤 소장은 구리 생산 공정을 다음과 같이 1단계 염화구리 생산 단계와 2단계 구리괴 생산 단계로 간단하게 도식화하고 있다. 1단계 염화구리 생산은 구리이온 분말 생산 및 건조 단계이고, 2단계 구리괴 생산은 제련 단계이다.

2012년 6월 11일 삼일회계법인 입회하에 경산 공장에서 이뤄진 염화구리 간이 생산 과정(기술 시연)을 보면, 고철 2.4kg을 투입하여 약 6시간 후에 구리

구리 생산 공정[26]

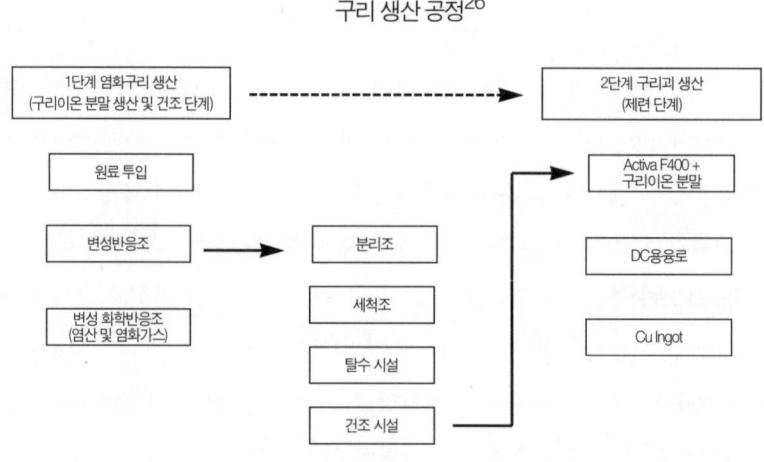

괴 1.36kg이 생산되었으며, 확인된 고철 대비 구리괴의 수율은 약 57%였고, 이 중 샘플링하여 한국화학융합시험연구원(KTR)에서 구리 원소와 99.91% 일치하는 것이 확인됐다. 염화구리 소량 생산 과정의 세 단계를 도식화하면 다음과 같다.

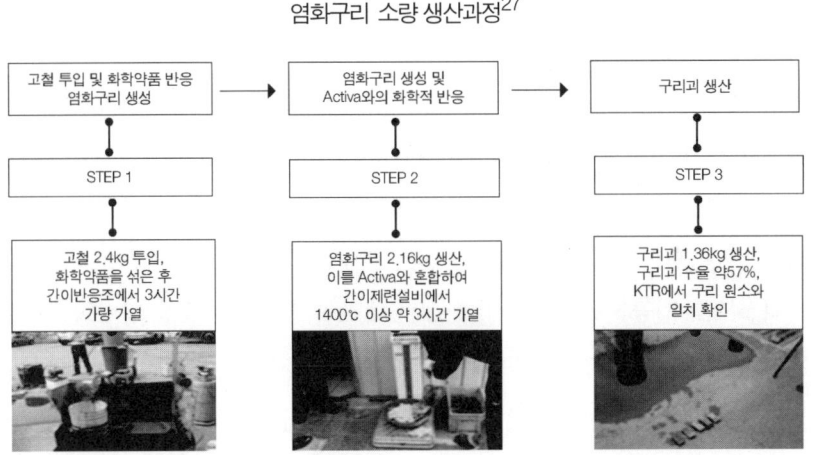

염화구리 소량 생산과정[27]

 철 원소를 구리 원소로 변성시키는 핵자核子 이동 기술의 원리에 대한 이해를 돕기 위해 원소 변성 방법에 대해 살펴보기로 하자. 원소 변성 방법의 예로는 방사선 동위원소의 인공 변환, 인공적인 양자수 변환, 양성자를 주고받는 산-염기 반응 등이 있다. 우선 방사선 동위원소의 인공 변환의 예로서 알파 붕괴(alpha decay)와 베타 붕괴(beta decay)를 들 수 있다. 알파 붕괴는 불안정한 원자핵이 알파 입자를 자발적으로 방출함으로써 원자번호(양성자수)가 2개 낮은 원소로 변성되는 방사성 붕괴의 한 형태이다. 즉, 알파 입자는 2개의 양전하를 가지며 질량수 4를 갖기 때문에 알파 붕괴에 의해서 생성되는 원자핵의 전하는 2단위가 감소하고 질량은 4단위가 감소하므로 폴로늄-210(Po: 질량수 210, 원자번호 84)이 알파 입자를 방출하면 납-206(Pb: 질량수 206, 원자번호 82)이

된다.[28]

베타 붕괴는 불안정한 원자핵이 전자 방출, 양전자 방출, 전자 포획을 통하여 원자번호가 1개 높은 원소로 변성되는 방사성 붕괴의 한 형태이다. 이를 좀 더 자세히 설명하면 다음과 같다. 모든 화학원소는 동위원소들을 가지고 있는데 동위원소의 핵들은 양성자수가 동일한 반면 중성자수는 서로 다르다. 동위원소들 중에서 질량이 중간 정도인 동위원소는 다른 원소에 비해 비교적 안정된 상태에 있지만, 중성자수가 적은 가벼운 동위원소는 양전자 방출이나 전자 포획을 통하여 안정된 핵으로 되려는 경향이 있고, 중성자수가 많은 무거운 동위원소는 전자를 방출하여 안정된 핵으로 되려는 경향이 있다.[29]

다음으로 인공적인 양자수 변환에는 핵분열 방식과 핵융합 방식의 두 가지가 있다. 핵분열 방식은 원자핵 분열에 의해 원자번호가 낮은 원소로 변성되는 것인데, 우라늄(U: 원자번호 92)에 중성자 1개를 넣으면 핵분열에 의해 바륨(Ba: 원자번호 56)과 크립톤(Kr: 원자번호 36)으로 변성된다. 핵융합 방식은 아연(Zn: 원자번호 30)에 납(Pb: 원자번호 82)이 합쳐지면 코페르니슘(Cn, 원자번호 112)으로 변성되고, 구리(Cu: 원자번호 29)에 주석(Sn: 원자번호 50)이 합쳐지면 금(Au: 원자번호 79)으로 변성된다. 끝으로 산-염기 반응에 대해 살펴보면, 산(acid)은 양자를 내놓는 물질이고, 염기(alkali)는 수소이온을 받아들이는 물질이다. 철(Fe: 원자번호 26)에 리튬(Li: 원자번호 3)이 합쳐지면 구리(원자번호 29)로 변성되고, 납(원자번호 82)에서 리튬(Li: 원자번호 3)이 제거되면 금(원자번호 79)으로 변성된다.[30]

이상에서 볼 때 원소 변성은 철 원소를 구리 원소로 변성하는 것뿐만 아니라 다른 원소들 간의 변성에도 확장 적용될 수 있다. 핵자 이동에 의한 원소 변성이 가능하다면 인류의 난제인 지구 자원 문제 해결에도 획기적인 전기를 마련할 수 있을 것이다. 그런데 왜 지금까지 그러한 기술이 실용화되지 못했던 것일까? 그 이유는 경제성이 없는 것으로 판단됐기 때문이다. 예컨대, 철을 구리 원소로 변성할 수는 있지만 이온이 대부분 기화되는 관계로 거기서 추출해 낼 수 있는 구리의 양은 극히 미미할 뿐만 아니라 고가의 첨단 장비와 첨단기술 용역을 의뢰해야 하는 경제적 부담이 크기 때문이다. 그런데 핵자 이동의 원리로 설명되는 액티바 신소재와 원천기술은 고가의 첨단 장비와 첨단기술 용역 의뢰 없이도 양성 수소 핵자가 양성자수(원자번호) 26인 철 원소 핵자들을 포격, 철 원소 핵자들에 의해 수소 양성자 3개가 포획되어 양성자수 29인 구리 원소로 변성하는 것을 입증했을 뿐만 아니라, 철 함량에 해당한 것만큼 고순도의 구리 양을 100% 추출해 낼 수 있었다.

필자는 지난 수년간 십 수차례에 걸친 시연試演에 직접 참여하여 철이 염화구리로, 그리고 구리괴로 변성하는 과정을 지켜보면서, 변성구리 제조의 핵심 열쇠는 바로 액티바 첨단소재와 원천기술에 있다는 점을 확실히 알 수 있었다. 액티바 신소재와 기술은 핵자 이동의 촉매제로서의 기능과 더불어 제련製鍊시 인고트(Ingot)화 시키는데 이온이 기화되지 않고 용융(鎔融 melting) 되게 하며 고순도의 구리 추출을 가능케 한다. 액티바를 투입하지 않을 경우 구리 이온은 대부분 기화되어 추출해 낼 수 있는 구리의 양은 극히 미미했다. 액티바 신소재와 기술을 이용하여 철을 구리로 변성할 수 있다면, 같은 원리로 다른 원소 간의 핵자 이동에도 이러한 신소재와 기술이 응용될 수 있을 것이다. 실로 변성구리 제조는 원소 변성의 실용화를 촉발시킴으로써 지구 자원 문제 해결의 단서를 제공할 수 있다는 점에서 자원 혁명의 신호탄이라 할 수 있다. 또한 본서 2장 3절에서 살펴본 액티바 소재의 다양한 활용 범주에 비추어 볼 때 액티바 첨단소재와 원천기술은 21세기 과학혁명을 견인하는 역할을 할 수 있을 것이다.

구리 산업 분석

산화철 및 고철을 순도 높은 구리로 변성 생성케 하는 액티바 첨단소재와 환경친화적인 신기술이 공장 양산체제를 갖춤으로써 실험실 단계를 넘어 드디어 산업화에 이르게 되었다. 액티바 첨단소재와 원천기술은 무차별적인 자원 개발에 따른 환경 파괴와 이산화탄소(CO_2) 배출이 많은 에너지에 의한 제련으로 대기오염 및 토양오염을 유발하는 폐단을 극소화하고, 폐철 자원을 재활용하는 친환경적인 방법으로 주요 광물자원인 구리를 생산하게 된 것이다. 이러한 친환경적인 신소재와 기술은 구리 생산과 더불어 방사능 폐기물 처리 및 오·폐수 처리, 수소 생산 등의 사업과도 연계돼 있어 경제적 부가가치가 매우 높고 원가 경쟁력이 탁월하여 '과학기술 한류'의 원동력이 될 것으로 예상된다.

대부분 수입에만 의존해 있는 국내 구리 수요 약 90만t을 국내에서 액티바 시스템 공법으로 무산소 전기동電氣銅을 생산·공급하면, 경제성 있는 정광동銅이 생산되지 않는 국내의 현실을 고려할 때 양질의 동銅에 대한 수입대체 효과로 수십억 달러 절감 효과가 있는 것으로 나타난다. 뿐만 아니라 변성 구리 제조와 국내 구리 사용 제품 및 유기·황동(신주)·황금동의 합성 제련 제품의 수입 대체 및 수출 효과까지 합하면 수천억 달러 규모의 외화 획득이 가능한 것으로 추산된다. 구리 수요는 전원 개발 사업의 확대로 인한 전기동의 수요 증대와 가공 산업의 발달로 급속한 증가 추세를 보이고 있으며, 또한 세계 구리 시장의 수요량을 감안한 수출 시장을 고려하면 구리 산업은 성장 가능성이 매우 높은 산업인 것으로 분석된다.[31]

구리의 역사를 보면, 우리 인류가 처음에는 원소 형태로 존재하는 구리를 채집, 가공하여 사용하다가 점차 구리 야금법을 터득한 것으로 보인다. 역사학자들은 청동기가 만들어지기 전에 천연 또는 야금된 구리를 가공하여 사용한 시대를 '구리 시대(copper age)'라고 부른다. 인류가 구리를 처음 사용한 것은 최소 1만 년 이상 전일 것으로 여겨진다. 고대에 구리는 금속 자체로 또는 다른 금속과 합금을 만들어 조각품, 전쟁 무기, 건축 구조물, 각종 생활 도구 등을 만드는 데 사용됐다. 구리보다 단단한 청동靑銅은 구리와 주석(Sn)의 합금으로 기원전 4천~3천 년경 오늘날 중동 지역에 살았던 수메르인들이 처음 만들었고, 이를 이용해 다양한 도구를 만드는 청동기시대가 시작되었다. 구리는 청동기시대를 열어 인류 문명의 발달에 크게 기여한 금속으로 현대 사회에서도 다양한 용도로 중요하게 사용되고 있다.

오늘날 구리의 주요 용도를 살펴보면, 구리의 약 60%는 전선에 사용되며, 전력 설비·통신용 케이블·전자제품·조명장치·열 교환기 등 각종 전기 및 전자제품 재료, 공장 장비류·공업용 밸브 및 장치·자동차 라디에이터·철도·선박·항공우주산업 등 각종 기계 장치의 부품 재료; 난방용 배관 및 송수관·열수축 튜브·에어컨디셔닝 및 공업용 냉장냉동 설비·건축 철물·돔 지붕 등 건축자재, 탄피·탄환의 군수품 재료, 동상·도금·주화鑄貨·주방 기구·장신구 등 소비재 및 일반 제품 재료와 산업 전반에 널리 사용된다. 또한 주석(Sn), 아연(Zn), 니켈(Ni)과의 각각의 합금으로 청동, 황동(놋쇠), 백동 등을 만드는 합금재료로도 사용된다. 이 외에도 구리와 구리 화합물들은 항균 작용이 있고, 인체 독성이 거의 없으며, 표면에 생물이 들러붙어 번식하는 것을 막기 때문에 배의 밑바닥 처리와 살균제로도 사용된다. 나아가 구리는 생명체의 미량 필수원소로서 여러 가지 효소의 생산과 활성화에 관여하고, 세포의 손상을 방지하는 생체 내 항산화 기능에도 관여하며, 공기 호흡에도 관여한다.[32]

이처럼 구리는 우리의 일상생활에서 매우 중요한 원소이다. 구리는 원소 또는 화합물 상태로 발견되는데, 구리 야금법이 발견되기 전까지는 천연 구리 금속을 사용하였으나 오늘날에는 더 이상 천연 구리를 찾기가 어려운 관계로 지금 사용하는 구리는 대부분 구리 광석에서 제련해서 얻은 것이거나 이전에 이미 사용한 것을 재활용하는 것이다. 경제적으로 가치 있는 구리의 매장량은 전 세계적으로 약 6억 3,500만t으로 유한한 반면, 전 세계 구리 소비량은 약 2,000만t이다. 구리는 IT, 건설, 통신, 전력 등 모든 산업 분야에 사용되는 관계로 시장 경기를 구리 가격에 의해 판단하기도 한다. 말하자면 구리 가격은 주요 경제지표(economic indicator) 중의 하나가 되는 셈이다. 구리 소비량은 대개 국가 경제가 활성화되고 생활 수준이 향상되면 증가하는 경향이 있는데, 특히 중국의 산업화와 생활 수준 향상이 전 세계 구리 수요를 증가시키는 주요 요인이 되고 있다. 현 추세로 볼 때 약 30년 후 구리 광물 자원은 고갈될 것으로 전망된다. 이러한 자원의 희소성과 산업 전반의 광범위한 필요성에 비추어 볼 때 산화철 및 고철을 구리로 변환하는 액티바 첨단소재와 원천기술은 무한한 성장 가능성을 예측케 한다.[33]

한국비철금속협회에서 조사한 2006년부터 2010년까지의 세계 구리 소비 현황은 다음 도표와 같다. 도표에서 보듯 2010년도 중국의 구리 소비량은 7,385천t으로 전 세계 구리 소비량 19,334천t의 약 40%에 달하는 것으로 나타난다. 중국 소식통에 의하면 향후 5년간 중국의 구리 수요량은 약 80,000천t에 달할 것으로 예측되는데 이는 2010년도 세계 구리 소비량의 약 4배에 해당하는 수치다. 우리나라 구리 소비량 또한 2010년 기준으로 856천t이지만 지금은 900천t을 상회하고, 내년에는 더 많은 수요량이 예측되고 있다. 2010년도 중국, 미국, 독일, 일본, 한국 5개국의 구리 소비량은 세계 구리 소비량의 60%를 상회하는 것으로 나타난다. 다음 도표에는 나와 있지 않지만, 칠레 구리위원회에 따르면 2010년도 EU의 구리 소비량은 약 3,000천t인 것으로 나타난다. 세계 구리 소비량은 2010년 기준으로 19,334천t이지만 지금은 이를 상회하고 있고, 향후 더욱 증가할 것으로 추산된다.

세계 구리 소비현황[34]

(단위: 천t)

국가명	2006	2007	2008	2009	2010
중국	3,614	4,863	5,149	7,086	7,385
미국	2,096	2,123	2,020	1,637	1,754
독일	1,398	1,392	1,407	1,134	1,312
일본	1,282	1,252	1,184	875	1,060
한국	828	856	815	933	856
이탈리아	801	764	635	523	619
대만	643	603	582	494	532
브라질	339	330	375	316	470
인도	407	516	515	552	514
러시아	693	688	717	410	467
터키	302	391	365	323	369
스페인	318	316	312	302	333
기타	4,287	4,047	4,074	3,580	3,552
세계 총계	17,007	18,141	18,138	18,178	19,334

다음으로 한국비철금속협회에서 조사한 세계 구리 매장량은 다음 도표와 같다. 도표에서 보듯 칠레, 페루, 호주 3개국의 구리 매장량 점유율이 전 세계 구리 매장량의 약 51%를 차지하는 것으로 나타난다. 멕시코의 구리 매장량 점유율은 약 6%, 미국은 약 5%, 그리고 기타 지역에 약 38%가 산재해 있는 것으로 나타난다. 그러나 세계 구리 총 매장량이 635,000천t인데 연간 세계 소비량은 19,334천t (2010년 기준)으로 매년 10% 증가하는 소비량과 가채불가 능량 등을 감안할 때 20년이 경과하면 사실상 구리 매장량이 고갈 위험에 처하게 된다.

한국비철금속협회에서 조사한 2007년부터 2011년까지의 구리 연중 평균 가격 변동 추이를 보면, 구리 가격은 톤(t)당 2007년도에 7,117 달러, 2008년도에 6,955 달러, 2009년도에 5,149 달러, 2010년도에 7,534 달러, 2011년도에

세계 구리 매장량[35]

국가명	매장량(천t)	점유율(%)	국가명	매장량(천t)	점유율(%)
칠레	150,000	24	미국	35,000	5
페루	90,000	14	기타	242,000	38
호주	80,000	13	세계 총계	635,000	100
멕시코	38,000	6			

8,820 달러인 것으로 나타난다. 구리 가격은 2009년도에 잠시 하향세를 보이다가 2010년부터는 가파른 상승세를 보이고 있다.[36] 한편 2007년부터 2011년까지 5년간 구리의 국내 수요량은 꾸준히 90만t 이상인 것으로 나타난다. 세계 시장에서의 구리 수요량 또한 꾸준히 증가하는 추세여서 국제 구리 가격 상승으로 이어질 전망이다.

구리 국내 수요량의 변화[37]

(단위: t)

연도	2007	2008	2009	2010	2011
내수	821,279	780,073	900,911	827,568	755,316
수출	139,614	127,176	86,665	113,420	156,244
합계	960,893	907,249	987,576	940,988	911,560

세계 구리 시장의 수요량 증가율은 세계 GDP 성장률을 약간 웃도는 수준인 반면, 원광석 시장의 수급의 경직성과 매장량의 한계로 인해 주목할 만한 생산량의 변화나 공급량의 변화는 일어나지 않고 있다. 컨설팅 회사인 맥킨지 우드 산하의 브룩 헌터(Brook Hunt)사에 따르면 전 세계 전기동 소비 증가율과 전 세계 GDP 성장률 간에는 긴밀한 상관성이 있으며, 2012년도 세계 GDP 성장률이 2011년과 비슷한 3.6% 수준으로 예상됨에 따라 2012년도 구리 소비 증가율은 4.5% 수준으로 예상된다는 것이다.[38] 한국비철금속협회에서 조사한 2007년부터 2011년까지 연도별 세계 구리 생산량은 다음 도표와 같다. 세계 구리 생산량은 아시아가 제일 높고, 유럽과 아메리카는 비슷한 수

연도별 세계 구리 생산량[39] (단위: 천t)

지역	2007	2008	2009	2010	2011
유럽	3,024	3,147	3,054	3,136	3,206
아프리카	521	503	498	496	511
아시아	6,236	6,528	6,771	7,004	6,868
아메리카	3,378	3,217	3,181	3,202	2,987
오스트레일리아	399	449	422	410	441
세계 총계	13,558	13,839	13,925	14,247	14,012

준이며, 2011년도 세계 구리 생산량은 14,012천t인 것으로 나타난다.

철강 부문과 더불어 산업용 재료로 가장 널리 사용되는 비철금속은 그 고유의 특성과 다양성 및 산업고도화의 진전으로 그 중요성이 날로 커지고 있다. 비철금속 중에서도 구리, 알루미늄, 아연, 납 등 4대 비철금속은 세계적으로 수요가 많다. 특히 구리는 열·전기 전도성이 높고 가공성, 내식성(耐蝕性 corrosion resistance), 내구성(耐久性 durability), 가공성, 합금성이 뛰어나 전기, 기계, 자동차, 조선, 건축, 일상생활 용품, 장신구 등 산업 기초 소재에서 전자, 반도체, 정보통신, 우주항공 등 첨단 분야에 이르기까지 그 용도가 보다 다양해지고 있고 중요성 또한 날로 높아지고 있다. 한국비철금속협회가 조사한 2007년부터 2011년까지의 비철금속 가격 변동 추이를 보면, 다음 도표에서 보는 바와 같이 구리 가격이 다른 비철금속 가격에 비해 월등히 높은데 특히 2010년부터 급상승세를 보이고 있다.

전기동(電氣銅) 가공산업은 비철금속인 동(銅 copper)을 녹여 부스바(bus bar) 형

비철금속 가격변동 추이[40] (단위: $/t)

연도	2007	2008	2009	2010	2011
구리	7,119	6,955	5,150	7,534	8,821
납	2,579	2,090	1,718	2,148	2,401
아연	3,242	1,875	1,655	2,161	2,103
알루미늄	2,638	2,572	1,664	2,173	2,398

태 등으로 제조·가공하는 산업이다. 전기동은 주조(鑄造 casting), 연속열처리(continuous heating furnace), 수중압출(extrusion in water), 풀림(annealing), 냉간인발(冷間引拔 cold drawing)과 냉간압연(冷間壓延 cold rolling), 교정(straightening), 절단(cutting), 포장(packing), 출하(shipping)의 가공 과정을 거친다. 전기동 가공산업은 전기, 전자, 자동차, 건설, 조선 등에 쓰이는 기초 소재 산업으로 이들의 경기변동과 직접 관련되어 있으며, 중국의 수요 증감과 세계 재고량의 변동, 투기세력의 자금 유입 및 회수로 인한 원자재 가격의 급등락에 의해 큰 영향을 받고 있다. 근년에 들어 IT, 정보통신 산업의 발전에 따른 새로운 동銅 제품의 수요 증대와 더불어 자동차·조선·건설 등 주요 산업의 발전에 힘입어 전기동 가공 산업은 향후 높은 성장성을 지닌 산업으로 인식되고 있다.[41]

얼마 전 칼럼에서 "미래를 먹여 살릴 우리만의 '니켈 광맥'과 우리 식의 '국가 소프트웨어'는 무엇일까?"[42]라는 내용의 글을 읽었다. 내용인즉, 남태평양에 있는 뉴칼레도니아는 인구 23만 명의 작은 섬나라이지만 국민소득은 3만5천 달러에 달하고, 시스템과 제도는 선진국 못지않으며, 시민의식은 우리를 훨씬 앞서 있다는 것이다. 한마디로 경제적 풍요와 정신적 풍요를 다 갖추고 있는 '천국에서 가장 가까운 나라'라는 것이다. 그 비결은 뉴칼레도니아가 세계 5위의 니켈 생산국(뉴칼레도니아 GDP의 20%, 수출의 90%)인데다가, 프랑스 식민지 시절 프랑스의 소프트웨어(프랑스식 교육·복지제도 및 시민의식)가 이식됐기 때문이라는 것이다. 그런데 우리는 뉴칼레도니아 같은 신의 축복을 받지 못했으니 오직 우리의 힘으로 잘살고 행복한 나라를 만들어야 하는데, 우리만의 '니켈 광맥'과 우리 식의 '국가 소프트웨어'가 무엇인지에 대해 묻고 있는 것이다.

필자는 이렇게 답하고 싶다. "뉴칼레도니아가 '니켈 광맥'을 가지고 있다면, 우리는 마르지 않는 '구리 광맥'을 가지고 있다."라고. 앞으로 변성구리 제조는 자원 혁명의 신호탄이 될 것이며, 더욱이 구리 제조를 가능케 하는 액티바 첨단소재와 원천기술은 그 활용 범주가 인류가 안고 있는 난제의 대부분을 해결할 수 있을 정도로 무궁무진하다. 그 활용 범주는 1) 수질 및 대기 오염방지, 폐수처리, 소각로, 핵폐기물 유리고화 영구처리, 유기농업, 치산치수 산업 등 환경산업 소재, 2) 농약 및 방사능 분해, 생장촉진 등 토양개선제, 3) 동·식물 생장촉진제, 4) 음용수飮用水 활성 미네랄 연수화軟水化, 5) 간염 치유 식품산업, 당뇨 치유 식품산업, 암과 에이즈 치유 의약산업 등 생활건강 소재, 6) 기능성 식품 가공제, 7) 의약품 첨가제, 8) 의료기기 소재, 9) 원자력발전 산업, 수소생산 산업 등 에너지 산업 소재, 10) 원소 변성 소재(철로 구리 제조 등), 11) 연료 절감기, 12) 화장품 소재 등이다. 한마디로 한반도가 액티바 혁명의 진원지인 것이다.

다음으로 뉴칼레도니아가 프랑스식 교육·복지제도 및 시민의식이라는 소프트웨어를 가지고 있다면, 우리는 서양이 갈망하는 우리 고유의 '한' 사상과 정신문화를 가지고 있다. 화계사 조실이었던 숭산崇山 큰 스님의 법문을 듣고 1990년에 출가하여 불교에 입문한 미국인 현각玄覺 스님은 2003년 '한국산産 정신문화'라는 칼럼에서 우리나라가 그 어느 국가보다도 많은 수출품목을 보유하고 있고 그 사실을 전 세계가 알고 있는데 정작 한국인은 모르고 있다는 사실을 발견하고서 적잖이 놀라고 슬프기까지 했다는 일화를 소개하였다. 그가 법회 요청을 받고 말레이시아에 체류하던 중, '말레이시아 사람들은 그리 열심히 일하는 것 같지도 않은데 천혜의 자원 덕에 수출도 하고 세계에서 두 번째로 높은 페트로나스 트윈타워 같은 고층빌딩도 지을 수 있으니 복이 많은 반면, 한국은 천연자원이 거의 없다 보니 완제품 수출을 위해서 원자재 수입을 많이 해야 하고 더 열심히 일해야 하니 말레이시아 사람만큼도 복이 없다.'라는 말을 한국 교민으로부터 들은 것이다. 우리의 정신문화에 압도되어 '하버드에서 화계사까지' 오게 된 그로서는 당연히 놀라고 그 무지함에 슬픈 생각까지 들었을 것이다.

하지만 어디 그 교민 한 사람만의 인식이겠는가. 그것은 바로 오늘날 우리의 자화상이다. 상고에서 고려시대에 이르기까지 이 지역 최대의 정신문화 수출국이었던 우리나라-저 인도의 시성 타고르가 그토록 예찬했던 '동방의 등불'인 우리나라-가 언젠가부터 귀중한 정신문화 유산을 내팽개치고 새로운 역사를 창조할 운명을 망각한 채 서구의 물신物神에 대한 맹종을 경주해온 것은 분명 슬픈 일이라 아니할 수 없다. "한국은 언제쯤 본격적으로 서양이 갈망하는 정신문화를 수출할 것인가."라는 현각 스님의 물음은 이 시대를 사는 우리에게 하나의 화두로 다가온다. 우리 고유의 '한' 사상과 정신문화에 대해서는 본서 제2장 1절에서 개관하였으므로 여기서는 생략하기로 한다. 결론적으로, 우리는 마르지 않는 '구리 광맥'을 가지고 있을뿐더러 한반도가 바로 액티바 혁명의 진원지이고 또한 서양이 갈망하는 우리 고유의 '한' 사상과 정신문화를 가지고 있으니, 이러한 사실을 자각적으로 실천하면 우리 또한 '천국에서 가장 가까운 나라'로 가는 길을 닦을 수 있을 것이다.

액티바 첨단소재와 원천기술을 적용해 핵자 이동에 의한 원소 변성으로 철 원소를 구리 원소로 변성하는 변성구리 제조는 자원 혁명의 신호탄이 될 것으로 보인다. 구리 제조는 동일한 원리로 다른 원소들 간의 변성에도 응용돼 원소 변성의 실용화를 촉발시킴으로써 인류의 난제인 지구 자원 문제 해결의 단서를 제공할 수 있을 것이기 때문이다. 그러나 변성구리 제조에 대해서는 과학자들조차도 불가능하다거나 혹은 이론적으로는 가능할지라도 구리 이온이 대부분 기화돼 추출해 낼 수 있는 구리의 양이 극히 미미하므로 실용화될 수 없다고 한다. 기존의 이론과 학설이 견고하게 뿌리를 내리고 있는 학문적 토양에서 새로운 이론과 학설이 자리 잡는 것이 얼마나 어려운지를 아인슈타인은 이렇게 토로했다. "편견을 부수는 것은 원자를 부수는 것보다 어렵다."라고. 과학기술의 발전을 저해하는 것은 바로 이 편견이다. 생각이 열리지 않으면 과학기술의 미래도 없다.

원자력 혁명

**21세기 프로메테우스의 불,
원자력**

인류 문명의 전개와 긴밀히 연계된 불(火)의 발달사에서 흔히 프로메테우스(Prometheus)의 불을 '제1의 불', 전기를 '제2의 불', 그리고 원자력을 '제3의 불'이라고 일컫는다. 그리스 신화에서 프로메테우스가 제우스(Zeus) 몰래 불을 훔쳐 인간에게 건네준 이야기 속에는 문명의 흥망성쇠를 좌우해 온 '불'의 의미가 선지자先知者라는 뜻을 지닌 프로메테우스라는 이름에 교차돼 은유적으로 표현되고 있다. 우리 인류를 '사람속屬'을 뜻하는 라틴어 호모(Homo)와 불을 뜻하는 라틴어 이그니스(Ignis)를 조합한 단어인 '호모 이그니스(Homo Ignis)'라고 부르는 것도 인류가 불과 함께 진화해 왔고 불이 인류 문명의 원천이 되어 왔음을 의미한다.

원자력은 21세기 프로메테우스의 불이다. 원자력은 실용화된 이후 죽음의 폭탄과 미래의 에너지원이라는 야누스의 얼굴로 우리에게 다가왔다. 제2차 세계대전이 끝나갈 무렵인 1945년 8월 6일 미국은 세계 최초로 일본 제국의 히로시마(Hiroshima, 우라늄 폭탄)에 원자폭탄을 투하했고, 이어 8월 9일 나가사키(Nagasaki, 플루토늄 폭탄)에 두 번째 원자폭탄을 투하했다. 원폭이 투하된 후 2~4개월 동안 히로시마에선 90,000명에서 166,000명, 나가사키에선 60,000명에서 80,000명에 이르는 사망자가 집계됐는데 이들 사망자의 절반은 원폭 투하(atomic bombings) 당일에 집계된 것이라고 한다.[43] 이러한 가공할 만한 원폭의 위력 앞에 일본 제국은 나가사키 원폭 투하 6일 후인 8월 15일 연합군에 무조건 항복을 선언했다. 그러나 원폭 투하로 모든 것이 불타고 연기로 뒤덮인 처참하고도 충격적인 광경은 인류의 무의식 속에 지워지지 않는 트라우마(trauma)를 남겼다.

종전終戰 후 원자력의 국제 관리가 핵심 의제가 되면서 국제연합이 우라늄 생산을 독점해 원자폭탄 개발을 관리하자는 바루크 계획(Baruch Plan)이 나왔다. 정치적 색채가 배제된 이 계획안에 대해 과학자들은 강력한 지지를 보냈으나, 소련(지금의 러시아)의 반대로 무산됐다. 미국에서는 히로시마 원폭 투하 약 1년 후 원자력위원회(Atomic Energy Commission, AEC)가 출범하여 종전 후 미국 내 원자력 관리를 맡게 되면서, 원자력 과학자들은 값싼 원자력으로 화석연료를 대체할 수 있으리라는 전망을 피력했다. 그러나 전후의 원자력 이용은 일사불란하게 폭탄 제조에 매진했던 '맨해튼 프로젝트(Manhattan Project)'에서와는 달리, '에너지를 얻기 위한 개발이냐? 군사 무기를 위한 개발이냐?'라는 연구의 우선순위를 놓고 의견이 엇갈렸다. 그리하여 연구비 배분에서 군용과 민수 중 어느 쪽에 얼마나 더 비중을 둘 것인지를 놓고 원자력 위원회 구성원들 간의 이해관계는 심각한 논쟁으로 비화됐고 갈등 또한 가시화됐다. 1947년 트루먼 독트린(Truman Doctrine) 선언을 계기로 공산권에 대한 전면적인 봉쇄정책이 실시되고 1949년 소련의 핵실험 성공, 1950년대 초 미국과 소련의 수소폭탄 제조와 더불어 이들 양 진영을 주축으로 한 동서 냉전체제가 본격화되면서 원자력의 평화적 이용을 위한 연구도 진행됐으나 폭탄 제

조 등 군수가 정책적 우위를 갖게 되어 민수 분야의 비중은 상대적으로 위축됐다.[44]

원자력이 일상생활에 직접적인 영향을 미치게 된 것은 원자력이 상업 발전에 이용되면서부터였다. 1954년 6월 소련(지금의 러시아)에서 세계 최초의 원자력발전소(nuclear power plant)인 오브닌스크(Obninsk, 흑연감속형 원자로, 6MW) 원전이 가동됐고(지금도 가동 중임), 1956년 10월 영국에서 두 번째 원전이자 세계 최초의 상업 원자력발전소인 칼더홀(Calder Hall-1, 기체냉각형 원자로, 60MW) 원전이 가동됐으며, 1957년 12월 미국에서 시핑포트(Shippingport, 가압경수형 원자로, 100MW) 원전이 가동됨에 따라 상업적인 발전이 시작됐다.[45] 미국은 원자력발전(原子力發電 nuclear power generation) 산업의 추진이 소련과의 냉전에서 승부수가 될 것으로 전망했다. 그리하여 1953년 12월 8일 드와이트 아이젠하워(Dwight D. Eisenhower) 대통령은 국제연합(UN) 총회에서 '원자력의 평화적 이용안(Atoms for Peace)'을 제안했는데, 그 핵심 내용은 1) 원자력의 평화적 이용 촉진을 위해 UN 산하에 원자력 기구 설치, 2) 핵분열성 물질의 평화적 이용에 대한 국제적 규모의 조사 실시, 3) 세계가 보유한 핵무기 축소 방안 미국 의회에 제출 등이다. 이러한 제안은 1949년 소련의 핵무기 개발로 인해 미국의 절대 우위가 위협받게 되자 이를 제어하기 위한 전략적 방안의 일환으로 나온 것이다.[46]

그리하여 미국의 원자력법 개정으로 1954년 8월 30일 새로운 원자력법안이 마련됨으로써 원자력에 관한 국제 협력과 민간 협력이 강화되고 민간 기업이 원자력 산업에 참여할 수 있게 됐다. 새로운 원자력 법안의 기본 방침은 민간 기업이 원자력발전소를 건설하고 소유하되, 정부가 핵물질을 소유하고 관장한다는 것이었다. 1955년 미국의 원자력위원회는 공기업이 원자력발전소 건설을 맡는 것을 장려했는데, 이때 참여한 기업이 최대 규모의 여러 공기업을 거느리고 있던 원자력그룹(Nuclear Power Group), 컨설팅-건설 회사인 벡텔(Bechtel) 사(社)였다. 그리고 GE(General Electric Company), 웨스팅하우스(Westinghouse Electric and Manufacturing Company), B&W(Babcock and Wilcox), CE(Combustion Engineering) 등은 원자로 생산시설 관련 기술을 확보하고 있었다. 이들 기업은 실험용 원자로 해외 판매 지원금과 연구 개발비 등 정부의 막대한 지원을 받았다. 이렇듯 아이젠하워 집권 시기(1953~1961)에 거대 원자력 산업 체제가 확립됐으며, 이러한 '군산복합체(military-industrial complex)'의 새로운 경제체제 탄생과 더불어 본격적인 원자력 시대가 개막됐다. 그리하여 수소폭탄 제조, 원자력 해군 확립, 대륙간 탄도 미사일(ICBM) 개발, 국립항공 우주국(NASA) 출범 등 군비의 첨단화는 가속화됐다.[47]

종전 이후 원자력의 평화적 이용은 1942년 페르미에 의해 개발된 원자로의 초기 형태에 이어 1948년 프랑스의 졸리오퀴리(Joliot-Curie) 부부에 의해 새로운 원자로 '조에(Zoe)'가 완성됨에 따라 공업, 농업, 의학 분야로 확대됐다. 원자력발전은 핵무기 개발 과정에서 파생된 일종의 정치적 선택이었다. 말하자면 1953년 아이젠하워 대통령이 제안한 '원자력의 평화적 이용안'(1953)은 새로운 주도권 모색에 나선 미국의 정치적 고려에서 나온 것이었다. 아이젠하워 대통령이 UN 총회에서 연설하던 그 시간에도 미국이 원자폭탄과 수소폭탄 생산을 대규모로 확장하는 계획을 진행하고 있었다는 사실이 이를 뒷받침한다.[48] 이를 계기로 폭탄용 원자로가 상업 발전용 원자로로 변형됨으로써 핵에너지가 상업적으로 이용될 수 있게 됐다. 그리하여 핵무기 개발 규제와 원자력의 평화적 이용을 위한 연구개발 실용화, 그리고 원자력에 관한 과학기술정보 교환 및 핵 공동관리를 위해 1956년 국제원자력기구(International Atomic Energy Agency, IAEA)가 UN 산하의 준독립기구로 설립돼 1957년 법령이 시행되었다. 그리고 IAEA가 체결 주체인 핵확산금지조약(Nuclear Non-

Proliferation Treaty, NPT)이 1969년 UN 총회에서 채택돼 1970년 조약이 발효되었다.

핵에너지의 이용에서 문제가 되는 것은 군사적 목적과 평화적 목적 사이의 경계가 매우 불분명하여[49] 핵개발 가능성이 항상 열려 있다는 점이다. 원자력발전(원전)은 원자로 내의 핵분열(nuclear fission) 연쇄반응으로 생기는 열을 이용해 만든 고온·고압의 수증기로 터빈을 돌려서 에너지를 얻는 발전 방식이다. 원자력은 핵분열이 일어날 때 연쇄적으로 생기는 에너지인데, 원자로는 그 에너지 방출이 서서히 일어나도록 조절하여 필요한 만큼의 에너지를 안전하게 사용할 수 있게 한다. 핵무기는 핵반응을 통해 방출되는 에너지를 군사적인 용도로 이용하는 것이다. 핵무기 개발은 핵분열성 물질의 확보, 기폭장치의 개발, 핵실험, 투발 수단과의 결합 등이 필요한데, 대표적인 핵분열성 물질에는 천연자원인 우라늄(U_{235})과 우라늄으로 만든 핵연료를 원자로 내부에서 핵반응을 일으켜 제조하는 인공원소인 플루토늄(Pu_{239})이 있다.[50] 특정 국가가 핵을 원전에 사용하는지 아니면 무기화하는지에 대해 핵 사찰단은 우선 해당국의 우라늄 보급 및 취급 과정을 관찰하고서 우라늄 농축 과정에서 가장 흔하게 쓰이는 가스원심분리기의 배열 상태를 통해 핵의 무기화 여부를 판단한다.*

1960년대 원자력발전은 미국으로부터 세계로 퍼져 나가 1973년 제1차 석

---

* 국제원자력기구(IAEA)에 따르면 U_{235}의 비율이 20% 이상이면 고농축 우라늄(HEU), 그 미만이면 저농축 우라늄이다. 원전의 연료로 쓰이는 저농축 우라늄은 U_{235} 비율이 3~5%인 반면, 핵무기의 원료가 되는 고농축 우라늄은 U_{235} 비율이 90% 이상이다. 이에 따라 원심분리기의 배열 상태가 결정적인 판단 기준이 될 수 있다는 것이다. 우리나라는 한미 원자력협정으로 인해 자체적인 우라늄 농축은 하지 못하고 외부에서 들여오고 있다. (http://news.chosun.com/site/data/html_dir/2012/07/23/2012072300170.html (2012. 11. 5))

유파동에 따른 에너지 위기를 계기로 에너지 안보 차원에서 빠르게 확산됐다. 그러나 1979년 3월 28일 미국 펜실베이니아 주에서 일어난 스리마일 섬(Three Mile Island) 원자력발전소 2호기 노심爐心 용융(meltdown) 사고와 1986년 4월 26일 소련 체르노빌(Chernobyl: 현 우크라이나 공화국 수도 키예프시 남방 130km 지점) 원자력발전소 4호기 노심 용융 사고를 계기로 원전 확대 계획에 제동이 걸리게 됐다. 스리마일 섬 원전 사고(TMI nuclear accident, INES 레벨 5)는 원자로의 자동 감압 장치인 릴리프 밸브(Relief Valve)에 고장이 발생하기는 했으나 고장에 따른 냉각재 누출을 오판해 비상 노심 냉각장치(Emergency Core Cooling System, ECCS)의 작동을 조기에 중단시키는 등 운전원의 실수가 더 컸던 인재였다. 그로 인해 냉각장치가 파열되어 노심이 외부로 노출되면서 미국 원자력발전 사상 최대의 노심 용융 사고로 진행된 것이다.[51] 스리마일 섬 사고 조사특별위원회 보고서(케메니 보고)에 따르면, 사고 원인은 경수형 원자력발전 기술의 불완전성, 규제 행정의 결함, 방재 계획의 결여 등인 것으로 지적됐다.[52] 체르노빌과는 달리 격납 용기가 제 구실을 한 덕분에 체르노빌만큼의 대형 사고는 아니었지만 원자력 기술 종주국인 미국에서 발생했다는 점에서 세계적인 파장을 불러일으켰다.

　체르노빌 원전原電 사고(Chernobyl nuclear accident, INES 레벨 7)는 낙후된 원전 기술과 허술한 관리 체계가 빚어낸 인재로서 20세기 최대·최악의 원전 방사능 누출 사고였다. 국제원자력기구(IAEA)가 빈(Vienna)에서 주최한 전문가회의(1986.8.25~29)에서 소련 국가원자력이용위원회가 제출한 보고서에 따르면, 터빈 발전기의 관성력을 이용하는 실험을 하기 위해 원자로 출력을 1/3 정도로 낮출 계획이었으나 실수로 거의 정지 상태까지 낮춤으로써 재기동再起動이 곤란하게 된 상태에서 무리하게 출력을 높이려고 제어봉制御棒을 과도하게 올렸기 때문에 RBMK형 원자로(흑연감속 沸騰輕水 압력관형 원자로) 특유의 양陽

의 반응도反應度 계수영역에까지 출력이 올라가 긴급 정지 조작을 할 틈도 없이 원자로 내부에서 수소폭발을 일으켰다는 것이다. 더욱이 체르노빌 원전 원자로에는 격납 용기가 설치돼 있지 않아 수차에 걸친 수소·화학폭발로 원자로 4호기 구조물 상부가 날아감과 동시에 화재가 발생하고 원자로의 노심이 녹아내리면서 방사능을 함유한 분연噴煙은 높이 800~1,000m까지 치솟아 방사능 물질이 유럽 전역에 확산됐고 그 일부가 북아프리카와 아시아 지역에까지 도달했다. 피폭被曝 등의 원인으로 1991년 4월까지 5년 동안 7천여 명이 사망했고 70여만 명이 치료를 받은 것으로 알려져 있다.[53]

스리마일 섬 사고와 체르노빌 사고는 전 세계를 원전 공포, 즉 핵 공포의 도가니로 몰아넣음으로써 심리적 공황 상태를 야기했고, 이로 인해 원전에 대한 사회적 수용성은 최대 위기를 맞게 됐으며, 특히 유럽의 원전 산업은 크게 침체됐다. 이후 원전 산업에 대한 세계 각국의 여론은 1990년대 후반 이후 부정성에서 조금씩 탈피하여 자원 위기와 환경 위기 시대에 불가피한 대안이라는 인식에서부터 여전히 우려의 시각으로 보는 찬반양론 사이에 광범한 스펙트럼이 펼쳐지게 됐다. 우리나라의 경우 유럽과 북미 등 세계 각국의 원전 산업이 크게 침체됐던 것과는 달리, 1970년 9월 고리원자력발전소 1호기 착공 및 1978년 4월 상업 가동을 시작으로 원전 건설에 본격적으로 착수해 1990년대 중반까지 확대 일로였고 한국형 표준 원자로 개발의 결실을 거뒀다. 그런데 1990년 11월 안면도 사용후핵연료 저장소 건설을 둘러싸고 대규모 군중 시위가 벌어지면서 1993년 정부는 안면도 계획을 백지화한 데 이어, 1994년에는 그 대안 지역인 굴업도에서도 반대 운동이 인근 지역으로까지 번지면서 정부의 방폐장 건설 계획은 또다시 중단됐고 원자력에 대한 부정적인 인식은 고조됐다. 그러다가 2009년 12월 27일 아랍에미리트(United Arab Emirates, UAE) 원전 수주 이후 원전에 대한 국민적 호응도는 무려 90%대에 달

한 것으로 조사됐다.[54]

그런데 2011년 3월 11일 일본 동북부 지방을 관통한 규모 9.0의 대지진과 쓰나미로 인해 후쿠시마 현福島縣에 위치한 후쿠시마 제1원전의 방사능 누출 사고가 발생했다. 대지진의 진원지는 '불의 고리(Ring of Fire)'라고 불리는 '환태평양 지진대'(총 길이 4만km)에 위치해 있는데, 이곳은 태평양판이 유라시아판, 북아메리카판, 인도-호주판 등의 다른 판들과 접하는 곳이다. '환태평양 지진대'는 일본열도를 포함해 인도네시아, 대만, 알래스카, 북미, 남미 안데스 산맥, 칠레 해안까지 이어지는 고리 모양의 지진대로서, 2011년 2월 22일 뉴질랜드 크라이스트처치 지진(규모 6.3), 2010년 2월 27일 칠레 콘셉시온 지진(규모 8.8), 2010년 1월 12일 아이티 포르토프랭스 지진(규모 7.0) 등도 이 지진대에서 발생했다. 부산대 지구환경시스템학부 김진섭 교수에 따르면 환태평양 지진대에서는 판들이 많게는 연간 4~5cm, 적게는 1~2cm씩 움직이며 부딪치기 때문에 이 지진대에 속한 지역에서는 '언제', '어디서든' 일본과 같은 대형 지진이 발생할 수 있다는 것이다. 전 세계 원자로 가운데 지진 위험이 높은 '불의 고리' 지역 가운데 원자력발전소가 다수 건설돼 있는 나라는 일본이 대표적이다. 세계 지진 위험지도를 보면 55기의 원자로를 가진 일본 영토 전체는 향후 50년간 지진으로 지각이 흔들릴 위험이 40% 이상인 것으로 나타난다.[55]

후쿠시마 제1원전의 재앙은 쓰나미로 인해 원자로 1~3호기의 전원이 중단되자 원자로를 식혀 주는 긴급 노심 냉각장치가 작동을 멈추면서 2011년 3월 12일 1호기 수소폭발, 3월 14일 3호기 수소폭발, 3월 15일 2호기 수소폭발 및 4호기 수소폭발과 폐연료봉 냉각 보관 수조 화재 등이 발생해 방사성 물질을 포함한 기체가 외부로 대량 누출되면서 발생했다. 더욱이 고장난 냉각장치를 대신해 뿌렸던 바닷물이 방사성 물질을 함유한 오염수로 누출되면서 고 방사성 액체가 문제로 대두됐다. 3월 24일 3호기 터빈실 주변에서는 정상운전 시의 원자로 노심보다 농도가 1만 배나 높은 방사성 물질이 검출됐고, 1, 2호기 터빈실에서도 고농도의 방사성 물질을 포함한 물웅덩이가 발견됐으며, 4월 2일에는 제1원전 2호기 취수구 부근 바다에서 방사성 요오드131이 1㎤당 30만Bq(베크렐) 검출되는 등 고농도 오염수가 바다로 누출됐다. 결국 일본 정부는 저장 공간 확보를 위해 4월 4일부터 10일까지 저농도 오염수를 바다로 방출했다. 이처럼 후쿠시마 원전은 콘크리트외벽 폭발, 사용후핵연료 저장시설 화재, 방사성 물질 유출, 연료봉 노출에 의한 노심 용융, 방사성 오염 물질의 바다 유입에 따른 해양오염 등으로 상황이 계속 악화됐다.[56]

4월 12일 일본 정부는 후쿠시마 제1원전의 사고 수준을 국제원자력 사고 등급(INES) 중 최고 위험 단계인 레벨 7로 격상한다고 공식 발표했는데, 이는 체르노빌 원전 사고와 동일한 등급이다. 4월 18일 일본 정부는 펠릿(pellet 핵연료봉) 손상 가능성을 공식적으로 인정함으로써 사고가 최악의 상황이며 뚜렷한 해결책이 없음을 간접적으로 시인했다. 후쿠시마 제1원전 주변에서는 핵분열 생성물인 요오드와 세슘 외에 텔루륨, 루테늄, 란타넘, 바륨, 세륨, 코발트, 지르코늄 등 다양한 방사성 물질이 검출됐고, 원전 부지 내 토양에서는 플루토늄까지 검출되면서 비밀리에 핵개발을 추진했다는 의혹이 제기되기도 했다. 또한 후쿠시마 토양에서는 골수암을 일으키는 스트론튬이 검출되기도 했는데, 이 방사성 물질은 편서풍을 타고 전 세계로 확산돼 미국, 유럽, 중국은 물론 우리나라에서도 검출됐다. 4월 7일 한국원자력안전기술원(KINS)이 전국 12개 지방측정소에서 공기 중 방사성 물질을 검사한 결과, 모든 지역에서 방사성 물질인 요오드와 세슘이 검출됐다.[57]

진도 9.0의 대지진에 후쿠시마 원전이 대부분 폭발하면서, 전 세계 각국이 원전 확대 정책을 심각하게 재고하기 시작했다. 2011년 3월 14일, 스위스 연방 에너지청은 노후한 원자력발전소를 새 원전으로 교체하려던 계획을 보류한다고 밝혔다. 미국, 독일, 중국, 인도, 오스트리아 등지에서도 후쿠시마 사건에 영향을 받아, 원전회의론이 급부상하기도 했다. AFP 통신은 "일본 지진으로 전 세계 원전 산업이 퇴조할 것으로 보인다."고 지적했다. 특히, 독일 정부는 2022년까지 17기의 원전을 단계적으로 폐쇄할 것이라고 밝혔다. 독일의 경우 전력 수요 증가 추이 둔화와 더불어 충분한 예비력의 확보로 전력수급에 부담이 없기 때문인 것으로 보인다. 그러나 미국은 원전 정책을 유지한다는 입장이며 2012년 초에는 34년 만에 신규 원전 건설을 승인했다. 일본 정부는 2012년 9월 14일 에너지 환경회의를 열어 2030년대 원전 의존도를 '제로'로 낮추는 혁신적 에너지 환경 전략 계획을 발표했으나 9월 19일 개최한 내각회의에서 의결을 연기했으며, 12월 30일 아베 신조(Abe Shinjo) 총리는 신규 원전 증설에 긍정적인 견해를 밝힘으로써 '탈脫원전', '졸卒원전' 계획을 사실상 포기했다.

우리나라 원전 산업은 1970년대 들어 두 차례 석유파동을 겪은 후 에너지원의 다원화에 주력하여 1970년 9월 고리원자력발전소 1호기 착공 및 1978년 4월 상업 가동을 시작으로 본격화됐다. 원전 산업은 저렴한 발전 원가를 기반으로 전력의 안정적 공급에 크게 기여한 측면이 있는 반면, 잇따른 원전 사고로 인한 정전 사태 발생 및 방사능 피폭 우려 확산과 핵폐기물 문제 등으로 환경단체들의 반핵운동과 더불어 국민들의 불안감 또한 고조되고 있는 실정이다. 원자력안전위원회가 있음에도 불구하고 인재로 인한 문제가 계속 발생하고 있는 것이다. 세계 5위의 원전 운영국인 우리나라는 총 전력 생산량의 34.1%를 원전에 의존하고 있다. 2013년 3월 현재 운전 중인 것은 23기이고 2030년까지 40기로 확대해 총발전량의 59%까지 끌어 올리겠다는 계획을 가지고 있다. 정부는 미국, 프랑스와 함께 세계 3대 원자력 강국이 되겠다는 의지도 피력했다. 또한 우리의 탁월한 원전기술과 플랜트(plant) 건설을 통한 외화 획득 효과도 기대해 볼 만하다. 이러한 것들이 성공적으로 이루어질 수 있기 위해서는 무엇보다도 원전 안전성을 위한 관리 체계 강화가 시급하다.

한국 최초의 원자력발전소(nuclear power plant)인 고리원자력발전소(부산광역시 기장군 장안읍 고리 소재, 1호기 1978년 4월 준공)는 정부의 연료다변화정책의 일환으로 건설돼 가압경수로형(PWR) 4기(총시설용량 313만 7,000kW)를 보유하고 있으며, 2012년 12월 4일에는 국내 최초로 개선형 한국표준형원전(OPR1000)인 신고리 1·2호기(100만kW급 2기)가 준공됐다. 국내에서 두 번째로 건설된 월성원자력발전소(경상북도 경주시 양남면 나아리 소재, 1호기 1983년 3월 준공)는 4기(총시설용량 277만 7,800kW)가 가동 중이다. 이 발전소는 국내 원전에 적용되는 가압경수로형과는 달리 중수重水를 감속재로 사용하며, 천연 우라늄을 연료로 사용하기 때문에 농축 우라늄을 사용하는 경수로에 비해 운전 중에도 핵연료를 수시로 교체할 수 있는 것이 장점이다. 1986년 3월에는 전 세계에서 가동 중이던 원자로 271기 중에서 이용률 1위를 기록하기도 했다. 또한 가압경수로형으로서 개선형표준원전(100만kW급)인 신월성 1호기가 시험운전을 마치고 2012년 7월 말부터 상업 운전에 들어갔고, 신월성 2호기는 2012년 말 건설은 완료했으나 운영허가 심사 단계에서 불량 제어케이블을 교체토록 지시받은 관계로 시운전을 거쳐 본격적인 가동에 들어가려면 2013년을 넘길 것으로 예상된다.* 영광원자력발전소(전라남도 영광군 홍농읍 계마리 소재, 1호기 1986년 8월 준공)는 가압경수로형 4기(총시설용량 390만kW)가 가동 중에 있으며, 특히 3·4

---

* 2013년 5월 28일 원자력안전위원회는 신고리 원전 1·2호기와 신월성 원전 1·2호기에 시험성적표가 위조된 불량 제어케이블이 사용된 사실이 드러났다고 밝힌 바 있다.

호기는 '설계표준화를 통한 한국형 발전소'로 건설됐다. 2003년에는 5·6호기가 건설돼 가동 중에 있다. 울진원자력발전소(경상북도 울진군 북면 부구리 소재, 1호기 1988년 9월 준공)는 가압경수로형 4기(총시설용량 390만kW)를 보유하고 있다. 이 발전소는 지금까지 한국의 경수로형 원자로 계통이 모두 미국측 회사에서 공급된 것과 달리 프랑스의 표준설계 개념을 도입한 것이 특징이다. 2004년과 2005년에는 각각 5·6호기가 건설돼 가동 중에 있다.[58]

2012년 9월 14일 지식경제부가 경북 영덕과 강원도 삼척을 신규 원자력발전소 예정 구역으로 지정 고시하면서 촉발된 '원전 갈등'은 30년간의 운영 허가가 만료되는 월성 1호기의 계속 운전 여부, 중간저장 시설 건설 등의 이슈와 맞물리며 더욱 확산되고 있다. 부지 선정은 기존의 부산 기장(고리), 경북 경주(월성), 전남 영광(영광), 경북 울진(울진) 4개 지역이 지정된 후 30여년 만에 처음으로 이뤄진 것으로 영덕과 삼척에 각각 150만kW급 4기 이상씩 총 8기 이상의 원전 건설 계획이 밝혀지자 지역 주민의 반대 여론이 들끓었다. 각 원전 내의 임시저장 시설 용량이 한계를 드러내면서 방사성이 강한 고준위高準位 방사성폐기물(이하 방폐물)인 사용후핵연료를 보관할 중간저장 시설도 이슈화되고 있다. 현재 경주에 건설 중인 방사성폐기물처분장(방폐장)은 고준위 폐기물인 사용후핵연료는 제외한 채 장갑·작업복 등 중中·저준위低準位 방폐물만 저장하는 방폐장이다. 이는 중간저장 시설이 포함된 방폐장 건설이 지역 주민의 반대로 계속 무산되면서 궁여지책으로 나온 것이다. 하여 2024년까지 사용후핵연료를 저장할 '중간저장(Interim Storage)' 시설을 완공해야 한다는 정책포럼의 권고가 나왔고 2013년부터는 공론화 과정을 거칠 예정이다.[59]

에너지경제연구원 이근대 원자력정책실장은 "원전 정책은 개별 국가의 특성과 여건을 종합적으로 고려해 결정할 필요가 있다."며 "우리나라는 공급이 부족하고 수요는 계속 늘고 있는 상황에서 대체에너지원 확보가 여의치 않아 원자력이 불가피한 상황"이라고 말했다.[60] 연 5%씩 늘어나는 전력 수요를 충족시키기에 원전만큼 값싸고 안정적인 발전원이 없기 때문에 지역 주민들의 반대와 원전 사고로 인한 방사능 피폭 우려에도 불구하고 원전 건설을 추진할 수밖에 없다는 것이다. 말하자면 국내에서 원자력을 대체할 만한 발전원을 찾기 어렵다는 점, 발전 단가 측면에서 경제성이 뛰어나다는 점, 향후 온실가스 배출과 관련한 논란에서도 자유롭다는 점 등이 원전 건설을 추진할 수밖에 없는 이유라는 것이다. 전력업계 관계자에 따르면 우리나라 연간 에너지 소비량을 모두 태양광으로 충당하려면 경기도보다 넓은 면적을 태양광 패널로 덮어야 하기 때문에 태양광발전이 전 세계적으로 보편화한다고 해도 우리나라에서 자리를 잡기는 어렵다고 한다.* 2011년 한국전력이 각 발전회사로부터 구매한 전력 단가를 보면, 원자력은 kWh(킬로와트시)당 약 40원 수준으로 태양광·풍력 등 신재생에너지에 비해 현저하게 낮았다. 또한 한국수력원자력(한수원) 측에 따르면 원전이 CO_2배출량을 줄여 얻는 이익은 석탄 화력발전소와 비교해 1기당 연간 162억원으로 추산된다는 것이다.[61]

현재 제기되는 원자력발전 관련 세 가지 주요 이슈를 보면, 첫째는 안전성 문제이고, 둘째는 사업성 문제이며, 셋째는 기술력 문제이다. 이에 대해서는 본장 3절 '원자력 산업의 전망과 과제'에서 다시 논하기로 한다. 국내 원전 전문가들은 "원전 안전성에 대한 우려가 부각돼 있는 상황이지만 고유가로

---

* 현재 가동 중인 100만kW급 발전소 건립에 필요한 부지는 여의도 면적의 10분의 1 수준인 33만m^2인데 비해, 태양광 발전소를 지어 태양광으로 대체하려면 3300만m^2, 윈드타워를 세워 풍력으로 대체하려면 1억6500만m^2가 필요하다고 한다.
  (http://biz.chosun.com/site/data/html_dir/2012/09/19/2012091902762.html (2012. 12. 25)

인한 화력발전 비용과 온실가스 문제, 신재생에너지 확대의 물리적인 한계 등이 원전 축소 움직임과 당분간 대립하게 될 것"이라며 "단기적으로는 신규 원전 건설이 줄어들 수 있지만 중·장기적으로는 세계 원전 비중 축소로 연결될 가능성은 작을 것"으로 보고 있다.[62] 석유 단가의 약 1/5이라는 값싼 에너지로서의 매력과 더불어 국제 유가油價가 급등락해도 전력 공급을 안정적으로 유지할 수 있고, 또한 탄소 배출이 적어 화석연료에서 신재생에너지로의 교량 역할을 하며 지구온난화를 완화시킬 것이라고 보는 것이다.

방사성 핵종 폐기물의 흡착 유리고화

일본 후쿠시마 원자력발전소 폭발을 계기로 멕시코 언론인 〈엘 우니베르살〉 인터넷판이 2011년 3월 15일 보도한 바에 따르면 전 세계에서 운용되는 원자로(nuclear reactor)가 30여 개국에서 총 437기(전 세계 총발전량의 약 17%)인 것으로 파악됐다. 이러한 보도는 국제원자력기구(IAEA)가 2010년 1월 1일 기준 통계에 근거해 작성한 자료를 인용한 것이다. 현재 전 세계에서 가동 중인 원자로는 미국이 104기로 최다이며, 다음으로 프랑스 59기, 일본 55기, 러시아 33기 등이 뒤를 이었고, 건설 중인 전 세계 원자로는 63기이다. 2008년 기준으로 필요 전력 대비 원자력 의존 비율은 프랑스가 76.2%로 세계 최고인 것으로 조사됐으며, 이어 벨기에 54.8%, 우크라이나 47.4%, 스웨덴 42%, 슬로베니아 41.7%로 나타났다. 일본의 경우 소비전력의 24.9%를 원전으로 생산한 것으로 파악됐다.[63] 우리나라는 세계 5위의 원전 대국大國으로서 2013년 3월 현재 23기(고리 6기, 월성 5기, 영광 6기, 울진 6기)를 보유하고 있으며 총 전력생산량의 34.1%를 원전에 의존한다.

이와 같이 우리나라를 포함해 전 세계적으로 원자력 의존 비율은 상당히 높다. 그럼에도 원자력발전과 핵무기 제조로 인해 생겨난 핵폐기물 처리 문제는 격렬하게 저항을 받고 있다. 우라늄 다발인 핵연료는 3~5년 정도 사용하면 핵분열을 방해하는 성분이 누적돼 효율성이 떨어지므로 발전을 계속하려면 주기적으로 새 연료봉을 집어넣어야 하는데 이때마다 사용후핵연료가 나오게 된다. 핵폐기물에서 나오는 방사능은 생태계에 치명적인 해를 입히기 때문에 핵폐기물(저준위, 중준위, 고준위), 특히 사용후핵연료의 처리 문제는 원전 운영국들의 최대 골칫거리가 되고 있다. 사용후핵연료는 핵분열은 멈춘 상태지만 엄청난 열과 함께 방사선을 내뿜는 고준위 방사성폐기물(방폐물)이기 때문에 안전한 처리가 요망된다. 이 방폐물이 반감기를 거듭해 인체에 해롭지 않은 수준으로 안정화되려면 최소 10만년이 걸린다고 한다. 현재 전 세계적으로 발전소 내 임시저장 시설에 보관돼 있는 사용후핵연료는 약 27만t이다. 우리나라의 경우 사용후핵연료가 각 원전의 임시저장 시설을 채우고 있고 연간 700여t의 사용후핵연료가 추가로 나오므로 이르면 2016년, 늦어도 2024년엔 포화상태가 될 전망이다. 중간저장 시설 또한 인허가와 설계 등을 합쳐 대략 10년이 걸리므로 반대 여론은 차치하고라도 시간이 매우 촉박하다.[64]

사용후핵연료를 처리하는 방식에는 두 가지가 있는데, 그 하나는 수백~수천m 깊이의 지하 암반이나 바닷속에 묻는 영구처분 방식이고, 다른 하나는 우라늄을 다시 뽑아내 핵연료로 재사용하는 재처리 방식이다. 지금까지 영구처분 방식이 실현되지 못한 것은 지각활동을 포함해 어떤 충격에도 버틸 수 있는 시설을 짓기도 어렵고, 사용후핵연료를 영구적으로 담을 수 있는 용기를 만들 기술도 없었기 때문이다. 사용후핵연료 재처리는 우라늄을 재활용할 수 있고 방사성 핵종 폐기물(방폐물) 양을 크게 줄일 수 있다는 장점이 있긴 하지만, 그 과정에서 핵무기 원료인 플루토늄이 나온다는 심각한 문제가 있다. 플루토늄은 반감기, 즉 물질 자체가 보유한 방사능이 절반으로 줄어들기까지 걸리는 기간이 2만년이 넘는 매우 위험한 원소다. 핵보유국 중 프랑스·영국·러시아 등이 재처리를 하고 있고, 비핵非核 국가 중에서는 일본만이 재처리 시설을 갖고 있다. 이 두 가지 방식, 즉 영구처분 방식과 재처리 방식을 현실적으로 절충한 것이 사용후핵연료를 격납용기에 담아 지하 깊숙한 곳에 저장하는 '중간저장' 방식이다. 이 방식은 사용후핵연료 관련 기술의 진보를 대전제로 현재의 포화상태를 완화하면서 사용후핵연료를 안전하게 처리하는 새 기술이 나올 때까지 임시저장과 영구처분의 중간 단계 방식이다.[65]

방폐물(폐액, 폐유, 폐고형물) 처리 관련 유리화 국내기술 현황은 삼성중공업(러시아와 기술협력)의 1kW급 DC 이행형 프리즈마(prizma) 용융 시스템, 원텍산업기술연구소(미국 PTC사와 협력)의 150kW급 DC 비(非)이행형 프리즈마 용융 시스템, 두산중공업(미국 MELT TRAN사와 협력)의 2,000kW급 탄소전극봉 방식 프리즈마 아크시스템, 한국수력원자력(주) 원자력환경기술원의 CCM + PTM 방식 채택 건설 및 고준위 폐기물 처리 기술 미국 수출 시도, 아토믹코리아(주)의 저전압 DC 전기저항식 용융 시스템(2004년 발명특허 취득)을 통해 대체적인 윤곽을 파악할 수 있다. 이처럼 유리고화 기술 개발을 비롯해 원전 등에서 방출되는 액상 저·중준위 방사성폐기물의 전기저항식 환원 유리화 용융로鎔融爐 최적화 운전을 위한 SiO_2 또는 CaO 흡수처리공정 및 처리 시스템을 전문기업에서 개발 중이며 방사성 핵종 흡착 및 침전소재 등도 연구 중이다. 그러나 아직까지 만족할 만한 결과를 도출해 내지는 못하고 있다.[66]

한편 2014년 3월에 종료되는 현행 한미 원자력협정을 연장하기 위한 실무협상이 시작된 이후 '파이로프로세싱'이라는 새로운 재처리 방식으로 핵확산의 우려가 없다는 주장에서부터 '핵주권론'까지 등장하고 있다. 대덕 연구단지 내 한국원자력연구원은 핵무기로 전용할 수 없는 '파이로프로세싱(Pyroprocessing)' 재처리 기술을 개발하기 위해 모의재료(이산화우라늄)로 연구하고 있다. 1974년 개정된 현행 한미 원자력협정 아래선 한국의 우라늄 농축과 사용후핵연료 재처리가 전면 금지돼 있고 미국산 원전 설비와 핵연료를 미국의 허가 없이 변형·가공할 수 없게 돼 있기 때문에 모의재료로 연구하게 된 것이다. 그러나 일본에서 재처리와 원전의 경제성을 연구한 마쓰야마대 경제학부 장정욱 교수는 8회에 걸쳐 〈프레시안〉에 연재한 글을 통해 1) '파이로프로세싱' 재처리 방식도 핵확산에 연결될 수 있다는 점, 2) 사용후핵연료의 93~94% 재활용이 가능하다는 주장에 대해 실제로는 플루토늄의 1~1.2%의 재활용에 불과하다는 점, 3) 어떠한 형태의 재처리도 수백조 원에 달하는 막대한 비용이 필요하고 안전성이 보장되지 않는다는 점, 4) 고속로 개발 역시 경제성과 안전성이 없으며 핵확산에 연결된다는 점 등의 문제점을 지적하였다.[67] 사용후핵연료 재처리 문제의 대국민 공론화가 시급한 이유다.

그런데 제2장 3절에서도 간단하게 언급한 바와 같이 방사성 핵종 폐기물을 흡착(adsorption) 유리고화(琉璃固化 vitrification)하여 영구처리 하는 무기이온교환체 '액티바(ACTIVA)' 신소재와 원천기술이 우리나라 에너지·환경 분야 벤처기업인 (주)에코액티바에 의해 세계 최초로 연구·개발되었다. 에코액티바는 세계 최초로 유리고화 공법에 액티바 신소재와 응용기술을 적용해 핵폐기물(저준위, 중준위, 고준위)과 아성 산업폐기물 등에 함유된 방사능과 유해물

---

* 세계 원전 대국 5개국 중 사용후핵연료 재처리가 금지된 나라는 한국뿐이다. 미국은 한국이 1970년 핵무기 개발을 시도했다는 이유로 핵무기 개발에 이용될 수 있는 재처리 기술을 허용할 수 없다는 입장이다.

질을 가장 안전하고 완벽하게 영구처리 하는 생산기술을 세계에서 유일하게 단독으로 보유하고 있다. 원전 및 각종 방사성 핵종 폐기물 흡착 및 침전처리제인 신소재 액티바 생산기술과 상용화 기술을 독자적으로 개발한 것이다. 액티바 기술력의 핵심은 전자파의 파동 증폭으로 높은 에너지를 얻어 물 분자와의 공명 활성도를 높여 물의 물성을 고도화한다는 점에서 기존의 무기이온교환체보다 그 특성과 기능이 월등히 우수한 무기이온교환체이다.

방사성 중저준위	방폐액 흡착 공침 제거율(%)	유리고화온도		7-day PCT 추출도(g/㎡)	비고
		초용온도	용융온도		
미국 등 세계 각국	무기이온교환체 개발추진	1,100	1,300		
한국, 일본	무기이온교환체 개발추진	900	1,200		
(주)에코 액티바 (EcoActiva)	(PH.9)에서 Co80, Cs137 98% 제거 Sr은 2차 80% Na+, Ca²+ SDS, EDTA 1000ppm 영향없음	550 이하	1,150	B 0.15 Li 0.07 Na 0.1 Si 0.03	폐액과 유리고화 단일 Activa 처리

위 도표[68]에서 보는 바와 같이, 방사성폐기물 유리고화 소재인 액티바의 응용 기술은 저온 용융으로 방사성 물질의 휘발 방지, 무결정 유리고화로 재추출 방지 및 영구처리를 가능케 한다는 점에서 세계적으로 독보적인 기술이다. 2011년 노벨 화학상은 '준결정(準結晶 quasicrystal) 물질'을 발견한 이스라엘 공대(테크니온) 교수 다니엘 셰흐트만(Daniel Shechtman)에게 돌아갔는데, 방사능이 방출되지 않도록 완전 유리고화하려면 '비정질(非晶質 noncrystalline)' 또는 '무결정질無結晶質'이 돼야 한다. 액티바 첨단소재와 원천기술을 개발한 윤희봉 소장은 이미 1988년에 '비정질(무결정질)'을 발견하였다.[69] '준결정질'을 발견하고도 노벨상을 수상했는데, 이보다 훨씬 앞서 '무결정질'을 발견하였으니 노벨상 수상감이라 할 만하다.

또한 재처리 과정에서 분리 추출되는 플루토늄의 핵무기 전용 가능성을 원천적으로 차단한다는 점에서 원자력의 평화적 이용을 담보하는 세계 최초의 획기적인 기술이다. 뿐만 아니라 사용후핵연료를 재처리해서 연료로 재활용할 수 있게 하므로 충분히 경제성이 있다. 신소재 액티바를 이용한 혁신적 응용기술이 에너지·환경·생명과학 분야에서 국내외적으로 널리 보급되면 고高유가와 지구온난화 주범인 온실가스 문제에 직면한 지구촌 각국에서 에너지난 해소와 지구온난화 문제 해결책으로 안전성과 경제성을 갖춘 원전 발전량을 크게 늘리게 될 것이다. 액티바 신소재를 적용한 응용기술과 생산기술에 대한 특허권은 세계 굴지의 초일류 기업 도요타(Toyota)와 수년간의 국제특허소송에서 승리함으로써 이미 국제적으로 공인된 바 있다.[70]

(주)에코액티바의 위탁연구 수행 연구진의 한 사람인 호서대학교 환경기술연구소 박헌휘 소장은 「Activa에 의한 방사성 핵종의 흡착 유리고화 성능 평가연구」(2004)에서 연구 결과를 다음과 같이 종합 분석하여 액티바의 우수성을 입증하였다. 즉, 기존의 무기이온교환체는 한 가지 이온(Cs-137)에 대한 흡착 기능만 있는 데 비해, 액티바는 두 가지 이온(Cs-137, Co-60)을 동시에 흡착하므로 특별한 상품 가치가 있다는 것이다. 그에 따르면 방사성 물질을 흡착 유리고화 할 경우 액티바 신소재의 장점은 1) 저온에서 유리화가 되며(550°C 이하), 2) 용융 유리의 점도가 낮으며(80poise 이하), 3) 전기 전도도가 양호하며(약 0.45-0.50 S/cm), 4) 미국 에너지부(United States Department of Energy, DOE) PCT(Product Consistency Test)에서 네 가지 원소(B, Li, Na, Si)의 7일 침출율이 모두 $2g/m^2$ 이하로서 만족스럽고, 5) 액티바 첨가량이 65%로서 높고(추가 첨가제가 적음), 6) 유리의 균질성이 매우 우수하며, 7) 액티바를 건조하여 세 가지 첨가제만 추가해 투입하므로 유리화 공정이 간단하다는 것이다.[71]

1978년 첫 원전 가동을 시작한 이래 35년이 되도록 방폐장을 갖지 못한 채 방폐물을 각 원전의 임시저장 시설에 저장해 온 우리나라의 경우 머지않아 저장용량이 포화상태에 이르게 된다는 점에서 액티바 신소재와 첨단기술은 우리의 당면 문제를 획기적으로 푸는 열쇠가 될 것이다. 액티바 공법과 신소재는 세계에서 유일하게 저온 용융(550°C 이하)으로 방사성 물질의 휘발을 방지하고 무결정의 최첨단 유리고화로 영구처리를 가능케 한다. 이러한 신소재와 기술을 적용하면 방폐물 방사능을 99.53%까지 흡착 유리고화하므로 자연 토양의 방사능 함유량보다 적어 안전하게 영구처리 할 수 있다는 것이다.[72] 영구처리 후에는 어떠한 형태로든 충격을 주거나 방치하거나 해양투기 등을 하더라도 영구적으로 안전하다고 한다. 또한 10만급 이상의 특수 대형 선박에 프리즈마 유리고화 시스템을 장착하여 해상에서 방폐물 처리가 가능하도록 할 경우 세계 각국의 방폐물 처리 시장을 더 크게 확장할 수 있다고 한다.[73]

이처럼 시대적 요청에 부합하는 액티바 신소재를 적용한 핵종 유리고화 공법의 기술적 성공으로 핵폐기물은 물론 각종 악성 산업폐기물을 안전하게 영구처리 할 수 있게 됨으로써 바야흐로 환경산업에도 '빅뱅'의 시기를 맞게 되었다. 액티바 신소재와 기술을 적용해 방폐물 등을 유리고체화 할 경우 안정성이 담보되므로 핵폐기물을 임시로 저장하는 방폐장이 거의 필요치 않고 국제적으로도 방폐물 관련 산업과 시장이 크게 활성화될 수 있을 것으로 전망된다. 액티바연구소 자료집에 따르면 액티바 신기술은 1차적으로 국내 원자력 설비 등에서 발생하는 액상 폐액을 흡수·침전·분리·제거 건조시켜 전량 유리화 공정을 통해 방사성 물질과 폐기물의 오염원을 안전하게 영구처리할 수 있다. 또한 전 세계 원전 시장과 방사성폐기물 처리시장, 국내의 원전 기술과 플랜트 수출에서 액티바 기술을 적용한 엔지니어링 기술 수출을 병행함으로써 차별화된 국제경쟁력을 확보함은 물론, 원전·군수용·병원·산업체 등에서 나오는 방사성폐기물과 악성 산업폐기물 처리시장에서도 이 기술이 유용하게 활용될 것으로 전망된다.[74]

액티바 신소재는 방사성 물질까지도 흡착시킬 정도로 강한 흡착력을 지닌 까닭에 각종 오폐수, 산업중금속, 생활폐수, 담수지 정화 처리에 응용되고 산업용 보일러나 소각로에 열효율을 크게 높여 다이옥신이 거의 발생하지 않도록 하는 기술에도 이용되고 있다. 특히 구리(Cu) 제련이나 반도체산업 현장에서 발생되는 구리이온 제어에 탁월하며 응용 기술적 측면에서도 활용 가능한 분야가 무궁무진하다. 예컨대, 중금속 및 유해물질 등에 오염된 원자재의 오염원을 제거 처리해 재활용이 가능토록 하는 것이나, 악성 산업폐기물과 변압기 절연유에서 발생되는 불순물과 오염원을 제거 처리해 재활용이 가능토록 하는 것 등이 그것이다.[75] 이처럼 액티바 신기술은 방사성 핵종 폐기물과 각종 악성 산업폐기물을 안전하게 영구처리 함으로써 모든 공해에서 벗어나 지구촌 자연생태환경을 보존하고 삶의 질을 향상시키며 에너지·자원 전쟁을 종식시키고 세계평화를 실현하는 것을 목표로 하고 있다.

방사성 핵종 폐기물 처리와 관련하여 한국은 물론 미국, 일본, 독일 등 원전선진국에서도 다양한 공법에 의한 유리고화 기술을 연구 개발 중이다. 미국, 일본은 원전 및 재처리 시설에서 방출되는 액상 중·고준위 방폐물의 누출을 막는 유리고화 안정화 기술이 활용되고 있으나 '액티바'에 버금가는 우수한 신소재(핵종흡착 및 침전소재)를 이용한 응용기술은 현재까지 자체 개발하지 못한 상태다. 미국 전역에는 엄청난 자금과 시설을 투입하여 십여 곳의 유리고화 공장을 건설하고도 안전성이 입증되는 방폐물 유리고화 사업을 추진하지 못하고 있는 실정이다. 미국 워싱턴 사바나리버사(Washington Savannah River Company, WSRC)는 고준위 방사성폐기물 처리에 관한 한국의 기술력이 국제적으로 가장 우수하다는 것을 인정해 2007년 7월 사바나리버 국립연구소에서 한국수력원자력(한수원)과 고준위 폐기물처리를 위한 기술계약(고준위 방사성폐기물 유리화 기술 수출계약)을 체결하였으나, 한수원 측의 저온 용융 소재 부재로 2009년 9월 해약했다.[76]

원자력에너지 사용은 무엇보다도 원전 설비 운용의 안전성과 핵폐기물처리에 대한 안전성 문제가 선결과제이기 때문에 국제원자력기구(IAEA) 등에서 인정하는 기준과 기술에 부합되어야만 한다. (주)에코액티바는 위탁연구기관인 한국원자력연구소, 한국수력원자력, 호서대학교 등의 위탁연구 수행 연구진이 중심이 되어 국제원자력기구(IAEA), 외국 유수의 핵폐기물 연구소(독일 뮌헨대학교 원전폐기물연구소 등)와 해외 방사성폐기물 처리 전문기업 등으로부터 액티바 소재를 이용한 방사성 핵종의 유리고화 처리 기술에 대한 성능 테스트 평가와 연구 성과에 대한 실증 실험 결과를 토대로 세계적인 기술력을 인정받았다. 유리고화 기술이란 방폐물 등 각종 유해물질을 첨단공법으로 흡착 제어해 환경에 누출되지 않도록 특수유리 구조 내에 가두어 가장 안전한 형태로 영구처리하는 방식이다. 이러한 처리 방식은 기존 드럼처리 방식에 비해 방폐물을 1/25~1/100로 감량해 영구처리 하는 최첨단 기술로서 처리 안전성에 대한 우려를 불식시키고 방폐장 부지 확보에 따른 어려움을 해결할 수 있게 할 것이다.[77]

윤희봉 소장이 이끄는 액티바연구소에서는 국제 석학과 비정부기구들(NGOs)과 국제 해양 관계자와 유엔의 승인을 얻어 프리즈마 유리고화 시스템을 장착한 특수 대형선박을 해상에 띄워 심해深海에 방폐물을 투여하는 계획을 추진 중이다. 윤 소장은 "방사성 핵종이 다양하나 본 액티바를 PH(수소이온농도) 조정 및 약간의 첨가제를 응용하면 전 핵종 폐기물을 안전하게 흡착 유리고화 할 수 있다."고 단언하면서, 단일 액티바로 전 공정 소재가 되므로 경제적이고 이상적이라고 말한다. 또한 일본 후쿠시마 원전 방사능 누출사고에서와 같이 방사능 등으로 오염된 토양의 복원이나 중금속 폐수 처리 소재 등 환경산업의 첨단소재로도 각광을 받을 것이라고 그는 말한다. 획기적 감량 처리와 영구적 안전성이 입증된 최첨단 유리고화 공법은 단일시장으로는 가장 크게 열리고 있는 세계 방폐물처리업 시장과 탄소배출권 시장을 리드하고 선점할 수 있게 할 것이라고 전망한다. 나아가 그는 "지구온난화의 주범인 화석연료를 대체하고 값싼 청정 원자력발전 에너지를 안전하게 생산함으로써 아프리카 사막지대나 알래스카 동토지역에서도 농·축산을 성업화하여 식량과 에너지 위기를 극복하고 물 부족 또한 해소할 수 있다."고 말한다.[78]

세계 방폐물처리업 시장과 각종 악성 산업폐기물 시장을 크게 열기 위한 방편으로 윤 소장은 미국의 벡텔사, 웨스팅하우스사, 아멕사 등과의 공동 사업 추진을 모색하고 있으며, 유수한 외국의 연구소는 물론 유리고화 전문기업 등과도 사업 제휴 내지는 기술 협력을 도모하고 있다. 방폐물 영구처리 기술이 우리나라의 원전 기술 및 플랜트(plant) 수출과 연계될 경우 관련 산업의 시너지 효과를 높여 성장 잠재력을 더욱 증대시킬 것이다. 세계 방폐물처리업 시장규모는 2008년 기준으로 6천억 달러 정도로 추정된다고 하니,[79] 지금은 이를 훨씬 상회할 것으로 보인다. 한국원자력연구원 정연호 원장이 언급했듯이,[80] 국가 발전과 에너지 안보는 필수불가결한 관계에 있는 만큼, 원자력발전을 통해 에너지 안보를 확보함과 동시에 모든 경제 발전의 근간이 되는 풍부하고 청정한 에너지를 확보해야 할 것이다. 에너지 자립이 없이는 선진국 진입과 경제 도약은 기대할 수 없기 때문이다. 실로 에너지 주권의 확립이 없이는 국가 발전은 기대하기 어려운 것이다.

원자력 산업의
전망과 과제

　　　　　　미국 마이크로소프트(MS)의 창업자 빌 게이츠(Bill Gates)는 2008년 회장직에서 은퇴하고서 2010년 3500만 달러(약 400억원)를 투자해 원자력 벤처기업 테라파워를 설립했다. 그는 원전 핵폐기물을 획기적으로 줄여줄 차세대 원자로를 한국과 공동 개발하기로 약속했다. 그는 한국이 양질의 전기를 세계에서 가장 저렴하게 공급하는 국가일 뿐 아니라 아랍에미리트(UAE) 원전 수주를 이뤄낸 원전 선진국임을 인정한 것이다. 또한 현재 가동 중인 3세대 원전보다 안전하고 경제적이며 핵무기로 전용될 우려가 낮은 '제4세대 원전 시스템' 개발이 세계적인 추세가 되고 있는 시점에서 가장 실현 가능성이 큰 것으로 평가되는 소듐냉각고속로(SFR)에서의 한국의 선진 원전 기술력을 인정한 것이다. 그가 '원자력 전도사'로 나서게 된 이유는 무엇보다도 안정적인 전력 공급이 없이는 문명의 혜택을 누릴 수 없음을 알고 전기나 에너지 부족으로 기본적 권리조차 누리지 못하는 수십억 명의 인류에게 필요한 핵심 에너지 기술이 바로 원자력임을 인지했기 때문이다.[81]

　제임스 러브록이 원자력발전을 지지하는 것 또한 원자력의 치명적 유용성을 인지했기 때문이다. 그는 이렇게 말한다: "핵에너지는 지금 우리가 가지고 있는 유일하게 효과적인 대안이다…우리는 핵에너지에 대한 두려움에서 벗어나 핵에너지를 지구에 미치는 온실가스 영향을 최소화하는 안전하고 검증된 에너지원으로 받아들여야 한다."[82] 21세기가 끝나기 전에 수십억 명이 죽게 될 것이라고 예상하는 비극적인 현실에서 러브록이 제시하는 생존의 방법은 기후 붕괴의 연착륙을 위한 "지속가능한 후퇴(sustainable retreat)" 전략이다. 러브록이 원자력발전을 지지하는 것에 대해 환경론자들로부터 많은 비판을 받고 있지만, 그는 기후 붕괴의 연착륙을 위해 원자력발전은 피할 수 없는 대안이라고 주장하며 환경운동 역시 가이아의 철학에 따라 인간 중심주의에서 벗어나야 한다고 주장한다.

원자력발전에 대한 찬반 논란이 많음에도 불구하고 전문가들은 그래도 현실적 대안은 원전뿐이라고 말한다. 현재로서는 원자력을 대체할 만한 전력공급원을 가지고 있지 않을뿐더러 매년 5% 이상 지속적으로 증가하는 전력수요를 감당할 수도 없고 태양력·풍력·조력 등 신재생에너지 보급을 확대하는 데에도 한계가 있기 때문에 원전은 우리가 선택할 수밖에 없는 불가피한 전력공급원이라는 것이다. 따라서 "신재생에너지 기술이 고도로 발전하고 방사능 부작용이 전혀 없는 핵융합 발전이 상용화되는 시기가 오면 에너지 문제는 자연히 해결되겠지만 그때까진 핵분열을 통해 열과 에너지를 얻는 원전이 '브리지(다리)' 역할을 할 수밖에 없을 것"[83]이라고 보는 것이다.

우리나라를 포함해 세계 각국이 원자력에 다시 주목하는 이유는 원자력발전의 치명적 유용성 때문이다. 첫째, 원자력발전은 경제성이 높은 저가低價 대체에너지라는 점이다. 원자력발전은 다른 발전에 비해 전력 판매단가가 현저하게 낮기 때문에 안전성 문제가 대두돼도 고유가와 에너지난 해소를 위해 여전히 대안으로 떠오를 수밖에 없는 것이다. 2010년 말 기준 발전원별 판매단가(원/KWH)를 비교해 보면, 원자력 39.7, 석탄 60.8, 석유 187.8, LNG복합 126.7, 수력 133.5, 태양광 566.9, 풍력 107.2로서 원자력발전이 석유발전보다 약 5배, 태양광발전보다 약 14배 저렴하다는 것을 알 수 있다.[84] 전국적인 대규모 정전 사태와 최근의 전력대란을 겪으면서 저렴한 대체에너지로서의 원자력발전 에너지의 중요성이 다시 부각되고 있기 때문에 원자력발전을 포기하기는 현실적으로 어렵다. 전력공급 위기 예방과 더불어 안정적인 전력공급을 위해 우리나라는 2030년까지 원전 비중을 현재 총 전력생산량의 34.1%에서 59% 수준으로 높이려는 계획을 가지고 있다.

둘째, 원자력발전은 지구온난화 주범인 이산화탄소(CO_2) 배출이 없으며 대기 오염을 극소화한다는 점이다. 현재로서는 이산화탄소 배출이 없는 원자력발전이 화석연료의 대안이자 신재생에너지의 실용적 한계를 극복할 수 있는 방책이라는 것이다. 대다수의 기후학자들은 전 세계가 화석에너지 사용으로 인해 핵전쟁이 발발한 경우와 맞먹을 정도의 위험에 처해 있다고 본다. 화석에너지 사용에 따른 기후 변화의 위기는 지구온난화와 해빙, 혹한·혹서·홍수·가뭄·폭풍, 사막화와 기근, 생물종 다양성의 감소와 대기·해양의 오염, 해수면 상승과 해수 온난화 및 해류 방향의 변화 등 전 지구적 생태 재앙과 환경문제로 이어져 수많은 '환경난민(environmental refugees)'의 발생과 더불어 국제 정치경제의 새로운 쟁점이 되고 있다. 기후 붕괴의 연착륙을 위해서나 대기오염으로 인한 사회적 비용[85]을 줄이기 위해서도 원자력발전은 피할 수 없는 대안이 되고 있는 것이다. 신재생에너지가 보완재이긴 하지만 설비에 막대한 보조금을 지급하며 보급을 확대하는 데에는 현실적인 한계가 있다.

셋째, 원자력발전은 수소에너지(브라운가스 $2H_2+O_2$) 산업의 지름길이라는 점이다. 수소는 화석연료와 달리 자연 어디에든 존재하는 데다 공급량도 무한하다. 그러나 무한에너지인 청정 수소에너지는 쉽게 이용할 수 있는 형태로 존재하는 것이 아니기 때문에 자연으로부터 추출·저장해 전력 생산에 이용하려면 시간·노동·자본이 들어간다. 현재로서는 수증기 개질改質 공정이 가장 저렴한 수소 생산법이기 때문에 수소의 반 정도는 천연가스로부터 추출된다. 문제는 수증기 개질 공정에서 부산물로 생성되는 이산화탄소를 분리·격리시키자면 수소 생산비가 증가한다는 것이다. 따라서 화석연료에 대한 의존도를 낮추고 대체에너지원을 사용해 전력을 생산하여 물 전해(電解 electrolysis) 방식으로 수소를 추출할 것이 요망된다. 그러나 높은 전기료 때문에 현재 수소의 연간 생산량 가운데 물 전해로 얻어지는 것은 4%에 불과한 것으로 나타난다. 대체에너지원 가운데 원자력은 가장 저렴할 뿐만 아니라 원자력발전 가동에 따른 방사성폐기물(방폐물)은 액티바가 영구적으로 유리고화 할 수 있으므로 안전성도 확보된다. 액티바 신소재와 원천기술을 개발한 윤희봉 소장에 따르면 원자력을 사용하여 전력을 생산한 후 액티바 신소재와 기술을 적용해 물 전해 공정을 거쳐 추출하면 훨씬 더 많은 수소에너지를 저렴하게 추출해 낼 수 있다고 한다.

넷째, 원자력발전은 해수담수화(海水淡水化 또는 海水脫鹽 desalination) 산업의 발전에도 크게 기여할 것으로 전망된다. 해수담수화란 바닷물에서 염분과 용해물질을 제거해 순도 높은 음용수, 생활용수, 공업용수 등을 얻어 내는 일련의 수처리 과정을 일컫는 것이다.[86] 2011년도 유엔 미래보고서에서는 지구온난화, 산업화 및 도시화에 따른 수자원 오염과 인구증가, 그리고 급격한 기후 변화로 인한 강수량의 불균형으로 물 부족 문제가 심화되고 있으며 2025년에는 세계 인구의 절반가량이 물 부족 상태에 직면할 것이라고 경고했다. 이에 따라 세계 각국의 수자원 확보 경쟁도 '물 전쟁'이라고 할 만큼 치열하게 전개되고 있다. 2012년에 우리나라도 104년 만에 온 최악의 가뭄으로 논밭이 마르고, 해산물이 집단 폐사하고, 가로수가 말라 죽는 등 심각한 위기를 겪었다. 이러한 가운데 지구상 물의 98%를 차지하는 해수나 기수를 인류의 생활에 유용하게 쓸 수 있도록 염분을 제거해 담수로 만드는 해수담수화 기술이 물 부족을 해결할 가장 확실한 방법의 하나로 주목받으면서, 21세기 물 산업이 20세기 석유산업을 추월할 것이라는 전망까지 나오고 있다.

지금까지 해수담수화 기술은 해수를 가열해 발생한 수증기를 응축시켜 담수를 얻는 증발법(다단증발법(MSF)·다중효용법(MED))과 해수에 녹아 있는 염분을 반투막에 걸러내어 담수를 얻는 역삼투법(RO)이 주로 이용돼 왔으며, MSF 또는 MED와 RO를 혼용하여 담수를 생산하는 하이브리드(Hybrid) 방식이 적용되는 경우도 있다. 이 외에도 결정화법, 이온교환막법, 용제추출법, 가압흡착법 등이 해수담수화에 적용된다.[87] 우리나라가 해수담수화 플랜트 시장을 주도하는 증발법은 화석연료를 사용해 해수를 가열하는 과정에서 에너지 소비량이 많고 대기오염을 유발시킨다는 것이 단점이다. 역삼투법은 유지관리 비용이 높고 미국, 일본, 프랑스 등 기술 선점국가들과의 기술 격차 해소가 과제로 남아 있다. 경제성과 효율성이 뛰어난 것으로 알려진 신개념의 가스 하이드레이트(Gas Hydrate)법은 전 세계적으로 아직 원천기술을 보유한 나라가 없고 상용화된 기술도 없으며 원천기술 개발 초기 단계에 있다.[88] 어떤 공법이든 해수담수화 산업이 성공하려면 담수화플랜트에 이용되는 저렴하고도 청정한 에너지원의 확보가 필수적이다. 원자력에너지는 전력원가 절감으로 산업 경쟁력을 제고할 것이다. 액티바 신소재와 원천기술은 원전 가동에 따른 방폐물을 안전하게 영구처리 할 뿐만 아니라 탁월한 정수 효능이 있어 물에 투과시키면 '파이워터' 보다 2.2배 강한 활성수가 되므로 기능성미네랄에너지수, 약알칼리성 음용수 생산에도 적용이 가능하다고 한다.

이와 같이 원자력발전은 저렴한 전력 생산, 공해 추방, 수소산업의 실용화, 해수담수화 산업의 발전 등에 유용한 조건을 제시한다. 원자력발전을 하는 각국이 공통적으로 안고 있는 딜레마가 방사성 핵종 폐기물을 완전 흡착 유리고화 해 안전하게 영구처리 하는 것인데, 전 세계에서 유일하게 액티바 첨단소재와 원천기술이 이를 가능케 한다. 액티바 신소재와 첨단기술은 원전 폐기물(고준위, 중준위, 저준위)은 물론, 의료 폐기물, 군사 폐기물, 원전해체 폐기물 등 광범한 방폐물처리업 세계시장을 갖고 있으며, 향후 에너지 산업에서도 화석연료 의존도를 낮추고 저렴하고 청정한 대체에너지원을 확대시킴으로써 환경친화적인 에너지 체계 구축에도 크게 도움이 될 것이다.[89]

에너지경제연구원 김진우 원장은 지속적으로 증가하는 전력 수요에 대해 안정적이고 경제적인 전력 공급과 더불어 화석연료에 대한 의존도를 줄이기 위한 대안으로 원자력발전의 중요성을 강조하면서 이러한 정책기조가 현재 우리나라 에너지 수급 상황에서 바람직하다고 평가한다. 아울러 관련 부처의 전문성을 높이고 기후변화협약 대응 등 환경 대책과 에너지정책 간의 조화와 균형이 필수적이라고 본다. 현재 우리나라가 직면한 전력 수급 문제와 관련하여, 그는 최근 10년 간 GDP 증가율은 4.5%인데 비해 전력 수요는 6.5%가 늘었다면서 전력 수급 문제가 적기에 발전 설비를 충분히 확보하지 못한 측면도 있지만 지난 5년간 원가 이하의 너무 낮은 전기요금이 지속된 데 따른 전력수요의 급증이 근본적인 원인이라고 지적한다. 따라서 전력 수급 문제의 주된 대책은 우선 전기요금을 원가 수준으로 현실화함으로써 수요를 조절하고, 중장기적으로는 발전 능력 확충을 위해 기존의 도매전력 가격 결정 방식을 개선할 것이며, 나아가 에너지 저소비형 사회로의 전환을 위해 스마트그리드를 구축하고 에너지 절약을 생활화하는 문화를 만들어 가야 한다고 주장한다.[90]

그런데 2012년 초 발생한 고리 1호기 사고 은폐 등 원전 사고가 잇달아 발생하면서 원전原電에 대한 국민의 불안은 여전하다. 현재 제기되는 원자력발전 관련 이슈는 크게 세 가지 측면에서 고찰해 볼 수 있다. 즉, 원전의 안전성 문제, 사업성 문제, 기술력 문제가 그것이다.[91] 첫째, 원전 안전성 문제는 고리 1호기, 월성 1호기 등 설계수명이 다한 원전의 수명 연장 논의, 방사성폐기물 관리 시설 설치를 둘러싼 찬반 논쟁, 원자로 압력용기 검사 방법에 대한 불신 등에서 잘 나타나고 있다. 여기서 방사성폐기물 관리시설 설치 문제는 앞서 언급한 바와 같이 고준위 방폐물을 영구처리 하는 유리화 기술에 필수적인 저온 용융 소재 액티바 첨단소재와 원천기술이 이미 개발돼 상용화 단계에 있으므로 해결될 전망이다. 원전 수명 연장 논의와 압력용기 검사 방법의 문제는 기술력 증진과 더불어 안전에 대한 철저한 관리체계가 수립되면 해결될 수 있다.

둘째, 원전 사업성 문제는 세계 최초로 표준설계를 인가받은 스마트(SMART) 원자로 사업화가 불투명해진 데 따른 것이다. 원전 안전에 대한 국민들의 불안감이 커지면서 사고 발생시 위험을 최소화할 수 있는 원전을 개발하려는 노력이 진행된 결과, 한국원자력연구원이 지난 15년간 순수 국내기술로 중소형 원전 '스마트'를 개발해 2012년 7월 4일 원자력안전위원회에서 표준설계 인가를 받았으나, 부처 간 이견과 사업화 전략 부재로 빛도 못 보고 좌초될 위기에 처해 있다는 것이다. 전기 출력이 100MW(메가와트)급인 스마트 원전은 1000MW 이상 대형 원전과 달리 증기 발생기, 냉각재 펌프, 가압기 등 주요 기기가 원자로 용기에 내장된 일체형이어서 지진이나 지진해일(쓰나미) 등으로 사고가 나더라도 방사성 물질이 외부로 유출될 소지는 거의 없다고 한다. 해외 수출을 위해서는 우선 국내에서 시험 가동을 해야 하는데, 에너지 정책을 총괄하는 지식경제부와 한국전력공사(한전)가 소극적인 태도를 보이는데다가 지경부는 스마트와 거의 비슷한 개념의 소형모듈원전을 따로 추진하고 있어 중복 투자 논란까지 일고 있는 상황이다.[92]

근년에 들어 원전 시장에서의 미니멀리즘(minimalism) 바람으로 '중소형 원전'을 선호하는 국가들이 늘고 있다. 한국과학기술원(KAIST) 장순흥 교수에 따르면, 원전을 도입하고 싶지만 대형 원전을 건설하기엔 경제력이 부족하거나 국가 전력망 규모가 작아서 큰 원전이 부적절한 나라, 땅은 넓은데 인구는 적고 분산돼 있어 대형 원전을 건설하면 송·배전망 구축에 과다 비용이 드는 나라, 오래된 화력발전소를 비슷한 크기의 원전으로 교체하고자 하는 나라 등이 이에 해당된다. 우리 원자력계가 독자기술로 개발한 스마트 원전은 출력이 대형 원전의 약 10분의 1로서 '중소형 원전'을 선호하는 국가들의 기대에 부응할 것으로 여겨지고 있다. 그가 제시하는 스마트 원자로의 경쟁력은 1) 지진이나 지진해일(쓰나미) 등에 의한 전원 차단으로 냉각수를 돌리는 펌프가 가동을 멈춰도 자연 대류 현상만으로 냉각수를 돌려 최대 20일까지 원자로의 열을 제거할 수 있게 한 점, 2) 전 세계 발전소의 93%가 출력 500 MW 이하 규모의 중소형으로 대다수가 화력발전소인데 화석연료 가격 상승과 시설 노후화로 많은 국가들이 중소형 원전으로의 교체를 희망한다는 점, 3) 핵분열 연쇄반응에서 발생한 열을 전력 생산뿐 아니라 해수담수화에 동시 활용할 수 있도록 설계한 점, 4) 중소형 원전 세계시장 규모가 2050년까지 50~100기, 금액으로는 약 350조원이라는 점 등이다.[93]

셋째, 원전 기술력 문제는 안전성·경제성·핵비확산성을 충족한 '제4세대 원전 시스템' 기술력 확보와 관계된 것이다. 원자력발전이 고도의 기술을 필요로 하는 기술집약적인 산업인 만큼 기술력 증대와 기술 자립 및 안전성 확보를 위한 연구 개발 투자도 더욱 확대해야 한다. 우리나라는 2009년 12월 27일 아랍에미리트(UAE)로부터 원전 4기를 수주하는 데 성공했다. 미국, 프랑스, 일본, 러시아, 캐나다에 이어 여섯 번째 원전 수출국이 된 셈이다. 그런데 아랍에미리트에 이어 제2의 한국형 원전 수출 후보지로 꼽혔던 터키 흑해 연안 시노프 원전 수주의 경우, 2010년 6월 양해각서(MOU)를 체결하고 협상을 벌여 왔지만 터키 정부가 지급 보증을 꺼린 데다 전력 판매단가 부문에서 합의점을 찾지 못해 협상에 진척을 이루지 못했다. 그런데 2013년 5월 3일 아베 신조(安倍晋三) 일본 총리와 레제프 타이이프 에르도안 터키 총리가 터키 앙카라에서 정상회담을 갖고 시노프 원전 4기의 우선협상권을 미쓰비시(三菱)중공업과 프랑스 아레바 컨소시엄에 부여하기로 합의했다고 발표해 사실상 일본의 수주가 확정된 상태다.[94] 이는 일본 정부가 공사 수주를 위해 컨소시엄에 저리 융자 등을 전폭 지원한 결과였다. 전 세계에서 유일하게 (주)에코액티바만이 보유하고 있는 방폐물 영구처리 신소재와 원천기술이 우리나라의 원전기술 및 플랜트(plant) 수출과 연계됐다면 원전 수주시 시너지 효과를 높이지 않았을까?

액티바 신소재와 원천기술을 개발한 윤희봉 소장에 따르면 원전 선박, 특히 방폐물 유리고화 영구처리 시스템이 장착된 원전 선박 건조는 원전 수출산업의 호재로 작용할 수 있다고 한다. 그 이유로는 1) 지상의 원자력발전소 건설의 난점(지질의 적합성, 수요지 접근의 난점, 공정 기간 및 비용 절감의 한계), 2) 원자력발전선 공급의 이점(지질적 제한의 해소, 수요지 접근 용이, 지상건설보다 공정 기간 및 경비 약 20% 절감), 3) 조선공업의 활성화 및 고급인력 유출 방지, 4) 방폐물 유리고화 영구처리 시스템 장착으로 수주 시너지 효과 등을 들고 있다. 그리하여 그는 해양조선소를 갖춘 국내 조선소 1개소를 선정하여 두만강 하구 인접 러시아 극동의 카루비아만에 원자력발전선을 건조할 것을 제안한다. 그곳은 러시아 천연가스 터미널 후보지, 고구마 등 사료초와 어분 확보로 가축사료 후보지, 광물자원 및 관광요충지, 열차수송선의 터미널 후보지, 한국과의 해양수송 터미널 후보지로 새로운 신도시 건설이 가능하고, 유럽과 아프리카까지 철도 수송의 요지가 될 전망이 높은 최적의 입지조건이 구비된 곳이기 때문이라는 것이다.[95]

우리나라의 원자력 산업은 1970년대부터 미국을 비롯한 원전 선진국으로부터 기술을 도입한 이후 꾸준한 원전 건설과 생산설비 투자 등 많은 노력을 경주해 건실한 생산 능력과 수출 경쟁력을 갖추었다. 또한 세계 최초로 원전 건설의 공기工期를 획기적으로 단축시킬 수 있는 'SC(Steel Plate Concrete 강판콘크리트) 구조 모듈화 공법'을 개발하는 등 독자기술 개발에도 박차를 가하고 있다. 우리의 선진 원자력 기술이 세계적으로 활용돼 인류의 평화와 번영에 기여하기 위해서는 우선적으로 원자력에 대한 우리 국민들의 이해를 증진시키고 부처 간 이견을 조율하여 경쟁력 있는 사업화 전략을 세워야 한다. 또한 원자력의 기술 자립과 기술력 증대, 원자력발전의 안전성 및 경제성 확보 등 해결해야 할 과제도 많다.

특히 원전 민영화 방안을 진지하게 검토해 볼 필요가 있다. 현재 우리나라에서 가동 중인 원전과 향후 건설될 원전 가운데 일부를 민영화하자는 것이다. 원전의 민영화는 막대한 세금과 원전 기술료 및 관리감독비로 인한 국가 수입 증대, 전력 단가 저하에 따른 원전 수출경쟁력 제고, 고등기술자 수용에 따른 일자리 창출과 구조적인 원전 납품비리 근절, 원전 기술의 생명공학 및 농작물 재배에의 광범한 응용 등으로 원전의 경제성 및 안전성을 확보하고 기술력을 증진시킴으로써 국부國富 창출에 크게 기여할 수 있다고 윤 소장은 말한다. 우리나라는 식량과 에너지 자립도가 낮기 때문에 이를 높이기 위해서는 원전 민영화가 효율적인 방안이 될 수 있다는 것이다.

국내에서 원자력이 인정받지 못하고 갈등이 심화되면 차세대 수출산업으로 떠오르는 원전 수출이 어려워질 수밖에 없다. 철저한 안전관리 체계 확립과 더불어 부패나 비리가 없는 원자력 풍토를 만들고 지자체와 지역 주민들과의 공감대를 형성할 수 있어야 한다. 한국수력원자력에 따르면 2002~2012년에 발생한 국내 원전 고장 95건의 원인을 분석한 결과 자연열화(시간 흐름에 따라 부서지는 현상)'로 인한 고장은 29건(31.2%)인 반면, 오·작동과 정비 불량 등으로 인한 고장은 66건(68.8%)인 것으로 나타났다. 즉, 자연열화를 제외한 나머지 원인으로 인한 고장은 충분히 사전에 막을 수 있었던 것이다.[96] '전문적인 직무 훈련 프로그램 개발과 전문 인력 양성' 등이 시급한 이유다.

문명의 흥망성쇠를 좌우해 온 '불'의 발달사에서 '제2의 불'인 전기에 이어 '제3의 불'인 원자력이 21세기 새로운 역사의 장을 여는 에너지원이 되고 있다는 것은 주지의 사실이다. 인류 문명의 전개 과정은 '불'의 발달사와 긴밀히 연계돼 있는 까닭에 불은 인류 문명의 형성에 중추적인 역할을 담당해 오고 있지만 때론 인류에게 엄청난 재앙을 가져오기도 한다. 그렇다고 불을 사용하지 않을 수 없듯이, 원자력 또한 마찬가지다. 안전하게 사용해야 하는 것이다. 원전의 폐해를 철저히 겪지 않고서는 그것을 극복하는 방안 또한 강구되기 어려운 것이 진화의 이치다. 신재생에너지 기술이 고도로 발전하고 방사능 부작용이 전혀 없는 핵융합 발전이 상용화될 때까지, 그리하여 에너지 문제가 완전히 해결될 때까지는 원전이 교량 역할을 할 수밖에 없는 것이다. 이산화탄소(CO_2) 배출로 지구온난화의 최대 주범이 된 화력발전은 이미 석유 카운트다운 시작과 더불어 중소형 원전으로의 방향 전환을 모색하고 있다.

우리나라 총 전력생산량의 34.1%를 차지하는 원자력발전은 이미 우리의 삶 전반에 너무 크게 작용하고 있기 때문에 중단할 수도 없고 현실적으로 대체할 만한 에너지원도 없다. 그렇다고 녹색성장이 최대 화두인 21세기에 성분의 90%가 메탄가스인 셰일가스가 근원적인 해결책이 될 수도 없다. 미국 코넬대 교수인 로버트 호워드(Robert Howarth)가 계산한 셰일가스의 온난화 강도를 보면, 100년의 장기 영향에선 셰일가스의 온난화 작용이 화석연료 중에서도 악성인 석탄과 비슷하고, 20년의 단기 영향에선 석탄보다 1.2~2배 강력한 온난화 작용을 나타내고 있어 수십 년 내에 온난화가 티핑 포인트(tipping point)를 넘어 버릴 수도 있다고 한다. 셰일가스가 채굴 · 운송 · 저장 · 정제 과정에서 새어 나가는 메탄가스를 단위 질량으로 따지면 이산화탄소와는 비교할 수도 없을 만큼 강력한 '온실기체'라는 것이다.[97] 한편 식물에서 추출하는 바이오연료는 성장이 빠르고 대량생산이 가능한 청정 에너지원으로 화석연료를 대체할 가장 현실적인 대안으로 주목받았으나 다수의 부작용이 보고됐다. 즉, 바이오연료를 생산하기 위해 삼림을 파괴하고 토착민을 강제 이주시키는가 하면, 식용작물을 바이오연료로 이용해 세계 식량난을 가중시킨 것이다.

바야흐로 우리나라가 21세기 프로메테우스가 되어 전 세계에 '평화의 불'을 전달해줄 때가 왔다. 동남아시아와 중동 등 전력 수요가 급증하는 신흥국을 중심으로 원전을 도입하는 사례가 늘고 있다. 국제원자력기구(IAEA)에 따르면 전 세계에서 새로 원전을 짓거나 계약을 추진 중인 나라는 아랍에미리트연합(UAE) 등 29개국이다. 산유국인 UAE와 사우디아라비아 등은 국내 전력 수요는 값싼 원전으로 충당하고 값비싼 석유는 수출하겠다는 전략을 구사하고 있다. 이러한 흐름에 맞추어 한국수력원자력은 2013년 1월 말 핀란드 원전 사업에 입찰서를 제출해 프랑스·일본과 경쟁 중이고, 베트남에선 정부 차원에서의 협상도 진행 중이다.[98] 이러한 상황에서 방폐물을 유리고화 영구처리 하는 액티바 신소재와 원천기술이 우리나라 원전기술 및 플랜트 수출과 연계된다면 훨씬 경쟁력이 높아지지 않을까? 액티바 신소재와 원천기술은 저온 용융으로 방사성 물질의 휘발을 방지하고 무결정 유리고화로 재처리 과정에서 분리 추출되는 플루토늄의 핵무기 전용 가능성을 원천적으로 차단함으로써 원자력의 평화적 이용을 담보한다. 전 세계 원전의 아킬레스건을 해결하는 이러한 신소재와 원천기술이 한국에서 개발된 것도 전 세계에 '평화의 불'을 전해 주는 시대적 소명을 다하기 위함이 아닐까?

에너지의 올바른 이용법을 터득하지 못하면 핵무기 제조와 같은 파멸의 길로 들어서게 된다. 그래서 "과학은 철학의 운반선이다."라고 액티바 개발자인 윤 소장은 말한다. 철학이 승선乘船하지 않은 과학은 키(rudder) 없는 빈 배에 불과하기 때문에 바람 부는 대로 몸을 내맡기게 되므로 결국 파괴로 치닫게 된다. '과학의 인간성' 회복을 위해서는 과학은 철학의 운반선이어야 하는 것이다. 기존의 '정상과학正常科學'에 고착되거나 편견을 갖지 말고 무한한 상상력과 끊임없는 도전으로 새로운 것에 대한 수용력을 길러 21세기 과학혁명을 견인해 나간다면, 그리하여 지구 자체가 일종의 거대한 발전기임을 알아 그것을 활용하는 법을 터득한다면 우리 인류는 신과학에서 말하는 프리에너지(Free Energy) 또는 우주에너지(Cosmic Energy)를 공급받을 수도 있을 것이다.

06 수소혁명

화석연료의 종말과
수소시대의 도래

불의 사용으로 시작된 인류의 문명사는 에너지 이용의 역사라고 말할 수 있을 만큼 에너지와 문명의 흥망성쇠는 긴밀한 함수관계에 있다. 존재의 알파와 오메가가 바로 에너지인 것이다. 태양은 매일 지구 표면 1제곱미터당 수천 킬로칼로리의 에너지를 공급하는데, 그중 일부는 생물이 흡수해 생명 유지에 유용한 형태로 변환하고 나머지는 열로 변해 우주 공간으로 돌아간다.[99] 실로 '생명의 난로'인 태양이 쉼 없이 지구에 '불타는 사랑'을 퍼붓지 않는다면 그 어떤 생명체도 존재할 수 없다. 베스트셀러 작가이자 지구의 환경 파수꾼인 톰 하트만(Thom Hartmann)은 그 모든 것이 햇빛에서 시작한다고 말한다. 햇빛은 지구에 에너지를 쏟아 붓고, 그 에너지는 삶과 죽음, 재생의 끝없는 순환 속에서 다양한 형상으로 바뀌어 가며, 일부 햇빛은 땅속에 저장돼 필요시 꺼내 쓸 수 있는 에너지 '예금통장'이 된다는 것이다.[100] 그는 모든 생명체들의 실제 근원이 햇빛, 즉 태양에너지라고 말한다.

우리는 누구나 햇빛으로 이루어져 있다. 열과 가시광선과 자외선을 내뿜는 햇빛은 지상에 존재하는 모든 생명체들의 실제 근원이다. 모든 생명체가 햇빛을 붙잡아 저장할 수 있는 식물 덕분에 존재할 수 있기 때문이다. 모든 동물이 직접(초식동물) 혹은 간접(초식동물을 잡아먹는 육식동물)으로 식물에 의존하여 살아간다. 이것은 포유류와 곤충류, 조류, 양서류, 파충류, 박테리아 따위의 모든 생명체에게 적용된다. 지구상의 모든 생명체는, 식물의 경우에는 햇빛을 받아들여 저장할 수 있기 때문에, 또 동물의 경우에는 이 식물을 먹어 햇빛에너지를 몸 안에 받아들일 수 있기 때문에 존재한다.*[101]

미국 텍사스대 교수인 앨프리드 W. 크로스비(Alfred W. Crosby)는 그의 저서 『태양의 아이들 Children of the Sun』(2006)[102]에서 모든 에너지의 근원이 태양이라고 주장하며 태양과 에너지의 관점에서 인류문명사를 풀어 내고 있다. 태양의 아이들인 인류는 에너지를 얻기 위해 동식물을 섭취하거나 길들여 부리기도 하고, 물의 낙차를 이용해 전기를 생산하고, 풍력을 이용해 배를 운항하기도 했다. 에너지 이용의 역사에서 커다란 변곡점을 맞게 된 것은 제임스 와트(James Watt, 1736~1819)의 증기기관 발명으로 화석연료(석탄)를 에너지화하는 방법을 터득하면서였다. 18세기 말 영국이 산업혁명을 완수할 수 있었던 것은 강력한 동력원인 석탄이 그 나라에 지천으로 깔려 있었기 때문이다. 크로스비에 의하면 송나라는 유럽에서 산업혁명이 일어나기 700~800년 전에 이미 산업혁명을 시작했다. 1078년에 송나라는 숯을 이용해 12만 5000t의 철

* 톰 하트만에 따르면 심해 밑바닥의 유기체와 박테리아들은 해저화산의 분화구에서 나오는 열을 받아 살아가지만, 지구 중심핵의 뜨거운 열은 별에서 지구가 폭발해 떨어져 나올 때 저장된 것이기 때문에 실제로는 이들 역시 햇빛에너지에 의지하여 살아간다고 할 수 있다.

광석을 처리했는데 이는 400년 뒤 유럽의 철 생산량(러시아 제외)의 두 배에 해당한다. 그러나 숯의 원료인 나무가 부족해지면서 좌초됐다고 한다.[103] 2차 세계대전 당시 '발지 대전투(Battle of the Bulge)'에서 연합군이 승리한 것은 무기나 전술 때문이 아니라 나치 군대의 전차 연료가 바닥났기 때문이었다고 한다. 1차 세계대전 당시 미국 하원의원 월터 롱(Walter Rong)이 "병력, 탄약, 자금이 있어도 동력원인 석유가 없으면 별 쓸모가 없다."[104]고 한 말도 같은 맥락에서 이해될 수 있다.

이처럼 에너지는 역사적 사건과 인물 뒤에서 배후조종자 역할을 해온 것이다. 흔히 20세기를 석유 전쟁의 시대, 21세기를 물 전쟁, 희토류稀土類 전쟁의 시대라고 하는 것도 권력을 지탱하고 확장하는 것이 바로 에너지의 확보와 이용에 달려 있음을 단적으로 나타낸 것이다. 프로메테우스의 '불' 이후 인류는 전기와 원자력, 나아가 석유-가스 고갈 시대를 대비해 무한·청정·고효율의 차세대 에너지를 마련하기 위해 핵융합(nuclear fusion) 기술로 '인공태양' 을 만들려는 연구 단계에까지 와 있다. 그러나 크로스비는 인류 문명의 발전에 부스터(booster) 역할을 한 화석연료(fossil fuels)가 중독 현상을 일으켜 '에너지 대량소비'를 촉발하고 에너지를 향한 인류의 끝없는 욕망이 태양에너지를 남용하면서 오늘날의 지구온난화와 같은 대재앙에 직면하게 됐다고 지적한다. 즉, 태양에너지로 만들어진 인류의 1차 에너지원인 동식물, 특히 나무(장작)의 남용으로 삼림이 황폐해지고, 땅속에 저장된 태양에너지인 석탄과 석유까지 남용하면서 재앙이 시작됐다는 것이다.

크로스비는 인류가 산업혁명기부터 화석연료가 무한정한 것으로 착각한 나머지 풍부한 에너지가 마치 인간의 당연한 권리인 것처럼 잘못 생각하여 마약 중독이나 다름없는 '화석연료 중독'에 빠지게 됐고 더 많은 화석연료를 구하기 위해 전쟁도 불사하게 됐다고 분석한다. 고유가·화석연료 고갈 문제를 해결하고 지속가능한 에너지를 확보하기 위해 인류가 다양한 연구 개발에 힘쓰고 있지만, 전 세계 옥수수로 바이오연료를 만들거나, 전 국토를 태양전지판으로 덮지 않는 한 폭증하는 수요를 충족시킬 방법이 없다고 지적한다.[105] 방법은 한 가지뿐이라고 한다. 그것은 우선 선진국 사람들이 무절제한 화석원료의 소비와 같은 현재의 생활 방식을 바꿔야 한다는 것이다. 지금까지 그래왔듯이 에너지를 향한 인류의 끝없는 욕망을 통제하지 못하고 사용하는 에너지의 양을 계속해서 늘려 나간다면 인류 전체의 총체적인 파국이 초래될 수 있다고 경고한다.

크로스비가 지적하는 문제의 핵심은 새로운 에너지로 갈아탄다고 해서 에너지 문제가 해결될 수 있는 것이 아니라는 것이다. 사람과 가축의 육체노동을 통한 원시 동력에서 수력, 풍력 등의 자연 동력으로, 산업혁명기부터는 석탄으로, 20세기엔 석유와 천연가스로, 그리고 20세기 중반 이후부터는 원자력으로 에너지원을 갈아 탔지만 우리의 근본문제는 여전히 남아 있으며 되풀이되고 있다. 우리가 겪는 문제들은 우리 문화에서, 말하자면 세계관에서 나온 것들이기 때문에 에너지원을 갈아 탄다고 해서 해결될 것이 아니기 때문이다. 선진국을 중심으로 한 자원과 에너지의 과잉소비, 지구 경제의 남북간 분배 불균형, 민족간·종교간·지역간·국가간 대립과 분쟁의 격화, 지구온난화와 오존층 파괴, 생물종 다양성의 감소와 대기·해양의 오염, 유해 폐기물 교역과 공해산업의 해외 수출, 그리고 인구 증가와 환경 악화 및 자연재해에 따른 빈곤·실업의 악순환과 수많은 '환경난민'의 발생 등에 대해 유엔을 비롯한 국제적 차원의 정책 공조는 여전히 실효를 거두지 못하고 있다.

국가를 포함한 지구촌의 모든 제도는 의식의 진화에 필요한 사회적 조건의 창출에 관계하며 그 필요가 다하면 사라지기 마련이다. 정치사회의 역사와 인류의 정신사는 정확하게 조응해 있기 때문이다. 이 세상은 우주의 실체인 의식의 투사영投射影인 까닭에 세상이 바뀌려면 먼저 의식이 바뀌어야 하는 것이다. 톰 하트만의 다음 말은 수소시대의 도래를 목전에 둔 인류가 귀 기울여야 할 의미심장한 대목이다: "세상 위기에 대한 대부분의 해결책이 비현실적인 이유는 그것들이 문제를 일으킨 바로 그 세계관에서 나온 것들이기 때문이다…진실로 의미 있는 변화가 이루어지려면 세상을 바라보고 받아들이는 방식을 바꿔야 한다."106

'과학의 인간성' 회복을 위해 전 생애를 바친 생물학자이자 과학사학자인 제이콥 브로노우스키(Jacob Bronowski)는 그의 저서 『과학과 인간의 미래 *A Sense of the Future Essays in Natural Philosophy*』(1977)에서 '진리가 과학의 핵심'107이라고 단언한다. 과학 활동은 진리를 그 자체의 목적으로 전제한다는 것이다. 그는 진리 탐구를 위한 도구로서의 독창성과 독립성의 가치를 높이 평가했다. 또한 그는 과학과 윤리의 접합에 주목하여 인간 존중, 관용, 자유, 정의와 같은 윤리적 가치를 강조함으로써 과학의 윤리성에 대한 논의를 촉발했다. 그의 다음 말은 '인간의 얼굴을 한 과학'을 추구하는 휴머니스트 과학자로서의 면모를 살필 수 있게 한다: "훌륭한 철학뿐만 아니라 훌륭한 과학조차 인간애 없이는 존재할 수 없다. 자연에 대한 이해의 궁극적 목표는 인간성에 대한 이해이며 자연 속에서의 인간 조건에 대한 이해라고 생각한다."108 "새로운 이성주의에 대한 연구는 사회 속의 인간, 인간 속의 사회가 가지는 잠재력, 즉 가장 깊은 의미의 인간 실현에 대한 연구가 될 것"109이라고 한 그의 예단은 '과학의 인간성' 회복의 과제를 안고 있는 오늘의 우리에게 커다란 공감으로 다가온다.

제러미 리프킨은 그의 저서 『수소경제 *The Hydrogen Economy*』(2002)에서 석유시대의 종말과 세계 경제의 미래를 예측하고 있다. 향후 10년 내에 세계 석유 생산량이 정점을 찍고 천연가스 생산량마저 절정에 이를 경우 산업시대 생활 방식의 상당 부분이 와해될 것이라고 보았다. 특히 석유 문제가 부각될 경우 대표적인 두 사태를 예상할 수 있다고 한다. 그 하나는 세계 석유 생산량이 최고조에 이르면 남은 미개발 매장지 거의 모두가 중동의 이슬람 국가들 영토에 편중되게 되므로 현재의 세계 세력 판도에 변화가 생겨 모든 국가의 경제적·정치적 안정이 위협받을 수 있다는 것이다. 다시 말해 '에너지 안보'의 위기를 초래할 수 있다는 것이다. 다른 하나는 세계가 미처 대비하지 못한 상태에서 석유와 천연가스 생산량이 절정에 이르면 각국 정부와 에너지 업계는 석탄, 중유, 타르샌드 등의 화석연료로 눈을 돌릴 것이므로 이산화탄소 배출량이 늘고 지구 표면온도도 예상보다 높아지며 지구 생물권에 더 치명적인 영향을 미치게 된다는 것이다.[110]

그렇다면 무엇으로 석탄, 석유, 천연가스 등 화석연료를 대체할 것인가? 리프킨은 우주에 존재하는 가장 가볍고 가장 보편적이며 결코 고갈되지 않는 '영구 연료(the forever fuel)'인 수소를 기반으로 한 새로운 에너지 체계가 그 답이라고 본다. 그에 따르면 화석연료 시대의 특징인 상의하달식 조직체계는 에너지원에 대한 지배력을 고도로 중앙 집중화함으로써 권위주의적 영리 기업을 강화시키고 오늘날 500개도 안 되는 다국적기업이 모든 경제 활동의 대부분을 통제하도록 만들었다는 것이다. 그는 수소경제의 바탕이 이미 마련되고 있고, 향후 수년 내에 컴퓨터, 통신 혁명이 수소에너지 혁명과 융합되면서 미래의 인간관계를 근본적으로 바꿔 놓을 강력한 혼합물이 생겨날 것이라고 본다. 또한 화석연료 시대에 뿌리 깊게 존재했던 분열주의 지정학('석유의 정치학')은 수소시대의 도래와 더불어 생물권 정치학이라는 새 개념으로 대체될 것이라고 본다. 그렇게 되면 모든 인류가 '강한 힘'을 얻게 되면서 수소는 사상 초유의 진정한 민주 에너지로 등장하게 되리라는 전망이다.[111] 그는 수소시대의 혁명적 도래와 더불어 수소에너지 공유의 실현을 위한 방법을 다음과 같이 제시한다.

세계적인 수소에너지망(HEW)은 역사에 또 다른 기술, 상업, 사회혁명으로 기록될 것이다. HEW는 1990년대 세계적 통신망의 발전 과정을 따르게 될 것이며 통신망과 마찬가지로 새로운 참여문화도 낳게 될 전망이다… 수소가 '만인의 에너지'로 등장하느냐 못하느냐는 초기 개발 단계에서 수소를 어떻게 이용하느냐에 달려 있다… 수소에너지 공유가 실현되기 위해서는 공공기관과 비영리단체, 그중에서 특히 수억의 인구에게 에너지를 공급하고 있는 공공 소유 비영리 전력업체들과 세계적으로 7억 5천명 이상의 회원을 거느린 수천 개 비영리 협동조합이 새로운 에너지 혁명의 초기 단계부터 뛰어들어 모든 나라에 '분산전원 협회(DGA)'가 설립되도록 도와줘야 한다. 인류를 HEW로 한데 묶기 위해서는 민간 부문의 적극적 참여도 필요하다.[112]

미국 록펠러대 환경학자 제시 H. 오수벨에 따르면 에너지 체계의 진화를 이해하는 데 있어 가장 중요한 요소는 '탈탄소화' 경향이다. 탈탄소화란 나무 연료, 석탄, 석유, 천연가스 순으로 단위 질량당 탄소(C)의 수가 적어지는 것을 말한다. 수소 대 탄소 원자 비율을 보면, 나무는 1:10, 석탄은 1:2, 석유는 2:1, 천연가스는 4:1이다. 말하자면 에너지원의 변화에 따른 탈탄소화로 이산화탄소(CO_2) 방출량이 줄어들었다는 것이다. 에너지 형태 또한 무거운 것에서 가벼운 것으로, 물질적인 것에서 비물질적인 것으로 진화하면서 에너지와 경제활동의 탈물질화도 병행돼 왔다. 즉, 에너지 형태가 고체(석탄)에서 액체(석유)로, 그리고 기체(천연가스와 수소 등)로 변하면서 에너지 처리 속도도 빨라지고 효율도 높아진 것이다.[113]

이처럼 철로로 운송되는 석탄에서 파이프라인을 통해 움직이는 석유로, 그리고 석유보다 훨씬 가볍고 빠르게 이동하는 가스로 에너지 형태가 변하면서, 이에 따라 빠르고 효율적이며 가볍고 비물질적인 관련 기술, 상품, 서비스도 등장했다. 에너지의 탈탄소화는 탄소 원자가 전혀 포함돼 있지 않은 수소에너지로 귀착된다. 이는 곧 인류 역사를 오랫동안 지배해 온 탄화수소(炭化水素 hydrocarbon: 탄소와 수소 두 원소만으로 이루어져 있는 유기화합물)의 종말과 더불어 수소가 미래의 주요 에너지원으로 등장하는 것을 의미한다. 수소는 지표면의 70%를 구성하고 있으며 물, 화석연료, 살아 있는 모든 생명체 속에 들어 있지만, 화석연료와는 달리 전기처럼 만들어 내야 하는 제2의 에너지 형태로 존재한다.[114]

프랑스의 공상과학 소설가 쥘 베른(Jules Verne)은 그의 소설 『신비의 섬 L'Île mystérieuse』(1874)에서 인류 문명에 필요한 모든 에너지를 물에서 추출한 수소에서 얻는 날이 올 것이라며 수소를 기반으로 하는 에너지 시스템의 생활화를 예단했다. 수소시대의 도래에 대한 베른의 예단은 21세기 들어 보다 구체화됐다. 2001년 영국의 세계적 석유회사인 로열 더치 셸사(社) 필 와츠 회장은 유엔개발계획(UNDP)이 후원한 포럼에서 화석연료가 21세기에는 수소를 기반으로 한 혁명적인 새로운 에너지 체계로 대체될 것이라며 이 분야의 기술 개발에 대한 강력한 의지를 피력했다. 태양열, 풍력, 지열, 조력 등 다양한 종류의 신재생에너지가 있지만 수소에너지가 '탈화석연료 시대'의 대체에너지원으로 가장 주목받고 있다. 그 이유는 태양열과 태양광 에너지는 대표적인 무공해 무한에너지이긴 하지만 에너지 밀도가 낮고, 풍력·지열·조력 등은 특정 지역에서만 제한적으로 이용 가능한 데 비해, 수소는 우주 구성 원소의 90%를 구성하는 무한·청정·고효율의 지속가능한 미래의 주요 에너지원이기 때문이다.

수소는 영국의 화학자이자 물리학자인 헨리 캐번디시(Henry Cavendish, 1731~1810)가 처음 발견했다. 1776년 그는 전기 불꽃으로 수소와 산소를 결합하여 화합물인 물 생성에 성공한 실험을 영국 왕립학회에 보고했다. 당시는 물 성분에 이름이 없었으므로 그는 하나를 '생명 유지 기체(산소)', 다른 하나를 '가연성 기체(수소)'라고 불렀다. 산소와 수소라는 정식 명칭은 앙투안 로랑 라부아지에가 1785년 캐번디시의 실험을 성공적으로 재현하면서 명명한 것이다.[115] 수소가 모든 생물의 에너지원이라 볼 수 있는 것은, 태양은 수소 핵융합으로 에너지를 방출하고, 식물은 태양에서 나오는 빛으로 광합성을 하고 먹이 사슬을 통해 사람과 동물의 먹거리가 되기 때문이다.

수소가 상업용으로 생산된 것은 1920년대 유럽과 북미에서였다. 1920년 캐나다의 일렉트롤라이저사(社)는 사상 처음으로 물을 수소와 산소로 분리하는 상업용 전해조(電解槽)를 생산해 미국 샌프란시스코의 한 업체에 판매했다. 현재 일렉트롤라이저는 세계 굴지의 전해수소 발생기 생산업체로 성장했다. 영국의 유전학자이자 진화생물학자인 존버든 샌더슨 홀데인(John Burdon Sanderson Haldane)은 수소의 잠재력을 간파하고 1923년 캠브리지대학교에서 강연 중 수소가 미래의 에너지가 될 것이라고 예단했다. 이후 그는 수소의 생산, 보관, 이용법에 관한 실제 청사진을 논문으로 남겼다. 그는 "액화수소가 지금까지 알려진 에너지 보관법 가운데 가장 효율적인 것"이라며, 어디서든 에너지를 저렴하게 얻을 수 있기 때문에 산업이 크게 분산되는 사회적 이점이 있고 또한 매연이나 쓰레기가 전혀 배출되지 않아 지구온난화 가스의 발생을 최소화하는 환경적 이점도 있다고 지적했다.[116] 이후 홀데인의 주장은 항공 연료로서의 수소의 가능성을 간파한 시코르스키(Igor Sikorsky)에 의해서 기술적으로 더욱 정교하게 다듬어졌다.

수소가 항공 연료로 처음 사용된 것은 1920~1930년대의 일이다. 수소는 대서양 정기 항로에 투입된 독일 비행선에 부력제로서 뿐만 아니라 연료 보조제로서도 사용되었다. 1930~1940년대 독일과 영국은 수소를 실험용 자동차와 기차, 잠수함 등의 연료로도 사용했다. 1952년 프란시스 베이컨(F. T. Bacon)은 수소-산소 연료전지(베이컨 전지)를 개발하여 특허를 취득하였고, 미국에서 이 특허를 개량하여 우주계획(US space programme)에 사용하게 됐다. 태양에너지를 기점으로 하는 수소경제(hydrogen economy)는 1962년 전기화학자인 보크리스(Jhon OM Bockris)에 의해서 처음으로 창시됐다. 그러나 과학자, 엔지니어, 정책입안자들이 수소의 연료 가치에 다시 주목하게 된 것은 1973년 석유 위기 이후다. 1974년 3월 '수소경제 마이애미 에너지 회의(The Hydrogen Economy Miami Energy(THEME) Conference)'가 개최되고 국제수소에너지협회(IAHE)가 창설됐다. IAHE 회장인 네자트 베지로글루(T. N. Veziroglu)는 화석연료의 고갈과 지구환경 문제에 대한 영구 해결책으로 수소에너지 시스템을 제안했다.[117]

이후 1980년대 에너지 위기가 완화되고 유가가 다시 떨어지면서 각국의 수소 연구 투자는 급감했다. 그러나 지나친 화석연료 사용으로 야기되는 지구온난화에 대처하기 위해 탄화수소 연료에서 수소에너지로의 전환을 촉구하는 과학자들의 목소리가 높아지면서, 1990년대 수소에 대한 관심이 다시 살아나기 시작했다. 1999년 2월 아이슬란드가 세계 최초의 수소경제 국가에 대한 비전을 공표하면서 수소에너지의 잠재적 가능성은 극명하게 드러났다. 국제수소협회 의장국인 아이슬란드는 지열을 이용한 대표적인 수소에너지 인프라 국가이다. 세 개 다국적기업, 아이슬란드 대학교, 아이슬란드 연구소, 뉴 비즈니스 벤처 펀드 등 여섯 개 아이슬란드 기관으로 이뤄져 컨소시엄 지분 51.01%를 보유하고 있는 합작업체 '아이슬란드 뉴 에너지'는 20년 안에 아이슬란드 경제 전체를 수소 기반으로 바꿔 아이슬란드에서 화석연료 에너지를 추방하고 궁극적으로 유럽에 수소를 수출하는 최초의 수소 수출국이

되려는 야심찬 계획을 가지고 있다.[118]

  한편 미국 캘리포니아 주에서는 태양광을 이용한 해수면 수소 발생 저장을 통해 농업 에너지를 비축하는가 하면, 하와이 주에서는 석유 의존도를 줄이고 풍부한 지열과 태양열을 수소 연료로 전환해 에너지 자급을 도모하고 있고, 몽골에서는 태양광과 풍력을 이용한 수소에너지 발전 시스템의 구축으로 고비사막의 녹지화가 진행 중이다. 기존의 축전지 에너지 저장 방식과는 달리, 대용량의 에너지를 장기보존 관리, 재사용할 수 있는 수소스테이션을 기본적인 인프라로 구축하고, 대체에너지원을 사용해 전력을 생산하여 물 전해電解 방식으로 수소를 추출·저장한 후 필요한 전력을 생산하는 방식으로 완전한 에너지 독립 단지를 조성할 수 있다면, 생태환경과 산업환경 문제는 획기적이고도 근본적으로 해결될 수 있을 것이다. 태양광 분야 중 폴리실리콘 전지판 기술과 수소저장합금 조성 및 수소 함유율 증진 기술이 획기적으로 개발될 경우, 동북아 지역, 나아가 지구촌의 수소에너지 인프라 구축과 지역별 대규모 에너지·식량 단지 조성에 대해서도 생각해 볼 수 있다.[119]

수소에너지 생산 및 실용화

  수소(水素 hydrogen)는 주기율표 1족 1주기에 속하는 비금속원소로 원자번호 1, 원소기호 H, 원자량 1.00794g/mol, 끓는점 -252.87°C, 녹는점 -259.14°C, 밀도 0.08988g/L이다. 'hydrogen' 이란 영어 원소명은 그리스어로 물을 뜻하는 히드로(hydro)와 생성한다는 뜻의 제나오(gennao)가 합쳐진 데서 유래했다. 수소는 모든 동식물, 물, 석탄, 석유 등을 구성하는 성분 원소의 하나로 수소 원자 두 개가 결합한 상태, 즉 수소 분자(H_2)로 존재한다.[120] 수소는 가장 가볍고 우주 질량의 75%, 우주 구성원소의 90%, 인체 구성원소의 63%

를 차지하는 가장 풍부한 원소로서 무색·무미·무취의 기체다. 매장 지역이 편중돼 있고[121] 재생이 불가능하며 매장량이 한정돼 있는 화석연료와는 달리, 수소는 풍부한 물을 원료로 이용해 만들어낼 수 있고 사용 후에는 다시 물로 재순환되므로 고갈될 위험이 없는 무한 에너지원으로 기대를 모으고 있다.

에너지 자원에는 석유·석탄·천연가스 등의 화석연료, 태양·지열·풍력·해양 등의 자연에너지, 그리고 원자로·고속증식로나 핵융합로 등에 의한 핵에너지가 있다. 현재의 에너지 시스템에서는 1차 에너지인 화석연료의 대부분을 석유제품, 도시가스, 코우크스 등의 연료와 전력이라는 2차 에너지로 변환하여 파이프라인이나 송전선 등의 각 네트워크로 수송하여 공장이나 가정으로 공급한다. 말하자면 현재의 에너지 시스템은 연료와 전력의 이원二元 체제를 기반으로 한 복합 시스템이다. 지금까지 필요한 에너지는 주로 화석연료에 의해 충족됐지만, 매년 에너지 소비량이 급상승함에 따라 현재의 에너지 시스템은 석유 자원의 고갈 위험과 화석연료에 의한 지구환경의 변화로 지속가능하지 않은 것으로 드러났다. 이에 따라 에너지 자원의 다양화에 의한 효율적인 에너지 이용법이나 새로운 대체에너지원의 개발이 인류의 중요한 과제로 떠오르게 되었다. 미래의 에너지 소비는 화석연료의 비중이 감소하고 이를 대체하는 태양열, 지열, 풍력, 해양 등의 재생 가능한 자연에너지나 원자로, 고속증식로 등과 같은 핵에너지의 비중이 점차 증대될 전망이다. 이러한 에너지 소비 시스템에서는 일반적으로 에너지는 열의 형태로 공급되고 전기에너지의 잉여분을 저장·수송이 가능하도록 2차 에너지를 연료로 변환하여 이용하는 기술 개발이 시급하다.[122]

수소는 물을 전기분해나 열분해에 의해 제조하고, 이 수소를 고압기체수소,

액체수소 또는 금속수소화물의 형태로 저장, 수송하여 필요에 따라 수소를 연소하여 열에너지로, 내연기관을 이용하여 기계에너지로, 또한 연료전지와 더불어 전기에너지로 모두 높은 효율로 변환하여 이용할 수 있고, 수소는 다시 물로 되돌아간다. 이런 수소는 에너지변환매체로서 매우 우수하여 수소에너지 시스템의 개발은 그 필요성이 뚜렷한데 그에 따른 유효 적절한 에너지변환·저장기술을 확립하는 것이 급선무이다.[123]

수소가 2차 에너지로서 각광을 받게 된 것은 다음과 같은 특징 때문이다. 첫째, 풍부한 물을 원료로 하고 있고 각종 1차 에너지를 사용하여 제조되므로 자원 고갈의 우려가 없다는 점, 둘째, 연소시 물과 극소량의 질소산화물만 발생할 뿐 다른 공해 물질이 전혀 발생하지 않는 청정 연료라는 점, 셋째, 물에서 수소를 생성하고 생성한 수소를 연소하여 다시 물로 재순환하는 사이클이 빠르게 진행되므로 지구상의 물질 순환에 피해가 없다는 점, 넷째, 전력은 저장이 어렵지만 수소에너지는 저장이 용이하다는 점, 다섯째, 수소에너지는 석유를 대신해 유체에너지로서 자동차나 항공기, 로켓 등의 연료로 사용될 수 있다는 점, 여섯째, 수소와 금속 또는 합금과의 가역반응이 에너지 변환 기능을 갖고 있으므로 케미컬 히트펌프나 전지 등의 광범위한 이용이 가능하다는 점, 일곱째, 수소에너지는 연료전지(fuel cell)에 의해 직접 발전도 가능하다는 점, 여덟째, 화학공업용 등의 원료로 널리 사용된다는 점* 등이 그것이다.[124]

---

* 수소는 가격이 高價여서 우주계획을 제외하고는 연료 또는 에너지 전달 물질로서 직접 사용되고 있지는 않다. 수소는 화학공업용 등의 원료로 널리 사용되고 있는데, 원유의 질을 높이기 위한 정제공장이나 각종 화합물을 합성하기 위한 화학공장 및 야금처리과정에서 사용되고 있다.

이러한 특징을 갖는 수소가 대량으로 저렴하게 생산되면 현재의 전력 경제는 수소에너지 경제로 대체될 것이다. 화석연료·원자력·태양열·지열·풍력·해양 등의 1차 에너지와는 달리, 수소는 1차 에너지를 이용하여 물·화석연료·바이오매스 등 자연으로부터 추출해 연료전지에 저장한 뒤 전기로 변환시켜 사용할 수 있는 2차 에너지이다. 수소 연료전지로 아득한 미래까지 쓰고도 남을 전기를 생산해 낼 수 있으나, 문제는 생산 단위당 연료전지의 비용이 아직은 비싸고 또 현재 대다수 연료전지가 천연가스 등 너무 '더러운' 탄화수소 연료를 이용한다는 것이다. 그리하여 새로운 에너지 게임에 뛰어든 참여자들은 비용 문제에 대처하고 새 에너지 시대로 나아가는 길을 닦고자 '분산전원' - 공장, 기업, 공공건물, 주거지 등 최종 소비자가 머무는 지역이나 인근에 위치한 집합 혹은 단독 소형 발전소-이라는 혁신적 송전 방식에 주목한다. 컨설팅업체 아서 D. 리틀은 1999년 백서에서 '분산전원'이 기존 송전망의 보완 시스템이나 대안으로 기능할 가능성과 더불어 공업, 상업, 주거 환경에 전력 공급 솔루션을 제공할 수 있는 것으로 결론지었다.[125]

에너지 매체로서의 수소의 용도는 세 가지로 대별된다. 첫째는 석유를 대신하는 유체에너지라는 점이다. 고갈될 위험에 처해 있는 석유를 대신해 고출력의 수소에너지를 이용하면 발열량이 높은 에너지를 필요로 하는 자동차나 항공기, 로켓 등의 연료로 사용할 수 있다는 것이다. 수소는 발열량이 석유보다 약 세 배가량 높은 효율적인 에너지이다. 둘째는 에너지의 수송 및 저장이 가능한 화학적 매체라는 점이다. 전기에너지는 에너지의 수송 매체로서 가장 우수한 성질을 갖고 있지만 저장할 수 없다는 단점이 있다. 따라서 새로운 저장 시스템이 필요한데 여기에 수소를 이용한다는 것이다. 즉, 저장이 불가능한 전기에너지를 저장하기 쉬운 화학에너지인 수소로 변환하여 저장하는 것이다. 또한 수소는 중량 당 에너지 밀도가 높은 우수한 수송 매체이다. 셋째는 에너지 변환의 매체라는 점이다. 수소와 금속 또는 합금의 반응은 가역성이 우수하여 에너지로 변환하는 기능을 갖는다는 것이다.[126]

수소는 우주에서 가장 풍부하게 존재하는 원소이지만 자연 상태에서 단독으로 존재하는 경우는 거의 없다. 수소는 자연 상태에서 거의 대부분 수소 기체가 아닌 수소 화합물로 존재하기 때문에 자연으로부터 추출·저장해 전력 생산에 이용하려면 시간, 노동, 자본이 들어간다. 수소를 생산하는 방법에는 수증기 개질改質 공법 및 부분 산화법, 전기분해법, 석탄 가스화 및 열분해법, 부생副生수소(원유 정제 과정에서 부산물로 나오는 수소), 물의 열화학분해법 및 광분해법[127] 등 여러 가지가 있다. 이 가운데 가장 효율적이고도 경제적으로 광범위하게 이용되고 있는 수소 생산방법은 탄화수소(주로 천연가스)를 증기로 개질하는 방법이다. 아직까지는 수증기 개질 공정이 가장 저렴한 수소 생산법이기 때문에 오늘날 수소 가운데 반 정도는 수증기 개질 공정을 거쳐 천연가스로부터 추출된다. 그러나 천연가스는 탄화수소체이기 때문에 수증기 개질 공정에서 이산화탄소가 부산물로 생성돼 지구 환경을 악화시킨다는 문제가 있다. 더욱이 2020년경 세계 천연가스 생산이 절정에 이르고 2025년 이후 천연가스 가격 상승으로 발전용 천연가스 소비가 급감할 것이라는 예측[128]도 나오고 있다.

오늘날 수소 생산은 대부분 저렴한 천연가스 또는 원유부산물(피치)을 분해하여 생산하므로 에너지 단가가 천연가스나 원유보다 고가일 수밖에 없다. 수소는 산업용 기초 소재에서부터 일반 연료, 수소자동차, 수소비행기, 연료전지 등 현재의 에너지 시스템에서 사용되는 거의 모든 분야에 이용 가능하지만,* 현재로서는 가격이 비싸 우주 로켓이나 부가가치가 높은 화학공업용 등의 원료로만 사용된다. 앞으로 경제성이 확보되면 일반 연료나 동력원 등으로 사용이 가능할 것이다. 화석연료 고갈과 지구 환경 악화로 21세기에는 에너지원의 다양화에 의한 안정적인 공급원 확보와 에너지의 청정화가 요구된다. 따라서 향후 에너지 산업에서는 화석연료 의존도를 줄이고 원자력, 태양열, 풍력, 수력, 지열 등의 재생 가능한 대체에너지원을 사용해 전력을 생산한 후 공해가 전혀 발생하지 않는 물 전해(電解 electrolysis) 방식으로 수소를 추출·저장하여 필요한 전력을 생산하는 방식이 요망된다. 수소 생산에 재생 가능한 대체에너지원을 활용하면 이들 에너지가 '저장' 에너지로 전환돼 언제, 어디서든 이용할 수 있고 이산화탄소 방출도 전혀 없다는 장점이 있다.

수소는 인류 사회에 '지속적으로 전력을 공급할 수 있는 가장 확실한 에너지 저장 수단'[129]이다. 현재 발전소의 에너지는 저장이 매우 어렵기 때문에 생성되자마자 사용되지 않으면 대부분 버려진다. 따라서 불규칙적으로 생산되는 재생에너지와 마찬가지로 수소 저장 기술로 저장할 필요가 있다. "어떤 에너지로 전기를 생산할 경우 전기는 즉각 흐르고 만다. 따라서 태양이 구름에 가려지거나 바람이 불지 않는다면, 화석연료를 더 이상 얻을 수 없다면, 전기 생산은 불가능하고 그 결과 경제 활동도 멈추게 될 것"[130]이기 때문이다. 오늘날 원자력발전의 증대로 심야 전력 생산이 수요보다 많아지면 이때

---

* 수소 응용분야는 에너지와 수송(자동차, 선박, 비행기)뿐 아니라 근년에는 의학 분야에서도 활발한 연구가 진행되고 있다. 인체 구성원소의 63%가 수소이니, 앞으로의 연구 진전을 기대해 볼 만하다. 본서에서 주요하게 다루고 있는 액티바의 원리 또한 물 분자와의 공명 활성도를 높여 물이 가지는 물성을 고도화하는 원리이다. 액티바의 生育光波는 물(체액, 혈액)의 활성화와 더불어 체내 포화지방을 분해하는 강한 지방 분해력이 있고, 또한 혈액 속에 있는 화학물질·농약성분·중금속 및 각종 노폐물 등을 흡착 배출하는 강한 흡착력이 있어 정혈작용이 특히 뛰어나다. 이러한 액티바의 강한 흡착력을 활용하여 방사성 핵종 폐기물의 흡착 유리고화에 성공한 것이다. 인체의 70%가 물이니, 의학 분야에서도 액티바의 원리를 응용한 연구가 활성화될 것으로 기대된다.

잉여 전력으로 물을 전기분해하여 수소를 추출해 낼 수 있다. 무탄소 재생 가능 에너지로 생산한 전력을 물 전기분해에 활용해 수소를 추출·저장할 수 있게 되면 환경친화적인 에너지 체계 구축에도 크게 도움이 될 것이다. 높은 전기료 때문에 현재 수소의 연간 생산량 가운데 물 전기분해로 얻어지는 것은 4%에 불과하다. 그러나 중·장기적으로 볼 때 재생 가능 에너지로 전기분해용 전력 생산에 드는 비용은 지금보다 훨씬 줄 것으로 기대된다.

수소의 저장 방법에는 15~20MPa(메가 파스칼)의 고압수소가스로 저장하는 방법, 수소가스를 0.1MPa로 -253°C까지 냉각시켜 액체수소로 저장하는 방법, 금속이나 합금이 수소와 반응하여 금속수소화물로 저장하는 방법 등이 있다. 수소는 고압 봄베로 채우면 약 1/150으로 축소할 수 있고, 액화하면 약 1/800으로 축소할 수 있으며, 금속수소화물로 저장하면 수소의 체적을 약 1/1000으로 축소하여 저장할 수 있다. 금속수소화물로 저장하는 방법은 수송 가능한 새로운 수소 저장법으로 주목받고 있다.[131] 대표적인 수소저장합금(水素貯藏合金 hydrogen storage alloy)으로는 Mg_2Ni, $LaNi_5$, $TiFe$ 등이 있는데, 네덜란드의 필립스연구소에서 발견된 희토류계 합금($LaNi_5$)은 고가高價인 점을 제외하고는 현존하는 실용합금 중에서 제일 우수한 특징을 갖는 것으로 평가된다.[132] 액티바 첨단소재와 원천기술을 개발한 윤희봉 소장에 따르면 비철금속인 액티바를 사용해 수소를 저장하면—그는 이것을 '수소무기물합성'이라고 부른다—중국의 특허권에도 저촉되지 않을뿐더러 액티바가 육각형의 벌집형 구조로 돼 있어 수소저장합금에도 유효하다고 한다. 저장합금은 폭발을 방지하고 압축 저장하여 오래 쓸 수 있게 하므로 순수 수소를 사용하는 핵잠수함 등에 주로 이용되고 있다.

수소의 안전성에 관한 성질을 보면, 수소는 폭발 범위, 폭파 범위가 넓고 착화가 쉬우며 확산 속도가 빠르고 누출이 쉬워 폐쇄된 공간에서는 폭발하

한계에 이르기 쉽다. 그러나 수소의 비중이 매우 작고 공기 중에서 부양 속도, 확산 속도가 빠르므로 개방 공간에서의 폭발은 거의 없어 안전성이 높다고 한다. 실내에서는 상향 환기(upward ventilation)하면 가솔린이나 프로판과 비교해 폭발 및 화염의 위험성은 낮다는 것이다.[133] 사실 폭발의 위험은 수소뿐만 아니라 천연가스, 석유 등 모든 종류의 연료가 다 가지고 있다. 전문가들에 따르면 수소는 우주에서 가장 가벼운 기체인 까닭에 누출 후 축적되지 않고 빠르게 확산되므로 오히려 수소가 여타 탄화수소 계열의 연료보다 안전성 확보가 쉽다고 말한다. 앞으로 수소에너지의 실용화를 위해서는 몇 가지 기술 개발의 선결과제가 있다. 즉, 값싼 수소를 대량으로 제조할 수 있는 기술 개발, 수소를 안전하게 저장·수송할 수 있는 기술 개발, 효율성이 높은 수소에너지 변환 기술 개발, 수소에너지 응용 기술 개발, 사회적 에너지로서의 기술 개발[134] 등이 그것이다.

윤 소장에 따르면 액티바는 수소에너지 생산 소재로도 활용될 수 있다. 경제성이 높은 값싼 대체에너지인 원자력발전으로 전력을 생산한 후 액티바 신소재와 기술을 적용해 물 전해電解 공정을 거쳐 수소를 추출하면, 액티바가 7~20㎛ 파장대 광파를 흡수·방사하여 물 분자를 공명시켜 에너지를 증폭시키게 되므로 기존 전기분해 방식에 의해 추출하는 것보다 70~100% 증산할 수 있다고 한다. 광에너지를 흡수 방사하는 무기물 이온 교환체인 액티바는 기존의 무기이온교환체보다 그 특성과 기능이 월등히 우수한 것으로 나타난다. 윤 소장의 설명에 따르면 액티바 공법은 물의 고분자 덩어리(클러스터 cluster)를 저분자 덩어리로 분해하여 표면적을 넓게 하므로 스파크 작용을 받는 전기 영향권이 넓어져 같은 전력으로 기존 생산 능력보다 배倍를 증산할 수 있는 기술이다. 또한 이 공법이 전기 더빙(dubbing)에 응용되면 액티바의 작용으로 물 알갱이가 작게 분해돼 수증기 양이 많아지고 압력이 커져 전력이 30~50% 증산될 수 있다고 한다.

액티바 기술력의 핵심은 전자파의 파동 증폭으로 높은 에너지를 얻어 물 분자와의 공명 활성도를 높여 물이 가지는 물성을 고도화하는 것이다. 대체 에너지원 가운데 원자력은 가장 저렴하고, 또한 원자력발전에 따른 방사성 핵종 폐기물(방폐물)은 액티바가 유리고화琉璃固化 영구처리할 수 있으므로 안전성도 확보된다. 그렇게 되면 값싸게 대량으로 수소를 제조할 수 있으므로 수소에너지의 실용화를 촉발할 수 있다. 원자력발전은 다른 발전에 비해 전력 판매 단가가 현저하게 낮을 뿐만 아니라 지구온난화 주범인 이산화탄소 배출이 전혀 없고 대기 오염을 극소화한다는 점에서 화석연료의 대안이자 신재생에너지의 실용적 한계를 극복할 수 있는 방책이다. 화석연료의 종말에 대한 예측과 더불어 화석에너지 사용에 따른 기후 변화의 위기가 지구촌을 강타하고 있는 현 시점에서 신재생에너지는 아직 경제성과 기술 개발이 미흡한 단계다. 따라서 원자력발전으로 전력을 생산하여 액티바 첨단소재와 원천기술을 적용해 물 전기분해 공정을 거쳐 더 많은 수소를 추출할 것이 요망된다.

이와 같이 대체에너지원 가운데 가장 저렴한 원자력발전으로 전력을 생산하고, 방폐물은 액티바가 유리고화 영구처리하며, 액티바 신소재와 첨단기술을 적용해 물 전해電解 공정을 거쳐 수소를 증산하면 생산원가 절감으로 경쟁력이 제고될 뿐만 아니라 안전성도 확보되므로 원자력시대에서 수소시대로의 이행을 촉발할 수 있다. 지구 환경 회복과 청정 대체에너지원의 확보, 그리고 인류의 삶의 질의 향상을 위해서는 특히 수소에너지 브라운가스 (Brown Gas $2H_2 + O_2$)* 산업이 대단히 중요하다. 수소에너지 브라운가스(워터에너지)[135]는 물의 전기분해 방식에 의해 생산되는 완전 무공해 연료로서 물(H_2O)의 구성비 그대로 수소와 산소가 2:1로 혼합된 상태로 존재하는 혼합가스다. 불가리아 태생의 호주 과학자 율 브라운(Yull Brown)**이 개발했다고 하여 브라운가스로 불린다. 브라운은 브라운가스를 자동차 연료로 쓰는 실험에 성공하여 '물로 가는 자동차'의 청사진을 제시함으로써 오늘날 '수소자동차'로의 길을 열었다. 브라운가스는 자체 산소에 의해 완전 연소되는 독특한 연소 특성을 나타내는 까닭에 단순히 수소만으로 존재하는 종전의 수소가스나, 산업현장에서 널리 쓰이는 기존의 수소·산소 혼합가스와는 달리 명명하게 된 것이다.

브라운가스는 에너지를 일으킨 후 물이 되고 물은 다시 브라운가스로 생산되고 수증기로 증발하여 대기 건조를 막고 또 습도를 높여 미세 분진粉塵을 잡는 데에도 크게 기여할 수 있다. 브라운가스가 실용화되기 위해서는 전력 생산비를 최대한 낮추어 원가 절감과 수송 등 공급 구조 및 공급의 안정성 등이 평가돼야 한다. 현재 가장 저렴한 전력 생산 방법은 원자력발전이다. 원자력과 액화천연가스(LNG)의 1,100kW/h 생산연료비는 4억$:80억$, 즉 1:20이다(한국원자력연구소 국회포럼 제공). 전력 생산을 위해 화석에너지가 연간 350억$ 소모되어 100% 수입에 의존하고 있으며 공해 방지 비용이 9조원에 달하는 실정이다. 특히 경인 지역이 전국 에너지 소모량의 60%를 차지하며 경인 지역 자동차 연료 소모도 80억$/년으로 추정된다.[136] 따라서 액티바 신소재와 첨단기술을 전기 더빙에 응용하고 물 전해 공정에 적용해 전력과 수소를 증산

* 2002년 2월 28일 대체에너지 개발 및 이용·보급촉진법 개정 법률안이 국회를 통과함에 따라 물 전기분해 방식에 의해 생산되는 브라운가스는 수소에너지라는 이름의 대체에너지로 입법화됨으로써 수소에너지라 불리게 됐다.
** 1971년 무공해 에너지 개발에 착수한 브라운은 물(H₂O)에서 나오는 수소원자와 산소원자를 잘 혼합하면 보다 안전하게 연소된다는 사실을 발견하고 고효율의 電解槽 개발에 성공함으로써 독특한 연소 특성을 나타내는 혼합가스를 개발하게 되었다.

하고 방폐물은 액티바가 유리고화 영구처리하면 경제성이 보장되고 공해가 없으며 대량생산도 가능해진다.

또한 브라운가스는 기존 설비를 이용할 수 있으므로 보완시설이 많이 필요치 않고, 수소가스와 달리 압축 저장할 필요가 없으며, 가스렌지처럼 노즐 끝에 전기촉매를 써서 전기스파크를 일으켜야 불이 켜지므로 위험하지 않다. 윤 소장에 따르면 브라운가스는 1800°C를 넘지 않으면 폭발할 위험이 없으므로 안전성이 보장된다. 화재시 콘크리트가 용융되는 온도가 1200°C라고 하니, 고압가스통과는 달리 화재시에도 폭발할 위험이 거의 없다고 볼 수 있다. 브라운가스는 주로 용접, 특수 가열 등의 용도로 사용되지만, 공급가격의 안정화가 이루어지면 일반 가정이나 발전소 등에서 연료로 사용할 수 있다. 청정에너지로 높은 평가를 받고 있는 브라운가스는 중국 등 세계 여러 나라에서 실용화가 추진되고 있는 추세다. 브라운가스의 실용화는 무엇보다도 저렴한 핵연료로 원자력 전력을 생산하여 생산원가를 절감하고, 또한 원자력발전에 따른 방폐물은 액티바에 의한 유리고화 영구처리로 안전성이 입증되어야 한다. 그렇게 되면 브라운가스는 온실효과에 따른 지구온난화를 완화하고 청정 문화사업을 활성화하는 데 크게 기여할 수 있을 것이다.

수소경제 비전과
에너지의 민주화

1974년 3월 세계 각지에 있는 일단의 과학자들이 '수소경세 마이애미 에너지 회의'에 참가해 수소에너지 시스템을 기반으로 하는 '수소경제'를 제창한 지도 어언 40년이 다 되었다. 이제 수소경제는 가시권으로 진입했다. '수소경제'를 주창한 제러미 리프킨의 말처럼 인류 역사상 처음으로 어디서든 구할 수 있는 에너지 형태, 이른바 '영구 연료'를 손에 넣을 수 있는 문턱까지 이르렀다. 리프킨은 2020년경 세계 석유 및 천연가스 생산이 절정에 이르면 그 대안으로 수소에너지가 인간 문명을 재구성할 새로운 에너지 체계로 부상하면서 기존의 경제, 정치, 사회를 근본적으로 바꿀 것이라고 예단했다.

> 수소경제시대에는 모든 사람이 소비자인 동시에 잠재적인 에너지 공급자가 될 수 있다. 즉, 수소에너지 망(HEW)에 각자의 연료전지를 연결하는 분산적 시스템을 통해 역사상 처음으로 민주적인 에너지 권력 시대에 들어서는 것이다. 또한 저렴한 수소에너지는 제3세계를 빈곤의 굴레에서 벗어나게 할 것이며 세계 권력 구조를 재편할 것이다.[137]

리프킨은 수소경제 인프라 건설이 상업적 열의만 있다면 10년 안에 가능하다고 본다. 오늘날 인터넷 경제와 웹 인프라가 10년도 채 안 돼 정착되어 사업 및 통신 방식에 근본적 변화를 몰고 왔듯이, 수소경제와 세계 에너지망이 차세대 상업혁명을 견인할 것이라는 전망이다. 또한 컴퓨터, 휴대폰, 휴대용정보단말기(PDA)처럼 수소 가격도 결국 저렴해질 것이며, 그렇게 되면 에너지 민주화의 길이 열리면서 수소는 '만인의 에너지'로 등장할 것이라고 내다보았다.[138] 그는 오늘날 세계 경제 위기가 화석연료에 의존한 지금의 경제성장 모델이 그 유효성이 다해 가는 데서 오는 말기적 증세며 성장이냐 복지냐 식의 의미 없는 이분법 논쟁에 빠지기보다는 다가오는 수소경제시대에 대비하는 것이 더 중요하다고 말한다.

그의 수소경제 비전은 에너지 체계가 문명의 성격을 결정한다는 대전제를 바탕으로 하고 있다. 21세기에는 에너지 생산 및 분배의 통제 중심이 '화석연료를 기반으로 한 중앙집권형 거대 에너지기업 중심에서, 거주지에서 직접 재생 가능 에너지를 생산하고 잉여분은 에너지 정보 공유체를 통해 교환하는 수백만의 소규모 생산자 중심으로'[139] 이동할 것이라고 본다. 이로 인해 물자의 분배 방식뿐만 아니라 정치권력의 행사 방식, 사회적 관계의 관리 방식, 나아가 문명의 구성 방식까지 에너지 체계가 총체적으로 결정하게 되는 것이다. 이러한 '에너지의 민주화'에는 미래 인류 문명을 재구성할 심오한 암시가 함축돼 있다. 누구든 에너지 소비자인 동시에 생산자가 되면 에너지 통제권 부여와 에너지 민주화로 기존의 상의하달식 접근법은 하의상달식 접근법으로 대체될 수밖에 없는 것이다. 한마디로 세계 경제의 패러다임 전환에 따른 수평적 권력이 에너지, 경제, 그리고 세계 권력 구조를 재편하게 되리라는 전망이다.

리프킨은 오늘날 수소연료전지 '분산전원' 기술이 컴퓨터 및 통신 혁명과 맞물려 새 경제 시대를 열기 시작했다고 본다. 분산전원, 지역 에너지망 및 세계 에너지망 구축은 세계 통신망 건설에 뒤따르는 당연한 결과로서 쌍방향 통신과 쌍방향 에너지 공유라는 두 기술 혁명이 계속 융합하며 새로운 유형의 경제, 사회 기반을 조성하고 있다는 것이다.[140] 미국 에너지부가 외부에 의뢰해 2000년 발표한 연구 보고서에 따르면 쌍방향 에너지망 창출의 가장 큰 걸림돌은 '전력 독점 공급과 낡은 규제 정책 및 인센티브'인 것으로 판명됐다. 그런데 보고서가 발표된 지 2년 만에 변화의 조짐이 나타났다. 전력업계는 송전망 독점 유지에서 얻을 수 있는 이점보다 분산전원으로 얻을 수 있는 이점이 많다는 결론에 이르면서 분산전원 발전기의 소유주 및 운영자들과 협력해 쌍방향 에너지망을 창출하기 시작한 것이다. 그러나 여전히 남은 문제는 분산전원 소유주도 공정하고 동등하게 기존 송전망에 접근할 수 있게 하는 단일 표준을 확립하는 것이다.[141]

그에 따르면 오늘날 인터넷 세대에게는 사유제냐 공유제냐, 자본주의냐 사회주의냐 보다는 정치 제도가 수평적이냐 수직적이냐, 분산적이냐 집중적이냐가 관건이다. 말하자면 '소유'가 아닌 '공유'가 새로운 경제 모델이 되고 있는 것이다. 그는 수소경제의 미래가 수소의 '지위'를 어떻게 정하느냐에 따라 결정된다고 보고 이는 월드 와이드 웹으로부터 교훈을 얻을 수 있다고 한다. 웹은 중앙통제실이 없는 분산 통신망이기에 누구든 중앙이 될 수 있다. 웹은 모든 이용자가 언제든 콘텐츠 공급자가 될 수 있도록 고안돼 누구든 다른 사람과 접촉하고 상호작용에 참여할 수 있게 하는 일종의 네트워크다. 인류 역사상 유례가 없는 통신의 민주화가 이루어진 것이다. 이러한 새로운 쌍방향 통신 매체 시대의 도래와 더불어 지금도 계속되고 있는 핵심적인 논란거리는 무료 정보는 무엇이고 저작권 소유자나 시스템 관리자에게 사용료를 지불해야 할 정보는 무엇이냐 하는 것이다. 수소에너지망(HEW)을 둘러싸고 이와 유사한 논란이 벌어질 수 있다. 인터넷에서 정보가 자유롭게 유통되듯 우주에서 가장 기본적이고 보편적인 원소인 수소도 자유롭게 공유해야 한다고 주장할 수 있다는 것이다.[142]

리프킨은 인류가 수소 시대 초기부터 수소에너지원의 특성이 가장 잘 반영된 제도적 틀을 짜는 문제에 대해 심사숙고해야 한다고 강조한다. 재생 불가능한 화석 에너지원의 경우 에너지 처리비는 처음에는 많이 들다가 관련 기술의 정교화와 비용 저감低減으로 감소하지만 결국 매장량이 고갈되면서 다시 늘어나기 마련인 데 비해 가장 풍부한 원소인 수소는 다르다는 것이다. 수소는 대량으로 생산될수록 처리비는 저렴해져 결국 '무료'에 가깝게 될 것이라는 전망이다. 하지만 수소 운송용 첨단 에너지망을 구축하고 유지하는 데 많은 비용이 들 수 있기 때문에 수소에너지망과 거기서 비롯될 수소경제는 색다른 구조적 설계가 필요하다는 것이다. 그것은 새 에너지 체계의 사유와 공유 양 측면이 적절히 조화를 이룬 공생관계로 사업 방식을 이끌어 갈

설계여야 한다는 것이다.[143]

  과학과 기술의 꾸준한 혁신에도 불구하고 세계 빈부 격차는 오히려 늘어나고, 세계의 많은 지역이 절망적 빈곤으로 허덕인다. 리프킨은 세계 전역에서 빈곤이 지속되는 주요 원인 중 하나가 에너지, 특히 전기에 접할 수 없다는 점을 든다. 전력이 있어야 농기구를 가동하고 공장과 작업장을 운영하며 가정, 학교, 기업의 전등을 밝힐 수 있다는 것이다. 현재 세계 인구 중 1/3이 전력에 전혀 접하지 못한다는 것은 땔감이나 가축 분뇨 등을 찾아 헤매는 일상의 생존 노동에 묶여 경제적 기회를 놓치고 있음을 의미한다. 그에 따르면 인간이 단순한 생존 차원을 넘어 진보할 수 있는 역량의 잣대는 1인당 에너지 소비량이다. 오늘날 개도국 전역의 1인당 에너지 소비량이 미국의 1/15에 불과하고 세계 평균 1인당 에너지 소비량이 미국의 1/5에 불과하다는 사실은 에너지에 접할 수 있는 '연결자'와 그렇지 못한 '비연결자'의 골이 매우 깊다는 것을 말해 준다.[144] 이러한 골을 메워 나가는 것이 빈부 격차를 줄이는 길이다.

  에너지 '연결자'와 '비연결자' 사이에 날로 벌어져 온 빈부 격차는 화석연료 에너지 체계의 본질에서 비롯된 것이다. 다시 말해 화석연료 시대와 더불어 등장한 고도로 중앙 집중화한 에너지 인프라와 그에 걸맞은 경제 인프라가 소수에 의한 다수의 지배를 가능케 했던 것이다. 정치적 경계선에 의해 생겨난 민족국가는 화석연료 시대의 독특한 산물로서 그러한 경계선은 생태계의 역동성과 무관했던 까닭에 주민들이 지속가능한 방식의 삶을 영위하기 힘들었다. 하지만 탈중앙화, 민주화한 에너지망이 갖춰진 수소경제에서는 생태학적으로 보다 지속가능한 방식으로 상공업 활동이 확산되면서 거주 지역의 밀도가 균형을 이루게 될 것이라고 리프킨은 전망한다.[145]

  이렇게 볼 때 수소에너지 체계로의 전환과 세계 각지의 지역사회를 한데 잇는 분산전원 에너지망 구축이야말로 수십억 인구가 빈곤에서 벗어날 수 있는 유일한 방법이다. 분산 에너지 인프라는 개인, 지역사회, 국가들이 각기 독립된 가운데 상호 의존의 가치도 수용함으로써 에너지 민주화의 기틀을 마련할 것이다.[146] 개인이나 지역사회가 모두 에너지 소비자인 동시에 생산자가 되면 권력 형태에도 극적인 변화가 생겨 하의상달식 세계화 재편이 이뤄질 것이다. 그렇게 되면 "지구의 다양한 생리학이 집약된 경제, 사회 구조를 창출함으로써 본질상 생명에 긍정적인 세계로 나아갈 수 있다. 오랫동안 군림해 온 잔인한 지정학에 결국 종지부를 찍고 생물권 정치학으로 영구히 대체하기 위한 새로운 순롓길로 나설 수 있다."[147]고 리프킨은 말한다.

우리나라의 경우 수소경제 전환 추진 전략은 오는 2040년쯤으로 예상되는 화석연료 고갈에 대비하고 기후변화협약 등 국제적인 환경 규제 강화 추세에 부응하여 현재의 석유 중심 경제체제가 무공해 무한 에너지인 수소 중심 경제체제로 재편되는 미래 사회를 열기 위한 것이다. 국가 경제가 유가 상승에 좌우되는 석유 의존 경제체제로는 지속가능한 경제발전을 도모할 수가 없으므로 장기적인 대책 마련이 필요하다는 정부의 판단에 따른 것이다. 2005년 9월 '친환경 수소경제 구현을 위한 마스터플랜(안)'이 확정되고 2040년 상용화 단계에 이르기까지 수소경제 실현을 위한 구체적인 로드맵도 나왔다. 연료전지 개발에 중심을 둔 산업화 전략과 연료전지산업이 도입되는 수송용, 발전용, 가정용의 분야별 정책 방향 등 액션플랜(action plan)도 마련됐다. 정부가 마련한 마스터플랜에 따르면 수소경제에 진입하기 위해 추진되는 3단계 계획은 2010~2020년까지의 기술 개발 단계, 2020~2030년의 도입 단계, 그리고 2030~2040년의 상용화 단계로 이뤄져 있다.[148]

정부가 수소·연료전지를 차세대 신성장 동력으로 집중 육성하고 '에너지저소비형 친환경 경제강국'을 건설하기 위해 제시한 장기 비전을 보면, 수소재조·저장·공급 등 안정적 인프라 구축과 더불어 수소경제이행촉진법 제정·수소경제센터 신설·핵심기술센터 구축 등 지원기반 강화 계획이 포함돼 있다. 이에 따르면 수소·연료전지 보급으로 오는 2040년경 전체 자동차의 54%, 발전설비의 22%, 주거 전력 설비의 23%, 모바일 기기의 100%가 연료전지로 대체될 전망이다. 수소경제로의 전환은 단순히 연료전지의 개발·보급을 넘어 에너지의 안정적인 공급과 고용 창출 및 물가 안정으로 이어져 국가 산업 전반에 영향을 미칠 것으로 기대된다. 수소경제 비전이 구현될 경우 오는 2040년경 수소연료전지 산업 규모는 109조원, 고용효과는 100만명으로 전망되고 이산화탄소 배출량은 탄소경제하의 추정치보다 20% 정도 줄어들 것으로 예상되고 있다.[149] 여기에 신재생에너지 비중을 확대하는 내용의 실행 계획이 병행되고 있어 청정에너지 시대의 도래에 대한 기대감을 갖게 한다.

최근 들어 한국과학기술정보연구원(KISTI)이 교육과학기술부와 공동으로 녹색기술 5개 분야(그린카, 대체수자원, 그린IT, 이차전지, 태양전지 등)의 선진국 기술수준과 기술 개발 동향을 파악할 수 있도록 작성한 '녹색기술 지식맵'에 따르면 한국은 수소(연료)차 양산에서는 가장 앞섰지만 연료전지 원천기술 경쟁력에서는 보완해야 할 점이 많은 것으로 나타났다. 2천 년 이후 연료전지 관련 특허 출원 수는 일본의 1/4 가량이고 특허 수준에서도 영국, 독일, 프랑스, 이탈리아, 캐나다에 비해 떨어지는 것으로 분석됐다. 수소차는 유해가스 배출과 소음을 획기적으로 줄일 수 있는 반면, 가격이 1억원을 넘어 대중화가 어렵다. 대중화되려면 차 값의 40~60%를 차지하는 연료전지 가격을 대폭 낮출 수 있도록 촉매물질인 백금 사용량의 감소와 미국 듀폰이 독점하고 있는 전해질막의 국산화가 과제다. 연료전지는 자동차뿐만 아니라 일반 가정과 빌딩, 발전소 등 고정형으로도 쓰인다.[150]

정부는 2040년까지 최종 소비 에너지 가운데 수소에너지 비중을 15%로 상향 조정하기로 했다. 그러나 수소 생산에 들어가는 에너지를 고려하면 수소는 에너지원이 아니라 '에너지를 저장하고 이용하는 운반체'에 불과하다는 일부 지적도 있듯이, 수소 생산에 들어가는 무공해의 저렴한 에너지 확보가 관건이다. 수소경제시대에 대비하기 위해선 운송설비, 수소스테이션 등 물적 인프라뿐만 아니라 인적 인프라도 중요하다. 대학 및 연구소 중심의 전문 인력 양성과 더불어 부문별 핵심 기술 인력을 집중적으로 양성해 수소 이외의 다양한 대체에너지와 신재생에너지에 대한 연구도 지속적으로 병행할 필요가 있다. 수소경제시대라 할지라도 수소가 모든 에너지를 완전히 대체할 수는 없기 때문에 에너지 안보 차원에서도 필요하고 또 수소와 신재생에너지가 만나면 시너지 효과를 창출할 수도 있기 때문에 병행 연구가 필요한 것이다. 수소경제가 현실화되는 2040년에는 수소 생산량의 60%를 신재생에너지에 의존할 것으로 전망된다. 수소에너지 시대 주도권을 선점하려는 선진국들의 기술 개발 경쟁이 본격화되고 있는 현 시점에서 우리나라의 잦은 정부조직 개편*은 일관성 있는 정책을 집중적으로 추진하기 어렵게 한다.

인류가 꿈꾸는 수소경제시대의 모습은 수소를 이용해 온실가스 배출 없는 에너지 생산·소비 환경을 구축하는 것이다. 미래학자들은 2050년경 인

---

* 2005년 9월 '친환경 수소경제 구현을 위한 마스터플랜(안)'이 확정될 당시 정부 주관 부서는 산업자원부였다. 산업자원부의 연혁을 보면, 1948년 상공부 신설, 1977년 동력자원부 신설, 1993년 상공부와 동력자원부를 통합하여 상공자원부로 개편, 1994년 상공자원부를 폐지하고 통상산업부로 개칭, 1998년 통상산업부의 통상 업무가 외교통상부로 이관돼 산업자원부로 개칭된 것이다. 그러나 2008년 산업자원부·정보통신부·과학기술부·재정경제부의 기능을 통합하여 지식경제부로 개편됐고, 2013년 응용 R&D 업무를 미래창조과학부로 이관하고 통상 업무를 외교통상부로부터 넘겨받아 산업통상자원부로 개편됐다.

류가 사용할 에너지 가운데 상당 부분을 원자력과 함께 수소가 감당할 것으로 내다보고 있다. 특히 환경 규제가 강화되는 운송 분야에서 각국과 기업은 수소를 주요 에너지원으로 도입하기 위해 필사적인 노력을 경주하고 있다. 우리나라의 경우 2020년에는 수소가 연간 116만t, 2040년에는 606만t이 필요할 것으로 예측된다. 수소경제를 구축하려면 미래 원자력 기술이 필수적이다. 초고온가스로(VHTR)는 높은 열과 전기, 화학반응을 이용해 수소를 대량생산할 수 있어 주요 원자력 강국이 상용화를 서두르고 있다. 초고온가스로는 1000°C 이상 고온에서도 방사능이 누설되지 않는 세라믹 피복을 입힌 원료를 사용하는 원자로여서 외부로 누출되는 방사선이 동급 경수로에서 방출되는 방사선량의 1/1000 이하라고 한다. 특히 원자로 가동 과정에서 발생하는 고온의 열과 전력을 수소 생산 플랜트로 보내고 플랜트에서는 물을 원료로 한 고온전기분해법이나 황산을 사용하는 열화학법을 사용해 수소를 대량생산하게 된다.[151]

현재 우리나라도 원자력-수소생산 시스템 상용화를 목표로 초고온가스로와 이에 필요한 핵연료, 그리고 수소생산 공정을 개발 중이다. 전체 에너지의 97% 이상을 해외에 의존하는 우리나라로서는 수소 대량생산 원천기술을 확보하는 것이 에너지 안보 차원에서도 매우 중요하다. 우리나라 원자력수소 생산기술은 세계적 수준에 올라서 있다. 2008년 한국에너지기술연구원 연구진에 의해 원자력수소 생산공정 실증이 성공을 거둔 것이다. 이 공정은 물 전해에 필요한 900도의 온도를 원자력을 이용해 수소를 생산하는 것으로 향후 수소 대량생산 원천기술로 활용될 것으로 전망된다.[152] 수소는 대량생산뿐만 아니라 효율적으로 저장하고 운반하는 기술 또한 확보해야 할 최우선 과제다. 한국과학기술연구원의 '자기냉각 액화물질 융합연구단'은 수소를 액화시켜 사용하는 것이 고압으로 압축해 사용하는 것보다 에너지 효율이 2.8배 높은 것으로 보고 수소를 액화해 저장하고 운반하는 방법을 연구 중이다. 또한 수소 증발을 막는 재액화 기술로서 '자기냉각기술'도 국내 연구진에 의해 개발 중이다.[153]

세계는 지금 기후 위기와 에너지 위기를 극복하고 차세대 에너지 주도권 확보를 위해 핵융합(nuclear fusion) 기술로 '인공태양'을 만들어 무한·청정·고효율의 핵융합에너지를 마련하려는 연구개발에 적극 나서고 있다. 핵융합은 태양이 불타는 원리, 즉 수소·헬륨의 핵융합 반응으로 엄청난 열과 빛 에너지를 지속적으로 뿜어내는 태양의 원리를 본뜬 것이다. 핵융합에너지의 원료는 지구 표면과 바다 속에 있는 중수소(D), 리튬(핵융합로 내에서 삼중수소(T)로 핵변환)*으로 향후 1천5백만 년 이상 사용 가능한 매장량이 있다고 한다. 특히 삼면이 바다이고 뛰어난 삼중수소 추출 기술을 가진 우리나라에게는 매우 유리한 에너지이다. 중수소와 리튬은 매장 지역이 편중돼 있지 않으므로 에너지 확보를 위한 국제적 분쟁의 우려가 없으며, 또한 핵융합 기술은 군사적으로 사용될 가능성이 없다는 장점이 있다.[154]

핵융합 기술은 1950년대 러시아가 차세대 대표 기술로 확정해 연구를 시작했고 미국, 일본, 독일, 프랑스, 중국 등이 경쟁적으로 핵융합로(fusion reactor) 개발에 착수했으나 모두 실패했다. 1988년 미국, 러시아, EU, 일본, 중국은 핵융합에너지 상용화의 기술적 실증을 위해 국제핵융합실험로(International Thermonuclear Experimental Reactor, ITER)[155]를 결성하고 공동연구를 통한 핵융합로 개발 프로젝트에 착수했으나 2002년 말경 1억~3억도를 넘나드는 온도를 견뎌낼 수 있는 '열차폐체(Thermal Shield)'** 개발에 실패했다. 그런데 2003년

---

* 지구상에서 핵융합 실용화에 가장 유력하게 여겨지는 것은 중수소(Deuterium)와 삼중수소(Tritium)의 핵융합 반응, 즉 DT 핵융합 반응이다.

우리나라 국가핵융합연구소 과학자들이 1억도 이상의 열을 견뎌낼 수 있는 핵융합로 열차폐체 개발에 성공했다고 발표해 세계를 놀라게 했다. 2003년 6월 ITER은 한국에 특혜적 조치를 부여하는 조건으로 공동 프로젝트 참여를 정식으로 요청해 왔고, 2005년 12월 한국은 인도와 함께 ITER 참여가 확정됐다. 2007년 9월 한국만의 독자기술로 세계 최고의 차세대 핵융합로 KSTAR(Korea Superconducting Tokamak Advanced Research) 건설이 완공돼 종합 시운전을 거쳐 2008년 6월 KSTAR 첫 플라스마(plasma: 고체·액체·기체에 이은 '제4의 물질', 즉 이온화한 기체) 발생 실험을 성공적으로 마치고 본격적인 운영단계에 들어선 상태다.[156]

한국형 핵융합로(인공태양) KSTAR는 플라스마 지속시간이 5~10초에 불과했던 미국, 일본의 기존 구형 핵융합로보다 30배 이상 성능이 뛰어나다고 한다. 세계 3대 핵융합로라고 불리던 미국, 유럽연합, 일본의 토카막(Tokamak)*** 은 대부분 일반 전자석으로 제작된 반면, KSTAR는 초전도체를 이용하여 효율을 향상시켰다. 초전도 자석을 이용한 토카막이라는 핵융합 실험장치를 기반으로 하는 세계 최초의 초전도 핵융합 연구 장치 KSTAR는 2022년까지 3억도 이상의 플라스마를 300초 이상 지속시키는 것을 목표로 하고 있다.[157] 세계 최고 수준의 핵융합 장치 KSTAR는 ITER의 약 1/25 규모로 ITER 완공 때까지 ITER 건설 및 운영에 필요한 기초실험 기술 자료를 상호보완적으로 제공

** '열차폐체'는 핵융합 반응시 진공용기 및 저온용기의 내부 열이 극저온 용기에 전달되는 것을 최소화해 초전도 상태와 핵융합 환경을 유지시키는 핵심 장치다.
http://economy.hankooki.com/lpage/society/201008/e2010080815523993820.htm(2013. 3. 7)
*** 토카막은 핵융합 때 플라스마 상태로 변하는 핵융합 발전용 연료기체를 담아두는 용기다.

하며, 21세기 핵융합에너지 상용화를 선도하기 위해 독자적 연구를 수행하게 된다. 우리나라는 이미 2003년에 1억도 이상의 열을 견뎌낼 수 있는 핵융합로 개발에 성공하여 ITER에도 정식으로 참여하고 있고 또 ITER 핵심 장치인 열차폐체는 100% 조달을 맡게 됐다. 그런데 이러한 우리나라의 독자적인 핵융합로 원천기술의 특허 출원신청이나 특허취득 사실이 확인되지 않고 있어 의혹을 불러일으키고 있다.[158]

원자력 연구자들은 핵융합을 궁극적인 에너지원으로 생각하고 있고, 또 청정 핵융합에너지의 상용화가 궁극적으로는 가능하다는 전망도 나오고 있다. 그러나 단기간에 그렇게 될 수 있는 것은 아니며 또한 에너지 안보 차원에서도 다양한 대체에너지원을 확보할 필요가 있다. 수소 산업을 전개하려면 현재로서는 원자력발전이 지구에 미치는 온실가스 영향을 최소화하는 가장 저렴한 방법이다. 국제원자력기구(IAEA) 사무차장 알렉산더 비치코프(Alexander Bychkov)는 "원전原電 산업은 낙관적으로 보면 2030년에는 현재의 2배까지 규모가 커질 수 있다."고 말했다. 2013년 3월 8일 오스트리아 빈 IAEA 본부에서 한국 기자들과 가진 간담회에서 그는 "앞으로 16년간 원전은 전 세계적으로 25% 이상 늘어날 것"이라고 전망했다. 그에 따르면 2011년 일본 후쿠시마 원전 사고 이후 일부 국가가 원전 정책에 변화를 가져오긴 했지만 원전 확대라는 큰 흐름은 이어질 것이며, 특히 아시아를 중심으로 2030년까지는 계속 성장할 것이라고 내다보았다.[159]

우리나라는 총 전력 생산량의 34.1%를 원전에 의존할 정도로 원자력발전은 이미 우리들의 삶 전반에 너무 크게 작용하고 있으므로 탈원전 정책을 추진하는 것은 현실적이지도 않고 실용적이지도 못하다. 한국수력원자력이 2013년 3월 7일 '2013 원자력안전 워크숍'을 열고 외부전원이 공급되지 않더라도 안전하게 원자로 격납건물을 보호해 방사성 물질의 누출을 원천적으로 차단하는 '명품 원전'을 개발 중이고 세계 최고의 안전기술 실용화 연구에도 매진할 것임을 밝힌 것[160]은 고무적인 일이다. 앞서 설명한 바와 같이 윤희봉 소장이 개발한 액티바 공법은 기존 전기분해 방식보다 배(倍)의 수소를 증산할 수 있는 기술인 데다가 방폐물은 액티바가 유리고화 영구처리 할 수 있으므로 원자력발전에 이어 청정 수소에너지 산업에도 선도적 역할을 할 것이라는 전망이다. 우리나라가 국제사회와 공동으로 탄소 배출이 없는 핵연료를 이용한 수소에너지 산업까지 일으킨다면 값싸게 대량으로 수소를 제조할 수 있으므로 수소에너지의 실용화를 촉발함으로써 에너지의 민주화와 더불어 세계평화의 꿈은 가시화될 것이다.

1895년 X선(또는 뢴트겐선)을 발견하여 최초의 노벨 물리학상(1901)을 수상한 독일의 물리학자 빌헬름 뢴트겐(Wilhelm Conrad Röntgen)이 진단 의학계에 혁명을 일으키며 방사선에 관한 후속 연구를 촉발시키고 근대 과학의 새로운 지평을 열었듯이, 엄청난 고부가가치를 창출해 내는 액티바 첨단소재와 원천기술은 '구리 혁명'과 더불어 '원자력 혁명', '수소 혁명' 등과 연결되어 기존의 과학계에 지진을 일으키며 자원과 에너지 문제 등에 관한 후속 연구를 촉발시키고 21세기 과학의 새로운 지평을 열 것이다. 실로 한반도의 정신적 토양과 존재론적 지형, 그리고 한반도가 액티바 혁명의 진원지라는 사실은 '한반도발(發)' 21세기 과학혁명에 대한 예단을 가능케 한다. 이러한 과학혁명은 고용 창출 효과는 물론 지속가능한 복지를 구현하고 미래 신성장 동력의 중추적인 역할을 담당함으로써 동북아의 역학 구도와 경제 문화적 지형을 변화시키고 그에 따른 한반도 통일과 더불어 세계 질서는 급속하게 재편될 것이다.

"디바인 매트릭스(Divine Matrix: 우주만물을 잇는 에너지장)의 '법칙'을 이해하고
적용할 수 있는 능력이야말로 가장 깊은 치유와 최대의 기쁨,
그리고 인류가 종種으로서 살아남는 비결이다."

"…our ability to understand and apply the 'rules' of the Divine Matrix
holds the key to our deepest healing, our greatest joy,
and our survival as a species."

- Gregg Braden, *The Divine Matrix*(2007)

제3부
한반도 통일과 세계 질서 재편

07 지구 대격변과 대정화(great purification)의 시간 ——— 241

08 동아시아 신질서와 신新장보고 시대 ——————— 271

09 한반도 통일과 세계 질서 재편 ————————— 311

우리가 명심해야 할 한 가지 분명한 사실은 중국이나 미국이 그들 자신의 국익에 따라 어떤 카드를 사용하든, 우리의 과제는 여전히 남아 있으며 이제 더 이상 그 과제를 미룰 수가 없게 됐다는 것이다. 그것은 어떻게 한반도 통일을 위한 물질적·정신적 토대를 구축할 것인가 하는 것이다. 한반도가 중요한 선택의 기로에 섰다고 보는 것은 이 때문이다.…국가·지역·계층 간 빈부 격차, 지배와 복종, 억압과 차별, 테러와 폭력, 환경생태 파괴 등의 문제를 해결하고 공존의 대안적 사회를 마련하려면 생명의 전일성(holism)에 토대를 둔 새로운 문명의 표준이 적용돼야 한다.…필자는 UNWPC가 중국 방천(防川)에서 막혀 버린 동북3성, 즉 랴오닝성·지린성·헤이룽장성의 동해로의 출로를 열어 극동 러시아와 북한, 그리고 동해를 따라 일본 등으로 이어지는 아태지역의 거대 경제권 통합을 이룩하고 동북아를 일원화함으로써 한반도 통일과 동북아 평화 정착 및 동아시아 공동체 구축을 통해 21세기 문명의 표준을 전 세계에 전파하는 북방 실크로드의 발원지가 될 것이라고 생각한다.

- '동아시아 신질서와 한반도의 선택' & '21세기 문명의 표준과 동북아' & '동북아 광역 경제 통합과 한반도 통일'

지구 대격변과
대정화(great purification)의 시간

전 지구적 및 우주적 변화의
역동성과 상호 연계성

  2012년 6월 20~22일 브라질 리우데자네이루에서 개최된 유엔 리우+20 지구정상회담을 앞두고 지구가 대규모 재앙의 티핑포인트(tipping point)로 다가서고 있다며 국제사회의 공동 대응을 촉구하는 경고가 잇달아 나왔다. 2012년 6월 6일 유엔환경계획(UNEP)은 3년 동안 연구진 300명이 참여해 만든 525쪽짜리 '제5차 지구환경 전망' 보고서에서 "지구 환경이 생물학적 한계점에 다가가고 있다"며, "인구 증가와 지속 불가능한 경제성장으로 지구 생태계가 재앙과도 같은 변화를 갑작스레 맞을 수 있다."고 전망했다. 이 보고서는 현재 척추동물 20%가 멸종 위기를 맞고 있고, 산호초 38%는 1980년 이래 사라졌고, 물과 어류 표본의 90%는 살충제에 오염돼 있으며, 바다 수위가 오르고, 홍수와 가뭄이 자주 일어나고, 물고기 씨가 마르는 것이 재앙의 조짐이라고 경고했다. 생물·생태·복잡계이론의 저명한 과학자 22명도 네이처 기고문에서 "생태계 붕괴가 몇 세대 안에 벌어지면서 금세기 말

지구가 지금과는 매우 다른 장소가 될 가능성이 크다."고 경고했다.[1]

생명 경시 풍조에 편승한 인간의 정치 경제 활동이 이대로 계속된다면 지구의 지속가능한 능력이 한계에 이르러 지구 문명은 머지않아 붕괴될 위험에 처하게 될 것이라는 전망이 무성하게 나오고 있다. 캘리포니아주립대 교수인 제레드 다이아몬드(Jared Diamond)는 그의 저서『문명의 붕괴 Collapse』(2005)[2]에서 인류가 정치적 결단을 내려야 할 임계점에 이르렀음을 환기시키면서 시급히 해결해야 할 과제를 열두 가지로 제시하였다. 즉, 1) 숲·습지·산호초·해저 등 자연의 서식지 파괴 방지, 2) 어장의 지속가능성을 위해 어류와 갑각류 남획 금지 및 보호, 3) 생물종 다양성 보존, 4) 토양 침식 방지, 5) 새로운 에너지원 모색, 6) 식수 고갈 문제, 7) 태양에너지 이용의 한계 인식, 8) 유해 화학물질의 대규모 배출로 인한 건강관리의 위기, 9) 외래종에 의한 토종의 멸종 문제, 10) 온실가스 배출에 따른 지구 온난화를 비롯한 기후 변화 문제, 11) 인구 증가문제, 12) 인구 증가가 환경에 미치는 영향 문제가 그것이다.

이러한 인류가 당면한 과제는 실로 복합적이며 다차원적인 전 지구적 및 우주적 변화의 역동성, 상호 연계성과 맞닿아 있다. 지구는 우주의 외딴섬이 아니라 끊임없이 태양계 활동의 영향을 받고 있다. 미국 항공우주국(NASA)은 2013년 태양에서 강력한 자기장을 동반한 '태양폭풍'이 발생해 지구를 덮칠 것이라고 경고했다. 그렇게 될 경우 전하층과 자기장이 교란돼 대규모 정전 사태가 발생하고 인공위성, 항공통신, 은행 시스템 등이 마비돼 엄청난 피해와 대혼란을 가져올 것이라고 영국 텔레그래프가 예측했다. 나사의 태양권 물리학부 담당책임자인 리처드 피셔(Richard Fisher)에 따르면 태양 표면의 폭발 활동은 11년 주기로 왕성해졌다가 잠잠해지기를 반복하고, 22년마다 태양의 전자기적 에너지가 최고조에 이르는데 2013년엔 이 두 주기가 겹치면서 강력한 태양 플레어(solar flare)가 예상된다는 것이다. 그는 "병원 장비나 은행 서버, 항공기와 공항관제시스템, 방송기기, 철도통제시스템 등은 물론 개인용 컴퓨터, 휴대전화나 MP3플레이어 등 전자제품은 모조리 타격을 받을 것"이라고 경고했다. 미국 국립과학원(NAS)은 대규모 태양폭풍이 발생하면 허리케인 카트리나의 20여 배의 경제적 손실을 가져올 수 있다며, 피해를 최소화하기 위해선 짧게는 수 시간, 길게는 며칠 동안 전기 공급을 중단하고 전자제품의 전원을 꺼야 한다고 주장했다.[3]

또한 미국 해양대기청(NOAA)의 우주환경센터와 나사(NASA)의 태양물리학국이 공동주최한 회의에서는 가장 강력한 지진보다 100만 배 강력한 위력을 지닌 슈퍼 태양폭풍이 조만간 지구를 덮칠 가능성이 있다며 그럴 경우 피해액은 수백억 달러에 달할 것이라는 예측이 연구진에 의해 제기됐다. 1859년 전 세계 전보망을 마비시켰던 규모의 슈퍼 태양폭풍이 다시 온다면 현재 활동 중인 약 300개의 각종 정지궤도 위성(靜止軌道衛星 geostationary orbit satellite)가운데 노후한 수십 개는 작동이 멈출 것이고 나머지는 수명이 5~10년씩 줄어들게 될 것이며, 약 100개의 저궤도 위성(低軌道衛星 low earth orbit satellite 또는 non-geostationary orbit satellite)이 정상보다 빠른 대기권 재진입을 맞게 될 것이라고 예상했다. 뿐만 아니라 1,000억 달러가 투입된 국제우주정거장(ISS)의 고도도 크게 낮아져 기존 우주왕복선 운영 계획의 범주를 벗어나는 수준의 궤도 재부양이 필요하게 될 수도 있다고 전망했다.[4]

한편 제임스 러브록 등과 '가이아 이론'을 처음으로 소개한 자연과학 저술가 로렌스 E. 조지프(Lawrence E. Joseph)는 그의 저서 『아포칼립스 2012 Apocalypse 2012』(2007)에서 문명의 종말에 대한 과학적 탐구를 시도한다. 그가 제시하는 지구 대격변의 과학적 근거로는 1) 마지막 빙하기 이래로 1만1천년 만에 태양의 활동이 그 어느 때보다도 광폭해지고 있으며, 2012년을 기점으로 극대점에 이를 것으로 예측된다는 점, 2) 강력한 태양폭풍이 지구에 강력한 허리케인을 발생케 한다는 점, 3) 유해한 자외선을 차단해 주는 지구 자기장(magnetic field)에 캘리포니아 크기의 균열이 생기면서 자기장의 감소와 더불어 북극과 남극의 자극(磁極 magnetic poles) 역전(reversion) 가능성을 배제할 수 없다는 점, 4) 태양계가 행성의 대기를 불안정하게 하는 성간(星間 interstellar) 에너지 구름층에 진입해 2010~2020년 이 에너지 구름과 지구가 만나면서 대재앙이 야기될 것으로 예측된다는 점, 5) 6천2백만~6천5백만 년 주기로 발생한 지구 대멸종의 순환주기가 도래한 점, 6) 60~70만 년 주기로 폭발하는 옐로스톤 초화산의 활동 시기가 도래한 점[5] 등이 있다. 그러면 조지프가 제시하는 과학적 근거에 대해 차례로 살펴보기로 하자.

우선 독일의 막스플랑크태양계연구소의 사미 솔란키(Sami Solanki)는 소스(Solar Radiation and Climate Experiment, SORCE)* 회의에서 오늘날 태양의 광폭한 활동이 마지막 빙하기가 끝난 이후 처음 목격되는 현상이라며, "몇 차례의 짧은 정점(peaks)을 제외하면 태양은 지금 지난 1만1천년 만에 그 어느 때보다도 활발하게 활동하고 있다"[6]라는 충격적인 발언을 했다. 덧붙여 그는 동료 과학자들에게 1940년 이후 태양이 이전보다 더 많은 태양흑점(sunspots)과 불꽃(flares)과 폭발(eruptions)을 일으키며 거대한 가스구름을 우주로 방출하고 있다고 했는데, 그는 일찍이 이러한 발견 내용을 『네이처 Nature』에 게재했다. 태양 활동과 지구 기후의 연관성을 다루고 있는 소스(SORCE) 핸드북에 따르면 기후 모델(climate models)은 강력해지고 있는 태양의 활동이 1850년 이후 계

---

* SORCE는 태양과 지구 대기의 상호작용을 조사해 온 탐사 위성 '태양복사와기후실험(Solar Radiation and Climate Experiment, SORCE)'을 지칭한다. SORCE 회의는 탐사 위성 SORCE를 설계 제작한 콜로라도대학교 부설 '대기와우주물리학연구소'에서 후원했다(*Apocalypse 2012*, pp.87-88).

속돼 온 지구온난화에 30% 이상 책임이 있을 수 있다고 지적한다.[7] 이산화탄소(CO_2) 배출량의 증가뿐만 아니라 태양의 활성화가 지구온난화의 중요 요인이라는 것이다.

미국연합통신(AP)의 보도에 따르면 2005년 9월 7일부터 13일까지 10회에 걸친 X급 규모의 태양흑점 폭발(태양폭발)이 있은 직후인 9월 14일 에티오피아 수도 아디스아바바에서 북동쪽으로 약 270마일(약 435km) 떨어진 보이나(Boina)에 지진이 발생해 지구에 약 37마일(약 60km) 길이의 구멍이 뚫렸다. 그 후 3주에 걸쳐 보이나의 균열은 13피트(약 4m) 더 넓어졌고 지금도 계속 넓어지고 있다. 에티오피아, 영국, 프랑스, 이탈리아, 미국의 연구자들은 과학 역사상 유례가 없는 이러한 균열이 아프리카 대륙을 둘 혹은 그 이상으로 쪼개는 과정의 시작이라고 믿고 있다. 보이나는 사헬 사바나 초원지대 남동쪽 끝 북위 약 11.25도에 위치한 곳으로 과학자들은 사헬 사바나가 대서양의 모든 허리케인이 시작되는 지점이라는 데에 의견이 일치한다. 일주일에 걸친 태양흑점의 대규모 폭발 직후 사헬에서 허리케인 활동이 절정을 이루고 이와 때를 같이하여 보이나에 지각 균열이 발생한 것이다.[8] 태양흑점 폭발 직후 발생한 허리케인과 지진에 따른 지각 균열이 단순히 우연의 일치라고 보기는 어려울 것이다.

헤르마누스 자기관측소의 지구물리학자 피터 코체(Pieter Kotze)에 따르면 행성간 자기장(interplanetary magnetic field, IMF)은 태양에너지를 흡수해 지구의 자기장, 즉 자기권에 에너지를 공급하기도 하고 지구 자기장을 압박해 찌그리뜨리거나 심지어는 구멍을 내기도 한다. 특히 태양이 방출하는 자기장도 자기권의 크기와 모양에 영향을 준다고 한다. 브라질과 남아프리카 사이의 바다 상공에는 '남대서양의 이변(the South Atlantic anomaly)'으로 알려진 10만 마일(약 16만km)에 이르는 커다란 구멍이 뚫려 있다.*[9] 지구 자기장의 감소로 자극자極磁 역전 현상이 일어나면 북극(N극)과 남극(S극)의 지극 위치가 완전히 뒤바뀌게 된다. 그 과정에서 지구는 다수의 자극磁極을 갖게 돼 나침반이 남북이 아니라 동서남북 그리고 그 사이의 모든 지점을 가리키게 되므로 "새들은 길을 잃게 될 것이고, 상어들도 방향 감각 없이 헤엄쳐 다닐 것이고, 개구리, 거북, 연어도 산란지로 되돌아가지 못할 것이고, 극지의 오로라도 적도에 나타나게 될 것이다. 무엇보다도 뒤얽힌 자기 자오선(magnetic meridians)이 허리케인, 토네이도, 기타 뇌우의 방향과 강도에 영향을 주게 되므로 기상이변이 속출할 것이다."[10]

러시아과학아카데미 회원인 지구물리학자 알렉세이 드미트리예프(Alexey Dmitriev)는 그의 논문에서 우리가 지금 성간星間 에너지 구름 속으로 이동하고 있고, 물질과 에너지 흐름의 증가로 태양 활동이 증가하고 있으며, 태양에 새로운 압력이 가해지고 있고 그 압력의 여파가 지구에도 미치고 있다고 말한다. "전 지구적인 재앙 시나리오가 현실로 나타나기까지 지구가 태양을 도는 횟수는 20~30차례를 초과하지 않을 것"이라며, 그는 이러한 예측이 과장이 아니라 오히려 다소 '약하다'고 믿는다.[11] 우리 모두는 태양계라는 비행기의 탑승객이며, 이 비행기는 지금 성간 난류(interstellar turbulence) 속으로 이동하고 있다는 것이다. 성간 에너지 구름 속을 지나면서 지구가 받는 영향은 자극磁極 전환의 가속화, 오존 함유량의 분포 상태, 기상이변의 증가를 통해 나

* 남대서양의 이변으로 알려진 이 구멍은 남극 대륙 상공의 성층권 오존층(stratospheric ozone layer)에 뚫린 구멍에서 북쪽으로 몇 도밖에 떨어져 있지 않으므로 이 두 개의 구멍이 상호 관련돼 있을 가능성이 높다. 피터 코체의 설명에 따르면 태양의 양성자 복사(proton radiation)가 지구 자기장을 관통할 경우 대기권이 영향을 받아 기온이 급상승하고 성층권 오존층이 급감한다고 한다. 자기장의 약화와 오존층의 감소가 상호작용하면서 인간과 환경의 건강에 심대한 위험을 초래하고 있다는 것이다(Apocalypse 2012, pp.55, 57).

타나며, 생물권과 인간이 새로운 환경에 적응하는 과정에서 지구상의 종과 생명체의 분포 구역이 완전히 바뀔지도 모른다고 설명한다.[12]

허리케인, 지진, 화산과 같은 전 지구 차원의 재앙이 적극적인 피드백 고리 안에서 동시에 발생해 서로의 세력을 확장한다면 걷잡을 수 없는 상황이 되면서 현대 문명의 존립 자체가 위협받게 될 것이다. 아마도 수십 년이 아니라 수 년 안에 그런 사태가 발생할 것이다.[13]

드미트리예프는 태양권(heliosphere)이 성간星間 공간의 입자들을 밀어 제치며 만들어 온 충격파(a shock wave)가 3~4AU에서 40AU 이상으로 10배 팽창했다고 추산한다(천문단위 AU는 지구에서 태양까지의 거리로 대략 1억5천만km임). 그에 따르면 이 충격파는 현재 우리의 태양권으로 밀려와 열 방패막이 있는 지역을 뚫고 있다. 그 결과 엄청난 양의 에너지가 성간 영역으로 유입돼 태양의 변덕스러운 활동을 유발하고, 지구 자기장을 교란시키며, 우리 행성이 겪고 있는 지구온난화를 악화시킬 가능성이 매우 높다. 충격파는 성간 공간을 통해 이동할 때 태양권의 앞쪽 가장자리에서 제일 강하다. 따라서 충격파는 목성, 토성, 천왕성, 해왕성, 명왕성, 그리고 새로 발견된 행성 X와 같은 외기권 행성의 대기, 기후, 자기장에 가장 극심하게 영향을 미친다. 천왕성과 해왕성은 자극磁極의 변화를 겪었고, 상당수 과학자들은 지구에도 자극의 변화가 시작됐다고 생각한다. 충격파의 영향을 가장 크게 받는 목성의 경우 자기장이 두 배로 커졌으며 현재 토성 쪽으로 확장되고 있다. 무엇보다도 충격적인 것은 목성에 새로운 붉은 반점이 생겨나고 있다는 것이다. 지구만한 크기의 전자기 폭풍(electromagnetic storm)이 계속해서 불고 있는 것이다.[14]

또한 이 시대의 가장 저명한 과학자 중 한 사람인 오하이오 주립대 빙하학자 로니 톰슨(Lonnie Thompson)과 그의 연구팀은 30년 동안 적도에서 가장 가까운 산들을 탐색하며 각 얼음층의 화학 성분을 분석한 결과를 가지고 해당 얼음 핵을 채취한 지역의 기후 일정표를 추론해 지구 기후 상태를 파악한다. 그는 현재 중대한 기후 변화가 진행되고 있다는 증거가 명백하다며, 2015년에 이르면 아프리카의 킬리만자로 산 만년설이 완전히 사라지고 없을 것이라고 결론 내렸다. 그렇게 되면 지하수 고갈, 가뭄과 기근 등으로 이어지고 수력 발전소 등 물에 의존하는 산업 분야는 물론이고 그 지역과 지구 전체에 재앙이 닥칠 것이라고 본다. 나아가 톰슨은 다양한 연구 결과를 인용해 5천2백 년 전 태양의 활동이 급감했다가 급상승하면서 사하라가 녹지대에서 사막으로 바뀌었고 극지방의 빙하가 후퇴하면서 지구 생태계가 붕괴됐다며, 오늘날의 기후 환경에서도 동일한 변화가 일어나고 있다고 경고한다.[15]

오늘날 지구에 영향을 끼치는 태양의 활동을 조사하는 것은 위성의 주요 임무가 되고 있다. 1970년대 중반 서독이 나사(NASA)와 협조해 개발한 2대의 무인 태양 탐사선 헬리오스(Helios) 1·2호*가 처음 발진한 이후 나사와 유럽 우주기관에서 발사한 태양 탐사 위성은 20대가 넘는다. 역대 최대 규모의 태양 탐사 위성은 1995년에 발사된 '소호(Solar and Heliospheric Observatory, SOHO)'다. '소호'는 지구로 향하는 코로나 질량 방출, 태양 플레어 등을 관측하여 과학자들에게 사전에 충분한 정보를 제공함으로써 위성과 발전소 및 태양에 민감한 과학기술의 피해를 최소화할 수 있도록 대비책을 마련케 한다. 그러나 이들 위성의 대다수, 특히 상업 위성은 위성 소유 회사의 비용 대 편익 평가(cost-benefit assesments)에 기초해 태양폭발에 대한 방어 기능을 갖추고 있지

---

* 헬리오스 1·2호는 다양한 발생원에서 비롯되는 宇宙線을 측정하고 태양의 磁氣場과 太陽風에 관한 자료를 전송하는 임무를 수행했다.

않기 때문에 대규모 태양폭풍이 발생할 경우 상업용 통신망은 물론 주요 군사시설도 피해를 볼 수 있다는 문제점을 안고 있다.[16]

'소호' 이후로도 태양의 활동을 탐사하는 임무를 띤 것으로 1998년 발사된 '트레이스(TRACE)'호, 2002년 이후의 '레시(RHESSI)'호, 2003년 이후의 '소스(SORCE)' 위성, 2006년 발진한 '스테레오(STEREO)' 쌍둥이 위성과 요코 위성 B 등이 있다. 2012년 3월 28일 영국 일간지 〈데일리메일(The Daily Mail)〉은 2010년 2월 나사가 도입한 태양역학관측위성(SDO)이 2011년 9월 태양 표면에서 발생한 지구 다섯 배 규모의 '태양 토네이도'를 포착했다고 발표했다.[17] 태양 표면의 자기장 변동에 의해 발생하는 태양 토네이도는 지구 자기장에 영향을 줄 뿐만 아니라 화산폭발, 지진과 지진해일, 위성 장애, 항법장치航法裝置 교란 등 지구의 우주 환경에 커다란 영향을 미치는 것으로 알려져 있다. 함대 수준의 태양 탐사 위성이 계속적으로 활동하고 있고 또한 엄청난 예산을 투입해 대규모의 태양 연구가 진행되고 있다는 사실은 태양 활동이 지구에 미치는 영향이 우려할 정도로 강력해지고 있음을 반증한다.

로렌스 E. 조지프가 제시하는 지구 대격변의 또 다른 과학적 근거는 세계 최고의 권위를 자랑하는 과학 저널 『네이처』에 실린 예측―6천2백만~6천5백만 년 주기로 적어도 지구상 종(species)의 3/4이 사라진다는―이다. 이 예측에 따르면 공룡의 멸종을 가져온 백악기 제3기의 재앙(the Cretaceous-Tertiary disaster) 이후 6천5백만 년이 경과해 지금이 그런 대격변이 일어날 시기라는 것이다. 그렇게 되면 적어도 인구의 반이 사라질 것이고, 사회 하부구조가 산산조각이 날 것이며, 우리 문명의 남은 것의 대부분은 땅속에 묻히게 될 것이다. 또한 그는 60~70만 년 주기로 폭발하는 옐로스톤 초화산의 폭발 시기가 도래한 점을 들고 있다. 옐로스톤 화산폭발의 위력은 7만4천년 전 당시 세계 인구의 90% 이상의 목숨을 앗아간 인도네시아 토바 호(Lake Toba) 화산폭발의 위력과 맞먹는다고 한다.[18] 그럴 경우 오존층 파괴와 지구온난화 같은 환경 생태 문제뿐만 아니라 화산재에 의한 태양 복사 차단으로 한랭화가 지속되면서 농작물 재배가 어려워져 전 지구적 기근이 만연하는 등 그야말로 인류는 대재앙에 직면할 수 있다.

한편 나사(NASA)와 미국 지질조사국(USGS) 과학자들이 발표한 연구 결과에 따르면 남부 알래스카의 빙하 감소가 지각에 작용하는 하중을 줄여 지각판이 보다 자유롭게 움직이게 돼 지진 발생 증가로 이어진다고 한다. 그렇다면 북극과 남극의 빙하, 에베레스트와 히말라야 및 킬리만자로의 만년설 해빙이 더욱 진행되면 지진의 강도와 횟수 또한 더욱 증가할 것이다. 또한 미국 알래스카 페어뱅크스대학 연구진들은 북극의 알래스카 일대에서 영구 동토가 녹고 빙하가 후퇴하면서 고대 메탄가스가 대기 중으로 방출돼 지구 대기권의 온실가스 양을 증가시키고 있다고 했다. 뿐만 아니라 태양에서 오는 열을 반사시키는 거울 역할을 하는 북극의 얼음이 사라지면 태양열의 대부분이 해수면에 전달돼 바다 수온이 급상승하므로 해양생태계(marine ecosystem)가 파괴되고 사막화가 급속하게 진행될 것이다. 빙하가 녹으면 바다 염분의 농도가 옅어져 바다 생물이 살 수 없게 되고 이는 육지 생태계 파괴로 이어질 것이며, 또한 해수면 상승으로 인해 해수면이 낮은 국가는 물에 잠길 위험에 처하게 될 것이다. 빙하가 녹아 얼음 속에 갇혀 있던 고대 세균과 바이러스가 현대의 바이러스와 만나 유전적 변이를 일으키면 인류를 위협하는 슈퍼 박테리아 변종이 탄생할 수도 있다.

바야흐로 생태학자 폴 길딩(Paul Guilding)이 예측한 '대붕괴(great disruption)'가 다가오는 것이다. 길딩은 그의 저서 『대붕괴 The Great Disruption』(2011)[19]에서 생태학적인 재해가 경제적 및 사회적 허리케인으로 연결돼 공중보건을 파괴하면서 격렬한 폭동으로 이어질 것이라고 경고하고, 이러한 시스템 붕괴에서 살아남으려고 발버둥 치면 칠수록 오히려 '대붕괴'가 일어나게 된다고 예측했다.[20] 오늘날 많은 과학자들은 인류가 '죽음의 소용돌이(vortex of death)'에 직면할 것이라고 경고한다. 과연 우리는 문명 전체의 파국으로 이어지는 이 위기를 새로운 방식으로 삶의 질을 높이고 행복을 증진시키는 기회로 바꿀 수 있을까? 이에 대한 답은 체코슬로바키아 대통령이었던 바츨라프 하벨(Váchav Havel)의 다음 말에서 찾을 수 있을지 모른다: "인간 의식 차원에서 전 지구적인 혁명이 일어나지 않으면 아무것도 좋은 쪽으로 바뀌지 않을 것이다.····우리가 각성하지 않으면 우리 앞에 놓인 환경과 사회, 문명 전체의 파국은 불가피할 것이다."

지자극地磁極 역전과 의식의 대전환

2004년 7월 〈뉴욕타임스(The NewYork Times)〉 기사에는 '행성을 보호하고 생명체의 상당수를 인도하는 지구 자기장(magnetic field)이 약 150년 전 본격적으로 붕괴되기 시작된 듯하다'라는 대목이 나온다. 자기장 역전 현상의 개념과 그 징후를 설명하는 데 과학 지면 전체를 할애할 정도로 지구 자기장의 역전(reversion) 가능성을 심각하게 본 것이다.[21] 지자극(地磁極 geomagnetic poles) 역전 현상은 지난 7천 6백만 년 동안 171회 일어났고, 그 가운데 적어도 14회는 지난 450만년 동안 국한해 일어났다.[22] 과학자들은 지자기(地磁氣 terrestrial magnetism)의 급격한 약화나 기상이변의 속출과 같이 지자극(N,S) 역전, 즉 지구의 극이동(pole shift)에 선행하는 징후들은 분명히 있다고 보고* 현재 일어나고 있는 이 두 가지 현상에 대해 경고 메시지를 보내고 있다.

  * 기상이변과 극이동의 상관관계를 설명함에 있어 현대과학자들은 유고슬라비아의 지구

태양폭풍과 우주 방사선을 막아 주는 지구 자기장이 없다면, 다시 말해 태양복사(solar radiation)가 지구면에 닿지 못하도록 막아 주는 보호막인 자기권이 없다면, 성층권 오존층의 소멸로 대기권이 사라지고 뜨거운 열과 방사능에 무방비로 노출돼 지구상에 생명체가 살 수 없게 된다.

지구의 핵이 회전하면서 형성되는 지구의 자기권은 태양 복사를 밴앨런복사대(Van Allen radiation belt),** 즉 '지구를 둘러싼 이중의 도넛 모양의 복사선이 강한 영역' [23]으로 알려진 두 개의 띠 안으로 유도한다. 양성자 띠라고 불리는 안쪽 띠(內帶)는 약 640~6,400km 상공에서 태양풍의 양성자를 막아내고, 전자 띠라고 불리는 바깥 띠(外帶)는 약 14,400~24,000km 상공에서 태양풍의 전자를 막아 내는 방식으로 치명적인 우주선을 막는 지구의 보호막 역할을 하는 것이다. 그런데 지구 자기장이 약화되면 밴앨런복사대의 기능 또한 약해질 수밖에 없다.[24] 연구에 따르면 강력한 태양 활동은 밴앨런복사대 붕괴의 원인이 되고 있으며 이러한 붕괴는 오로라·자기폭풍(흑점) 같은 현상과 연관이 있는 것으로 나타난다.[25] 태양에서 지구로 오는 대부분의 태양풍은 지구 자기권 밖으로 흩어지지만, 그 중 일부는 지구 자기장에 이끌려 대기로 진입해 공기 분자와 반응하여 극지방에는 오로라가 생겨나게 되는데, 태양흑점이

물리학자 밀루틴 밀란코비치(Milutin Milankovitch, 1879~1958)가 제시한 밀란코비치 이론(Milankovitch Theory)을 가장 많이 이용한다. 지구 기후변화의 장기적 사이클을 설명하는 데 사용되는 이 이론의 핵심은 지구 기후변화의 주요인이 지구에 복사되는 태양에너지량(日射量)이라는 것이다. 밀란코비치는 지구에 대한 태양에너지량이 공전궤도의 이심률(eccentricity), 지구 자전축의 경사도(obliquity), 세차운동(precession)이라는 세 가지 요인에 기인하는 것으로 보았다.

** 밴앨런복사대는 1958년 상층 대기 조사 임무를 띠고 발사된 미국 익스플로러 위성(Explorer Satellite) 1·2호가 전송한 자료들을 이용해 미국의 물리학자 제임스 A. 밴 앨런(James A. Van Allen)이 발견한 복사선이 강한 영역으로 발견자의 이름을 따 그렇게 명명한 것이다.

증가할수록 오로라도 많이 나타나게 된다.

지질학적 측정 결과에 따르면 지자기의 강도는 2천 년 전의 최대치에서 계속 감소해 현재는 38%가 줄어든 상태다. 1800년대 중반 이후 100년간 총 7%가 감소해 감소 추세는 훨씬 더 빨라지고 있다.[26] 1993년 〈사이언스 뉴스 The Science News〉는 '자기장의 역전 현상이 시작될 때는 그 강도 역시 매우 약해지기 때문에 정확한 역전 시기를 포착하는 것은 매우 어렵다.'고 게재한 바 있다.[27] 일단 자기장이 현저히 감소하기 시작하면 그 후에는 매우 빠른 속도로 약화될 수도 있다. 지자극地磁極 역전에 의해 빙하기를 맞은 시베리아 북부 오지에서 발견된 한 매머드는 마지막 먹이를 입에 물고 걷는 도중에 얼어붙은 모습이었다고 한다. 이는 지자극 역전에 따른 갑작스런 기후변화가 상상을 초월할 정도로 매우 급박하게 진행됨을 보여주는 하나의 사례로 종종 인용되는 것이다.

이미 수년 전부터 하버드와 나사(NASA)의 과학자들은 지구 자기장에 캘리포니아 크기의 균열이 생겼다고 보고한 바 있다. 현재 과학계에서는 지구 자기장의 급속한 감소와 더불어 자기장의 교란으로 지자극의 역전 가능성, 즉 극이동의 가능성이 매우 높은 것으로 보고 있다. 지자극 역전으로 북극(N극)과 남극(S극)이 뒤바뀌는 현상이 일어나면 방향 감각을 자력에 의지하는 수천 종의 새와 물고기와 포유동물이 대멸종의 위험에 직면할 수도 있다. 지자극의 역전 시 지축(rotational axis)의 변화도 함께 일어날 것이라는 예측이 나오고 있다. 또한 지구 자기장 및 자전축의 변화가 공전궤도의 이심률(離心率 eccentricity) 변화와 상관관계에 있다는 연구 결과도 나오고 있다. 이심률은 지구 궤도가 원형 궤도에서 얼마나 벗어나 있는지를 나타내는 척도로서 이심률이 0일 경우 지구의 공전궤도는 정원형正圓形이 된다. 한말의 대사상가 일부一夫 김항金恒 선생은 그의 『정역正易』 체계에서 후천개벽의 도래와 더불어 지구 궤도가 타원형에서 정원형正圓形으로 바뀌는 정역의 시대, 이른바 재조정의 시기가 도래할 것임을 예고한 바 있다. 이러한 우주사적인 대변화가 동시에 일어날 경우 대규모 지진과 쓰나미, 화산폭발 등으로 지구상의 모든 생명체는 절멸의 위기에 처하게 될 것이다.

근년에 들어 세계 곳곳에서 심상찮은 대재앙의 징조가 나타나고 있다. 2011년 벽두에 미국 아칸소 주에서 5천 마리의 찌르레기 사체가 비처럼 쏟아진 것을 시작으로 불과 일주일 사이에 11개국에서 30건의 떼죽음이 거의 동시다발적으로 발생하면서, 영국 일간지 〈데일리메일〉은 '동물 묵시록(aflockalypse=동물animal+집단flock+묵시록apocalypse)'이란 신조어를 만들어 냈다. 2012년 벽두에는 노르웨이 북부 노드레이사에 위치한 크바네스 해변에서 20t 분량의 청어 수만 마리가 떼죽음을 당한 채 발견됐고, 미국 아칸소에서는 새 수천 마리가 숨진 채 하늘에서 떨어졌으며, 영국 뉴잉글랜드에서는 말 25마리가 절벽 밑에서 죽은 채 발견되기도 했다. 우리나라의 경우에도 금강, 낙동강 등 여러 곳에서 물고기 떼죽음 현상이 목격되고 있지만 정확한 원인은 아직 규명하지 못하고 있다.

일부 과학자들이 주장하듯 근년에 들어 전 세계적으로 나타나고 있는 철새와 물고기, 고래 등의 집단 몰살이나 꿀벌의 '군집붕괴현상(Colony Collapse Disorder, CCD)'은 다른 복합적인 이유도 있겠지만 지구 자기장의 변화와도 깊은 관련이 있는 것으로 보인다. 새나 물고기 외에도 고래 등 다양한 동물들이 생존과 번식을 위해 장거리를 이동하면서도 길을 잃지 않고 목적지에 도달할 수 있는 것은 일종의 '신호체계' 역할을 하는 지구 자기장을 이용하기 때문인 것으로 알려져 있다. 말하자면 지구 자기장의 고유한 파동에 반응하는 자기광물질이 신경세포에 내장돼 있기 때문이다. 꿀벌의 경우 장거리 이동을 하지는 않지만 이들과 마찬가지로 지구 자기장을 이용하는 것으로 알려져 있다. 따라서 근년에 발생한 새와 물고기, 곤충과 동물들의 떼죽음 현상은 지구온난화와 문명화에 따른 서식지 감소, 살충제의 과도한 사용 및 농약 살포 등의 원인도 있겠지만, 생태계 파괴에 따른 면역 체계 붕괴 및 지구 자기장의 변화에 따른 귀소 능력 상실과도 깊은 관련이 있다.

아인슈타인은 "꿀벌이 사라지면 4년 내에 인간도 사라진다."고 경고했다. 그런데 그 일이 지금 현실 속에서 일어나고 있다. 야생벌 등 곤충이 급감하고 있는 것이다. 아르헨티나·독일·미국·일본·호주 등 17개국 과학자들로 구성된 국제공동연구진은 야생벌을 비롯한 나비, 딱정벌레 같은 곤충들의 감소 추세가 멈추지 않으면 작물 수확이 크게 감소해 인류의 식생활에 심대한 위기가 올 수도 있다는 내용의 논문을 2013년 2월 28일 과학저널 『사이언스 Science』에 발표했다. 우리가 기르는 식용작물의 75%는 벌과 같은 곤충들이 수술의 꽃가루를 암술에 묻혀 줘야만 열매를 맺는다. 예컨대 해바라기는 왕관나비가, 블루베리는 호박벌이, 딸기는 안드레나 수염개미가 가루받이 혹은 수분(受粉)이라고 불리는 일을 해 줘야만 열매를 맺을 수 있는 것이다. 이러한 위기론에 대해 인간이 기르는 꿀벌, 즉 양봉養蜂이 야생 곤충들의 빈 자리를 얼마든지 메울 수 있다는 반론도 있다.[28] 과연 그럴까?

국제공동연구진은 6개 대륙 600곳에서 토마토, 커피, 수박, 견과류, 망고 등 41개 식용작물을 대상으로 곤충의 가루받이 생태를 추적 조사했다. 그 결과, 식물이 열매를 맺는 과정에서 양봉은 14% 정도밖에 기여하지 못한 반면, 야생벌과 나비 등 야생 곤충이 나설 경우 열매가 맺히는 비율이 2배나 높았고 열매도 훨씬 잘 열렸다. 가루받이 양상에 있어서도 양봉은 한 식물을 맴돌며 같은 뿌리에서 난 꽃들을 공략한 반면, 야생벌들은 여러 식물을 옮겨 다니며 다양한 꽃가루를 나르기 때문에 "유전적으로 다양한 형질을 뒤섞어 더 강하고 튼튼한 과일이 열리게 한다."는 것이다. 연구진의 결론에 따르면 '양봉은 야생벌과 같은 곤충들을 대체할 수 없으며, 양봉에만 의존하면 식량 생산을 위기에 빠뜨릴 수 있다.'는 것이다. 또한 지구온난화의 영향으로 식물이 꽃가루를 필요로 하는 때와 야생벌의 활동 시기가 어긋나는 현상이 커지고 있다는 사실도 확인됐다.[29] 연구진은 가루받이를 촉진하는 야생 곤충을 보호하기 위한 조치가 시급하다고 하지만, 지구 자기장의 변화에 따른 내비게이션 시스템에 문제가 생긴 것이라면 그 효과를 기대하기는 어려울 것이다.

그렇다면 지구 자기장의 변화가 인간의 뇌기능과는 어떤 연관관계가 있을까? 1993년 지구 자기장의 변화를 인식하는 인간의 뇌기능, 즉 자기감지력(magnetoreception)을 연구하던 국제적인 연구팀은 인간의 뇌가 '미세한 자기 입자 수백만 개'를 포함하고 있다는 경이로운 결과를 게재했다.[30] 이 입자들은 우리가 인식하지 못하는 사이에 '지구상의 다른 동물들처럼 매우 강력하고 직접적이며 긴밀한 방식으로 지구 자기장과 스스로를 연결하고 있다.'는 것이다. 이러한 연결은 지구 자기장이 대변화를 겪을 때 우리의 뇌구조와 인식 체계 역시 대변혁을 겪게 될 것임을 의미한다. 자기장은 신경계, 면역체계와 더불어 시간과 공간, 꿈과 현실에 대한 인지능력에도 지대한 영향을 주는 것으로 알려져 있다. 의식은 에너지로 이루어져 있고 에너지는 전기와 자기를 포함한다. 지구 자기장은 우리가 새로운 생각과 변화를 받아들이는 과정에 매우 중요한 역할을 한다는 것이다.[31] 실로 지난 수십 년간 축적된 연구 결과를 보면, 지구 자기장이 인간의 두뇌와 상호작용하며 호르몬 분비와 뇌파 활동에 변이를 일으키는 심리적 메커니즘에 영향을 미치는 것으로 나온다.

영성靈性 과학자인 그렉 브레이든(Gregg Braden)은 자기장을 일종의 '에너지 접착제'에 비유해 자기장이 약한 지역과 강한 지역의 차이를 관찰한다. 그의 모형에 따르면 중앙 러시아처럼 자기장(접착력)이 강한 곳은 전통과 신념,

기존의 사고방식에 더 고착돼 있는 반면, 중동이나 미국 서부 해안처럼 자기장이 약한 곳은 혁신과 변화에 훨씬 더 반응적인 행태를 보인다는 것이다. 말하자면 자기력이 가장 약한 곳은 변화의 가능성이 가장 큰 곳이고, 자기장이 극도로 강한 곳은 변화의 가능성이 가장 낮은 곳이라는 의미이기도 하다. 그러나 브레이든은 약한 자기장이 가져오는 급격한 변화를 어떻게 받아들일 것인지는 그 지역 사람들의 몫임을 강조한다. 의식과 자기장의 연관관계에 대한 설명은 지자극 역전이 우리에게 어떤 변화를 가져올 것인지에 대한 중요한 통찰을 제공한다.[32] 지구 자기장의 극적인 약화는 대재앙을 초래할 뿐만 아니라 인간의 두뇌 활동과 의식에도 영향을 줄 수 있다는 것이다.

1957년 프린스턴대 물리학자 휴 에버렛 3세(Hugh Everett III)는 우리 의식의 집중이 '어떻게' 현실을 창조하는지를 다세계 이론(Many World Theory)으로 설명하는 논문에서, 존재하는 두 가지 가능성 사이에 양자다리(quantum bridge)가 놓이고 하나의 현실에서 또 다른 현실로 이른바 '양자도약(quantum leap)'이 가능해지는 순간—그가 '선택 포인트'라고 명명하는—에 대해 설명하고 있다.[33] 그것은 우리가 자신을 바라보는 새로운 방식과 새로운 현존을 선택할 때 그 선택을 실현하기 위해 우주적 에너지가 작동하게 된다는 말이다. "우리 세계와 우리 삶과 우리 몸은 양자적 가능성(quantum possibilities)의 세계에서 선택된 그대로이다. 우리가 세계나 삶이나 몸을 변화시키고 싶다면, 먼저 새로운 방식으로 이들을 바라보아야 한다. 즉, 많은 가능성 중 하나를 선택해야 하는 것이다. 그러면 양자적 가능성 중 오직 하나만이 우리가 현실로 경험하는 것이 된다."[34] 세계든 삶이든 몸이든 우리가 인지하는 방식이 물리적 현실에 강한 영향을 준다는 것이다.

그렉 브레이든은 지구 자기장 역전이 의식의 거대한 전환이 될 수도 있음을 시사한다. 그는 지구 자기장이 인류의 집단무의식이며 자기장의 약화는 인류의 의식 각성을 촉발해 집단의식이 깨어나게 한다고 주장한다. 그가 주장하는 '제로포인트(Zero Point) 의식'이란 지구 자기장이 영(0)점에 달할 때의 의식이다. 지자극 역전으로 자기장이 제로포인트에 달하면 의식은 새로운 차원으로 변환해 영성시대로 진입하게 된다는 것이다. 지구 자기장의 변화와 의식 변환의 상관성은 지구의 주파수와 인간의 뇌파가 마치 어머니와 태아의 심장박동과도 같이 일체라는 사실에 기인한다. 말하자면 어머니 지구인 '가이아(Gaia)의 뇌파'와 그 태아인 인간의 뇌파가 일체라는 말이다. 1952년 독일의 우주물리학자 슈만(O. S. Schumann)이 처음 발견한 것이라 하여 '슈만공명주파수(Schumann resonance frequency)'로 알려진 지구의 고유한 진동 주파수, 즉 '가이아의 뇌파'는 지표면으로부터 상공 55km까지 지구를 감싸고 있는 전리층 사이를 공명하고 있는 주파수로 인간의 뇌파와 직결된 것으로 알려져 있다.

슈만공명주파수는 평균 7.83Hz를 유지해 왔으나 근년에는 평균값이 11Hz를 넘었다고 한다. 슈만공명주파수는 일반적으로 1~40Hz 주파수 범위를 가지며, 태양과 달의 위치, 태양풍의 변화, 태양흑점, 주변 행성의 위치 및 은하의 변화 등에 의해 영향을 받는 것으로 알려져 있다. 슈만공명주파수의 스펙트럼을 보면, 기본파는 7.8Hz, 2차 파는 14Hz, 3차 파는 20Hz, 4차 파는 26Hz, 5차 파는 33Hz로 이어진다. 7.8~14Hz 범위는 뇌파에서 알파파의 영역이고, 14~20Hz 범위는 베타-1파, 20~33Hz 범위는 베타-2파 영역으로 인간의 뇌파는 지구의 기본 주파수에 직접적으로 반응한다.[35] 말하자면 슈만공명주파수는 지구가 우주와 공명해 우주로부터 에너지와 자신의 정보를 받아들이는 주파수인 동시에, 인간이 지구와 공명해 지구로부터 에너지와 자신의 정보를 받아들이는 주파수인 것이다. 인간의 뇌파는 활동할 때는 공명주파수보다 높은 베타파 상태가 되지만, 명상할 때나 깊이 몰입할 때와 같은 알파파 상태로 유지하면 우주와 공명해 우주에너지를 받아들일 수 있게 되는 것이다.

　지구가 지속적으로 우주와 공명하며 우주에너지를 받아들일 수 있는 것은 지구가 천둥번개를 이용해 공명주파수를 일정하게 유지하는 까닭이다. 따라서 공명주파수가 일어나는 전리층은 '생명장으로서의 에너지원'[36]이며, 지구상의 모든 생명체는 그 영향을 받게 된다. 필자는 천둥번개를 '천·지·인 혼원일기混元一氣가 연주하는 장엄한 생명의 교향곡'이라고 정의한다. 천둥번개가 칠 때면 필자는 생명의 근원에 가 닿은 듯한 깊은 존재감과 형언할 수 없는 희열을 느끼곤 했다. 일체의 번뇌 망상을 하나로 꿰뚫어 단숨에 생명의 정수에 가 닿게 하는 그 불가사의한 리듬의 정화력淨化力에 필자는 이유도 알지 못한 채 종종 압도되곤 했었다. 그것은 생명장으로서의 기능을 다하고자 하는 우주의 숭고한 몸짓에 깊이 공명했기 때문이리라.

　정확한 시점은 알 수 없지만, 지구 자기장의 급속한 약화와 지구공명주파수의 상승 등 현재 나타나고 있는 다양한 징후들로 볼 때 우리는 지금 지구 자기장이 역전할 수 있는 지자극 역전의 시대에 살고 있다. 지자극 역전과 의식 변환이 상관관계에 있다고 보는 것은 지구의 심장박동과 인간의 심장박동이 일체인 까닭이다. 다시 말해 인간의 생체 리듬이 지구의 주파수와 긴밀한 함수관계에 있기 때문이다. 그렉 브레이든은 지구 자기장의 변화가 인간 등 생물의 뇌구조와 신경계, 면역체계, 인지능력 그리고 DNA 구조에 중대한 영향을 미치는 것으로 보았다. 인간은 보통 깨어 있는 의식 상태에서는 뇌파가 14~30Hz의 베타파 상태를 유지하기 때문에 우주와 공명하려면 명상이나 몰입 등의 방법으로 뇌파를 7.83Hz로 낮추어야 했다. 그런데 지구공명주파수가 이미 11Hz를 넘어섰고 또 계속 상승하고 있으므로 인간은 머지않아 알파파 상태가 아닌 베타파 상태에서도 조금만 각성하면 우주와 공명할 수 있을 것으로 예측되고 있다.

일상의 베타파 의식 상태에서도 우주와 공명할 수 있게 된다는 것은 파동 에너지인 생각의 파워가 그만큼 커진다는 것을 의미한다. 생각의 현실화가 그만큼 빨라진다는 말이다. 이러한 중대한 의식의 대전환기에 지속 불가능한 삶의 방식을 바꾸려면 우리 모두가 이 우주 안에서 하나로 연결돼 있고 우리의 의식과 선택이 곧 우주를 형성한다는 사실에 대한 포괄적인 관점을 정립할 필요가 있다고 브레이든은 역설한다.[37] 이러한 그의 역설은 이른바 '양자 얽힘(quantum entanglement)'이라고 부르는 현상에 대한 이해의 필요성과 상통한다. 과학자들이 하나의 광양자(photon)를 동일한 특성을 지닌 두 개의 쌍둥이(twins) 입자로 나누어 이 실험을 위해 고안된 기계를 이용해 두 입자를 반대 방향으로 발사했을 때, "쌍둥이 광양자들은 지리적으로는 분리돼 있으면서도 그들 중 하나가 변화하면 다른 하나도 자동적으로 똑같이 변화한다."[38]는 실험 결과를 보였는데, 이 신비로운 연결을 물리학자들은 '양자 얽힘'이라고 이름 붙였다.

아인슈타인은 우리가 누구이든 어떤 역할을 하든, 그것에 상관없이 우리 모두는 보다 위대한 힘에 종속돼 있다며, 분명히 실재하는 에너지를 통해 만물이 상호 연결되어 있음을 이렇게 표현한다: "인간이든 야채든 우주 먼지든, 우리 모두는 저 멀리 보이지 않는 이가 부는 신비로운 피리 소리에 맞추어 춤을 춘다."[39] 이는 곧 '참여하는 우주(participatory universe)'의 실상을 밝힌 것이다. 브레이든은 우리 자신이 우주와 분리된 존재가 아니라 우주의 일부임을 깨달아야 우주의 힘을 이용할 수 있다고 주장한다. 우주만물과의 연결성을 알아차리지 못하는 것은 영성이 결여돼 있기 때문이다. 그는 "의식에 집중하는 행위가 곧 창조의 행위"[40]라며 의식의 창조성을 강조한다. 의식이 잠들어 있으면 아무것도 변화되지 않는다. 이 세상에는 깨인 자와 깨이지 않은 자가 있을 뿐, 선인과 악인, 좋은 것과 나쁜 것이 따로 있는 것이 아니다. 이른바 '양자 변환'으로 일컬어지는 새로운 우주 주기의 도래 시기에 맞추어 이러한 우주의 실상을 이해하면 분리의식이 약해지고 집단의식의 활성화로 공동체의식이 강화되면서 인류는 새로운 진화 단계로 진입하게 될 것이다.

대정화와 대통섭의 신문명

과학적 연구에 따르면 지금은 낡은 것이 새것이 되고 새것이 낡은 것이 되는 위대한 정화의 시간이다. 지구 대격변은 대자연의 문명의 정리 수순에 따른 것으로 지구의 자정自淨작용의 일환이다. 인간의 육체가 7년마다 새로운 세포로 완전히 바뀌듯, 지구 또한 자연적인 순환주기에 따라 부정적인 에너지를 정화하기 위해 근본적인 변화를 겪게 된다. 우주 신화 속의 뱀, 우로보로스(ouroboros)가 제 꼬리를 물고 돌아가는 원형의 형상은 시작도 끝도 없는 영원한 생명의 순환을 상징적으로 나타낸다. 돌고 돌아서 떠난 자리로 돌아오는 이번 자연의 대순환주기는 대정화와 대통섭의 신문명을 예고하고 있다. 파미르 고원의 마고성에서 시작된 우리 민족이 마고, 궁희, 황궁, 유인, 환인, 환웅, 단군에 이르는 과정에서 전 세계로 퍼져나가 우리의 천부天符 문화를 세계 도처에 뿌리내리게 하고, 또한 천부사상'한' 사상, 삼신사상에서 전 세계 종교와 사상 및 문화가 수많은 갈래로 나뉘어 제각기 발전하여 꽃피우고 열매를 맺었다가 이제 다시 하나의 뿌리로 돌아와 통섭돼야 할 시점에 이른 것이다.

대정화와 대통섭의 신문명은 곧 후천개벽[41]의 새 세상을 의미한다. 흔히 후천개벽을 특정 종교의 주장이나 사상으로 치부하는 것은 상수象數에 기초해 있는 천지운행의 원리를 알지 못하는 데서 오는 것이다. 후천개벽은 일원

一元인 12만9천6백 년이라는 시간대를 통해 우주가 봄·여름·가을·겨울의 '개벽'으로 이어지는, 이른바 천지개벽의 도수度數에 따른 것이다. 말하자면 우주의 봄·여름인 선천 5만년이 끝나고 우주의 가을이 되면 우주섭리에 따라 후천개벽이 찾아오게 되는 것이다. 송나라 대유학자 소강절(邵康節, 이름은 擁, 1011~1077)*은 생生·장長·염斂·장藏 사계절의 순환원리로 원元, 회會, 운運, 세世의 이치를 밝혀 12만9천6백 년이라는 우주 1년의 이수(理數, 천지개벽수)를 통해 천지운행의 원리를 밝히고 있다. 그에 의하면 우주 1년의 12만9천6백 년 가운데 인류 문명의 생존 기간은 건운乾運의 선천先天 5만년과 곤운坤運의 후천後天 5만년을 합한 10만년이며, 나머지 2만9천6백 년은 빙하기로 천지의 재충전을 위한 휴식기이다.

소강절에 의하면 천지의 시종始終은 일원一元의 기氣이며, 일원은 12만9천6백 년이요 일원에는 12회會**가 있으니 1회인 1만8백 년 마다 소개벽이 일어나고 우주의 봄과 가을에 우주가 생장·분열하고 수렴·통일되는 선·후천의 대개벽이 순환하게 된다. 또한 1회會에는 30운運이 있으니 1운은 360년이고 또 1운에는 12세世가 있으니 1세는 30년이다. 즉 일원에는 12회會 360운運 4,320세世가 있는 것이다.[42] 우주력宇宙曆 12회會에서 전반부 6회인 자회子會에

---

* '理氣之宗' 또는 '易의 祖宗'으로 일컬어지는 邵康節의 象數學說에 기초한 우주관과 자연철학은 周濂溪의 太極圖說과 더불어 동양 우주론의 바탕을 이루고 있다. 우주 1년의 理數를 처음으로 밝혀낸 그의 사상은 『皇極經世書』를 통해 세상에 알려졌고, 朱子에 의해 性理學의 근본이념으로 자리 잡게 되었다.

** 12會는 宇宙曆 12개월 즉 子會, 丑會, 寅會, 卯會, 辰會, 巳會, 午會, 未會, 申會, 酉會, 戌會, 亥會를 말한다. 每 會는 1만8백 년으로 12會 즉 宇宙曆 1년(一元)은 12만9천6백 년이다. 소강절은 『黃極經世書』「觀物內篇·10」 벽두에서 日月星辰을 元會運世로 헤아리고 있다. 즉, "日은 하늘의 元으로 헤아리고, 月은 하늘의 會로 헤아리며, 星은 하늘의 運으로 헤아리고, 辰은 하늘의 世로 헤아린다(日經天之元 月經天之會 星經天之運 辰經天之世)"고 한 것이 그것이다.

서 사회巳會까지는 자라나고 후반부 6회인 오회午會에서 해회亥會까지는 줄어든다. 오회에 이르러 역逆이 일어나고 미회未會에 이르러 통일이 되는 것이다. 천개어자天開於子, 즉 자회에서 하늘이 열리고, 지벽어축地闢於丑, 즉 축회丑會에서 땅이 열리며, 인기어인人起於寅, 즉 인회寅會에서 인물人物이 생겨나는 선천개벽이 있게 되는 것이다.[43] 성성의 76, 즉 인회의 가운데에서 개물開物이 되는 것은 1년의 경칩驚蟄에 해당하고, 315 즉 술회戌會의 가운데에서 폐물閉物되는 것은 1년의 입동立冬에 해당한다.

소강절이 자회子會에서 하늘이 서북으로 기운다고 하고 축회丑會에서 땅이 동남이 불만이라고 한 것은 천축과 지축이 기울어진 것을 말하는 것이다. 지축이 23.5도로 기울어짐으로 인해 양陽은 360보다 넘치고 음陰은 354일이 되어 태양・태음력의 차이가 생겨나게 된 것이다. 건운의 선천 5만년이 음양상극의 시대로 일관한 것은 지축의 경사로 인해 음양이 고르지 못한 데 기인한다. 음양동정陰陽動靜의 원리에 의해 이제 그 극에서 음으로 되돌아오면서 우주의 가을인 미회未會에서는 천지가 정원형正圓形으로 360이 되어 음양이 고르게 되는 후천개벽이 일어나게 되는 것이다. 이른바 지축이 바로 선다는 것이 이를 두고 하는 말이다. 말하자면 우주의 시간대가 새로운 질서로 접어들면서 선천의 건운 5만년이 다하고 곤운의 후천 5만년이 열리게 되는 것이다.

소강절이 『황극경세서黃極經世書』에서 원회운세元會運世의 수數로 밝히는 천지운행의 원리는 천시天時와 인사人事가 조응하고 있음을 보여준다. 「관물내편觀物內篇」에서는 회會로 운運을 헤아려 세수世數와 세갑자歲甲子를 나열하여 제요帝堯부터 오대五代에 이르는 역사 연표를 통해 천하의 이합치란離合治亂의 자취를 보여줌으로써 천시가 인사에 징험徵驗되는 것을 나타냈고, 「관물외편觀物外篇・상하」에서는 운運으로 세世를 헤아려 세수世數와 세갑자歲甲子를 나열하여 제요帝堯부터 오대五代에 이르는 전적典籍을 통해 흥패치란興敗治亂과

득실사정得失邪正의 자취를 보여 줌으로써 인사가 천시에 징험되는 것을 나타내고 있다. 그리하여 그는 천지만물뿐 아니라 인사가 생장·분열과 수렴·통일을 순환 반복하는 원회운세라는 천지운행의 원리와 상합하고 있음을 밝히고 있다.

　동학의 창시자인 수운水雲 최제우崔濟愚는 선천의 분열 도수度數가 다하여 후천의 통일 도수가 밀려옴을 감지하고 후천개벽에 의한 무극대도無極大道의 세계를 펼쳐 보였다. 수운의 후천개벽 또한 우주가 12만9천6백 년을 주기로 순환 반복하는 천지운행의 원리에 기초해 있다는 것은 그의 천도를 '무위이화無爲而化'44라고 한 데서나, 『용담유사龍潭遺詞』 「몽중노소문답가夢中老少問答歌」와 「안심가安心歌」에 나오는 '윤회시운輪廻時運'이라는 말 속에서 명료하게 드러난다.45 그것은 수운의 '다시개벽'이 우주의 대운大運 변화의 한 주기에 해당한다는 것으로 이제 시운이 다하여 선천이 닫히고 후천이 새롭게 열린다는 의미를 함축하고 있는 것이다. 수운은 "십이제국 괴질운수 다시 개벽 아닐런가."46라고 하여 그의 시운관時運觀이 쇠운衰運과 성운盛運이 교체하는 역학적易學的 순환사관에 입각해 있음을 보여준다. 수운은 당시의 시대상을 역학상의 쇠운괘衰運卦인 '하원갑下元甲'에 해당하는 '상해지수傷害之數'로 파악하고, 곧 새로운 성운盛運의 시대가 올 것임을 예견하고 있다. 「몽중노소문답가」에 "하원갑 지나거든 상원갑 호시절에 만고 없는 무극대도 이 세상에 날 것이니"47라고 한 것이 그것이다.

　후천개벽은 우주가 생·장·염·장 사계절로 순환하는 과정에서 후천 가을의 시간대로 접어들면서 일어나는 대격변 현상이다. 다시 말해 우주의 가을인 미회未會에서는 음양동정의 원리에 의해 양의 극에서 음으로 되돌아오면서 지축정립과 같은 대변혁 과정을 거쳐 천지가 완전한 원형圓形이 되어 음양지합이 이루어지는 것이다. 후천시대는 천·지·인 삼재의 융화에 기초한 정음정양正陰正陽의 시대다. 우주력宇宙曆 전반 6개월春夏인 생장·분열의 선천 건도乾道시대는 천지비괘(天地否卦 ☷☰)인 음양상극의 시대인 관계로 민의가 제대로 반영되지 못하고 빈부의 격차가 심하며 여성이 제자리를 찾지 못하는 시대로 일관해 왔으나, 우주력 후반 6개월秋冬인 수렴·통일의 후천 곤도坤道시대는 지천태괘(地天泰卦 ☰☷)인 음양지합의 시대인 관계로 대립물의 통합이 이뤄지고 종교적 진리가 정치사회 속에 구현되는 성속일여聖俗一如·영육쌍전靈肉雙全의 시대라고 할 수 있을 것이다.

　수운은 새로운 성운盛運의 시대를 맞이하여 만인이 천심을 회복해 소아小我의 유위有爲가 아닌 대아大我의 무위無爲, 즉 천리天理를 따르게 되면 동귀일체同歸一體가 이루어져 후천개벽의 새 세상이 열린다고 보았다. 말하자면 천지개벽의 도수度數에 조응하여 인위의 정신개벽과 사회개벽이 이루어지면 천지가 합덕하는 후천의 새 세상이 열리는 것이다. 수운이 "때로다, 때로다, 다시는 오지 않을 때로다."라고 한 것은 우주의 가을인 미회未會를 두고 하는 말이다. 정신개벽과 사회개벽, 그리고 무위자연의 천지개벽이 분리될 수 없는 하나인 것은 천시와 지리, 그리고 인사가 조응관계에 있기 때문이다. 우주섭리의 작용과 인류 역사의 전개 과정이 긴밀히 연계되어 있음은 우주만물의 생성·변화·소멸 자체가 모두 하늘天의 조화의 자취이며, 우주만물이 다 지기至氣인 하늘의 화현이라는 점에서 분명히 드러난다. 따라서 후천개벽을 논하면서 인위의 정신개벽과 사회개벽만을 내세우거나 또는 무위자연의 천지개벽만을 내세운다면 우주만물의 상호 관통을 놓치게 됨으로써 후천개벽의 진실에 접근하지 못하는 결과를 초래할 것이다.

　세상 사람들이 우주섭리와 인사人事의 연계성을 인식하지 못하는 것은 천지의 형체만을 알 뿐 그 천지의 주재자인 하늘은 알지 못하기 때문이다.[48] 하늘의 법은 인간의 일상사와는 무관한 허공에 떠 있는 그 무엇이 아니다. 자연

현상에서부터 인체 현상, 사회 및 국가 현상, 그리고 천체 현상에 이르기까지 그 어느 것 하나도 하늘의 법에서 벗어나 있는 것은 없다. 한마디로 천지운행 그 자체가 하늘의 법이라고 보는 것이다. 이렇게 볼 때 수운의 후천개벽의 논리가 변혁에 중점을 두고 인간의 주체적 역할을 강조하고 있다고는 하지만, 그의 시운관 역시 천시와 지리地理, 그리고 인사가 조응관계에 있음을 보여준다.[49] 인사와 천시의 상합은 본체계와 현상계를 회통시키는 수운의 불연기연不然其然적 세계관에서도 분명히 드러난다. 불연기연*은 체體로서의 불연과 용用으로서의 기연의 상호 관통에 대한 논리이다. 따라서 후천개벽은 단순히 정신개벽과 사회개벽을 통한 지구적 질서의 재편성이 아니라 천지운행의 원리에 따른 우주적 차원의 질서 재편으로 이를 통해 곤운의 후천 5만년이 열리는 것이다.

이상에서 볼 때 후천개벽의 새 세상은 정신개벽과 사회개벽, 그리고 천지개벽을 통한 대정화와 대통섭의 신문명을 예고하고 있다. 앞서 지구 자기장의 변화와 의식 변환의 상관성에서도 살펴보았듯이, 이러한 신문명의 도래는 전 지구적 및 우주적 차원의 변화와 맞물린 의식 변환으로 인류가 새로운 영성시대로 진입하는 것을 의미한다. 오늘의 인류가 생명의 전일성을 자각하지 못하고 오로지 '나' 자신만을, 내 민족과 국가만을, 내 종교만을 내세우며 다른 모든 것은 근절되어야 할 악으로 간주하는 것은 의식의 순도純度가 낮아 영적 일체성(spiritual identity)이 결여돼 있기 때문이다. 이제 천지비괘인 선천 건도乾道시대에서 지천태괘인 후천 곤도坤道시대로의 이행과 더불어 인

---

* 水雲은 인간의 지식과 경험으로는 분명하게 인지할 수 없는 세상일에 대해서는 '不然'이라고 말하고, 상식적인 추론 범위 내의 사실에 대해서는 '其然'이라고 말하였다. 不然이 사물의 근본 이치와 관련된 超논리·超이성·직관의 영역이라면, 其然은 사물의 현상적 측면과 관련된 감각적·지각적·경험적 판단의 영역이다.

류 구원의 '여성성'에 대한 관심이 고조되고 있다. 개체와 전체, 주관과 객관, 속제俗諦와 진제眞諦의 이분법이 완전히 폐기된 경계, 이 보편의식이 바로 인류구원의 '여성성'이다. 문명의 대전환이라는 맥락에서 볼 때 인류를 한 단계 업그레이드시킬 진정한 '여성성'은 영성靈性 그 자체로서 서구적 근대를 초극하는 새로운 문명의 패러다임을 제시하게 될 것이다.

인류 문명의 이동 경로를 보면, 황하 강, 인더스 강, 티그리스-유프라테스 강, 나일강 유역에서 4대 문명, 즉 황하문명, 인더스문명, 메소포타미아문명, 이집트문명이 발원하여 그리스·로마의 지중해를 거쳐 근대에 들어서는 스페인, 포르투갈, 네덜란드, 프랑스, 영국 등으로 이동하고, 다시 대서양을 건너 제2차 세계대전 종전終戰 이후로는 북아메리카(북미) 대륙으로, 그리고 이제 태평양을 건너 동아시아로 이동하고 있다. 앞서 살펴보았듯이, 많은 석학들은 동아시아에서도 특히 '코리아'를 주목한다. 세계적으로 주목받고 있는 한류 현상은 단순히 오늘날만의 현상은 아니다. 상고시대 우리 고유의 삼신사상('한'사상, 천부사상)은 천신교天神敎, 신교神敎, 소도교蘇塗敎, 대천교(代天敎, 부여), 경천교(敬天敎, 고구려), 진종교(眞倧敎, 발해), 숭천교崇天敎·현묘지도玄妙之道·풍류(風流, 신라), 왕검교(王儉敎, 고려), 배천교(拜天敎, 遼·金), 주신교(主神敎, 만주) 등으로 불리며 여러 갈래로 퍼져 나가 세계 주요 사상과 종교의 정수를 이루었다.

또한 백제의 선진 문물을 일본에 전파해 일본 고대국가의 성립과 발전에 지대한 영향을 준 관계로 아스카문화의 원조로 불리는 백제의 왕인王仁 박사, 신종교운동·신사회운동을 통해 삼국통일의 철학적·사상적 기초를 마련하고 동아시아 정신의 새벽을 열었던 신라의 원효元曉 대사, 그리고 우리 역사상 가장 강력한 해상세력을 결집해 나·당·일 삼각교역과 동아시아의 문화교류와 해상의 안전교통, 특히 당시 '한류고속도로' 역할을 한 국제무역의 발전에 커다란 전기를 마련한 통일신라의 장보고張保皐 대사 등은 한류 현상을 견인한 대표적 인물로서 우리나라의 국가 브랜드 가치를 높이는 데 크게 기여했다. 오늘날 많은 사람들은 한류 현상이 '공감'의 신문명을 창출해 낼 것이라고 예측한다. 그러한 예측의 근거는 무엇일까? 그것은 '코리언 웨이브(Korean Wave)'가 우리 한민족 정신세계의 총화랄 수 있는 '홍익인간'이라는 정신문화적 토양에 뿌리박고 있기 때문일 것이다. 생명의 전일성과 완전한 소통성에 기초한 홍익인간은 평화적인 세계경영을 위한 핵심 이념이며 사상이다. 인류가 염원하는 평화적이고 생태적 지속성(ecological sustainability)을 띤 세계경영의 주체를 한민족이라고 보는 것은 아마도 우리 민족에 내재된 홍익인간 DNA 때문일 것이다.

후천개벽의 시기와 관련하여 신지神誌의 예언에서는 "땅을 잃고 영혼만으로 대지를 방랑하는 자가 땅으로 돌아가고, 영혼을 잃고 땅에 뿌리박혀 울던 자가 영혼을 찾으면 그것이 개벽의 시작이다."라고 하였다. 1948년 유대인들은 이스라엘을 건국함으로써 잃었던 땅을 찾았고, 우리는 역사 복원을 통하여 잃었던 영혼을 찾고 있다. 새 하늘과 새 땅이 열리기 위해서는 버크민스터 풀러(Buckminster Fuller)가 말했던 '진화의 기말고사'를 성공적으로 치르지 않으면 안 된다. 본체계와 현상계를 회통하는 생명의 순환 구조를 이해하는 것, 다시 말해 생명의 전일성과 자기근원성을 이해하는 것이 진화의 요체다. 그러한 순환 구조를 이해하지 못하고서는 생명의 다차원적 속성을 알 수가 없고, 생명의 다차원적 속성을 알지 못하고서는 생명의 전일성을 깨달을 수도, 또한 생명을 진리로, 사랑으로 인식할 수도 없기 때문이다.

미국의 과학자 테렌스 맥케나(Terence McKenna)는 인류가 무한히 가파른 변화의 지점을 향해 나아가고 있다며, 새로움이 세계 속으로 진입하는 전반적 속도를 형상화한 프랙털(fractal) 함수를 고안해 내어 '타임웨이브(Timewave)'라고 명명했다. 그의 타임웨이브가 갖는 중요한 특성은 어떤 모양이 반복되면서 그 반복되는 간격이 점점 줄어든다는 것이다. 타임웨이브는 전 세계에서 거의 동시대에 노자, 플라톤, 조로아스터, 붓다, 그 밖의 많은 선지자들이 활동을 펼치던 기원전 5백 년경부터 '새로움'이 급증하였음을 보여주고 있다. 타임웨이브는 1960년대 후반에는 기원전 5백 년 때보다 반복이 64배 더 빠른 속도로 일어났고, 2010년에는 반복 패턴 역시 64배 더 빨라졌으며, 2012년에는 또 한 번 64배 더 빨라진 패턴이 나타난다는 것이다. 즉, 변화 속도는 비약적으로 빨라지고 변화 간격은 1개월에서 1주를 거쳐 1일 단위로 압축되면서 대단히 빠른 속도로 0을 향하는데, 이를 일컬어 맥케나는 '0의 타임웨이브'라고 부른다.[50] 그것은 무한대의 새로움이 닥칠 시점을 함수로 나타낸 것이다.

영국 브리스톨대 교수인 피터 러셀(Peter Russell)은 1990년대 이전까지만 해도 월드 와이드 웹(www)이 무엇이며, 그로 인해 인류의 삶이 얼마나 극적으로 변하게 될지 조금이라도 이해했던 사람은 극소수에 불과했다고 보고, 향후 10년 뒤 어떤 기술의 혁신이나 발전이 우리 삶을 근본적으로 바꾸어 놓을지는 아무도 알 수 없다며, 인류가 '특이점(singularity)'을 향해 나아가고 있다고 생각한다. 그는 변화의 가속화 경향이 지속되면 진화에 영겁의 시간이 필요했던 과거와는 달리, 수억 년에 걸친 진화의 여정이 매우 짧은 시간에 압축적으로 일어날 수도 있다고 본다. 또한 오늘날은 세계 각지에서 전승된 지혜를 하나로 응축한 영적 메시지가 책, 음성매체, 웹, 온라인 포럼, 인터넷 방송 등의 정보기술을 통해 세상에 전파되고 있다며, 인류 역사상 지금처럼 많은 영적 지혜에 접근할 수 있었던 시기는 일찍이 없었다고 본다. 아울러 온전한 깨달음을 통해 가르침을 전하거나, 인터넷으로 지혜를 공유하며 영적 각성에 기여하는 이들이 점점 더 많아지고 있다는 것이다.[51]

이제 낡은 문명은 임계점에 이르고 있으며, 인류의 문명은 프랑스 고생물학자 피에르 테야르 드 샤르댕(Pierre Teilhard de Chardin)이 말하는 '오메가 포인트(Omega Point: 인류의 영적 탄생)'를 향하여 나아가고 있다. 샤르댕에 의하면 우주는 우주권, 즉 우주의 탄생을 일컫는 '우주 발생'을 시초로 해서 다음으로 '지구 탄생'이 이루어지고, 그 뒤를 이어 '생명 탄생', 즉 생명체(생물권)가 등장하며, 그다음으로 인간과 더불어 '인지認知 탄생', 즉 사고의 권역認知圈이 도래했다. 샤르댕은 오메가 포인트로 이어지는 마지막 단계가 그리스도 의식의 탄생, 즉 '집단 영성의 탄생'이라고 본다. 그는 생전에 인터넷의 등장을 보지는 못했지만 최초의 컴퓨터 개발을 목격하면서 이러한 신기술이 오메가 포인트를 훨씬 더 앞당길 것이라고 예측했다.[52] 우주섭리와 인사人事의 연계성을 깨닫고 '진화의 기말고사'를 통과하는 일에 혼신을 다하는 것이 후천개벽의 신문명을 맞는 우리의 자세다.

동아시아 신질서와
신新장보고시대

동아시아 신질서와
한반도의 선택[53]

'동아시아 신新질서' 라는 용어는 20세기 말 세계 질서의 급속한 재편에 조응하는 동아시아의 새로운 질서를 표징하는 의미로 사용되었다. 냉전 구조 하에서 동아시아 지역의 문제는 동서 양 진영의 이데올로기적·군사적 대결이라는 구조적 제약 속에서 다뤄졌고, 이러한 양 진영의 대립 구조는 긴장과 완화, 군비경쟁과 군비감축이라는 역동적인 형태를 보이면서 1989년 12월 말타(Malta) 선언에 이르기까지 지속되었다. 그러나 동유럽 공산권의 몰락(1989)과 소연방의 해체(1991)에 따른 냉전체제의 종식으로 국제 질서의 구조에도 커다란 변화가 발생했다. 냉전의 종식은 양극 구조였던 국제 관계를 전 지구적으로 확장시킴으로써 이데올로기적 구분에 의한 국제관계의 영역화가 축소되고 시장경제 논리가 전 세계로 확산되었다. 말하자면 세계화(globalization)가 가속화된 것이다.

냉전 종식 이후 대부분의 국가들은 군사안보 논리가 지배하는 양극 구조의 틀에서 벗어나 적극적 행위자로서 국제관계에 참여하고 있고, 국제기구들의 위상과 역할 또한 새롭게 변화하고 있으며, 비정부기구(NGO)와 다국적 기업의 활동 증대 및 초국적 실체의 등장으로 시민사회의 정치화가 가속화되고 있다. 그에 따라 미·소를 정점으로 한 '위계적 균형체계(hierarchical equilibrium)'[54]는 다양한 행위자들 간의 관계에 기초한 일종의 '역동적 균형체계(dynamic equilibrium)'로 변모되었다. 특히 국제정치경제 질서의 측면에서 이러한 역동적 변화는 탈패권(post-hegemony)·탈냉전(post-Cold War)의 조류 속에서 한편으론 1995년 1월 세계무역기구(WTO)*의 출범에 따른 WTO 체제의 등장, 다른 한편으론 유럽연합(EU)의 발전 및 북미자유무역지대(NAFTA)의 출범, 아시아태평양경제협력체(APEC) 설립 그리고 아세안자유무역지대(AFTA) 설치 등으로 인하여 세계화와 지역화가 교차하는 특징적 형태를 보이고 있다.

탈냉전 이후의 세계적 변화는 복합적이며 다차원적인 것으로 국제정치의 영역과 세계 자본주의의 영역은 물론 이데올로기와 환경·문화·예술의 영역, 나아가 과학과 사유의 영역에까지 미치고 있다. WTO 체제의 등장으로 자본주의 경제의 세계화가 가속화되고 국제경제관계에서 자유주의 경제 원칙이 확대·강화되고 있으며, 이러한 경제적 자유주의를 구현할 수 있는 다자주의(multilateralism) 원칙이 세계경제의 운용 원칙으로 제도화되게 되었다. 이러한 세계적 경제 통합의 추세와 더불어 특기할 만한 것은 선별적 자유무역주의, 경제적 지역주의 등 경제 경쟁적 양태가 세계 경제의 중심 구조로 자리 잡게 됐다는 점이다. 이러한 상반된 추세의 공존은 역시 국제정치경제 질서가 국익의 극대화를 지향하는 국가 이기주의에 의해 지배되고 있음을 극

---

* 2012년 7월 10일 러시아 의회가 WTO 가입 비준안을 가결함으로써 러시아는 156번째 WTO 회원국이 됐다.

명하게 보여주는 것이다.

이렇듯 냉전의 종식은 세계화를 촉진시켰지만 다른 한편으로는 인종적·민족적·종교적 갈등과 분쟁을 증대시키고 경쟁적 지역주의를 촉발시키는 계기가 되었다. 체코슬로바키아의 분리와 체첸의 저항, 유고슬라비아 연방의 붕괴와 인종 및 종교 집단 간에 이루어진 내전은 바로 냉전 구조의 해체가 초래한 결과이다. 탈냉전 이후 또 한 가지 특기할 만한 것은 북아프리카에서 촉발돼 아랍권 전역으로 번지고 있는 민주화 시위 도미노 현상이다. 2010년 튀니지에서 과일 노점상의 분신자살로 시작된 '재스민혁명(Jasmine Revolution)'은 제인 엘아비디네 벤 알리(Zine El Abidine Ben Ali) 대통령의 24년 독재정권을 붕괴시키고 이집트로 이어져 호스니 무바라크(Hosni Mubarak) 대통령의 30년 독재정권을 붕괴시켰으며, 다시 리비아로 이어져 무아마르 카다피(Muammar Gaddafi) 대통령의 42년 철권통치를 종식시켰고, 나아가 예멘의 알리 압둘라 살레(Ali Abdullah Saleh) 예멘 대통령의 33년 장기집권에 종지부를 찍게 함으로써 북아프리카와 중동 지역의 민주화 시위 확산에 불을 당겼다.* 이러한 재스민혁명의 바람은 중국까지 불어닥쳐 2011년 2월 민주화 시위가 온라인상으로 예고돼 베이징과 상하이 등 전국 27개 도시에서 대규모 집회를 갖기로

---

* '아랍의 봄'으로 일컬어지는 아랍권의 반정부 민주화 시위는 그 파장이 아랍권 전역으로 미치고 있다. 시리아에서도 하페즈 알아사드(Hafez al-Assad)와 바샤르 알아사드(Bashar al-Assad) 父子 대통령이 2대에 걸친 41년 장기독재에 저항하는 시위가 전면적인 내전 상황으로 치달으면서 대규모 유혈 사태가 진행 중이다. 2013년 6월 시리아 내전에서 맹독성 화학무기 사린가스가 사용된 정황이 프랑스, 영국, 유엔에 의해 밝혀지면서 긴장이 고조되고 있다. 요르단, 바레인, 알제리, 모로코, 이란 등에서는 개헌·개각 등 명목상의 개혁을 단행하여 시위는 잦아든 상태이고, 사우디아라비아, 쿠웨이트, 아랍에미리트연합(UAE), 카타르 등에서는 재스민혁명 바람을 차단하기 위해 오일머니를 뿌리며 외견상 안정을 유지하고 있다.

했으나 원천봉쇄 되었다.

    탈냉전 이후 동북아 권역 또한 역동적으로 변화하고 있다. 냉전체제의 종식에 따른 동북아의 구도 변화와 더불어 새로운 동북아시대를 개창하려는 움직임이 일고 있다. 즉, 한몽수교(1990)와 한소수교(1990), 남북한 유엔동시가입(1991), 한중수교(1992), WTO 체제의 등장(1995)에 따른 자유무역협정(FTA) 체결의 확산, NGO와 다국적기업의 활동 증대 및 초국적 실체의 등장, 속초(한국)-자루비노(러시아)-훈춘(중국)을 통해 백두산으로 가는 새로운 해륙로 개통(2000), TSR 전철화 작업의 완공(2002)에 따른 대륙 간 물류망 확보 및 송유관·가스관 건설을 위한 극동 시베리아 개발 계획의 가시화, 러시아의 '에너지 전략 2020'(2002)과 시베리아횡단철도(TSR)-한반도종단철도(TKR) 연결 논의(2004), 중국의 '동북공정'(2002)을 둘러싼 한·중 역사전쟁의 표면화(2004)와 더불어 해묵은 한·일 역사전쟁, 그리고 북한의 핵보유 선언 및 6자회담 무기한 불참 선언(2005)과 북한의 핵실험(2006, 2009, 2013) 등이 그것이다.

    동북아시아의 역동적 변화상은 냉전 구조의 와해에 따른 세계체제의 변화에 힘입어 동북아 역내 교류 및 협력이 촉진됨에 따라 동북아 권역의 외연적 확대와 더불어 이 지역의 통합적 가치가 증대된 데 따른 것이다. 지난 20여 년간 특히 동북아를 중심으로 한 역동적 변화상은 우리에게 국민국가의 패러다임을 넘어선 초국적 발전 패러다임의 긴요성을 명징하게 보여준다. 그렇다고 냉전의 종식이 곧 동북아 지역에서의 평화 정착을 의미하는 것은 아니다. 우선 쌍무적 방위조약에 따라 이 지역에 일정 수준의 미군 주둔이 불가피하다는 점이 이 지역에서 군축의 실현을 어렵게 한다. 즉, 미군 주둔이 러시아에 위협이 되어 그에 대응하는 해군력을 유지케 할 것이고, 이는 다시 일본에 위협이 되고 일본은 다시 한반도와 중국 등 동아시아 전체에 위협이 되는 일종의 위협 사슬이 존재하기 때문이다.

이 외에도 이 지역은 신냉전시대의 대립 관계가 지속되고 있다. 한・일 간의 독도, 러시아・일본 간의 쿠릴열도(북방 4개 島嶼), 중국・일본・대만 간의 댜오위다오(釣魚島・일본명 센카쿠(尖閣)열도), 중국・대만・말레이시아・인도네시아・베트남・필리핀・보르네오, 브루나이 간의 남중국해 난사군도(南沙群島), 중국・필리핀 간의 난사군도에 있는 황옌다오(黃巖島・스카보러 섬), 중국・베트남 간의 시사군도(西沙群島・파라셀군도・베트남명 호앙사군도) 등 영유권 문제 관련국만 해도 동아시아 주요 국가들이 망라돼 있다. 중국이 2012년 5월부터 제작한 새 전자여권 속지에 새겨진 중국 전도에 남중국해 주변을 따라 그은 9개의 직선, 이른바 '남해구단선(南海九段線 nine dash line・일명 'U形線')이 포함되면서 남중국해 도서 영유권 분쟁의 파고가 다시 거세졌다. 미・중, 중・일의 아태亞太 패권 경쟁 본격화와 한반도의 변화 방향 또한 이 지역의 질서 재편에 중대한 변수임은 두말할 필요도 없다.

금년 들어 북핵北核은 동아시아 신질서의 중대 변수로 떠오르고 있다. 국제사회의 강력한 경고에도 불구하고 금년 2월 12일 북한의 3차 핵실험 강행으로 북핵 게임의 틀 자체가 급변하면서 동아시아의 신질서에도 중대한 변화가 예고되고 있다. 북한은 2006년 10월 1차 핵실험, 2009년 5월 2차 핵실험, 2012년 12월 은하 3호 장거리 로켓 발사 성공에 이은 2013년 2월 3차 핵실험으로 인도와 파키스탄에 이어 '실질적 핵 보유국'이 될 전망이다. 그렇게 되면 북핵 게임의 성격이 완전히 달라져 북핵 협상의 유효한 수단으로 간주되었던 6자회담 방식은 실효성을 상실하게 된다. 금년 1월 북한이 외무성 이름으로 "비핵화 논의 자체를 거부한다"라고 천명한 데서도 알 수 있듯이, 이번 3차 핵실험 강행은 1994년 북・미 제네바 합의 이후 20년간 지속된 한반도 비핵화 시도가 사실상 파국을 맞게 되었음을 의미한다.

북한의 강력한 핵 보유 의지는 핵무기 개발만이 체제 안전 유지와 대미對美

협상력 제고를 위한 절대카드라는 인식과 맞물려 지난 20년간 흔들림 없이 지속돼 왔다. 북핵이 기정사실화할 경우 가장 우려할 만한 시나리오는 북핵이 일본의 핵무장 논의를 확산시키고 이에 따른 핵 개발 도미노 현상이 동북아 전체에 파급되어 국제사회의 핵확산금지조약(NPT) 체제를 무력화시킴으로써 동북아 전체가 핵 경쟁체제에 돌입하게 될 가능성이다. 현재 일본은 나가사키長崎급 원자폭탄 5000~7000발을 제조할 수 있는 플루토늄 44.3t을 국내외에 보유하고 있는 것으로 나타났다.[55] 더욱이 일본은 90일 내에 핵무기를 제조해 미사일에 탑재할 능력까지 보유하고 있다는 핵전문가 오마에 겐이치(大前研一)의 주장은 이러한 우려를 뒷받침한다.

핵무장을 향한 일본 정부의 거침없는 행보는 2012년 6월 20일 원자력기본법에 '국가 안전 보장'이라는 조항을 추가해 핵을 군사적으로 이용할 수 있는 근거를 마련한 데 이어, 동년 6월 26일 후쿠시마 원전 사고 이후 중단했던 플루토늄·우라늄 혼합 산화물(MOX) 연료 가공 공장의 추가 공사를 승인한 데서 잘 드러난다. 2013년 5월 3일 월스트리트저널(WSJ)은 일본 정부가 미국 오바마 행정부의 반대에도 불구하고 아오모리青森 현 롯카쇼무라(六ヶ所村) 핵 재처리 시설을 2013년 10월부터 본격 가동하기로 해 주변국들 간 핵기술과 무기를 둘러싼 경쟁이 고조될 우려가 있다고 전했다. 롯카쇼무라 핵 재처리 시설이 가동되면 공장 가동연수인 40년간 매년 8t의 플루토늄을 추출해 총 320t의 플루토늄을 추가 보유하게 된다. 이는 나가사키급 원폭 5만 발을 제조할 수 있는 양이다.[56] 일본은 핵무기 비보유국 중 미국으로부터 핵연료 재처리를 인정받은 유일한 나라다. 그러나 미국은 2016년이면 사용후핵연료 보관 시설이 포화 상태가 되는 한국의 재처리 요구에는 응하지 않고 있다.[57] 더욱이 2013년 5월 6일 NHK 보도에 따르면 일본 집권 자민당은 방위 대강大綱에 핵·탄도 미사일 공격에 대한 대응 능력 강화, 자위대의 해병대 기능 강화

등을 포함해야 한다는 주장도 하고 있다.

그동안 협상을 통해 북핵 문제를 타결하려 한 노력이 사실상 무위로 끝나면서 미국과 중국 그리고 국제사회는 피로감과 무력감이 팽배해 있다. 중·일, 한·일 및 남·북한, 중·필리핀 등 역내 갈등에 따른 아시아 지역의 긴장이 집권 2기를 맞은 버락 오바마(Barack Obama) 미국 대통령으로서도 가장 위험한 변수가 될 것이라는 〈워싱턴포스트(WP)〉의 전망이 힘을 얻고 있다. 그렇다면 동아시아의 평화로운 신질서 구축은 어떻게 이루어질 것인가? 한 가지 분명한 사실은 북한의 핵 개발에 대응하는 6자회담 참가국의 대응 방식이 협상력을 발휘하지 못했다는 것이다. 핵 개발을 절대 절명의 생존 수단으로 간주하는 북한에게 '선先 비핵화 후後 지원' 논의는 국가의 운명을 불확실한 국제사회의 선의善意에 맡기는 식의 '매우 위험한 게임'으로 여겨졌을 것이다. 상대방이 수용하지 않으리라는 것을 알면서도 20년 동안이나 동일한 협상카드를 반복적으로 내밀었다면 북핵 문제를 근원적으로 해결할 의지가 결여되었던 것이고, 상대방이 수용하지 않으리라는 것을 알지 못하여 그렇게 했다면 협상자로서의 자질 자체를 의심하지 않을 수 없다.

2003년 6자회담이 시작된 이후 강온 양면책을 구사해 온 중국은 2009년 5월 북한의 2차 핵실험에 대해 '결연히 반대한다'는 반응을 보이면서도, 동년 8월 후진타오胡錦濤 주석 주재로 개최된 중앙외사공작영도소조에서는 격론 끝에 북한의 체제 안정을 비핵화보다 우선순위에 두었다. 북한이 두 차례 핵실험을 한 만큼 중국도 피해 당사자가 될 수 있으므로 기존의 지정학적 전략 폐기, 석유·식량 지원 중단, 북중우호조약 파기 등 강도 높은 대북 응징을 통해 핵 보유국으로 가는 길을 원천적으로 차단해야 한다는 것이 당시 강경 대응파의 논리였다. 반면, 친북파의 논리는 북한이 한·미·일 삼각 공조체제에 대응할 수 있는 전략적 카드일뿐더러, 북핵 개발이 아직 무기화 단계에 이르지 않은 만큼 북한의 체제 붕괴로 이어질 수 있는 대북 압박보다는 기존의 6자회담을 통한 북핵 문제 해결이 바람직하다는 것이었다. 격론 끝에 친북파가 이겨 북한에 대한 계속적인 지원을 포함하는 기존 노선을 유지하기로 결정한 것이다.

중국의 대북 전략은 크게 두 가지 상호 연관된 측면에서 중국 국익의 극대화에 초점이 맞춰져 있다. 그 하나는 중국의 경제발전에 필요한 안정적인 환경 조성과 관련된 것이고, 다른 하나는 미·일과의 아태 패권 경쟁에서 지정학적 전략과 관계된 것이다. 그러나 북한이 3차 핵실험으로 '실질적 핵 보유국'이 되면 중국내 북핵에 대한 강경대응파와 친북파 간 격론이 재점화될 가능성이 크다. 더욱이 핵 오염 공포의 확산으로 중국 지도부도 예상치 못한 거센 '반북反北 여론'이 분출하면서 중국 당국은 3차 핵실험에 따른 동북 지역의 방사성 물질 오염 여부를 확인하기 위해 국경 인근에 모니터링팀을 급파하기도 했다. 중국 포털사이트 '텅쉰'이 진행 중인 여론조사에서 네티즌의 약 70%가 북한 핵 보유에 반대하는 입장을 밝힌 것이나, 헤이룽장黑龍江성 전인대全人大 대표까지도 북한 비판에 동참한 것은 상당히 이례적이다. 특히 사용자가 3억 명이 넘는 웨이보 등에서 지식인층이 주도하는 '반북 여론'은 중국 지도부도 무시하기 어렵다는 점에서 향후 새로운 대북정책에 중요한 변수가 될 전망이다.

북핵이 중국의 책임이라며 대북정책의 근본적 전환을 촉구하는 자성론이 중국내 전문가·언론에서 터져 나오고 있다. 6자회담 참가국인 한·미·일 등은 북한의 비핵화 실패가 중국의 이중플레이 때문이라고 생각한다. 북핵 문제와 북·중 관계를 분리시키는 이중플레이가 비핵화 실패에 기여한 측면이 다분히 있는 것은 사실이다. 그러나 분명한 것은 북핵 문제는 한반도의 평화적 통일과 관련된 우리의 문제라는 사실이다. 정작 이 문제의 당사자인 우리는 한반도의 운명을 중국이나 미국의 선의善意에 맡기는 식의 접근을 해오지는 않았는지 자성해 볼 일이다. 중국이 북한을 포기할 것인지, 안 할 것인지에 매달리는 식의 피상적인 접근으로는 그 어떤 실효성 있는 해결책이 나올 수 없다. 문제를 풀려는 진지한 고민이 없이는 해결 방안 또한 강구될 수 없는 법이다. 설령 북한에 급변사태가 발생하여 새로운 세력이 등장한다고 해도 한반도 통일이 저절로 이루어질 수 있는 것은 아니다.

일단의 전문가들은 미·중의 G2 시대에 우리나라 외교가 균형 감각을 가질 것을 주문한다. 말하자면 미국 편향의 외교에서 벗어나 미·중 간 '균형외교' 로 가야 한다는 주문이다. 2012년 8월 한중수교 20주년을 맞아 제시된 다양한 외교 해법에는 공통적으로 이러한 내용이 반영돼 있다. 즉, 미국과 연대하고 중국과 화합하는 연미화중聯美和中, 미·중과 모두 연대하는 연미연중聯美聯中, 공통의 이익을 추구하고 이견이 있는 부분까지 공감대를 확대해나가는 구동화이求同化異 등이 그것이다. '구동화이' 는 공통의 이익을 추구하되 서로 다른 점을 인정하는 '구동존이求同存異' 보다 더 발전된 개념이다. 그러나 냉혹한 국제정치적 현실은 그것이 외교적 수사修辭에 지나지 않음을 말해준다. 중국내 한국 유학생이 이미 6만 명(2011년 말 기준)을 넘어서고 있고, 한중 간의 교역량은 한일 간·한미 간 교역량을 합친 규모로 2천억 달러(2012년 기준)를 상회하고 있음에도 불구하고 한반도 문제와 관련하여 '구동화이' 해법이 현실적으로 작동하는 징후를 찾아보기는 어렵다.

중국 인민대人民大 국제관계학원 부원장이자 한반도 전문가인 진찬롱金燦榮에 따르면 중국과 러시아는 수분 내에 북한의 핵 시설이 있는 지점을 정밀 타격할 정보와 능력을 갖고 있다고 한다. 하지만 북한의 레짐 체인지(regime change 체제 변동) 이후 북한이 더욱 혼란에 빠질 것을 우려한다는 것이다. 중국의 한반도 정책은 '불전(不戰 전쟁 방지), 불란(不亂 혼란 방지), 무핵(無核 비핵화)'의 세 개 목표를 가지고 있다며, 먼저 전쟁을 방지하고 혼란을 막은 뒤에 비핵화를 달성하는 것이라고 했다. 이는 2009년 여름 후진타오 주석이 조장組長인 한반도외사영도소조에서 대북정책의 원칙으로 천명한 것이다. 비핵화보다 전쟁·혼란 방지가 우선인 점이 미국의 대북정책과 다른 점이라고 진창룽은 밝히고 있다.[58] 한편 랴오닝성(遼寧省) 사회과학원연구원 뤼차오(呂超)는 "무핵의 기초 위에서 한반도에서 전쟁과 혼란이 일어나지 않도록 하는 게 중요하다"[59]며 '무핵'을 강조했다. 그러나 중국의 한반도 정책은 이 세 가지 중 어느 것을 우선순위에 두더라도 뉘앙스의 차이일 뿐 이 세 가지가 분리될 수 있는 것은 아니라는 점에서 그 내용이 본질적으로 다르다고 볼 수는 없다.

이처럼 중국은 한반도의 평화와 안정이 중국의 국익에도 부합된다고 보지만, 한반도는 미국의 '아시아 회귀(pivot to Asia)' 정책과 중국의 군사대국화가 충돌하는 지점이 될 수 있다는 점에서—미국은 중국의 군사적 팽창을 저지하기 위해 필리핀, 베트남 등과도 손을 잡고 중국을 포위하는 정책을 펴고 있다—중국의 지정학적 전략과 관계되기 때문에 복잡한 셈법이 작용할 수밖에 없다. 존 케리 미국 국무장관은 중국이 북한을 압박해 핵 개발을 저지할 경우 중국이 반대하는 미사일방어시스템(MD)을 축소할 수 있음을 시사했다. 사실 미국의 MD는 러시아와의 핵 균형을 위협하지 않으면서 북한·이란의 핵 위협에 대처하기 위해 시작된 것이다. 중국은 미국의 서태평양 MD 배치나 한국의 MD 가입이 중국 방어시스템을 약화시켜 심지어는 중국의 핵 능력 자체를 무력화시킬 수도 있다고 생각하기 때문에 강력하게 반대하는 것이다. 현재 우리나라는 한국형 미사일방어시스템(KAMD) 구축을 위한 연구가 진행되고 있다.

미국이 중국과의 빅딜을 시사한 것은 중국이 대북 원조를 중단할 경우 북한은 존립 자체에 위협을 느껴 핵 개발을 중단할 수밖에 없을 것이라고 보기 때문이다. 최근 들어 중국은행이 북한 조선무역은행과 거래를 끊은 것은 중국 대북정책의 중대한 변화를 의미하는 것으로 볼 수 있다. 그러나 문제는 중국이 북한의 존립 자체를 위협하면서까지 일거에 핵 개발을 저지하는 모험을 시도할 수 있겠는가 하는 것이다. 중국은 북한이 전쟁에 의한 외부 폭발(explosion)은 물론이고 내부 위기에 따른 내부 붕괴(implosion) 또한 한반도에 엄청난 혼란을 초래할 수 있다고 보고 그러한 혼란이 국익에 부합되지 않는다고 생각하기 때문에 쉽게 결론을 내릴 수는 없을 것이다.

국제사회가 우왕좌왕하는 사이 북한은 미사일 정확도를 높이고 핵탄두 소형화를 발전시키는 시간을 벌게 될 것이고, 결과적으로 북·미 제네바 합의 이후 20년간 지속된 '실패한' 한반도 비핵화 시도가 반복될 가능성이 높다. 한반도의 평화와 안정에 유리한 국제 환경 조성은 반드시 필요하다. 2013년 5월 7일 워싱턴에서 열린 한미 정상회담에서 '한미동맹 60주년 기념 공동선언'이 채택된 데 이어, 6월 27일에는 베이징 인민대회당에서 박근혜 대통령과 시진핑習近平 중국 국가주석이 한중 정상회담을 갖고 '한·중 미래비전 공동성명'을 채택했다. 한편 2013년 6월 7~8일 미국 캘리포니아 주 랜초미라지(Rancho Mirage) 서니랜즈에서 열린 미중 정상회담에서 시진핑이 미·중 양국 간 협력을 기반으로 한 '신형新型 대국관계'를 강조한 것은 북핵이 전 세계의 어젠다(agenda)가 되고 있는 현 시점에서 동북아와 한반도 정세의 변화와도 무관하지 않다. 그러나 우리가 명심해야 할 한 가지 분명한 사실은 중국이나 미국이 그들 자신의 국익에 따라 어떤 카드를 사용하든, 우리의 과제는 여전히 남아 있으며 이제 더 이상 그 과제를 미룰 수가 없게 됐다는 것이다. 그것은 어떻게 한반도 통일을 위한 물질적·정신적 토대를 구축할 것인가 하는 것이다. 한반도가 중요한 선택의 기로에 섰다고 보는 것은 이 때문이다.

신장보고 시대와
유엔세계평화센터(UNWPC)[60]

　　　　　　　　　　새로운 동아시아, 특히 동북아시대의 도래와 더불어 장보고(790?~841)가 부상하고 있다. 장보고는 우리 역사상 가장 능동적으로 국제무대에 진출하여 동아시아의 해상·무역·외교를 주도하며 동북아를 국경 없이 다스린 진정한 세계인이다. 노비 약매掠賣에 의분을 느낀 휴머니스트로서, 선종 불교를 후원한 정토제민淨土濟民의 종교개혁자로서, 중개무역에 의해 해상상업제국을 연 경세제민經世濟民의 무역왕으로서, 그는 당시의 수직적인 '닫힌사회'를 수평적인 '열린사회'로 전환시키고자 한 개혁가이기도 했다. 본 절은 개방화-세계화와 일맥상통하는 장보고의 '청해정신淸海精神'과 대외지향적인 그의 국제경영관을 오늘의 지구촌 현실에 적용함으로써 상생相生의 패러다임에 입각한 새로운 역사의 장을 여는 데 일조하기 위한 것이다. 특히 본 절에서는 신新장보고 시대의 도래를 필자 등이 추진해 온 유엔세계평화센터(United Nations World Peace Centre(UNWPC) 또는 유엔세계평화공원(UNWPP)) 건립과 관련하여 살펴보기로 한다.

　신장보고 시대의 도래에 대한 예단은 장보고 시대와 우리 시대가 일정한 공통점을 바탕으로 하고 있다는 사실에 기인한다. 장보고 시대에 동북아 3국의 정치통제력 약화로 국경을 초월하여 자유무역과 교류가 활성화되었다면, 오늘날에는 WTO 체제의 출범과 FTA(자유무역협정) 체결의 확산으로 점차 국민국가의 패러다임이 깨어지고 지구촌 '한마당'이 형성되고 있다. NGO와 다국적기업의 활동 증대에 따른 지구촌의 분권화 추세는 중앙통제력의 이완으로 사무역이 성행하던 장보고 시대와 일맥상통하는 점이 없지 않다. 또한 장보고에 의한 고대 동북아 경제권의 형성은 최근 가시화되고 있는 '동북아 경제권'의 원형으로 평가된다는 점에서 진정한 동북아 연대를 위한 하나의 방향타를 제시했다고 볼 수 있다. 동양 3국의 삼각무역은 물론 서방세계와의 중개무역을 통해 특수성과 보편성, 지역성과 세계성을 조화시킨 장보고의 세계시민주의 정신은 그의 국제경영관이 상생의 패러다임에 입각해 있음을 말하여 준다.

그러면 우선 장보고에 대한 역사적 문헌을 살펴보기로 하자. 장보고에 대한 우리나라 사서 중 대표적인 것은 고려시대의 『삼국사기』와 『삼국유사』, 조선 전기의 『동국사략東國史略』과 『동국통감東國通鑑』, 조선 후기의 『동국통감제강東國通鑑提綱』과 『동사강목東史綱目』 등이 있으나 대부분 국내정치적 상황과 관련된 것일 뿐 장보고의 국외 활동상에 대한 기록은 매우 소략疏略하다. 사실 장보고가 우리나라 역사서에 등장하게 된 것은 당나라 말기 시인 두목(杜牧, 803~852)이 지은 『번천문집樊川文集』 권6의 「장보고·정년전張保皐·鄭年傳」과 중국 정사正史의 하나인 『신당서新唐書』 권220의 「동이전東夷傳」 신라조條의 기록에 힘입은 바 크다.

두목은 장보고·정년의 전기를 지어 『번천문집』에 싣고 장보고를 일컬어 당대 안사安史의 난(755~764)을 평정한 분양왕汾陽王 곽자의(郭子儀, 697~781)에 필적할 만한 현인이며 인의仁義의 사람이라고 극찬하면서 사사로운 원한에 구애받지 않고 능력을 평가하여 인재를 기용하는 대공무사大公無私한 큰 인물로 묘사하고 있다. 그는 이 전기문에서 장보고와 그의 동향 동무 정년의 관계를 안사의 난 직후의 곽분양郭汾陽과 이임회李臨淮의 관계에 비유했던 것이다. 뿐만 아니라 그는 '나라에 한 사람이 있으면 그 나라가 망하지 않는다.'는 잠언을 인용하여 장보고가 바로 그런 인물이라고 극찬하였다. 또한 『신당서』의 편찬자는 '진晉에 기해祁奚가 있고 당唐에 분양汾陽과 보고保皐가 있는데 누가 감히 동이東夷에 인재가 없다고 할 수 있겠는가?'라고 말하고 있다. 이러한 중국 측의 기록은 장보고의 의용을 얼마간 밝혀 줌으로써 국내정치적 상황과 관련된 장보고의 왜곡된 이미지를 바로잡는 데 도움이 된다.

장보고의 도당渡唐 후의 활약상과 당시 재당신라인들의 세력 기반 및 당나라의 상황을 가장 상세하게 기록하여 남긴 역사적 문헌은 일본의 구법승求法僧 엔닌(圓仁, 794~864)이 일기 형식으로 저술한 『입당구법순례행기入唐求法巡禮行記』61이다. 당시 일본은 항해 기술과 해상교통 면에서 신라보다 크게 뒤진 관계로 일승日僧 엔닌은 신라인의 안내와 통역과 기술의 도움을 받으면서 입당入唐하여 장보고의 기금으로 운영되는 제 기관·설비의 신세를 톡톡히 지면서 9년 반 동안이나 중국 각지를 두루 순례하게 되어 당시의 상황을 실지로 견문하고 사실대로 생생하게 기록한 여행기를 남긴 것이다.

이 외에 일본의 대표적 사서인 『일본서기日本書記』·『속일본기續日本紀』·『일본후기日本後紀』·『속일본후기續日本後紀』·『일본삼대실록日本三代實錄)』·『일본기략日本紀略』·『엔기시키延喜式』 등에도 유관 기록이 나타난다. 특히 『속일본후기』에는 장보고와 그의 무역선단에 관한 기록이 자주 등장하는 것을 볼 수 있다. 또한 서기 10세기에 완성된 일본의 성문법령집인 『엔기시키』의 기록에 의하면, 일본 궁내성宮內省에 3신神—신라계의 소노카미園神 1좌座와 백제계의 가라카미韓神 2좌—을 모시고 정례定例의식 때는 물론 국난에 처할 때면 반드시 이들에게 제사를 지냈다고 한다. 이는 『일본기략』과 『일본삼대실록』에서 '원한신제園韓神祭를 지냈다'는 기록과 일치하는 것으로, 더구나 『엔기시키』에서 신라계 소노(園)신을 3좌의 첫머리에 올린 것은 예사로운 일은 아니다. 여기서 소노(園)신은 통일신라계 신이며, 일본이 통일신라의 처위處位를 인정하지 않을 수 없는 중대한 시점이 있었다는 최태영崔泰永 교수의 지적은 주목할 만하다.62 필자는 그 중대한 시점이 바로 장보고 시대이며, 소노(園)신은 장보고의 화현이라고 추정하지만 이에 대해서는 더 깊은 연구가 필요하다.

이와 같이 장보고에 대한 역사적 기록은 우리나라보다 중국이나 일본 사서에 더 많이 나타난다. 우리 역사상 중국과 일본의 사서에 이처럼 자주 등장하는 인물은 달리 찾아보기 어려울 것이다. 특히 장보고의 국외 활동상과 위적偉蹟이 폄하된 관계로 이에 대한 국내의 기록은 거의 전무한 실정이어서 중국이나 일본의 사료에 크게 의존할 수밖에 없게 되었다. 한편 엔닌의 기록이 오늘날 다시 주목받게 된 것은 미국 하버드대학의 동양학 교수이자 1960년대 초 주일미국대사를 역임한 에드윈 라이샤워(Edwin O. Reischauer)의 역저 『엔닌의 당唐 여행기 Ennin's Travels in T'ang China』가 1955년 뉴욕에서 출간되면서이다. 이 책은 장보고와 신라인들에 대한 별도의 논문을 싣고 장보고를 '해상상업제국(Maritime Commercial Empire)'의 '무역왕(Merchant Prince)'[63]으로 칭하여 장보고의 존재를 전 세계에 널리 인식시키는 계기를 제공했다. 또한 1920년대부터 일본 학자들에 의해 이루어진 자각대사慈覺大師 엔닌에 대한 연구[64]도 장보고에 관한 연구를 활성화시키는 데 기여한 것으로 보인다.

장보고의 위적에 대한 근대적 연구는 1943년에 간행된 최남선崔南善의 『고사통故事通』이나 1934~1935년에 김상기金庠基가 『진단학보震檀學報』에 발표한 장편 논문 「고대의 무역형태와 나말의 해상발전에 취就하야」[65] 속에 잘 나타나 있다. 『고사통』에는 장보고의 해상활동이 이렇게 나온다: "…장보고란 위인偉人이 있어서 사방 완도에 청해진이란 근거를 두고 많은 배로써 지나支那와 일본의 각지로 왕래하면서 굉장한 무역을 행하여 동방의 해상권을 한손에 잡고 부력富力과 위세가 일세一世를 덮더니, 이 동안에 신라이 국력이 매우 퍼여서 전일의 번영을 다시 보게 되었다."[66] 청해진의 진鎭은 단순한 무역항구가 아니라 군사기지로서 신라 정부로부터 독립적인 행정과 경영 체제를 유지했으며, 해적 소탕과 중개무역을 통한 경제적 기반의 확립으로 국제경영을 할 수 있었던 것이다.

또한 김상기의 장편 논문은 역사적 사료에 근거하여 당시 나·당·일 동양 3국의 실정과 장보고의 위업偉業을 각 방면으로 고찰하여 해설한 것으로 각국의 상황과 해상무역, 신라인의 국내외 해상 활동과 국제무역의 발전, 불교의 전포傳布 등을 고찰하여 장보고의 공적과 신라인의 위력威力을 사실 그대로 밀도 있게 정리함으로써 선도적 역할을 했다고 할 수 있다. 그의 논문은 장보고에 대한 역사 인식의 재정립의 필요성을 일깨우고, 한·중·일의 외교관계사적 시각에서 그의 활동을 조명할 수 있게 하였으며, 나아가 고대 무역의 실태와 나말羅末 국제무역의 발전 과정을 장보고의 활동과 연계함으로써 고대사 전공자는 물론 해양·해운·경영·정치외교·무역 관계의 연구자들에 의해 폭넓은 연구가 이루어질 수 있게 하는 계기를 제공했다. 이후에도 장보고의 해상활동에 관한 연구는 계속돼 왔다.

　이상에서 볼 때 정치·외교·경제·문화·종교가 미분화되어 있었던 고대 동아시아 세계에서, 더구나 나·당 두 나라의 중앙의 정치적 통제력이 이완되고 적산포赤山浦-청해진淸海鎭-하카다博多를 연결하는 삼각교역이 활성화되던 시기에 해상의 안전교통과 공사公私의 문물교역, 특히 국제무역의 발전과 종교문화의 교류와 국방에 있어 장보고가 쌓은 공적은 실로 전반적이고도 심대하다. 동아시아론의 부상 및 황해경제권黃海經濟圈시대의 도래와 더불어 세계인 장보고의 시대가 재현되고 있는 현 시점에서 고대 동아시아 경제권을 형성시킨 장보고의 국제경영 모델을 지구촌 경영에 적용하는 것은 매우 시의적절하다. 『번천문집』에서 장보고를 '현인이며 인의의 사람' 또는 대공무사한 큰 인물로 묘사한 점, 『신당서』 등에서 '의용義勇의 인물'로 묘사한 점, 『입당구법순례행기』에서 엔닌이 장보고를 향해 흠모하는 마음을 피력한 점,[67] 오늘날에도 일본에서는 장보고를 신라명신新羅明神 혹은 적산명신赤山明神으로 신격화하고 있는 점, 그리고 장보고의 해외 거점인 법화원法華院

이 있는 적산촌 일대에 구전되어 오는 내용* 등으로 미루어 볼 때 장보고의 국제경영관이 상생의 패러다임에 입각해 있다고 보는 것은 무리가 아닐 것이다.

노예무역선·해적선의 근절을 통해 황해상의 질서를 바로 잡고 국제 해상무역을 확장·발전시키며 동아시아를 국경 없이 다스리는 과정에서 경주 귀족들의 시기와 경계를 받을 수도 있었을 것이고, 청해진 설치 이후 해상무역, 특히 노예무역에 의한 기득권을 대부분 잃게 된 서남해안지방의 군소해상세력가들의 반발을 살 수도 있었을 것이다. 양민의 입장을 대변하고 사회 정의에 입각한 인본주의적 지배를 추구하며, 대등한 참여를 요구하고 '열린사회'를 지향하는 과정에서 골품제에 기초한 당시 신라의 지배 체제와 갈등과 대립을 빚을 수도 있었을 것이다. 개방적이고 개혁적인 마인드를 가진 장보고로서는, 더욱이 당시 골품체제를 뛰어넘는 원대한 비전을 가진 장보고로서는, 납비納妃 기도를 통해 신라 왕실과 대등한 번신藩臣의 위치를 확립할 필요가 있었을지도 모른다. 그가 모든 사람의 가슴을 만족시키지 못했다고 해서, 더욱이 신무왕神武王이 스스로 약조한 납비 문제를 단순히 장보고 개인의 정치적 야욕과 결부시킴으로써 그의 국제경영관이 상생의 패러다임에 입각해 있지 않다고 한다면, 그것은 시비의 문제가 아니라 역사적 세계를 바라보는 시각의 편협성에 기인하는 것이라고밖에 말할 수 없다.

---

* 지금도 중국 山東省 榮成市 石島鎭 赤山 꼭대기에는 적산촌민들 사이에 '장군바위'라고 불리는 거대한 바위가 있다. 마치 사람이 누운 듯한 형상을 하고 있는데, 바로 장보고 장군을 일컫는 것이다. 그 '장군바위'를 보며 적산촌민들은 소원을 빌기도 한다고 한다. 천년이 훨씬 지난 후에도 그곳에서 장 대사가 그토록 기려지고 있을진대, 그 당시 장 대사의 위세가 어떠했을지는 짐작하고도 남음이 있다. 만약 장 대사가 오직 이기적인 상거래 행위에만 몰두했다면 과연 중국 현지인들에게 그토록 기려질 수 있을까?

UNWPC 건립협의서 협정을 위한 4자 조인식 장면

새로운 동아시아 시대를 맞이하여 세계평화와 우리 민족의 진운進運이 걸려 있는 새로운 연대를 위한 구상이 구체화된 것이 바로 UNWPC(또는 UNWPP) 건립이다. 북한, 중국, 러시아의 3국 접경 지역에 추진 중인 UNWPC 건립은 1995년 유엔 창립 50주년 기념사업으로 필자가 유엔측에 처음 발의한 것이다.* 1995년 10월 중국측과 2자 조인식이 있었고, 그로부터 3년 반 만인 1999년 4월 중국 훈춘 현지에서 유엔측 대표,** 중국 훈춘시 인민정부 시장, 러시아 핫산구정부 행정장관 등과 필자는 3국접경지역 약 2억 평 부지에 UNWPC 건립을 위한 4자 조인식을 갖고 두만강 하구 방천에서 기념비 제막식을 가졌다. 여의도 면적의 약 240배에 달하는 이곳은 중국 방천경구防川景區를 중심으로 경신평원경구敬信平原景區, 회룡봉경구回龍峰景區와 러시아 핫산구, 북한의 부포리 일대를 포함하고 있으며, 한반도와 일본, 몽골 그리고 미국과 유엔이 직간접으로 연결돼 있고 아태 지역 국가들의 이해관계가 내재된 곳으로 UNWPC 건립을 위한 필요충분조건을 갖춘 곳이다. UNWPC는 아시아-유럽을 동서로 관통하

---

* 범인류간 UNWPC 건립의 발의는 1995년 9월 1일 유엔 창립 50주년을 기념하여 내한한 제임스 스페드(James Gustave Speth) UNDP 총재와 헐버트 버스톡(Herbert A. Behrstock) UNDP 동아시아지역대표에게 필자가 제안하였고 본 제안을 지지한 상기 2인이 UN 명칭 사용에 동의함으로써 시작되었다.

** 4자 조인식의 유엔측 대표로는 당시 코피 아난(Kofi Annan) UN 사무총장과 제임스 스페드(James Gustave Speth) UNDP 총재의 裁可를 받아 솜사이 노린(Somsey Norindr) UN 한국주재대표가 참석해 서명하였다.

는 태평양의 관문으로서, 「최대보전 최소개발(97%보전, 3%개발)」 개념으로 자연친화적이고 생태효율적인 생활을 직접 체득할 수 있도록 지구촌의 미래 청사진으로 계획된 것이다.

TRADP(두만강지역개발계획)라는 이름으로 시작된 동북아 지역경제의 활성화와 통합의 추진은 최초의 훈춘-나진·선봉-포시에트에 연連하는 1천㎢의 소삼각지역(TREZ)에 대한 개발에서 시작해 옌지延吉-청진-블라디보스토크·나홋카·보스토치니에 연하는 1만㎢의 대삼각지역(TREDA), 그리고 몽골, 한국, 일본을 포함하는 동북아 지역으로 확대됐으나, 다자간 경제협력체의 형성과 공동개발 추진은 지지부진했다. 이는 한반도를 둘러싸고 첨예하게 대립하고 있는 4강强의 정치·군사적 이해관계와 복잡하게 얽혀 있는 역내 국가들의 이해관계에 기인하는 것으로 이 지역 국가들 간의 연대로서는 그 난맥상을 푸는 데 한계가 있을 수밖에 없다는 것이 필자의 관점이다. 2005년 9월 TRADP는 GTI(광역두만강개발계획)로 전환됐으며, 북한은 지난 2009년 탈퇴했다.

더욱이 TSR(시베리아 횡단철도)의 전철화電鐵化 작업이 완공됨으로써 TSR을 축으로 남북한~러시아 동서남북~유럽 전체를 연결하는 물류망 확보와 극동으로 연결되는 송유관-가스관 건설을 위한 극동 시베리아 개발과 같은 '철의 실크로드' 계획이 탄력을 받게 됨에 따라 역내 국가들의 이해관계는 더 복잡해질 전망이다. 이러한 핵심 지역에 위치한 UNWPC는 세계적인 중개무역지로서의 기초적 조건을 갖추게 되었다. 지구촌 차원의 NGO 기반에 입각한 UNWPC 건립은 세계평화 및 분쟁 해소 기여, 저공해 환경친화적 개발, 생태관광(eco-tourism) 개발, 지역 경제 발전 유도, 지속가능한 개발, 저밀도 개발 등에 주안점을 두고 인간과 인간, 인간과 자연의 연대성의 원리에 기초해 주권국가를 기본 단위로 하는 연대의 내재적 한계를 극복할 수 있는 이른바 위-위(win-win) 구조의 협력 체계의 가능성을 열어 보임으로써 21세기 새로운 동아시아 시대를 여는 해법을 제공하기 위한 것이다.

UNWPC는 미래의 유엔 본부가 들어설 수 있는 곳이다. 원래 국제연맹은 그 본부가 스위스 제네바에 있었으나 제2차 세계대전 직후 미국의 부상과 더불어 당시 존 D. 록펠러 2세(John Davison Rockefeller, Jr.)가 뉴욕 맨해튼의 본부 부지 2만여 평(약 7만㎡)을 증여해 프랭클린 D. 루스벨트(Franklin D. Roosevelt) 대통령이 국제연합(UN) 창설 청사진을 제시함으로써 뉴욕으로 옮겨왔듯이, 21세기에는 동아시아, 특히 동북아가 세계의 중심이 될 것이고 그렇게 되면 대삼각과 소삼각의 중심인 UNWPC가 세계의 중심이 될 것이다. 당시 유엔 본부 터는 양조장, 도살장, 공장들이 난립한 슬럼가였는데 반해, UNWPC는 자연 생태계가 그대로 보존된 천혜의 땅이다. 그런 점에서 UNWPC는 환경·문화의 세기에 걸맞는 미래 지구촌의 수도로 예정된 곳이다.

9세기 공무역이 쇠퇴하고 사무역이 성행하던 당시의 동아시아 질서 속에서 장보고가 청해진을 중심으로 동아시아, 특히 동북아를 국경 없이 다스렸던 것처럼, UNWPC 건립은 점차 국민국가의 패러다임이 깨어지고 지구촌 패러다임이 형성되는 문명의 대전환기를 맞이하여 4강強 구도로 이루어진 기존의 동북아 판을 국가 간의 경계를 초월하여 동북 간방艮方을 중심으로 다시 짜기 위한 것이다. 새로운 동북아 거점 확보의 필요성은 한소수교, 한중수교로 옛 발해 땅이 열리면서 동북아 권역의 외연적 확대와 더불어 지정학적으로나 경제지리학적으로, 또는 물류유통상으로 이 지역의 통합적 가치가 증대된 데 따른 것이다. 북·중·러 3국이

UNWPC 4자 조인식에서 연설하는 필자

중국·북한·러시아 3국접경지역

접하는 이른바 '황금의 삼각주' 일대는 아시아-유럽의 동서문화권이 만나는 지점이자, 한반도와 일본 등의 해양문화권과 중·러의 대륙문화권이 만나는 지점이며, TKR(한반도 종단철도)과 TSR이 만나는 지점으로 전 세계의 중심축이 되는 사통팔달 지역이다. 지정학적으로는 반도와 대륙, 해양과 대륙을 가교하는 동북아의 요지로서, 물류유통상으로는 유라시아 특급 물류혁명의 전초기지로서 새로운 동북아시대의 허브(hub)가 될 수 있는 요건을 갖춘 곳이다.

이 지역은 도로, 철도, 해운, 항공 등 국제교통망과 통신망의 요지이며 거대한 개발 잠재력을 갖추고 있어 UNWPC 건립을 추진하기에 최적지라 할 수 있다. 가깝게는 두만강을 사이에 두고 중국 훈춘 방천지구와 북한 나진·선봉 특구가 마주하고 있으며, 산과 평원을 사이에 두고 러시아 핫산, 포시에트항, 자루비노항과 접하고 있고, 멀리는 중국 옌지, 북한 청진, 러시아 블라디보스토크 등지의 개발과 연계돼 발전할 수 있다. 3국이 접해 있는 지리적 특수성으로 인하여 경제 여건의 상보성은 물론 중국 동북지역과 러시아 극동지역의 개발에 상호 협력할 수 있는 기초 조건을 갖추고 있는 곳이기도 하다. 말하자면 지정학적 입지가 상품화될 수 있는 가치가 높은 곳이다. 더욱이 이 지역 일대에는 우리 한인 교포들이 많이 거주하고 있어 한민족 인적 자원이 풍부한 곳이기도 하다. 장보고가 고대 동아시아의 중추항이었던 청해진을 거점으로 중개무역을 통해 세계적인 물류망을 연계하는 무역 네트워크를 구축했던 것처럼, 3국접경지역은 동북아의 새로운 허브, 즉 중개무역지로 발전시킬 수 있는 인적 및 물적 자원을 갖춘 곳이기도 하다.

UNWPC 프로젝트는 장보고의 상생의 국제경영관을 오늘의 지구촌 실정에 맞게 주체적 시각으로 재창조한 것이다. 장보고 시대에 청해진이 세계적인 물류망을 연계하는 국제무역센터로서 기능하였다면, 새로운 동아시아 시대에 3국접경지역은 상생의 삶을 구현하는 세계평화센터로서 기능하게 될 것이다. 말하자면 이 지역을 '하나인 동북아', '하나인 지구촌' 건설을 위한 세계평화의 중심지로 만들자는 것이다. 장보고 시대에는 러시아 핫산에 접해 있는 포시에트(옛 발해의 鹽州)에서 일본과의 교류를 위해 자주 배가 다녔고, 중국 훈춘(옛 발해의 동경)에서 나진·선봉을 거쳐 동해안을 따라 신라와의 간헐적인 교류가 이루어졌다. 또한 그러한 경계로서의 입지는 2000년 4월 속초-자루비노-훈춘을 통해 백두산으로 가는 새로운 해류로가 열리면서 일층 강화되고 있다.

장보고가 바다를 맑게 평정할 당시에는 노예무역선·해적선 근절이 주요 이슈였지만, 오늘날에는 인구 증가, 산업화 및 무기체제(특히 핵무기 및 생화학무기체제)의 발달 등으로 환경생태 문제가 첨예한 이슈가 되고 있다. 환경과 경제가 통합된 환경복지(environmental welfare) 개념에 기초한 이른바 환경생태공동체 건설이 21세기 '환경의 세기'의 화두가 되고 있는 것이다. 동북아 지역 환경복지 문제의 긴요성은 남북한, 중국, 러시아, 일본 5개국이 전 세계 면적의 20%, 세계 총 인구의 25% 이상을 점하는 광역 협력 지역이라는 사실에서도 분명히 드러난다. 특히 중국 13억 인구의 마이 카(My Car) 시대가 열리면서 고질적인 황사문제와 더불어 환경복지 문제는 주변국들의 시급한 현안으로 떠오르고 있다. 동북아 연대는 환경공동체 이외에도 경제적 여건의 상보성을 바탕으로 한 에너지공동체, IT공동체 등의 개념을 포괄한다.

이제 인류는 사회적 존재로서만이 아니라 자연적 존재로서의 의미를 재조명해 보고 생명 경외의 차원에서 인류 문명의 구조를 재구성해야 할 시점에 처해 있다. 오늘날 지구촌에 만연해 있는 개인 및 공동체의 질환은 우주자연이 원상회복되고 우주자연의 본질에 순응하는 삶을 추구함으로써 비로소 치유될 수 있는 것이다. 이렇게 볼 때 노비 약매掠賣에 의분을 느낀 장보고의 휴머니즘은 이제 우주자연의 영역으로까지 확장되지 않으면 안 된다. UNWPC는 경제 교류 협력은 물론 환경생태·문화예술 교류와 같은 새로운 차원의 중개무역이 요망되는 시대에 인류가 지향해야 할 가치관과 추구해야 할 삶의 형태를 총괄적이고도 구체적으로 제시하며 생명 경외의 문화·문명을 선도적으로 창출해낼 것이다. 필자 등이 중국 산동반도 적산에 추진한 「장보고기념탑」 건립(1994.7.24 준공)이 장보고의 역사적 복권復權의 상징적인 시작이었다면, UNWPC 건립은 그의 국제 경영 모델을 오늘의 지구촌 경영에 적용하기 위한 구체적인 실천 계획이다.

21세기 환경·문화의 시대를 맞이하여 환경생태·문화예술의 강점을 지닌 3국접경지역에

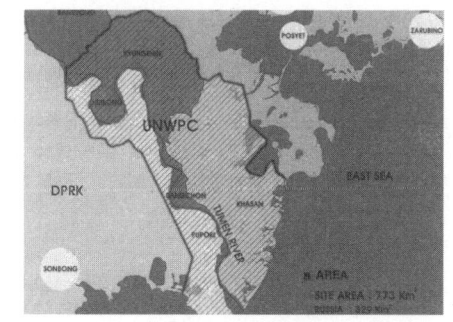

UNWPC 경계 설정

서 세계적인 북 축제, 평화를 위한 회의, 연구와 문화예술활동, 유비쿼터스(ubiquitous) IT시스템 구축, 무한동력 개발, 수소에너지 발전 시스템 구축, 생태관광, 의료, 자연농업 등 환경친화적 활동은 상생의 표본이 됨은 물론, 지역 주민의 삶의 질을 향상시키고, 역내 경제개발을 촉진하며, 협력과 유대를 한

층 제고해 나가는 견인차 역할을 하게 될 것이다. 그리하여 이 지역을 환경생태·문화예술·신과학의 메카(mecca)가 되게 함으로써 인류의 보편적 가치인 평화의 이념을 지구촌 차원으로 확산시키고 사실상 지구촌을 움직이는 중심이 되게 할 것이다. 말하자면 이 지역은 동북아 문화경제활동의 중심지이자 지구촌 환경문화교육센터로서 「저底환경비용 고高생산효율」의 사회체제를 구축함으로써 환경 회생과 지속적인 인간개발을 성취하게 하고, 유엔 관련기관과 유관 국제기구 및 전 세계 환경관련 기업체와 단체, 그리고 NGO와 민간부문이 참여하여 우주자연-인간-문명이 조화를 이루는 상생의 패러다임을 구현하게 될 것이다.

UNWPC는 크게 4개 구역, 즉 문화정신적 중심 구역인 자미원지구, 활동 중심 구역인 업무 지구, 관광생활산업 중심 구역인 경신敬信지구, 그리고 준(準)UNWPC 지구로 나눌 수 있다. UNWPC 건립은 시설물을 설치하는 유형적 건립과 행사 위주의 무형적 건립으로 구분된다. UN세계평화를 위한 '한울림' 북 축제(UN World Peace「Hanullim」Drum Festival), 세계현자회의(World Wise People's Conference) 등은 후자에 속하는 것이다. 매년 세계평화를 위한 한울림 북 축제를 개최하여 UNWPC 건립을 만방에 알리고, 모든 국가·부족·문화권이 참가할 수 있는 북(drum)을 매개로 한울림을 통해 인류의 정신순화를 도모하고, 지역과 세계의 평화를 기원 및 촉구하며, 아울러 텐트 거주를 통해 자연친화적 생활 방식을 체득하게 한다. 그리고 세계현자회의를 정기적으로 개최해 전 세계 각 분야의 현자들이 인류에게 보내는 메시지를 CNN 등을 통해 전 세계에 파급함으로써 UNWPC가 사실상 세계의 중심축으로서의 기능을 하게 한다. 다양한 민족과 국가가 명멸했던 곳인 만큼 각종 문화적인 콘텐츠를 개발하는 것도 21세기 환경문화시대를 선도하는 방안이다. 1차적으로는 경신지역에 본부 설치와 더불어 평화의 광장 등이 건설되면 '세계 북 축제' 등도 개최할 수 있을 것이다. 다양한 환경, 문화, 교육, 관광 활동과 더불어 건설은 경신지역을 1차로 시작해 나머지는 여건이 조성되는 대로 지구촌 차원의 참여를 통해 점진적으로 시행할 예정이다.

UNWPC 1차 조성지역으로 중국 훈춘 경신지구의 주요 항목으로는 UNWPC 본부(세부설계도 및 조감도 완성), 세계평화의료원, 예술관(공연장), 평화의 광장, 세계테마파크(세계민속촌 포함), 유엔평화대학 등이 있다. UNWPC 1차 조성지역인 경신지역은 TKR과 TSR이 연결될 경우 그 종착역인 러시아 핫산(UNWPC 지역)에서 장령자長崎子를 넘으면 바로 진입하게 되는 최단거리 지역으로 옌지공항에서 자동차로 1시간 이내 거리다. 두만강 하구 끝까지 도로 포장이 잘되어 있고, 자연생태계가 그대로 보존되어 있으며, 많은 호수와 수려한 경관으로 생태관광지가 될 수 있는 요건을 갖춘 곳이다. 경신 연꽃은 세계에서 가장 오래된 1억 3천5백만 년의 역사를 가지고 있으며 여름에는 연꽃 축제가 열리는 연꽃의 고향이다. 특히 경신지역은 러시아 핫산과 더불어 일제시대 항일독립운동의 거점이기도 했다.

경신에서 자동차로 30분이 채 안 되어 국경 끝에 이르는데, 북한과 러시아를 끼고 두만강을 따라 내려가는 그 길은 가히 환상적이다. 국경 끝 '망해각望海閣'에 이르면 북·중·러 3국이 동일 평면상에 광막하게 펼쳐진다. 정면으로는 동해가 바라다보이고, 왼쪽으로는 TKR과 TSR이 만나는 지점인 러시아 핫산이 마주 보이며, 오른쪽으로는 북한 땅이 펼쳐져 있다. 망해각에서 중국 영토는 끝이 나고 그 아래로는 두만강을 경계로 북한 땅과 러시아 땅이 동해에 이르기까지 가없는 들판처럼 광막하게 펼쳐진다. 망해각에서 동해까지의 거리는 약 16km이니 자동차로 10분 정도의 거리다. 아시아-유럽의 동서문화권이 만나고, 한반도와 일본 등의 해양문화권과 중·러의 대륙문화권이 만나며, TKR과 TSR이 만나는 이곳은 유라시아 특급 물류혁명의 전초기지로

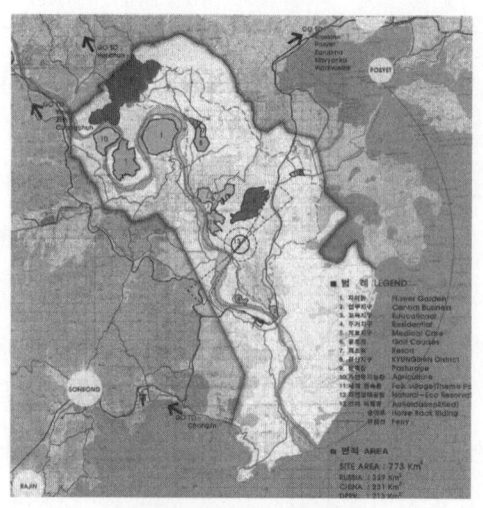

UNWPC 토지이용계획도

서 아태시대 신문명의 허브가 될 수 있는 요건을 갖춘 곳이다. 이러한 지정학적·지경학적 이점을 잘 활용해 UNWPC를 성공적으로 구축하면 세계 문명의 중심이 급속하게 동북아로 이동할 것이다.

UNWPC 본부 위치는 드넓은 경신 평원에 풍수지리상 배산임수背山臨水의 대명당으로 평평한 산기슭이 병풍처럼 본부를 두르고 있으며, 정면 가까이는 대형 자연호수가 있고 멀리는 두만강이 있다. 본부 뒷산 너머는 러시아이며, 북한으로 건너가는 권하교圈河橋도 바로 이곳에 위치해 있고, 안중근安重根 의사 사적지가 있는 곳이기도 하다. 맑은 날에는 동해도 볼 수 있다. 세계평화의료원은 미국, 일본 등지의 평화기금을 유치해 원폭피해자, 백혈병 등을 치료하기 위한 것이다. 예술관은 세계적인 공연을 통해 지구촌 문화예술 교류의 중심이 되게 하기 위한 것이다. 특히 북·중·러 3국의 탁월한 예술성을 널리 전파하고, 세계적인 아티스트로 하여금 그의 이름을 딴 아트홀(Art Hall)을 건설하게 하는 것도 하나의 방안이다. 평화의 광장은 세계 북 축제 등의 행사를 하기 위한 것으로 엄청난 규모의 설치비 및 관리유지비가 드는 기존의 시설물과는 달리, 자연 풀밭을 그대로 살린 자연친화적인 형태로 조성할 예정이며 설치비 규모는 크지 않다. 세계테마파크는 미국, 중국, 일본 등지의 투자자들로 하여금 100여 개국의 테마파크를 조성할 예정이다. 유엔평화대학은 주변 여건이 조성되는 대로 유치할 예정이다.

21세기 동북아시대에는 동북아 지역이 세계의 경제, 환경문화, 안보의 중심이 될 것이다. 그러므로 이 지역 국가들 간의 관계가 세계 안보, 갈등과 분쟁의 단초로 작용하게 되며 만일 첨예한 갈등 상태가 지속되면 국제역학관계의 불안정이 심화될 수밖에 없다. 이러한 이유로 이 지역에서의 문제를 상호 대화와 이해로 해결하는 새로운 패러다임이 필요한 것이다. UNWPC는 환황해경제권 및 환동해경제권의 활성화와 더불어 경제·정치 개념을 환경생태 개념의 규제 하에 둠으로써 동북아 발전의 새로운 패러다임을 제시하게 될 것이며, 동북아 평화의 중심 나아가 세계 평화의 중심으로 자리 잡게 될 것이다. 국제정치적 의미에서 이러한 평화지대(peace zone)의 설치는 전쟁 억지 효과를 가져옴은 물론 국제교류협력의 증진과 공동투자개발 환경을 조성해 동북아 지역의 통합을 가속화시키고 나아가 이 지역을 세계의 중심지로 만들어 갈 것이다. 더욱이 UNWPC가 군사적으로 예민한 3국접경지역에 위치해 있음으로 해서 동북아 역내 국가 간의 긴장과 갈등을 완화시키는 완충지대 역할을 할 수도 있을 것이다. 이를테면 장고봉張鼓峰 사건*과 같은 참

---

* 1938년 여름, 중국과 소련 국경의 장고봉에서 일어난 소련군과 일본군 사이의 충돌사건. 불명확한 경계로 인한 국경분쟁으로 시작된 이 사건은 일본 군대의 적극적인 공세로 점차 확대되면서 1938년 7월 15일부터 8월 11일까지 일본군의 공격·점령, 소련군의 반격·탈환이라는 치열한 전투가 계속되다가 일본군의 패배가 결정적으로 되면서 8월 12일에 정전교섭이 성립되어 장고봉의 소련 귀속이 사실상 승인되었다.

화의 재현을 방지하는 국제정치적 환경을 조성할 수 있다는 것이다.

특히 중국의 경우 UNWPC 건립 지역인 경신평원경구, 회룡봉경구, 방천경구가 속해 있는 지린성(吉林省)은 랴오닝성(遼寧省)이나 헤이룽장성(黑龍江省)과는 달리 다른 성의 항구를 통하지 않고서는 직접 바다로 나갈 수 있는 길이 없다. 과거에는 두만강 하구를 통해서 동해로 나갈 수 있었으나, 1938년 장고봉 사건으로 동해로의 출해권이 상실된 채 지금에 이르고 있다. 현재 중국은 나진·선봉에 대한 50년간의 개발 운영권을 확보하고는 있지만, 두만강 하구를 통해 바로 동해로 나가는 것에 비길 수는 없다. UNWPC 건립으로 동북아 상황이 변화하여 동해 출해권이 회복되면 막대한 농산물, 목재, 석탄, 광물 등의 물류 운송 비용이 대폭 절감될 것이라는 점에서 중국으로서는 UNWPC 건립의 경제적 효과에 착안하지 않을 수 없을 것이다.

한편 러시아의 경우 구소련의 붕괴로 러시아의 유럽 영토를 구성하였던 우크라이나, 벨라루스, 몰도바가 독립 유럽국가로 분리되면서 유럽 쪽의 영토를 대거 잃게 됨에 따라 아태지역으로 관심을 돌려 극동지역의 자원 개발에 힘쓰는 한편, 안보 차원에서 역내 패권국가의 출현을 막고 영향력을 유지하기 위해 특히 중국, 일본, 미국 등 세계 열강들과 만나는 극동지역 중시정책을 펴게 되었다. UNWPC 건립지역인 핫산이 속해 있는 연해주가 러시아 영토로 병합된 것은 1860년 영국·프랑스 연합군의 베이징 침입 당시 조정에 나섰던 대가로 청국과 그들 간에 맺어진 '베이징 조약(北京條約)'에 의해서이다. 따라서 연해주가 러시아 영토가 된 것은 겨우 153년(2013년 현재)밖에 되지 않으므로 UNWPC와 같은 평화지대 내지는 완충지대의 설치는 그들의 영토적 불안 해소에 도움이 될 수 있을 것이다.

요컨대 UNWPC 건립은 동북아 지역의 긴장과 갈등 해소를 통해 21세기 환경·문화의 시대를 선도함과 동시에 동아시아 나아가 지구촌의 문화에

술·경제활동의 중심지이자 환경문화교육센터로서 지역 통합과 세계평화의 기반을 조성하는 데 기여하게 될 것이다. 아울러 동북아의 협력적이고 호혜적인 구도 속에서 한반도 통일 또한 남과 북이 윈-윈 하는 평화적인 방식으로 이루어질 수 있을 것이다. 한반도 통일과 관련된 구체적인 내용은 제9장에서 다루기로 한다. 이상에서 볼 때 UNWPC는 한반도의 평화적인 통일 분위기를 조성하고, 지역 통합과 광역 경제 통합을 촉진하며, 세계평화의 기반을 조성함으로써 신장보고 시대를 여는 첨병 역할을 할 수 있을 것으로 기대된다. 나아가 적절한 시기에 북·중·러 관련 3국의 동의하에 UNWPC 구역이 무비자(No-Visa) 지대로 설정되고 국제 표준에 맞는 화폐 통용과 관리가 이루어지면–아시아개발은행(Asian Development Bank, ADB)은 이 지역 전체의 화폐를 통일[68]하는 문제에 대해 고려해 볼 수 있을 것이다–광역 경제 통합이 탄력을 받게 되면서 동북아 지역의 통합은 더욱 가속화될 것이다.

동아시아공동체의
가능성과 미래

아시아개발은행(ADB)에서 펴낸 『아시아 미래 대예측 Asia 2050: Realizing the Asian Century』(2011)[69]에 따르면 최근 추세를 유지할 경우 2050년 아시아의 1인당 소득은 현재의 유럽 수준에 도달할 것이고, 2050년에는 전 세계 GDP(Gross Domestic Product 국내총생산)에서 아시아의 비중이 현재의 약 두 배로 증가해 52%가 되면서 산업혁명이 일어나기 전에 아시아가 누렸던 지배적인 경제적 위상을 되찾게 될 것이라고 한다. 이 책은 아시아 세기로 향하는 과정에서 세계 인구의 절반 이상이 살고 있는 아시아 지역에 필요한 주요 변화의 윤곽을 1) 국가별 대응, 2) 아시아 역내 협력, 3) 글로벌 의제라는 상호 연관되는 세 가지 차원에서 도출해 내고 있다.

우선 국가별 대응, 즉 아시아 각국이 대처해야 할 일곱 가지의 장기적 이슈와 전략적 해결과제는 다음과 같다. 첫째, 성장과 포용이다. 지속가능한 성장을 위해서는 포용과 사회구조적인 불평등 감소에 우선순위를 부여해야 한다는 것이다. 즉, 빈부 격차, 도농都農 간의 격차, 교육 불평등, 남녀 불평등, 이민족 차별 등의 문제에 있어 포용적 성장을 도모해야 한다. '참여와 성과의 공유'[70]를 의미하는 포용적 성장에는 빈곤 해결은 물론 기회의 평등, 고용 창출과 더불어 일상생활의 다양한 측면에서 사회적 취약 계층에게 보호막을 제공해주는 것 등이 포함된다. 둘째, 기업가 정신, 혁신과 기술 개발이다. 앞으로 40년 동안 아시아가 지속적으로 성장하려면 기술과 혁신, 특히 기업가 정신을 활용해야 한다. 세계의 선진 업무처리 방식을 자국에 적용해야 함은 물론, 중국이나 인도와 같이 급성장하는 신흥중진국의 경우 추격형 기업 활동에서 벗어나 선도형 기업 활동과 혁신으로 전환해야 과학과 기술 분야에서 획기적인 성과를 거둘 수 있다는 것이다. 특히 사회 기저층의 필요를 충족시켜 주는 포용적 혁신(inclusive innovation)이 이루어져야 하며, 창조성을 높이는 양질의 교육 시스템이 제공돼야 한다.[71]

셋째, 대규모 도시화다. 아시아의 도시 인구는 현재 16억 명에서 2050년에는 30억 명으로 거의 두 배 가량 증가할 것이며, 이미 경제 생산의 80% 이상을 담당하는 아시아 도시들은 교육과 혁신, 기술 개발의 중심이 될 것이라고 보는 것이다. 아시아의 장기적인 경쟁력과 정치적·사회적 안정은 도시 지역의 효율성과 수준에 달려 있으므로 도시화 과정의 초기 단계에서부터 압축적이면서 에너지 효율적이고 안전한 도시를 만들어 나가야 한다. 넷째, 금융 부문 개선이다. 아시아는 금융 부문에서 아시아 고유의 접근 방식을 구축해야 한다는 것이다. 금융시스템을 전환할 때 아시아 지도자들은 1997~1998년 아시아 금융위기와 2007~2009년 대불황의 교훈을 염두에 두고 시장의 자정능력을 과도하게 신뢰하거나 은행 주도의 시스템을 통해 정부가 과도하게 중앙통제 하는 일은 피해야 하며, 제도 혁신에 대해 보다 개방적인 태도를 취하고 포용적 금융시스템을 지원해야 한다는 것이다.[72]

다섯째, 에너지와 천연자원 사용량 감축이다. 2050년 아시아에 30억 명의 새로운 부유층이 형성되면 자원난이 심각해져 에너지 수입 의존도가 높은 아시아는 커다란 영향을 받게 될 것이므로 화석연료에서 재생에너지로의 전환을 통해 에너지 효율성을 높이고 에너지원의 다변화를 추진해야 한다는 것이다. 아시아의 미래 경쟁력은 천연자원의 효율적 사용과 신속하고 효율적인 저탄소 시스템으로의 전환에 달려 있다는 것이다. 여섯째, 기후 변화이다. 기후 변화는 아시아가 성장하는 방식에 광범한 영향을 미치고 있으므로 에너지 효율성을 높이고 화석연료 의존도를 줄여야 한다는 것이다. 환경친화적인 도시 건설 등 도시화의 새로운 접근 방식을 채택해야 하며, 도시 거주자의 대중교통 이용 및 장거리 이동 시 철도 이용 비중을 높이고, 생활 방식 자체를 바꿔 유한한 천연자원 사용을 줄여야 한다.[73]

일곱째, 국정 운영과 제도이다. 최근 정치·경제제도의 수준 및 신뢰도 저하가 아시아 성장의 저해 요인으로 작용할 수 있는 만큼, 사회적·정치적 안정과 합리성을 유지하기 위해서는 부정부패 근절이 필수적이며, 이를 해결하기 위해서는 중앙정부 및 지방정부 차원에서의 효율적인 국정 운영과 더불어 투명성과 책임성, 예측 가능성과 집행 가능성에 초점을 두고 제도 개선에 힘써야 한다는 것이다. 한국, 일본, 싱가포르 등 고소득 선진국(high-income developed economies)[74]의 경우 과학과 기술 분야에서 획기적인 발전을 도모해야 하고, 경제적 고성장과 더불어 광범한 사회적 안녕을 증진시키기 위해 노력해야 한다는 것이다. 중국, 인도, 인도네시아 등 고성장 신흥중진국(fast-growing converging economies)[75]의 경우 중진국의 함정을 피하는 것이 가장 큰 과제인 것으로 나타난다. 즉, 불평등 감소와 개발 펀더멘털(fundamental) 강화, 숙련된 노동력 육성과 물리적·지적 재산권 보호 및 분쟁을 공정하게 해결해주는 예측 가능한 제도 구축, 기업환경의 지속적인 개선에 초점을 두어야 한다는 것이다. 아프가니스탄, 방글라데시, 부탄 등 중하위 차세대 성장국(slow- or modest-growth aspiring economies)[76]의 경우 개발 펀더멘털, 즉 모두에게 양질의 교육 시스템을 제공해 불평등을 줄이고 포용적인 성장을 촉진하며, 사회적 기반시설을 개발하고, 제도와 기업 환경을 대폭 개선하며, 외부 시장에 대한 문호 개방에 초점을 두어 지속가능한 경제성장에 우선순위를 두어야 한다는 것이다.[77]

아시아 세기의 실현을 위한 세 가지 차원의 전략적 틀 중에서 국가별 전략과 정책 대응(국가별 대응)에 이어 두 번째 차원의 아시아 역내 협력에 대해 살펴보기로 하자. 향후 역내 협력이 더욱 중요해질 것이라고 보는 것은 대개 다음과 같은 이유에서다. 첫째, 글로벌 경제위기 속에서 아시아가 이룩한 경제적 성과를 공고히 해 줄 것이라는 점, 둘째, 아시아 국가들과 다른 지역의 국가들 사이에 중요한 교량 역할을 할 것이라는 점, 셋째, 국내와 아시아 내의 수요를 키우는 쪽으로 경제성장의 방향을 조율하는 가운데 교통망과 에너지 수송망은 아시아 단일시장을 위한 기반이 될 것이라는 점, 넷째, 개발원조를 통해 국가 간 소득과 기회의 격차를 줄일 수 있다는 점, 다섯째, 빈곤국이 가치사슬(value chain)의 위쪽으로 이동해 성장잠재력을 극대화하는 디딤돌이 될 수 있다는 점, 여섯째, 기술 개발과 에너지 안보, 재난 대비 등 전 세계적 변화에 보다 효과적으로 대응하고, 중요한 시너지 효과와 긍정적인 파급 효과를 낳을 수 있다는 점, 일곱째, 역내의 공통 현안을 다루어 아시아의 장기적 안정과 평화에 기여할 수 있다는 점[78]이 그것이다.

아시아가 번영하려면 '역내 공공 현안을 추구하고 협력의 시너지 효과를 극대화하며 지역의 동반성장을 향한 역내 협력'[79]이 반드시 필요하다. 또한 많은 장기적 이슈에는 국내, 역내, 글로벌 관점이 긴밀하게 관련돼 있으므로 아시아의 정책 입안자들이 상호 협력 체계를 구축해 도전과제들을 지혜롭게 해결해야 한다. 역내 협력을 강화하려면 강한 정치적 리더십이 매우 중요한 것으로 나타난다. 아시아 지역주의를 구축하려면 참여국들 간에 힘의 균형을 고려한 협력의 리더십이 필요하다. 중국과 인도, 인도네시아, 한국, 일본 등 주요 경제국들은 아시아 통합과 세계 경제에서 아시아의 역할 정립에 중요한 역할을 할 것으로 전망되고 있다. 아시아의 다양성과 이질성을 고려할 때 아시아는 과거의 긍정적인 성과 – 예컨대 동남아국가연합(ASEAN)이 거둔 성과 – 를 바탕으로 아시아 고유의 모델을 개발해야 하며, 아시아 경제공동체는 개방성과 투명성이라는 두 가지 기본 원칙을 바탕으로 해야 한다.[80]

다음으로 역내 협력에 이어 아시아 세기의 실현을 위한 세 번째 차원의 글로벌 의제에 대해 살펴보기로 하자. 이 세 번째 차원은 세계 경제에서 아시아의 비중이 급증하고 있는 만큼, 글로벌 리더로 부상하는 아시아의 위상에 걸맞게 전 세계적 공통 현안에 대해 책임감 있는 글로벌 시민으로 행동해야 하며 세계 운영에도 적극적으로 참여해야 한다는 것이다. 개방형 세계 무역 시스템, 안정적인 세계 금융 시스템, 기후 변화 경감 조치, 평화와 안보 등 글로벌 공공재 보존을 위한 국제적 논의와 협상에 주인의식을 가지고 더 적극적인 역할을 수행해야 한다는 것이다. 또한 국내 혹은 역내정책 의제 수립 시 이시아 지역과 세계에 미칠 영향을 고려해야 한다. 이 점에 있어 특히 아시아 경제선진국들의 공동 대응이 요구된다.[81] 전 세계의 안녕과 평화, 안보는 아시아의 장기적 번영에 필수 요소다. 아시아 역내 협력이 개방적 지역주의와 함께 가야 하는 이유다.

이상에서 보듯 아시아 세기의 도래와 관련하여 이 책에서 제시하는 국가별, 아시아 역내, 글로벌 의제는 광범위하며, 미래를 내다보는 통찰력과 협력적인 리더십을 요구한다. 아시아 국가들이 상기 도전과제에 얼마나 효율적으로 대처할지는 확실히 알 수 없다. 이러한 다양한 요소의 불확실성을 고려해 『아시아 미래 대예측』에서는 아시아 내 세 개의 국가군이 이룬 과거의 성과를 토대로 2050년까지 아시아의 경제발전에 대한 두 가지 시나리오를 수립하고 있다. 그 하나는 이상적인 '아시아 세기' 시나리오이고, 다른 하나는 비관적인 '중진국의 함정' 시나리오다. '아시아 세기' 시나리오는 과거 30년 동안 세계 선진 업무 방식을 꾸준히 적용해 온 열한 개의 고성장 신흥중진국들이 향후 40년간 이런 추세를 지속하고, 다수의 중하위 차세대 성장국들이 2020년까지 중진국이 되리라고 가정한다. 그렇게 되면 2050년까지 30억 명의 아시아인이 추가적으로 현재 유럽 수준의 풍족한 생활을 누리게 된다. '중진국의 함정' 시나리오는 고성장 신흥중진국들이 향후 5~10년 내 중진국의 함정에 빠지고, 중하위 차세대 성장국들의 상황이 더 이상 개선되지 않아 라틴아메리카가 지난 30년간 밟은 전철을 따르게 된다고 가정한다.[82]

아시아가 이러한 두 가지 극단의 시나리오 가운데 어느 지점에 이를 것인지는 상기에서 설명한 정책과 제도적 문제들을 얼마나 효율적으로 해결하느냐에 달려 있다. 그 결과는 아시아 미래 세대의 복지와 생활방식은 물론 전 세계에 영향을 줄 것이다. 『아시아 미래 대예측』에서 다루는 대부분의 내용은 낙관적인 '아시아 세기' 시나리오를 바탕으로 하고 있다. 특히 중국과 인도, 인도네시아, 일본, 한국, 말레이시아, 태국 등 일곱 개 국가가 아시아 세기의 엔진 역할을 할 것이라고 전망하고 있다. 2010년 기준으로 이들 일곱 개 국가의 인구 합계는 아시아 인구의 78%인 31억 명이며, GDP 합계는 아시아 GDP의 87%인 15조1천억 달러에 이른다. 2010~2050년이 되면 이들 일곱 개 국가의 성장이 아시아 GDP 성장의 약 91%, 세계 GDP 성장의 약 53%, 유럽

GDP 비중의 두 배 이상이 될 것으로 예상돼 이들 국가는 아시아뿐 아니라 세계의 경제엔진이 될 것으로 전망된다. 또한 방글라데시와 카자흐스탄, 베트남은 향후 40년 내에 아시아-7의 대열에 합류할 잠재력을 보유한 것으로 판단되고 있다.[83]

이렇게 되면 아시아의 글로벌 역할이 강화되면서 세계 사회와의 상호작용 방식에도 근본적인 변화가 초래될 것이다. G20이 형성될 때까지 글로벌거버넌스는 G-7 국가들에게 지도력을 부여하는 시스템이었으나, 새로운 경제적 현실과 조화를 이루지 못한 이런 현행 시스템은 아시아 세기를 향해 나아갈수록 점점 설득력을 잃게 될 것이다. 아시아는 이제 더 이상 아웃사이더가 아니라 주 행위자로서 여타 세계를 살펴볼 때가 되었다. 제2차 세계대전 이래 지금까지 세계 경제가 의존하는 글로벌코먼스(global commons: 기상과 오존층, 삼림 등의 지구환경)의 주요 이해당사자는 서구 강대국들이었지만, 이제 아시아가 공동 지도자의 역할을 수행하지 않으면 안 된다. 글로벌코먼스가 계속 기능하는 것이 장기적으로 아시아 지역의 성장과 복지를 위해서도 중요하기 때문이다. 또한 개방되고 자유로운 국제거래시스템, 건강하고 효율적인 글로벌 금융시스템, 개방되고 안전한 국제적 대양항로와 통상항로, 기후 변화를 완화하기 위한 노력에의 동참, 전 세계의 평화와 안전, 개방적 지역주의, 아시아 선진국들의 개발원조 프로그램 확대, 글로벌거버넌스와 규칙 제정에서 지도적 역할 수행 등은 아시아의 이해관계와 일치한다.[84]

이렇게 볼 때 아시아 세기를 향해 계속 진진하려면 참여와 성과를 공유하는 포용적 성장이 이루어져야 한다. 다양한 연구 결과에 따르면 성장 과정에 참여하고 성장의 혜택을 공유하는 기회의 평등이 확립되지 않으면 그 어떤 성장 전략도 성공할 수 없다. 특히 개발도상국들의 경우 불평등 때문에 성장이 저해되는 것으로 나타났다.[85] 불평등이 심한 나라일수록 성장 기간이 짧다는 연구 결과는 불평등이 지속적인 성장에 장해물로 작용하고 있음을 말하여 준다.[86] 많은 이슈가 국내, 역내, 세계 차원에서 상호 연결돼 있고 서로를 강화시키는 관계에 있으므로 전체 의제의 관점에서 바라보고 아시아의 정책 입안자들이 상호 협력하여 문제를 해결해야 한다. 이처럼 '아시아 세기' 시나리오 저변에 작동하는 상생의 패러다임은 동아시아공동체(East Asian Community, EAC)의 가능성을 예단케 한다.

따라서 동아시아공동체의 가능성은 '아시아 세기'의 실현 여부에 달려 있다. '역내 공공 현안을 추구하고 협력의 시너지 효과를 극대화하며 지역의 동반성장을 향한 역내 협력'을 강화하는 것이 '아시아 세기'를 담보하는 길인 동시에 동아시아공동체의 미래를 담보하는 길이다. 미래를 내다보는 통찰력과 협력적인 리더십, 개방성과 투명성, 상호 신뢰의 구축, 아시아 선진국들의 개발원조를 통한 국가 간 소득과 기회의 격차 해소 및 빈곤국의 성장잠재력 극대화, 역내 협력을 통한 아시아 단일시장 기반 조성에 따른 아시아의 장기적 안정과 평화, 기술 개발과 에너지 안보, 재난 대비 등에 있어 협력의 시너지 효과 극대화 등은 아시아 번영으로의 길인 동시에 동아시아공동체의 미래를 여는 길이다.

전통적으로 공동체를 구성하는 세 가지 요소는 지리적 근접성과 사회적·경제적 상호작용 그리고 공동체 감정(community sentiment)인 것으로 나타난다. 지리적 근접성과 상호작용이 공동체 구성의 필요조건이라면, 공동체 감정은 충분조건이다.[87] 그러나 이러한 전통적 공동체 개념에 대해 특히 지리적 근접성이 공동체 구성의 필수요소가 될 필요는 없다는 반론이 제기되고 있다. 미국과 이스라엘의 안보적 유대관계나 전 지구적으로 분포해 있는 유대인 공동체 또는 사이버 공동체에서 보듯 지리적 근접성과는 무관하게 공동의 가치와 의미, 집단 정체성에 기초한 공동체는 얼마든지 현실적으로 가능하다. 더욱이 오늘날에는 과학기술의 발달과 인터넷의 보급에 따른 공간 개념의 축소로 전 지구가 동시간대에 연동되면서 지리적 근접성의 의미는 사실상 퇴색되고 있다. 공동체 구성은 단순한 상호작용만으로는 이루어지기 어렵다는 점에서 사회적·경제적 상호작용의 개념 또한 보다 정밀하게 규정될 필요가 있다. 여기서 상호작용은 공식적 또는 비공식적 거버넌스 구조에 의해 운용되는 다양한 형태의 연계망(network)을 통해 이뤄지는 것을 전제로 한다. 또한 공동체는 특수적 상호주의(specific reciprocity)에 기초하는 이익사회와는 달리, 호혜주의 또는 확산적 상호주의(diffuse reciprocity)를 기본 전제로 한다.[88]

근년에 들어 동아시아공동체 논의가 활성화되면서[89] 세계화의 도전에 능동적으로 대처하기 위한 지역 통합적 대응이 전 세계적으로 확산되고 있다. 공동체 논의와 관련된 자유주의 논의는 크게 협력, 통합, 공동체의 3단계로 나눠진다. 협력의 과정을 거쳐 통합이 이루어지고, 통합의 과정을 거쳐 공동체 건설이 이루어진다는 것이다. 공동체의 성격은 통합의 양상과 정도에 달려 있다. 통합의 정도가 깊을 경우 통합을 구성하는 국가들은 개별 주권을 포기하고 하나의 연방 내지는 단일 국가를 형성하는 합병형 공동체(amalgamated community)로 발전할 수 있다. 미합중국이 그 대표적 사례다. 반면 개별국가가 주권을 포기함이 없이 특정 지역에서 협력의 거버넌스를 형성하는 다원적 공동체(pluralistic community)도 있다. ASEAN, NAFTA(북미자유무역지대) 등이 이 부류에 속한다.[90] 또한 공동체 전체의 주권과 개별 국가의 주권이 상호 병존하면서 공동체의 이중구조를 형성하는 절충형 공동체도 가능하다. 유럽연합(EU)이 그 대표적 사례다. 유럽의 국가들은 개별 주권을 유지하면서도 특정 분야에서는 EU의 결정이 개별 국가의 결정에 우선할 수 있다.[91]

동아시아의 경제적 지역 통합은 '역내 국가들의 경제적 역동성과 상호 의

존성, 세계 최고의 경제성장률과 잠재력, 그리고 NAFTA를 넘어 EU에 육박하고 있는 역내 무역의존도'[92] 등으로 보아 기능적 측면에서는 상당히 진전되고 있음을 보여준다. 이러한 진전은 의사 결정의 '보텀 업(bottom-up) 방식, 기업이나 NGO 등 민간 행위자 주도, 지속적인 상호 교류와 거래를 통한 상호 신뢰의 구축'[93] 등에 기초한 '지역화(regionalization)'의 진전과 맥을 같이 한다. 피터 카첸스타인(Peter Katzenstein)은 동아시아의 경제적 지역 통합이 유럽의 공식적 제도화와는 구별되는 시장 주도의 역동적인 발전과 광범위한 '네트워크 스타일(network style)'이 특징이라고 지적했다.[94] 동아시아 지역의 네트워크는 대개 다음 두 가지 축을 중심으로 한다. 일본-동아시아-NIEs(한국, 타이완, 홍콩, 싱가포르)-동남아시아와 중국으로 이어지는 '생산 네트워크'와 싱가포르-홍콩-타이완-중국 동남아시아 화교로 이어지는 '화교 네트워크'가 그것이다. 중국의 개혁 · 개방노선 채택 이후 특히 화교 네트워크의 중국에 대한 괄목할 만한 경제적 진출은 동아시아의 지역화를 견인하는 원동력이 되었을 뿐 아니라 정치적 지역주의(regionalism)를 추구하게 하는 구조적 환경을 제공했다.[95]

　이와 같이 동아시아 역내 국가들 간의 경제적 상호 의존의 증대는 동아시아공동체 구축에 좋은 기회이지만, 유럽과 달리 동아시아공동체 구축은 여전히 큰 진전을 보이지 못하고 있다. ASEAN+3(한 · 중 · 일)의 기본 구상에서 나타나듯이 동아시아공동체는 동남아와 동북아를 하나의 지역 협력체로 묶어 통합을 강화시켜 나가는 것을 기본 전제로 삼지만, 양 지역을 아우르는 지역 정체성 결여, 참여 국가별 지역 통합에 대한 상이한 손익 계산, 제도화보다는 합의 구조에 의존하는 협력 거버넌스 등이 구조적 장애물인 것으로 평가된다.[96]

　더욱이 역내 안보의 불안정성은 지역 통합과 공동체 구축에 심대한 장애

물이 된다. 동아시아 국가 간에는 상호 신뢰와 아이덴티티 공유(shared identity) 및 가치관 공유가 결여되어 있기 때문에 유럽과 유사한 안보 공동체의 형성이 매우 어렵다는 관점이 지배적이다.[97] 특히 냉전 종식 후 동북아 역내 국가 간 관계의 특징적인 기본구도는 경쟁관계 속의 불안정성이 광범하게 자리 잡고 있다. 강대국 간의 공세적 전략 강화와 역내 국가들의 군비경쟁 조짐, 북한의 핵무기를 포함한 대량살상무기(WMD) 개발과 이를 둘러싼 국제적 갈등, 다양한 형태의 영토 문제, 그리고 일본의 과거사 문제와 극우화 등에 따른 역내 불안정이 동아시아공동체 구축에 악재로 작용할 가능성이 크다.

중국 외교부장 왕이王毅는 부부장이던 2004년 당시 동아시아연구센터 주최 심포지엄에서 EU와 NAFTA에 대응하는 개념으로 EAC(동아시아공동체)라는 용어를 사용하며 "동아시아 국가들 간의 협력 심화는 세계화의 파도에 의한 필연적인 결과일 뿐만 아니라 그런 과정에 맞서는 스스로의 열망이기도 하다."[98]라고 언급했다. 진정한 의미의 동아시아공동체를 달성하려면 동북아와 동남아를 동시에 포괄하는 지역 정체성의 구축이 급선무다. 일본의 경우 과거 '대동아공영권' 구상과 해양국가로서의 이점을 살려 동남아와 새로운 형태의 동아시아권을 구축할 수 있을 것이고, 중국 또한 과거 조공체제와 화교 네트워크를 이용해 동남아와의 새로운 경제협력권을 형성할 수 있을 것이다. 그러나 동북아 자체의 지역 협력과 통합의 노력이 없는 개별적 우회 지역주의는 패권경쟁의 새로운 형태가 될 공산이 크다.[99]

동북아의 역내 협력 강화와 통합의 거버넌스 구축을 통해 동아시아공동체를 실현하려면 무엇보다도 동북아의 지속적인 안정과 평화정착이 필수적이다. 그러나 패권경쟁의 가열로 역내 안보 불안이 심화되면 구조적 안보 딜레마에 봉착하게 되므로 역내 협력과 지역 통합에 지장을 초래하게 된다. 뿐만 아니라 일본의 과거 침략과 식민지 지배에 대한 역사 인식 부재와 거듭되는 망언은 반일 감정을 분출시켜 한일관계와 한중관계의 부정적인 촉매로 작용하고 있다. 또한 통일 한반도의 장래와 관련하여, '불전不戰 · 불란不亂 · 무핵無核'의 대북정책을 고수하고 있는 중국의 우려를 불식시키지 못하고 있는 것도 역내 협력과 통합의 저해요인이다.

이렇게 볼 때 지역 통합 및 공동체 구축의 실현은 민주주의적 가치 및 시장 규범의 확대 그리고 경제적 · 문화적 · 사회적 상호 의존의 증대와 더불어 상생과 조화의 가치를 바탕으로 하는 지역 정체성 확립과 상호 신뢰 회복에 달려 있다 할 것이다. 오늘날처럼 고도로 네트워크화 되어 있는 국제 환경에서는 개별 국가 이익의 총량이 중장기적으로는 지역 전체 이익의 총량과 함수관계에 있다는 점을 인지하고 개별 국가 차원의 단견에서 벗어나 동북아, 나아가 동아시아 지역 차원의 장기적인 안목에서 역내 협력과 지역 통합을 이룩할 필요가 있다. 필자가 유엔세계평화센터(UNWPC)를 구상하게 된 것도 상생과 조화의 패러다임에 기초한 지역 정체성 확립과 상호 신뢰 회복을 통해 한반도 통일과 지구촌의 미래 청사진을 제시하기 위한 것이다.

09
한반도 통일과
세계 질서 재편

21세기 문명의 표준과 동북아

어느 시대고 그 시대적 요청에 부합하는 새로운 문명이 흥기하면 그에 따른 문명의 표준이 작동하기 마련이다. 문명평론가이자 세계적인 미래학자 앨빈 토플러(Alvin Toffler)는 우리를 기다리고 있는 단 하나의 미래란 없으며 오직 다양한 가능성이 존재할 뿐이라고 말한다.[100] 말하자면 미래란 확정된 것이 아니라 다양한 가능성 중에서 하나가 현실로 나타나는 것이다. 따라서 우리가 살고 있는 복잡계에서 미래 예측(forecasting)의 진실은 확정된 미래를 알려주는 것이 아니라 미래에 대한 다양한 정보와 통찰력을 제공함으로써 비전을 갖게 하고 잠재적 역량을 최대한 발휘케 하는 것이다. 하와이대 미래전략센터 소장이자 미래학의 대부인 짐 데이토(Jim Dator)는 미래 예측이 기획과 정책 수립(planning & policy making), 경영(administration)의 바탕을 이룬다고 보고, 무수한 대안 미래(alternative futures) 가운데 선호하는 미래(preferred future)를 선택해 비전을 가지고 노력을 경주하면 그만큼 문제 발생을 줄일 수 있다고 한다. 그러면 21세기 새로운 문명의 표준 형성과 관련하여 미래학자들의 분석과 예측을 살펴보기로 하자.

토플러는 오늘날의 정치위기가 전 지구적으로 동시다발화 할 수 있는 것이라고 지적하고, 제도와 운영면에서 '제2물결(the Second Wave)'의 낡은 틀에서 벗어나지 못하는 데서 문제의 본질을 찾는다. 그러나 그는 "마치 수세기 전 '제2물결'의 근대 문명이 '제1물결(the First Wave)'의 전근대적 사회와 싸운 것처럼 지금의 새 문명도 전 지구적 헤게모니 장악을 위해 싸워 나갈 것"[101]이라며, 이러한 권력 재편의 과정에서 지식의 역할 중대 및 본질의 변화가 이루어진다고 본다. 따라서 대량화에 기반된 '제2물결'의 '완력경제(brute-force economies)' 또한 탈대량화(de-massification)에 기반된 '제3물결(the Third Wave)'의 '두뇌력 경제(brain-force economies)'로 이행할 수밖에 없다고 본다.[102] '제2물결'의 산업문명의 퇴조와 '제3물결'의 새로운 문명의 부상—그것은 지난 3백 년간 서구와 여타 세계를 지배해 온 서구적 보편주의의 종언을 예고하는 것이다. 다시 말해 세계 자본주의 체제의 가공할 메커니즘에 의해 생성되는 욕구 구조가 지배하는 근대 서구 사회의 종식을 의미하는 것이다.

토플러와 더불어 미래학계의 양대 산맥으로 꼽히는 존 나이스빗(John Naisbitt)은 21세기 미래를 이끌어 갈 메가트렌드(megatrend) 중 가장 큰 하나로 경제의 글로벌화를 들고, '열린 마음(open mind)'과 '네트워크(network)'를 그 핵심으로 꼽는다. 그는 글로벌 경제의 기본단위(basic units)가 기업이며 국가의 역할은 사실상 끝난 것으로 보고 있다. 그에 따르면 지금까지 정부의 역할은 크게 두 가지, 즉 공평성(fairness)과 자유(freedom)를 달성하는 데 초점을 두어 왔으며, 대부분의 정부는 중앙집중적 계획을 통해 소득이나 복지를 재분배함으로써 공평성을 달성하고자 했지만 성공하지 못했고 앞으로도 성공할 수 없을 것이라고 단언한다. 따라서 앞으로의 정부의 역할은 경제나 사회가 동력을 잃지 않으면서 발전해 나갈 수 있도록 경제적 자유도를 높이고 개인이나 기업이 서로 공평하게 경쟁할 수 있는 환경을 만드는 데 초점을 두어야 한다고 말한다.[103] 다시 말해 정부가 나서서 무엇을 해야 하는 시기는 지났다는 것이다. '제2물결'의 낡은 정치제도나 조직은 '제3물결' 시대에는 적용될 수 없을뿐더러 오히려 위기를 증폭시키는 요인이 된다는 것이다.

유럽 최고의 석학이라 불리는 세계적인 미래학자 자크 아탈리(Jacques Attali)는 과거와 현재의 다양한 흐름을 바탕으로 미래 사회의 변화를 예측하였다. 그는 일찍이 세계의 지정학적 중심이 태평양 쪽으로 이동할 것이라고 예측하면서 기상이변, 금융 거품 현상, 공산주의의 약화, 테러리즘의 위협, 노마디즘(nomadism)의 부상, 휴대폰과 인터넷을 비롯한 유목민적 상품의 만능 시대 등을 예고했다.[104] 그의 저서 『미래의 물결 Une brève histoire de l'avenir』(2006)에서는 아홉 개의 '거점' 도시 ─브루게, 베네치아, 앤트워프, 제노바, 암스테르담, 런던, 보스턴, 뉴욕 그리고 로스앤젤레스─를 중심으로 한 자본주의의 발전 과정이 시장과 민주주의의 확장 과정이었으며, 2035년이 지나기 전에 미제국美帝國의 지배는 끝나게 될 것이고, 이후 세계는 '일레븐' ─일본, 중국, 인도, 러시아, 인도네시아, 한국, 오스트레일리아, 캐나다, 남아프리카 공화국, 브라질, 멕시코─이라고 불리는 11대 강국에 의해서 운영되는 '다중심적 체제'[105]로 개편될 것이라고 전망한다.

아탈리는 '일레븐' 중에서도 우리나라가 세계에서 가장 중요한 동북아 시장 공동체 형성에 핵심 역할을 수행할 수 있으며 미래에 중심 국가로 부상할 것이라고 예견한다.[106] 그는 남북한과 중국, 일본을 중심으로 국민국가의 패러다임을 넘어선 초국적 패러다임의 모색이 새로운 동북아시대를 여는 해법을 제공할 수 있다고 본다. 다시 말해 주권국가를 기본단위로 하는 연대의 내재적 한계를 극복할 수 있는 이른바 윈-윈 구조의 협력체계의 가능성을 본 것이다. 여기서 우리는 오늘날 동북아 시장 공동체 형성의 원형으로 볼 수 있는 고대 동북아 경제권의 형성을 떠올리게 된다. 적산포-청해진-하카다를 연결하는 나·당·일 3국의 삼각무역은 물론 서방세계와의 중개무역을 통해 특수성과 보편성, 지역성과 세계성을 조화시킨 장보고의 세계시민주의 정신과 초국적 패러다임은 진정한 동북아 연대를 위한 하나의 방향타를 제시한 것으로 볼 수 있다. 아탈리는 우리나라가 상업적 체제의 거점으로 부상할 기회를 잡지 못한 중요한 이유 중의 하나가 오랫동안 해양산업을 소홀히 했기 때문에 지속적으로 해양을 제어할 수 있는 능력을 발전시키지 못했고 외부세계로의 개방 또한 그만큼 늦어졌다는 것이다.[107] 이는 우리가 귀 기울여야 할 대목이다.

아탈리는 2050년 무렵 시장의 압력이 거세지면서 신기술로 무장한 새로운 체제가 세계시장을 중심으로 통합되면 국가란 이미 존재하지 않게 되고, 미래의 첫 번째 물결인 '하이퍼 제국(hyper empire)'이라는 새로운 세상이 시작된다고 본다.[108] 한 나라가 다른 나라를 지배할 수는 있어도 인류를 위협하는 모든 위험을 관리할 능력이 있는 것은 아니기 때문에, 어떤 나라도, 어떤 연맹도, 어떤 G20도 그럴 능력이 없기 때문에 다중심적인 혼돈은 '시장의 세계정부'라는 것에 자리를 내주게 된다는 것이다.[109] 아탈리는 하이퍼 유목민(hyper nomade)들이 이끄는 영토를 초월한 제국, 뚜렷한 중심도 없이 개방된 하이퍼 제국이 공공 서비스를 파괴하고, 민주주의와 정부 조직, 국가의 구분을 차례로 파괴함으로써 국가라는 배경 없이 시장과 보험으로 통합된 지구 단일체제를 형성한다고 본다.[110]

이렇게 통합된 세계시장으로서의 하이퍼 제국에서 각 개인은 자기 자신에게만 충실한 삶을 살게 될 것이고, 기업은 국적을 내세우지 않을 것이며, 가난한 사람들은 자기들만의 시장을 형성할 것이고, 군대와 경찰, 사법체계는 민영화될 것이고, 세계의 조정자가 된 보험회사는 국가와 기업, 개인들을 복속시키게 될 것이라고 아탈리는 말한다. 또한 그때가 되면 인간은 자원 고갈, 로봇 증가, 인간복제 등 극단으로 치달은 유목사회의 병폐가 낳은 희생자로 전락할 것이며, 상상조차 하기 힘든 무기들이 동원된 가운데 국가나 종교단체, 테러집단, 해적들의 처절한 영역 다툼으로 수많은 전쟁이 일어날 것이라고 본다. 개개인 또한 모두 살벌한 경쟁자가 되고 이러한 갈등이 더욱 증폭되면 군대와 경찰이 혼합된 군부 독재체제가 권력을 잡게 될 것이고 국지적인 전쟁을 하나로 응집시킴으로써 어떤 전쟁보다도 무시무시한 '하이퍼 분쟁(hyper conflict)'이라는 미래의 두 번째 물결이 밀어닥친다고 경고한다.[111]

마지막으로, 하이퍼 제국, 하이퍼 분쟁과 같은 이 모든 현실을 더 이상은 견딜 수 없다는 각성이 일어나면 보편적이고 박애의 정신을 지닌 새로운 힘이 전 세계적으로 힘을 얻게 될 것이라고 아탈리는 말한다. 이 새로운 힘은 점진적으로 시장과 민주주의 사이에서 새로운 균형을 찾을 것이며, 이러한 새로운 균형이 전 지구적으로 확산될 것이라고 본다. 이 새로운 균형을 아탈리는 미래의 세 번째 물결인 '하이퍼 민주주의(hyper democracy)'라고 부른다. 그때가 되면 트랜스휴먼(trans human)으로 불리는 전위적 주역들의 등장으로 관계의 경제(relational economy)라고 하는 새로운 경제활동이 시장경제와 병행해서 발전하다가 궁극적으로는 시장경제의 종말을 초래할 것이라고 본다. 마치 몇 세기 전 시장경제라고 하는 새로운 경제활동이 봉건경제와 병행해서 발전하다가 결국 봉건경제의 종말을 초래한 것처럼. 그리하여 상업적 이익보다는 관계 위주의 새로운 집단생활을 창조할 것이며, 창조적인 능력을 공유하여 보편적인 지능(universal intelligence)을 탄생시킬 것이라고 본다.[112]

아탈리는 위 세 가지 미래의 물결이 변증법적으로 서로 연결돼 있으며, 실제로 지금도 연결돼 있다고 본다. 세계화를 통해 전 지구적인 거대 시장이 형성되고 있고, 정치적·종교적 충돌에 따른 테러와 폭력의 만연으로 전 지구적 내전이 진행 중이며, 그러는 속에서도 보편적이고 박애의 정신을 지닌 새로운 힘이 미약하게나마 꿈틀거리고 있는 것이다. 말하자면 우리는 하이퍼 제국·하이퍼 분쟁·하이퍼 민주주의의 초기 형태를 목격하고 있는 것이다. 아탈리는 하이퍼 민주주의가 결국 승리하리라고 믿는다. 그리고 그 시기는 우리가 생각하는 것보다 훨씬 가까이 다가와 있다고 말한다. 아탈리는 자신의 미래 예측이 바로 오늘을 이야기하는 것이라고 말한다. 오늘의 그러한 징후들이 어떤 형태로 발전할 것인가는 우리의 선택에 달려 있다.

'관계의 경제' 개념에 기초한 아탈리의 '하이퍼 민주주의' 는 제러미 리프킨의 저서 『접속의 시대 *The Age of Access: The New Culture of Hypercapitalism, Where All of Life is a Paid-For Experience*』[113]에 나오는 '하이퍼 자본주의(hypercapitalism)' 개념을 떠올리게 한다. 소유지향적이 아니라 체험지향적인 하이퍼 자본주의의 새로운 문화상을 제시한 『접속의 시대』는 단순한 물질적 소유보다는 다양한 경험적 가치를 중시하는 완전한 문화적 자본주의로의 대변신을 '접속(access)' 이라는 키워드로 정의하였다. 삶 자체를 소유 개념이 아닌 관계적인 접속 개념으로 인식함으로써 소유(possession)·사유화(privatization)·상품화(commercialization)와 더불어 시작된 자본주의가 새로운 국면을 맞게 될 것임을 예고한 것이다. 문화적 다양성의 유지는 생물종(種) 다양성의 유지와 마찬가지로 지속가능한 문명의 토대를 이루는 것인 까닭에 문화가 단지 상품화를 위한 재료 공급원이 되어서는 안 된다는 것이다. 관계적인 접속을 통한 다양한 문화적 경험은 의식의 확장을 가져오는 단초가 되는 것이라는 점에서 개인주의와 소유의 개념에 입각한 서구중심주의(Eurocentrism)를 극복할 수 있게 하는 사상적 토대가 되는 것이기도 하다.

이상에서와 같이 아탈리의 '하이퍼 민주주의' 와 리프킨의 '하이퍼 자본주의'는 토플러가 말하는 '제3물결'의 새로운 문명이나 나이스빗이 말하는 미래의 '메가트렌드'와 그 방향성이 일맥상통한다. 개인주의와 소유의 개념에 입각한 서구중심주의는 더 이상 지속가능하지 않으며, '제2물결'의 낡은 정치제도나 조직은 위기를 증폭시키는 요인이 되기 때문에 수평적 권력으로의 패러다임 전환이 불가피하다는 것이다. 리프킨은 그의 저서 『3차 산업혁명』(2011)에서 세계 경제의 패러다임 자체가 위계형 통제 메커니즘에서 협업 메커니즘으로 바뀌면서 공유성을 기반으로 하는 '액체 민주주의'와 '협업 경제'로의 이행을 촉발할 것이라고 예고한다. 이는 곧 지난 수백 년간 근대 서구 사회의 형성과 여타 세계에 심대한 영향을 끼쳤던 근대 서구의 세계관과 가치체계의 근본적인 변화, 즉 데카르트-뉴턴의 기계론적 세계관으로부터 전일적인 새로운 실재관으로의 패러다임 전환을 의미한다.

이렇게 볼 때 21세기 문명의 표준은 정신·물질, 자연·문명, 생산·생존 이원론의 극복을 통하여 생산성 제일주의 내지 성장 제일주의적 산업문명을 넘어서는 탈근대주의에 닿아 있다. 따라서 근대 산업문명의 폐해라 할 수 있는 국가·지역·계층간 빈부 격차, 지배와 복종, 억압과 차별, 테러와 폭력, 환경생태 파괴 등의 문제를 해결하고 공존의 대안적 사회를 마련하려면 생명의 전일성(holism)에 토대를 둔 새로운 문명의 표준이 적용돼야 한다. 21세기 새로운 문명의 표준은 이상적인 동시에 매우 현실적이다. 왜냐하면 현 지구 문명은 공존이 아니면 공멸로 갈 수밖에 없는 것이기에. 또한 그것은 '가장 오래된 새것'이다. 새로운 문명의 표준은 21세기에 급조된 것이 아니라 우리 상고시대부터 면면히 이어져온 '한' 사상(삼신사상, 천부사상)이 물극필반(物極必反)의 이치에 따라 현대적으로 발현된 것이기 때문이다.

21세기 동북아 무대는 초국적 기업과 테러 조직, 세계무역기구(WTO)와 국제금융기구(IMF), 전 지구적 연계망을 갖는 비정부기구와 사이버 공간의 네티즌 등의 활동으로 복합화되고 다변화되고 있다. 다자간의 이해관계, 특히 세계 4강의 이해관계가 첨예하게 대립하고 있는 동북아가 개별 국가 안보와 지역 안보, 국내 복지와 지역 복지를 동시에 품는 무대가 되려면 행위자들의 행위 준거와 무대의 룰(rule)에 새로운 문명의 표준이 적용되지 않으면 안 된다. 유럽과 미주가 주도하는 EU, NAFTA, MERCOSUR(남미공동시장) 등에서 보듯 세계는 지금 양자兩者 FTA 시대를 넘어 광역 경제 통합 시대로 향하고 있음에도 동북아는 여전히 영토 문제와 역사 문제 그리고 북핵 문제 등에 갇혀 역내 협력과 경제 통합이 원활하게 이루어지지 못하고 있다. 남북한, 중국, 러시아, 몽골, 일본 등을 포괄하는 윈-윈 협력체계의 광역 경제 통합은 역내 협력의 시너지 효과를 높이고 지역 통합을 촉진함으로써 지역 정체성 확립과 상호 신뢰 회복을 통해 한반도의 평화적 통일에도 순기능적으로 작용할 수 있을 것으로 기대된다. 이처럼 21세기 개념의 광역 경제 통합과 한반도 통일문제를 입체적으로 풀기 위해 구상한 것이 UNWPC이다.

동북아 광역 경제 통합과 한반도 통일

미국의 역사사회학자 이매뉴얼 월러스틴(Immanuel Wallerstein)의 세계체제론(world-system perspective)[114]은 기존 사회과학이 분석 단위로 국가를 상정하는 것과 분과 학문화를 통해 몰沒역사적 분석에 매몰되는 것을 비판하며 세계화의 시대에 걸맞는 초국적 발전 패러다임의 적실성을 명료하게 보여준다. 미국 헤게모니 체제의 쇠퇴와 중국의 등장이라는 세계사적 변화 속에서 한반도 통일문제 역시 동북아의 발전과 세계평화질서 구축과 같은 세계사적인 담론으로 전환될 수 있어야 한다. 다시 말해 한반도 통일은 한반도에 국한되는 문제가 아니라 동북아의 역학 구도에 심대한 변화를 초래함으로써 21

세기 아태시대 세계 질서 재편의 신호탄이 될 수 있다는 점에서 한반도를 둘러싼 동북아의 지정학적, 경제지리학적 및 물류유통상의 거시적 변화와 연결시킴으로써 제로섬(zero-sum) 게임이 아닌 윈-윈 게임이라는 새로운 발전패러다임을 제시할 수 있어야 하는 것이다.

동북아 지역에서 초국가적 발전패러다임의 긴요성은 1990년대 초에 이미 인지되었다. 두만강지역개발에 관한 민간 차원의 학술적 논의가 정부 간 개발협력 사업으로 발전하게 된 계기는 1991년 7월 몽골 울란바토르에서 열린 '동북아 소지역 개발계획에 관한 정부 간 회의' 이다. 유엔개발계획(UNDP) 주관하의 다자간 개발협력사업인 두만강지역개발계획(TRADP)은 1991년 7월 몽골의 울란바토르 회의로부터 시작해 동년(同年) 10월 평양에서 열린 UNDP 동북아 조정실무관회의에서 그 발족이 결정됐으며, 1992년 2월 서울 제1차 PMC(계획관리위원회) 회의까지의 주요 의제는 소삼각지역(TREZ)에 대한 회원국들의 공동 개발이었고, 동년 10월 북경 제2차 PMC 회의 이후에는 중점 개발대상 지역이 대삼각지역(TREDA)으로 바뀌었다. 우리나라도 중국, 북한, 러시아, 몽골과 함께 PMC의 정식 회원국으로 참여했다.

TRADP가 초기 단계에서는 낙후한 지역 개발을 목표로 한 국지적 사업에 불과했지만, TREDA의 개발이 성공적으로 평가되는 경우 그 협력 범위는 동북아 지역개발지구(NEARDA)까지 확대될 것이라는 점에서 동북아 경제협력의 시금석이 되기도 했다. 그러나 한반도를 둘러싸고 복잡하게 얽혀 있는 4강의 정치·군사적 이해관계와 역내 국가들의 정치경제적 이해관계로 인해 경제협력이 지체돼 왔다. TRADP는 2005년 9월 GTI(광역두만강개발계획)로 전환됐으며, 2009년 북한이 탈퇴한 이후 GTI는 우리나라 기획재정부와 중국 상무부, 러시아 경제개발부, 몽골 재무부 등 4개국 정부 경제부처가 참여해 관광, 물류 등 경제협력 의제를 연구 논의하는 수준에 머물러 있다.

필자가 구상한 유엔세계평화센터(UNWPC)는 동북아 지역 차원에서 지속가능한 역내 협력과 지역 통합이 이루어지려면 이 지역 국가들 간의 연대만으로는 그 난맥상을 푸는 데 한계가 있을 수밖에 없다는 인식에서 나온 것이다. 그것은 장보고의 상생의 국제경영관을 오늘의 지구촌 실정에 맞게 주체적 시각으로 재창조한 것이다. 2000년대 초 TRADP가 지지부진하던 당시 블라디보스토크에서 개최된 유엔 관계자 회의에서 '동북아의 희망이 UNWPC에 있다.'는 이야기가 나왔다는 말을 유엔 관계자가 필자에게 전해주었다. 또한 1995년 필자의 UNWPC 구상을 강력하게 지지했던 헐버트 버스톡(Herbert A. Behrstock) 당시 UNDP 동아시아지역 대표가 그 이후로도 UNWPC에 관심을 가지고 진행 상황에 대해 주위에 묻곤 했다는 말을 전해 들을 수 있었다.

필자는 UNWPC가 중국 방천防川에서 막혀 버린 동북3성, 즉 랴오닝성·지린성·헤이룽장성의 동해로의 출로를 열어 극동러시아와 북한, 그리고 동해를 따라 일본 등으로 이어지는 아태지역의 거대 경제권 통합을 이루고 동북아를 일원화함으로써 한반도 통일과 동북아 평화 정착 및 동아시아공동체 구축을 통해 21세기 문명의 표준을 전 세계에 전파하는 북방 실크로드의 발원지가 될 것이라고 생각한다. TKR과 TSR이 연결되고, 동해에서 두만강을 따라 내륙으로 북·중·러를 관통하는 운하가 건설되면 동북아 광역 경제 통합이 더욱 탄력을 받게 되면서 아태시대의 개막은 본격화될 것이다. 당시 UNWPC 건립 부지의 지질 및 지형적 특성 등을 조사하고 건립계획서 작성에 필요한 제반 사항을 확인하기 위해 실무조사단과 함께 중국과 러시아 현지를 답사하면서 필자는 솟구쳐 오르는 감회를 이렇게 읊었다.

그대는 듣는가, 도라촌(道羅村)*에 새벽이 오는 소리를
두만강 아흔아홉 굽이 회룡봉(回龍峰)

태극으로 물이 휘감아 용틀임하는 그곳에
우주의 중심 자미원(紫微垣)을 수놓으리
핫산의 수천 까마귀떼 장엄한 열병식은
간방(艮方)의 새 세상 도라지(道羅地)를 예고했네

   북한, 중국, 러시아가 접경해 있는 이 지역은 역사적으로 국경 분쟁이 잦은 지역이었거니와, 현재도 긴장과 갈등이 잠재해 있는 곳이다. 방천에서 영토가 끝나 버린 중국이 스스로 동해로의 출로를 열고자 한다면 북한과 러시아 영토를 침범하게 되는 것이니 북·러가 경계할 것이고, 러시아가 3국에 걸친 영역을 개발하고자 한다면 중국과 북한 영토를 침범하게 되는 것이니 북·중이 경계할 것이다. 그렇다고 제3국이 이 지역을 개발하고자 한다면 이 역시 북·중·러 영토를 침범하게 되는 것이니 허용될 수 없을 것이다. 기업 또한 한 부분으로 참여할 수는 있겠으나 단기 이윤을 추구하는 기업의 속성상 21세기 새로운 문명의 표준이 적용될 이 광대한 지역의 그랜드 디자인을 맡아서 실행하기는 어려울 것이다. 거대 기업이나 미국·일본 등의 거대 자본이 움직일 경우 그 배경에 의혹을 가질 수도 있을 것이고, 모종의 정치적 힘이 작용할 수 있으리라는 것은 짐작할 수 있는 일이다.
   1995년 9월 유엔 창립 50주년을 기념하여 내한한 제임스 스페드(James Gustave Speth) UNDP 총재와 헐버트 버스톡 UNDP 동아시아지역 대표에게 필자가 UNWPC 프로젝트를 제안했을 때 이들이 지지하며 UN 명칭 사용에 동의한 것, 동년 10월 중국측이 필자와의 2자 조인식에 서명한 것, 1999년 4월

※ 도리촌은 도(道)가 펼쳐지는(羅) 마을(村)이라는 뜻을 가진 필자가 만든 신조어로 지구촌의 미래 청사진 UNWPC를 지칭한다.

당시 코피 아난(Kofi Annan) UN 사무총장과 제임스 스페드 UNDP 총재의 재가를 받아 솜사이 노린(Somsey Norindr) UN 한국주재대표가 4자 조인식에 참석해 중국 측, 러시아 측, 필자 등과 함께 서명한 것은 그만한 이유가 있다 할 것이다. 당시 4자 조인식은 4개국어로 작성되었으며, 필자를 포함한 4자 대표는 각각 열여섯 번씩의 서명을 하였다. 생각이 곧 에너지이니, 순수한 마음으로 열과 성(誠)을 다하면 그에 상응하는 에너지가 몰려들어 반드시 실현된다는 신념을 필자는 가지고 있다. 무슨 일이든 그 일에 인생 자체를 걸 수 있는 사람이 추진할 경우 대체로 성공할 확률이 높다.

세계체제론의 관점에서 볼 때 UNWPC는 초국가적 실체에 대한 인식 및 협력의 다층적 성격에 대한 이해와 더불어 초국가적 발전패러다임을 모색함으로써 세계시민사회가 직면한 지역화와 세계화, 특수성과 보편성의 통합문제를 담아내고 있음은 물론, 통일 한반도의 새로운 발전패러다임을 제시하는 틀을 제공한다. 한반도 통일은 동북아의 역내 구조와 긴밀한 함수관계에 있는 까닭에 역내 국가 간 윈-윈 구조의 협력 체계를 증대시킴으로써 자질구레한 갈등을 극복하고 지역 정체성 확립과 상호 신뢰 회복을 도모할 필요가 있다. 그런데 지금까지는 역내 국가들이 지역 문제에 상이한 손익 계산법을 적용시켜 갈등을 증폭시킴으로 해서 아이덴티티 공유 및 가치관 공유가 현저하게 결여돼 있음을 드러내 보이고 있다. 말하자면 조화와 협력을 바탕으로 하는 21세기 아태시대를 개창해야 할 동북아의 역사적 책무를 방기하고 있는 것이다.

그러나 우리 모두는 동북아의 일원으로서 우리가 처해 있는 문명의 시간대를 정확히 인식하지 않으면 안 된다. 미래학자 바바라 막스 허버드(Barbara Marx Hubbard)가 일컬은 '호모 유니버샬리스(Homo Universalis)', 테이야르 드 샤르댕이 일컬은 '호모 프로그레시부스(Homo Progressivus)', 스리 어로빈도(Sri

Aurobindo)가 일컬은 '그노스틱 휴먼(Gnostic Human)', 존 화이트(John White)가 일컬은 '호모 노에티쿠스(Homo Noeticus)', 즉 모든 생명체에 대한 사랑으로 충만하여 상호 협력하며 전체에 봉사할 준비가 돼 있는 새로운 인류의 출현을 목전에 두고 있는 것이다. 허버드는 인류가 2021년까지 이러한 '새로운 기준(new norm)'의 인간을 탄생시킬 수 있는 임계질량(critical mass)에 도달하게 될 것이라고 본다. 인류 문명이 축적한 모든 형태의 영적 통찰을 다양한 채널을 통해 입수할 수 있게 되면서, 이제 인류는 과학적이며 동시에 영적인 의식을 겸비한 우주적인 유기체(Cosmic Whole Organism)를 형성해 가고 있다는 것이다. 그리하여 인류가 직면한 전 지구적 위기를 타개하기 위해 새롭고 온정적이며 창조적인 종種의 집단적 능력으로부터 출발해 '공동지능(Co-Intelligence)'을 향한 돌파구에 접근하고 있다는 것이다.[115]

UNWPC는 동북아의 '공동지능' 계발을 위한 '평화의 방(Peace Room)'이며, 광역 경제 통합을 위한 '동북아 공동의 집'이다. 경쟁관계 속의 불안정성이 광범위하게 자리 잡고 있는 동북아의 역내 구도를 안정적인 평화 구도로 정착시키려면 공동의 문제 해결과 발전을 위한 '공동지능' 계발과 광역 경제 통합을 통한 상호의존적 협력 체계의 강화가 요망된다. UNWPC는 '참여와 성과의 공유'를 의미하는 포용적 성장(inclusive growth)과 포용적 혁신(inclusive innovation)을 통해 동북아의 역내 구도를 안정적인 평화구도로 정착시키려는 포괄적 의미의 동북아 평화 발의(Northeast Asia Peace Initiative, NEAPI)이다. 북한을 포함한 동북아에 '공동지능' 계발을 제안할 수 있는 근거는—본서 제2장 3절과 제4, 5, 6장에서 살펴보았듯이—우리나라 과학자에 의해 개발된 액티바 첨단소재와 원천기술이 현재 지구촌의 핵심 이슈가 되고 있는 난제들, 특히 에너지 문제, 자원 문제, 방사성 핵폐기물(저준위, 중준위, 고준위) 처리 문제, 식량 문제, 건강관리 문제 등의 상당 부분을 해결할 수 있을 것이라는 전망 때문이다.

　액티바 공법과 신소재는 핵자核子 이동의 촉매제로서의 기능과 더불어 제련시 인고트(Ingot)화 시키는데 이온이 기화되지 않고 용융되게 함으로써 철(Fe)로 고순도의 구리 제조를 가능케 한다. 액티바 신기술을 이용해 철을 구리로 변성할 수 있다면, 같은 원리로 다른 원소 간의 핵자 이동에도 응용함으로써 인류의 난제인 지구 자원 문제 해결에도 획기적인 전기를 마련할 수 있다. 또한 방사성 핵폐기물 유리고화 소재인 액티바의 응용 기술은 세계에서 유일하게 저온 용융(550°C 이하)으로 방사성 물질의 휘발 방지, 무결정 유리고화로 재추출 방지 및 영구처리를 가능케 함으로써 처리 안전성에 대한 우려를 불식시키고 방폐장 부지 확보에 따른 어려움을 해결할 수 있게 하며, 재처리 과정에서 분리 추출되는 플루토늄의 핵무기 전용 가능성을 원천적으로 차단함으로써 원자력의 평화적 이용을 담보한다. 나아가 프리즈마 유리고화 시스템을 장착한 10만급 이상의 특수 대형선박을 UNWPC 구역인 해상에 띄워 전 세계 원자력발전의 아킬레스건인 방폐물을 심해深海에 투여하는 대역사가 이루어질 경우 동북아는 급속하게 세계평화의 중심으로 부상할 것이다.

　액티바 소재는 동북아의 '공동지능' 계발에 다양하게 활용될 수 있다. 액티바는 철로 구리 제조뿐만 아니라 핵자 이동의 원리를 원용함으로써 다양한 원소 변성 소재로 활용될 수 있다. 뿐만 아니라 일종의 핵융합 원리를 기용하고 있어 향후 핵융합 발전에도 일정 부분 기여할 것으로 기대된다. 또한 핵폐기물 유리고화 영구처리 등 원자력발전 산업, 수소생산 산업 등 에너지산업 소재로 활동될 수 있다. 이 외에도 암과 에이즈, 당뇨 등 의약산업과 의약품 첨가제 및 의료기기 소재, 수질 개선 및 대기오염 방지, 폐수 처리, 소각로, 유기농업, 치산치수 등 환경산업 소재, 농약·방사능 분해와 생장 촉진

등 토양개선제, 동·식물 생장촉진제, 음용수飮用水 활성 미네랄 연수화軟水化 및 기능성 식품 가공제, 연료 절감기 등 액티바의 활용 범주는 무궁무진하다. 이렇듯 인류의 미래를 담보하는 '공동지능' 계발은 동북아의 광역 경제 통합을 가속화시킬 것이다.

이와 유사한 맥락에서 일본의 러시아·한국 근현대사 전문가 와다 하루키(和田春樹 Wada Haruki)는 동북아 지역 협력을 위한 구상의 일환으로 '평화 정착→환경·경제·문화 공동체 형성→정치·안보 공동체 수립'의 세 단계로 이루어지는 '동북아 공동의 집'[116]을 제창하였다. 동북아 공동체 형성에 있어 그는 특히 우리나라의 중추적 역할을 강조하면서 그 근거로 우리나라가 동북아의 지리적 중심에 위치해 있다는 것과 동북아 주요 지역에 동북아 코리안이 산재해 있다는 사실을 들었다. 그가 포괄하는 동북아는 남북한·중국·일본·몽골·러시아·미국 등 7개국과 타이완·오키나와·하와이·사할린·쿠릴열도 등 5개 섬을 망라하고 있다는 점에서 '동북아 공동의 집'은 '인류 공동의 집'으로 발전할 가능성이 다분히 내재해 있다. 말하자면 그는 동북아공동체, 나아가 지구공동체 형성이라는 한민족의 세계사적 책무를 환기시킨 셈이다.

동북아의 '공동지능' 계발과 광역 경제 통합이 성공적으로 이루어질 경우 한반도 통일에 따르는 주변국들—특히 중국—의 우려도 불식시킬 수 있을 것이다. 북한을 포함한 동북아의 협력적이고 호혜적인 구도가 정착되면 한반도 통일은 남과 북이 위-위 하는 평화적인 방식으로 이루어질 수 있을 것이다. 그렇다고 통일이 저절로 이루어질 수 있는 것은 아니며, 제3국이 대신 해줄 수 있는 것도 아니다. 한반도 평화통일이 달성되기 위해서는 두 가지 조건이 충족돼야 한다. 그 하나는 남북한 모두가 수용할 수 있는 적정 수준의 지속가능한 물질적 조건을 구비하는 것이고, 다른 하나는 심정적 통합을 이룰 수 있는 정신적 조건을 구비하는 것이다.[117] 우선 지속가능한 물질적 조건은 상기에서 언급했듯이 세계 최초의 첨단소재와 원천기술이 우리나라 과학자에 의해 개발됨으로써 사실상 마련되었다. 개발된 액티바 신소재와 첨단기술은 특히 방사성 핵폐기물 유리고화 영구처리, 철(Fe)로 구리(Cu) 제조, 수소 생산, 희토류 생산, 수질 및 토양 개선 등에 대해 임상시험 단계를 넘어 현재 공장 양산체제를 갖춤으로써 산업화 단계에 이르렀다.

북한자원연구소가 집계한 바에 따르면 2012년 북한 지하자원의 잠재가치는 남한(4천563억 달러)의 21배 수준이며, 북한 철광석의 잠재가치는 6천207억 달러로 남한 철광석의 잠재가치 46억7천600만 달러의 133배가 된다고 한다. 남북경협이 이루어져 북쪽의 풍부한 철을 변성시켜 순도 높은 구리를 제조하면 그 부가가치만으로도 통일 비용을 충분히 해결할 수 있는 수준이 될 것이다. 남南의 자본·기술과 북北의 자원·노동이 만나면 고도의 시너지 효과를 발휘할 수 있다는 점에서 한반도는 21세기 과학혁명의 진원지가 될 가능성이 크다. 또한 세계 방폐물처리업 시장규모는 2008년 기준으로 6천억 달러 정도라고 하니, 지금은 이를 훨씬 상회할 것으로 추정된다. 이 방폐물 처리 한 가지만으로도 한반도 통일의 물적 토대 구축은 물론, 전 인류를 방폐물의 위협에서 벗어나게 함으로써 세계평화의 이념을 확산시키고 동북아의 경제 문화적 지형을 변화시킬 수도 있다. 방폐물 처리, 철(Fe)로 구리(Cu) 제조, 수소 생산, 희토류 생산을 모두 합하면 연간 수조數兆 달러의 수출이 이루어질 것으로 기대된다. 2012년도 우리 정부 예산 총액이 325조 4천억 원이라고 하니, 어림잡아 10배 이상이 되는 셈이다. 그렇게 되면 세계 금융의 중심이 판문점이나 개성으로 이동할지도 모를 일이다.

이처럼 한반도 통일은 동북아의 경제 문화적 지형을 변화시키는 큰 그림 속에서 이루어질 것이다. 물적 토대 구축이 평화통일의 필요조건이라면, 심정적 통합을 이룰 수 있는 정신적 토대 구축은 충분조건이다. 태극 문양의 국기가 상징적으로 말해 주듯 나선형 구조의 전형을 보여주는 한반도의 존재론적 지형은 생명체의 DNA 구조와 마찬가지로 양 극단을 오가며 진화하게 되어 있다. 남과 북, 좌와 우, 보수와 진보 등 양 극단의 요소가 극명하게 나타나는 것은 대통합에의 열망과 의지가 강력하게 분출하고 있기 때문이다. 이러한 양 극단의 실험은 소통의 중요성을 일깨워 주는 학습기제로서 대통합을 위한 우리 민족의 자기교육과정이며, 인류 구원의 보편의식에 이르기 위한 자기정화과정이다. 말하자면 한반도 통일을 위한 불가피한 산고이며, 그것의 진실은 대통합에 있다. 9백여 차례의 외침과 폭정이라는 역사적 학습을 통해 우리 민족의 잠재의식은 이러한 이치에 닿아 있다. 상호 역逆파동 관계의 염파念波들이 상쇄됨으로써 이원성을 넘어서게 되는 것이다. 우주만물이 생성·변화하는 원리를 함축하고 있는 태극기는 '생명의 기旗'이고, 우리는 태생적으로 생명을 화두로 삼아 온 민족으로서 21세기 생명시대를 개창해야 할 내밀한 사명이 있음을 인지하지 않으면 안 된다.

'인류 문명의 대전환기에는 새로운 삶의 양식의 원형(archetype)을 제시하는 성배聖杯의 민족이 반드시 나타나게 된다.'는 루돌프 슈타이너의 예언이 적중하는 시대에 우리는 살고 있다. 게오르규는 우리 한민족이 전 세계에서 유일하게 개천절을 봉축하는 '영원한 천자天子'이고, '세계가 잃어버린 영혼'이며, 한반도는 동아시아와 유럽이 시작되는 '태평양의 열쇠'로서 세계의 모든 난제들이 이곳에서 풀릴 것이라고 예단했다. '25시'라는 인간 부재의 상황과 폐허와 절망의 시간에서 인류를 구원할 동방은 바로 우리 한민족이라고 단언했던 게오르규의 '25시'는 우리가 살고 있는 지금 이 시대를 가리킨다. 한민족의 사상과 정신문화에 대한 그의 깊은 경외감은 1986년 4월 18일자 프랑스의 유력 주간지 〈라프레스 프랑세스〉지를 통해 널리 이롭게 하는

"홍익인간의 통치이념은 지구상에서 가장 강력한 법률이며 가장 완전한 법률이다."라고 발표한 데서도 잘 표출되고 있다. 홍익인간이라는 단군의 법은 그 어떤 종교와도 모순되지 않으며 온 인류의 행복과 평화를 추구하는 인류보편의 법이기에 21세기 아태시대를 주도할 세계의 지도이념이라는 것이다.

아시아의 대제국 '환국'이라는 국호가 말하여 주듯 우리 한민족은 온 인류가 행복하고 평화로울 수 있는 세상, 밝고 광명한 세상을 만들고자 했다. 현대 물리학의 전일적 실재관의 원형이 마고의 삼신사상, 즉 '한' 사상이고 그 사상의 맥이 이어져 환단桓檀시대에 이르러 핀 꽃이 천부天符사상이고 경천숭조敬天崇祖의 '보본報本' 사상이며 '홍익인간' 사상이다. 천·지·인 삼신일체의 삼신사상'한' 사상은 우리 민족의 근간이 되는 사상일 뿐만 아니라 모든 종교와 진리의 모체가 되는 사상이다. 천·지·인 삼신일체는 불교의 삼신불, 기독교의 삼위일체와 마찬가지로 우주의 본질인 생명의 3화음적 구조, 즉 본체-작용-본체와 작용의 합일을 나타낸다.[118] 이렇게 볼 때 삼신사상'한' 사상, 천부사상, '보본' 사상, '홍익인간' 사상은 우리 한민족의 정신세계의 총화인 동시에 이 시대 문화적 르네상스의 바탕을 이루는 것이기도 하다. 21세기 '새로운 삶의 양식의 원형'은 바로 이러한 우리 고유의 사상과 정신문화와 맥을 같이 한다.

세계적인 석학들이 21세기 세계경영의 주체를 '코리아'라고 예단하는 것은 온 인류의 행복과 평화를 함축한 우리의 사상과 정신문화가 시대적 요구와 필요에 부합하기 때문이다. 오늘날 현대 물리학의 주도로 빠르게 진행되고 있는 전일적 실재관으로의 패러다임 전환은 21세기 과학혁명의 본질이 전일적인 우리 고유의 사상과 정신문화에 맞닿아 있음을 보여준다. 이처럼 우리 고유의 사상과 정신문화는 오늘의 첨단과학과 소통하는 '가장 오래된 새것'이다. 우리가 간직해 온 무한한 지혜의 보물, 온 인류의 행복과 평화를 함축한 우리 고유의 '홍익인간' 사상과 정신문화야말로 종교 충돌과 정치 충돌 등으로 피폐해진 지구를 치유할 수 있는 묘약妙藥이다. 서양이 갈망하는 우리의 사상과 정신문화를 본격적으로 수출하기 위해서는 그 맑고 광대했던 역사의 진실을 되찾고 우리의 역사적 소명에 눈뜨지 않으면 안 된다.

역사철학의 관점에서 볼 때 한반도에서 압축적으로 전개되고 있는 자본주의와 사회주의의 실험은 자유와 평등의 대통합을 위한 학습기제(learning mechanism), 그 이상도 이하도 아니다. 이러한 대통합을 바탕으로 하는 한반도 통일에는 역사의 오묘한 섭리가 내재돼 있음을 깨닫지 않으면 안 된다. 그것은 자유와 평등의 변증법적 통합에 기초한 우리 고유의 '한' 사상(삼신사상, 천부사상)에서 전 세계 종교와 사상 및 문화가 수많은 갈래로 나뉘어 제각기 발전하여 꽃피우고 열매를 맺었다가 이제 다시 하나의 뿌리로 돌아가 통합돼야 할 시점에 이르렀다는 것이다. 그것은 돌고 돌아서 떠난 자리로 돌아오는 자연의 대순환주기와도 맞물려 대정화와 대통섭의 신문명, 즉 후천개벽의 새 세상을 예고하고 있다. 서구적 근대를 초극하는 신문명의 건설, 그 빛은 동방으로부터 올 것이다.

21세기 과학혁명이 수반하는 신문명의 건설은 전일적 패러다임에 부응하는 사상과 정신문화를 가진 민족이 담당하게 되는 것은 역사적 필연이다. 패권주의와 종교적·인종적·민족적 분열주의가 초래한 전 지구적 테러와 폭력 등으로 지구가 심대한 위기에 처한 지금 세계는 다시 평화적인 경영의 주체를 갈망하고 있다. 단군 이래 반만년간 9백여 차례의 외침과 폭정이라는 지난至難한 역사적 학습 과정은 대통섭에 이르기 위한 내공을 쌓는 과정이었다. 1950년대 동족상잔이라는 극단의 자기분열까지 겪고서 이제 정전 60주년(2013년 현재)을 맞고 있다. 거듭되는 외침과 폭정 속에서 새로운 세상에 대한 이상을 쓰라린 내상內傷으로만 간직한 한민족―우리는 과연 '대통합의 기말고사'를 성공적으로 치를 수 있을 것인가? 역사철학이 부재하는 공허한 페이퍼 통일 논의는 끝낼 때가 됐다. 이제 한반도와 동북아 그리고 지구촌의 미래 청사진을 그려야 할 때다. 큰일에 몰두하면 반미니 친일이니 종북이니 하는 자질구레한 논쟁은 잊혀지기 마련이다.

한반도 통일은 아태시대를 여는 '태평양의 열쇠'이며, 동북아 나아가 지구촌 대통합의 신호탄이다. 한반도 통일은 단계적 접근이 필요하다. 1국가 2체제의 남북연합 형태에서 시작해 남북경협 활성화로 남북경제공동체 기반 조성을 통해 남북 간 경제적·심리적 통합을 추진해야 한다. 아울러 동북아 광역 경제 통합에의 참여를 통해 지역 정체성 확립과 상호 신뢰 회복을 도모하며, 여건이 성숙하는 대로 국방과 외교를 하나로 묶는 연방 단계를 거쳐 종국적으로 한반도 통일로 나아가는 것이 바람직하다. 지금은 근본적인 해법이 필요하다. 승자와 패자가 나누어지지 않는 세상, 우리 모두가 승자인 세상을 한반도에서 열어야 한다. 그것이 남과 북의 집단 카르마를 종식시키는 가장 확실한 방법이다. 그리고 이 모델을 전 세계로 확산시켜야 한다. 우리가 마지막 분단국가로 남은 이유다. 우리가 조화력을 회복할 때 지구는 잠재적 비상사태에서 벗어날 수 있다. '코리아의 동북아'로서가 아니라 '동북아의 코리아'로서 모종의 결단을 내려야 할 때다.

세계 질서 재편과
새로운 중심의 등장

존재의 알파와 오메가는 에너지이며, 그런 점에서 에너지는 문명의 흥망성쇠와도 깊은 관련이 있는 것으로 나타난다. 제러미 리프킨은 에너지 정치학의 좋은 연구 대상이 바로 로마제국이라고 본다. 그는 로마제국의 생활 방식과 경제, 사회, 정치 조직이 고대 세계보다 현대 세계에 더 가

깝다는 점을 들어, 로마제국의 흥망이 오늘의 우리에게 시사하는 바가 크다고 말한다. 로마제국의 성립은 무력 정복에 의한 것이었고, 정복으로 얻은 노예 노동, 광물자원, 산림, 농경지는 제국의 에너지 흐름을 더욱 촉진시켰다. 그러나 로마는 게르만 등 이민족과 치른 전쟁에서 연이어 패한 뒤 정복 기반 통치에서 식민 통치로 이행하면서 특히 군대 유지비는 제국의 에너지를 고갈시켰고, 광대한 제국을 유지하는 데 드는 순수 물류비도 폭증했다. 점령지에서 확보할 수 있는 에너지 순익은 지속적으로 떨어진 반면, 지중해와 유럽 전역에 군대 주둔, 도로 유지 및 합병 지역 통치에 더 많은 에너지가 소비됐다.[119]

더 이상 새로운 정복과 침략으로 제국을 유지할 수 없게 된 로마는 에너지 체계의 유일한 대안인 농업으로 눈을 돌렸지만, 농업 생산에서 비롯된 부의 감소로 로마도 점차 쇠락하게 되었다는 것이다. 흔히 로마 몰락이 지배 계층의 타락과 부패, 노예 착취, 이민족의 탁월한 침략 전술 때문이라고 생각하지만, 보다 근본적인 원인은 비옥했던 제국의 토양이 남벌·개간·방목 등으로 황폐해져 소출이 줄면서 빈민 복지, 공공 토목 공사, 관료 체제 유지, 거대 기념물·공공건물과 원형극장 설립, 대중오락과 전람회 등 로마의 인프라와 로마인의 복지를 유지할 정도로 충분한 에너지가 공급될 수 없었기 때문이라는 것이다. 더욱이 농촌 인구 감소와 전염병 창궐에 따른 인간 에너지의 고갈은 상황을 더욱 악화시켰다. 유일한 대안 에너지 체계의 고갈에 따른 로마제국의 몰락은, 세계 산업 경제가 거의 전적으로 의존하고 있는 화석연료가 고갈돼 가고 있는 오늘날의 문명에 경종을 울리는 교훈일 수 있다는 것이다.[120]

리프킨은 인류의 미래가 '영구 연료' 수소에 달려 있다고 말한다. 수소의 '지위'를 어떻게 정하느냐에 따라 수소경제의 미래가 결정되고, 이와 더불어 성장할 정치, 사회 기구에도 근본적 영향을 미치게 된다는 것이다. 그는 수소의 지위와 관련하여 월드 와이드 웹으로부터 교훈을 얻을 수 있다고 말한다. 인터넷상에서 '정보'가 자유롭게 유통돼야 하듯 우주에서 가장 기본적이고 보편적인 원소인 수소도 누구나 자유롭게 공유해야 한다고 주장할 수 있다는 것이다. 그에 따르면 수소는 화석연료와는 달리 세계 전역에 골고루 분포해 있는 데다 공급량도 무한하여 향후 100년 안에 수소 생산비가 '무료'에 가깝게 되는 시대가 도래할 수 있다는 것이다. 따라서 수소시대 초기부터 사유와 공유의 양 측면을 포괄하는 수소에너지 체계의 특성이 잘 반영된 공생 관계의 제도적 틀을 짜야 한다고 그는 주장한다.[121]

소유가 아닌 관계적인 접속 개념에 기초한 리프킨의 '하이퍼 자본주의'로의 이행에 대한 예단은 사이버 공간 이론가 존 페리 발로(John Perry Barlow)가 소유가 아닌 관계 위주의 미래 경제를 예단한 것이나, 자크 아탈리가 '관계의 경제'에 기초한 '하이퍼 민주주의'를 예단한 것과 일맥상통한다. 세계 경제 패러다임의 변화로 수평적 권력이 에너지, 경제, 그리고 세계를 근본적으로 바꾸게 될 것이라는 전망이 점차 힘을 얻고 있다. 현재 우리 인류는 얽히고설킨 세계 시장이라는 복잡계와 통제 불능의 '기후'라는 복잡계가 빚어내는 문명의 대순환주기와 자연의 대순환주기가 맞물리는 시점에 살고 있다. 자연의 대순환주기에 대해서는 본서 제7장에서 자세히 다루었으므로 여기서는 생략하기로 한다. 문명의 대순환주기에 따른 세계 질서 재편과 관련해서는, 통섭적 지식과 통찰력으로 사회 변화를 예리하게 진단하고 전망하는 것으로 정평이 나 있는 자크 아탈리의 관점을 중심으로 살펴보기로 한다.

아탈리는 미국이 앞으로도 상당한 기간 동안 세계를 지배할 수는 있겠지만 장기적으로는 그 무엇도 미국의 쇠퇴를 막지는 못할 것이라고 본다. 다른 나라들이 더 빨리 성장하기 때문에 상대적인 가치에서 퇴보할 것이기 때문이라는 것이다. 우선 2030년 미국의 인구는 전 세계 인구의 6%에 불과할 것이고, 현재 세계 GDP의 26%를 차지하는 미국의 GDP가 2030년이 되면 20%로 줄어든다는 것이다. 다음으로 미국은 대내외 부채로 인해 통신망 장악과 자국 통화의 지위를 유지할 수단을 점차 잃게 됨으로써 독재 체제의 출현을 막을 수도, 테러 활동을 저지할 수도, 경쟁국이나 적군의 등장을 미리 막을 수도 없고, 국방 예산 또한 대폭 축소될 것이며, 무엇보다 첨단기술 투자가 줄어들어 미국 경제를 약화시키는 결과를 초래한다는 것이다. 마지막으로 실업 증가와 불평등 심화, 낙후된 사회간접자본과 사회보장제도의 부재로 인해 미국 내에서도 많은 사람들이 미국 사회 모델을 반대하고 미국의 세계 지배를 거부함으로써 고립주의로 복귀할 수도 있다는 것이다.[122] 이러한 미국의 쇠퇴에 따른 세계 질서 재편은 자연의 대순환주기와 맞물리면 더욱 급속하게 진행될 수도 있다.

또한 아탈리는 미국이 파워 게임에서 물러나면 세계 슈퍼파워 자리를 차지할 가장 확실한 후보는 중국이 될 것이라고 본다. 그러나 과거 중국 제국을 모델로 삼아 오늘의 세계를 다스려야 한다거나, 세계를 중국 제국으로 만들어야 한다는 중국 관념론자들의 주장에 대해서는 부정적이다. 오늘날 미국이 그러하듯 중국 또한 세계 최대의 슈퍼파워가 되더라도 지구 전체를 다스릴 수는 없을 것이라고 본다.[123] 앞으로 전 지구적 문제를 해결할 주체와 관련하여 아탈리는 그 어떤 강대국도 다른 나라를 지배할 수는 있어도 인류를 위협하는 모든 위험을 관리할 능력을 가질 수는 없을 것이며 또 그 짐을 질 수도 없을 것이라고 본다. 그는 초국가적인 위기 상황을 '체계적 위험'으로 규정하고, 중국이든, 유럽과 G20이든, 미국과 중국이 구성하는 G2든, 앞으로 닥칠 체계적 위험을 해결할 수 있는 주체는 없다고 보는 것이다. 결국 다중심적인 혼돈은 '시장의 세계정부'라는 것에 자리를 내주게 된다는 것이다.

다중심적인 혼돈은 '시장의 세계정부'라는 것에 자리를 내줄 것이다. 그것은 주로 보험회사들이 차지할 초강대 기업들이다. 법치주의는 점진적으로 사라질 것이고 폭발적인 무정부상태, 극단적인 불균형, 대규모 이주 사태, 자원 희소성의 심화, 폭력적인 지역분쟁, 금융 혼란과 기후 혼란이 발생할 것이다. 국제연합, G8, G20 등 현재의 국제기구는 시장의 힘과 충격의 강도를 버티지 못할 것이다. 무엇도 그리고 누구도 범죄경제, 무기 확산, 환경 및 기술 혼란을 막지 못할 것이다.[124]

그럼에도 아탈리는 인류가 금융, 환경, 인구, 보건, 정치, 윤리, 문화적 재앙이라는 학습 과정을 통해 전 지구적인 공조체제 형성이 시급함을 깨달으면 국가의 경계를 넘어선 세계정부 구성을 통해 이런 위기를 극복할 수 있다고 강조한다. 역사상 국가 간 평화를 유지할 수 있는 메커니즘으로서의 세계정부에 대한 구상은 무수히 많다. 신권이 지배한 고대의 세계정부, 유대기독교 세계정부, 로마제국의 팍스 로마나(Pax Romana)·만주족의 팍스 시니카(Pax Sinica: 중국 주도의 세계평화)·대영제국의 팍스 브리태니카(Pax Britanica)·미국의 팍스 아메리카나(Pax Americana) 등에 나타난 세계정부, 시장 중심 세계정부 등이 그것이다. 그러나 전 지구적 차원의 문제를 해결하고 인류 전체의 이익을 관할하기 위해서는 효율적으로 기능하는 전 지구적인 민주주의 정부가 바람직한 세계정부라고 아탈리는 말한다. 따라서 다국적 정부나 불완전한 국가를 개혁하는 것만으로는 충분하지 않으며, 권력 장악을 목적으로 하거나 기존의 권력기구 속에 편입된 세계정부를 그려서도 안 되고 초국가적 성격을 띠어야 한다는 것이다.[125]

세계와 인류의 전체 이익을 고려하는 세계정부는 단순히 다자주의적인 정부로 만족할 수 없다. 중앙집권화 되지 않은 초국가성을 띠어야 하는 것이다. 그것은 바로 연방제다.…최선의 세계정부는 연방 형태의 민주주의 정부로, 자기의 역할을 충실히 수행하는 국가들이 대륙별로 규합하는 형태다. 이 연방제는 세 가지 원칙을 따른다. 연방정부와 각국 정부의 입법권을 나누는 분리의 원칙, 각국 정부가 가진 권한에 대해서는 책임을 지는 독립의 원칙, 각국 정부가 공동체와 공동체의 규칙에 소속감을 느끼며 중앙정부가 다양성과 타협을 유지할 수 있다는 확신을 갖는 귀속의 원칙이다. 각국 정부는 연방제의 각 기구에서 대표성을 갖고 연방법 제정에도 참여한다.[126]

이러한 세계정부 설립이 현 시점에서는 불가능하지만, 보다 규모가 작고 실용적이며 기존의 기구들을 점진적으로 변화시켜 이상적 모델로 바꾸는 정부는 가능하다고 아탈리는 말한다. 인류가 재앙에서 벗어나기 위한 방법으로 그는 G20과 유엔 안전보장이사회를 결합하는 것과 같은 몇 개의 개혁을 단행할 것과, 국제통화기금(IMF), 세계은행(IBRD) 등 국제기구들을 그 결합체 산하에 두고 유엔 총회에 관리를 위임할 것을 제안한다.[127] 한편 독일의 철학자이자 사회학자인 위르겐 하버마스(Jürgen Habermas)는 그의 저서『탈민족국가시대 The Postnational Constellation』(1998)에서 세계 정치 공동체로서의 세계정부가 필요한 분야는 오직 인권 분야라고 보고 '세계시민의 정치적 지위 부여'와 더불어 인권 침해자들에 대한 군사적 제재 조처의 필요성을 주장한다. 또한 그는 환경, 남녀 평등, 인권 해석, 빈곤 등을 중요한 사안으로 꼽고, 국제형법재판소 창설과 유엔 안전보장이사회의 진정한 행정부로의 전환을 제안하기도 한다.[128]

언제 어디서나 연결되는 오늘날의 유비쿼터스(ubiquitous) 세상은 각종 정보와 지식으로의 접근성을 높여 주고 있으며, 소셜네트워크 서비스(Social

Network Service, SNS)와 집단지성은 개인과 비정부기구들의 제도화된 참여를 활성화시킴으로써 세계정부의 민주주의적 정통성을 강화시킬 것으로 기대되고 있다. 세계화 추진회의인 세계경제포럼(World Economic Forum, WEF 또는 다보스포럼)이 열리는 매년 초에 반세계화, 대안세계화 추진회의인 세계사회포럼(World Social Forum, WSF)이 '다른 세계는 가능하다(Another world is possible)'는 이슈를 내걸고 동시에 열리고 있어 세계정부의 민주주의적 정통성 강화에 기여할 것으로 기대된다. 프랑스의 시민사회운동 단체인 국제금융관세연대(ATTAC)를 비롯해 대안세계화 운동을 주도하는 수많은 단체들이 참여하고 있는 세계사회포럼은 국제기구, 초국적 기업, 정부의 신자유주의 정책에 반대해 인권, 주권, 평등, 환경생태, 정의와 공정, 세계평화, 그리고 참여민주주의가 보장되는 대안사회를 추구한다.

2007년 지역적인 문제를 세계화해 인류가 함께 행동하도록 만들어진 '아바즈Avaaz'라는 단체 또한 세계정부의 민주주의적 정통성 강화에 기여할 것으로 기대된다. 유럽이나 서구의 몇몇 NGO들은 참가자가 수백만 명에 달하는 이 조직의 힘이 현재 유엔을 능가한다고 주장한다. 미래에는 다국적 시민단체가 유엔보다 더 민주적이며 효과적이라고 주장하는 이 단체는 소셜네트워크 서비스나 인터넷 통신을 이용해 정부가 처리하지 못하는 국가나 정권의 부정부패, 빈곤과 갈등, 기후 변화와 대안, 지역 및 국가 간 갈등을 빠른 속도로 전 세계에 전달하고 국제사회 의제로 등장시켜서 수십억 명의 목소리로 강력한 집단행동을 통해 해결하는 것을 목표로 한다. 유럽, 미국, 중동, 아시아 등 세계 각국의 시민 단체들이 참여하는 연합조직으로 6개 대륙에 수천만 명의 자원봉사자를 보유하고 있는 이 단체는 15개 언어로 아바즈 커뮤니티 캠페인을 벌이고 있다. 유엔을 능가하는 세계기구의 등장을 예고하는 것이라 하겠다.[129]

한편 이탈리아 자율주의(아우토노미아) 운동 이론가 안토니오 네그리(Antonio Negri)와 그의 제자 마이클 하트(Michael Hardt)는 오늘날의 세계 질서에 대한 하나의 인식 지도를 제시한 것으로 평가되는 공저 『제국 Empire』(2000)에서 국민국가의 점진적인 주권 상실과 국가 및 초국가 단체들로 구성된 새로운 형태의 주권 출현에 대해 논하고 있다. 네그리와 하트는 후자를 '제국'이라고 부른다. 제국이란 전 지구적 규모로 확대된 자본주의 체제에 상응하는 새로운 권력체제를 일컫는 것이다. 이때의 제국은 국민국가들이 네트워크를 이루어 단일한 제국 체제를 형성해 가는 것이라는 점에서 국민국가들 간의 갈등 체제인 '제국주의 체제'와는 본질적으로 다르다. '제국적'이지만 '제국주의적'이지는 않은 이 제국의 네트워크 체제가 창출한 새로운 주체가 바로 네그리와 하트의 또 다른 공저 『다중 Multitude』(2004)에서 말하는 '다중多衆'이다.

'지구화'의 두 얼굴 가운데 한 얼굴이 제국의 얼굴이라면, 다른 한 얼굴은 다중의 얼굴이다. 제국이 네트워크이듯이 다중도 네트워크다.…다중의 네트워크는 "모든 차이들이 자유롭고 평등하게 표현될 수 있는 개방적이고 확장적인 네트워크이며 우리가 공동으로 일하고 공동으로 살 수 있는 마주침의 수단들을 제공하는 네트워크"이다. 제국은 다중을 만들어 내고 다중은 제국을 극복할 역량과 대안을 만들어 낸다.…다중이야말로 바로 이 전쟁상태를 끝장내고 민주주의를 실현할 주체라고 말한다. "다중은 민주주의, 다시 말해 만인에 의한 만인의 지배라는 법치를 실현할 수 있는 유일한 사회적 주체다."[130]

네그리와 하트는 오늘날의 제국의 평화, 즉 팍스 임페리이(Pax Imperii)는 로마제국의 '팍스 로마나'와 마찬가지로 '항구적 전쟁상태' 위에 군림하는 허위적 평화라고 보고, 이를 극복하고 전 지구적 문제를 해결할 주체로 '다중'을 들고 있다. 다중은 '민중'처럼 동일성도 아니고, '대중'처럼 무차별적인 획일성도 아니며, '노동계급'처럼 분리성·배타성을 띠지도 않는다. 다중은 하나의 통일성이나 단일한 동일성으로 환원될 수 없는 수많은 내적 차이로 구성된 자율적인 개인의 집합이다. 그는 월가 점령 시위를 '다중' 운동의 대표적인 사례로 꼽기도 했다. 인터넷과 같은 분산된 네트워크를 통해 모두가 웹에서 서로 접속되고, 또한 네트워크의 외부적 경계가 열려 있어서 언제든 새로운 관계들이 추가될 수 있다는 다중의 이 두 가지 특징이 더욱 민주적인 조직화로의 경향을 보여준다고 네그리와 하트는 말한다. 근대 부르주아지가 자신의 질서를 공고히 하기 위해 새로운 주권에 의지할 필요가 있었다면, 다중의 탈근대적 혁명은 제국의 주권 너머를 가리킨다는 것이다. 다중의 민주적 가능성의 핵심은 다중이 사회를 자율적으로 형성할 수 있다는 데에 있다고 두 사람은 말한다.[131]

다중의 민주주의는 필요할 뿐만 아니라 가능하다는 네그리와 하트의 관점은 전 지구적인 민주주의적 세계정부에 대한 자크 아탈리의 구상과 일맥상통하는 바가 있다. 현재 세계정부를 만들기 위해 준비하고 있는 단체나 기구들은 5천여 개에 달한다고 한다. 특히 국가 간 이기주의가 전 지구적 문제인 기후 변화와 에너지 고갈 등에 대한 해결책을 제시하지 못하는 데서 세계정부가 대안으로 등장하게 된다. 말하자면 국익을 기반으로 한 주권국가 간의 연합, 즉 국제연합(United Nations, UN)이 지닌 태생적 한계에서 비롯되는 것이다. 2000년에 발표된 노르웨이의 〈2030 국가보고서〉에서도 2030년에 현존하는 국가가 소멸되고 세계정부가 출현할 것이라고 예측하였다. 세계의 학자들과 기관들은 2024년에 세계 단일통화가 나올 것으로 예측하며, 세계정부는 2030년 정도에 등장할 것으로 본다.[132]

아탈리가 제시한 세계를 뒤흔든 5대 충격은 '제국의 주권 너머'에 있는 초국가적이며 민주적인 세계정부의 필요성을 절감케 한다. 첫 번째 충격은 2001년 9·11테러이다. 이는 세계화가 내포하는 서구화에 모두가 동의하는 것은 아니라는 사실을 상기시켜 주었다. 두 번째 충격은 인터넷, 검색 엔진, 휴대전화, SNS의 출현과 발전이 인류 사회 구성원들의 관계를 더욱 긴밀하게 만든 반면, 각국 정부는 온라인 네트워크와 그 콘텐츠를 제어하기 위해 상충된 노력을 해 왔다는 것이다. 세 번째 충격은 2008년 세계 경제성장과 미국의 슈퍼파워가 캘리포니아 발 세계 금융위기로 주춤했다는 것이다. 이는 그 누구도 예상치 못한 것으로 룰(rule)은 세계화하지 못한 채 시장만 세계화해 시장이 자의적으로 룰을 전용했음을 깨닫게 해주었다. 네 번째 충격은 앞의 세 가지 충격이 야기한 결과다. 1989년 동구권에서 시작된 자유의 물결이 2010년 튀니지의 '재스민혁명'을 기점으로 이집트, 리비아, 예멘, 시리아 등으로 민주화 시위 확산이 이어졌다는 것이다. 다섯 번째 충격은 2011년 3월 11일 발생한 일본 대지진이다. 이는 원자력의 안전성 문제와 기술 발전에 따른 리스크에 대한 세계적 관리의 필요성을 깨닫게 해 주었다.[133]

아탈리는 미래 세계정부를 위한 전략의 일환으로 '체계적 위험'에 대응하기 위한 열 개 분야에서의 개혁을 시행할 것을 제안한다. 첫째는 '연방 통합 과정에서 실용적인 이익 찾기'이다. 여러 민족과 공동체, 언어, 문화를 통합한 연방정부들이 형성된 방식에서 실용적으로 보고 배우는 것이다. 이 경우 공동체에 대한 소속감, 공동의 문제를 자기 것으로 받아들이는 마음, 함께 하는 이유가 무엇보다 필요하다. 둘째는 '인류의 존재 이유에 대해 자각하기'이다. 인류 자신의 존재 이유와 인류를 위협하는 위험을 자각하는 것, 다시 말해 각 개인이 특정한 생물종에 속한다는 자각과 그 생물종을 보호할 필요성에 대한 인식*을 가질 수 있도록 하는 것이다. 셋째는 '위험에 촉각 곤두세

우기'이다. 생물종, 인구, 보건, 기후, 식량, 금융, 군사, 원자재, 소행성 등 체계적 위험을 계량화하고 계기판과 경계 지수를 마련하며 그에 대한 공동 대응 방안을 세우는 것이다.[134]

넷째는 '기존의 국제법 준수, 세계 코덱스'이다. 기존의 국제법을 준수하면서 인류의 조화를 강화할 수 있도록 전 세계에 적용되는 수많은 조약을 '세계 코덱스'로 만들어 분류하고 각 기구에 설치된 특별위원회들이 코덱스의 적용을 평가하는 것이다. 다섯째는 '순차적으로 나아가기, 다자주의'이다. 지속가능한 성장을 촉진하고 체계적 위험을 예방하기 위해 '소다자간 그룹'이 공동 프로젝트[135]를 이행하는 것이다. 소다자주의의 가장 큰 장점 중 하나는 지역 통합이며, 문화적 측면에서 통합체가 탄생할 수도 있다. 여섯째는 '정부평의회'이다. 유엔 안전보장이사회가 민주적이며 초국가적인 세계 정부로 발전하기 위해 안전보장이사회와 G20을 정부평의회(Council of Governments)로 통합하고 각 대륙의 대표들이 참여할 수 있도록 하는 것이다. 열 개 비상임이사국은 각 지역에서 지명하고, IMF, IBRD(세계은행), WTO, BIS(국제결제은행), WHO, UNESCO는 정부평의회의 직속기구가 된다.[136]

일곱째는 '지속가능한 개발 의회'이다. 체계적 위험에 대비해 인류를 보호하는 핵심적인 역할을 할 새로운 세계의회를 구성하는 것이다. 각국 정부가 선택한 3백 명의 인사로 구성되는 의회는 체계적 위험의 중요성과 사회적·환경적으로 지속가능한 발전의 중요성을 강조해야 한다. 여덟째는 '민

---

* 자크 아탈리는 그러한 인식이 세계의 미래에 관심을 가진 '하이퍼 유목민'이라 불리는 새로운 세계 주체들에 의해 시작돼 초국경적 역동성을 만들어 내고 세계 공공재를 구현할 것이라고 본다. 시민운동가, 기자, 철학자, 역사가 국제공무원, 외교관, 국제주의 운동가, 메세나, 세계경제의 주체들, 가상 경제 및 SNS의 주체들, 모든 종류의 크리에이터들을 아탈리는 '하이퍼 유목민'이라고 부른다.

주주의를 위한 동맹'이다. 정부평의회가 독재 체제로 변질되거나 소수 집단의 이익을 위한 도구로 사용되지 않고 민주주의 확산에 기여하도록 하기 위한 전략적 방안의 일환으로 단독 위성망과 인터넷망을 갖추고 재정적·기술적 수단을 제공하는 새로운 국제 행정부가 필요하다는 것이다. 아홉째는 '세계정부를 위한 재원 마련'이다. 세계정부 재원은 각국의 공여금이나 세계세로 마련할 수 있으며 세계 GDP의 최소 2% 수준을 확보해야 한다는 것이다. 열 번째는 '세계 삼부회'이다. '세계 삼부회.org'라는 사이트를 개설해서 'e 시위대'가 변화를 위한 수많은 의견들을 포스팅하여 공동의 프로젝트를 형성하는 것이다.[137]

또한 아탈리는 공공 부채의 심각성을 논의하는 글에서 국가 부채를 관리할 초국가적 중앙은행의 필요성을 제기한다. 오늘날 여러 형태의 국가 부채는 국제결제은행, 파리클럽, 런던클럽, IMF, G7, G8, G20, 각종 포럼 등 다양한 경로를 통해 관리되지만 늘 조정이 제대로 이루어지는 것은 아니므로 국가 채무의 실상 파악과 국가 부채 경감을 위한 기금 조성, 과잉 대출 방지를 위한 제도 마련과 전 세계 은행에 적용되는 공통 규정 작성을 위해서는 국가 부채를 일관성 있게 관리하는 시스템으로서의 초국가적 중앙은행이 필요하다는 것이다. 또한 부채 문제의 보다 근원적인 해법으로는 지속가능한 성장을 들고 있다. 환경에 대해 새로운 부채를 만들어 내서는 안 되며, 단순히 생산 가치만이 아니라 자산 가치도 지속적으로 높아져야 한다는 것이다. 그러기 위해서는 세계 금융 시스템이 지속적인 발전 가능성이 있는 곳에 공공 투자를 하여 세계 공동 재산을 증식시키고, 이와 더불어 국제금융기구를 급진적으로 변화시키고 엄격한 규정을 금융 시장에 적용해야 한다는 것이다.[138] 이 모든 조치는 세계 기구들의 민주적인 기능을 전제한 것이라는 점에서 의식과 제도 양 차원의 노력이 병행돼야 할 것이다.

특히 우리나라와 관련하여, 아탈리는 과거 우리나라가 제조업 관련 이윤과 기술 혁신, 운송 기술보다 농업과 식품산업, 지대地代와 그 지대에 이해관계가 있는 관료들의 이익을 우선시한 점, 오랫동안 해양산업을 소홀히 한 점, 그리고 상당한 기간 동안 '창조적 계급'을 자력으로 키우거나 외부로부터 수용하는 데 실패했다는 점을 지적하며 성찰적 발전의 필요성을 역설한다. 또한 우리나라가 풀어야 할 과제로는 금융 거래의 투명성, 부패 방지, 족벌 경영체제 타파, 노동시장의 양분화와 첨예한 소득 불평등, 비정규직 근로자와 불법 노동자 문제 등을 들고 있다. 특히 그는 우리나라의 인구 저하를 막기 위해 가족정책의 개혁, 교육정책의 개혁, 이민정책의 개혁을 반드시 이루어야 한다고 말한다. 가족정책의 개혁이 출산율 증가와 여성 노동인구 확대를 가져오려면 우리 사회에 뿌리박힌 가부장적 사고를 재고해야 하고, 지나친 경쟁과 비용을 유발함으로써 출산을 저해하는 걸림돌이 되고 있는 교육정책이 개혁되어야 하며, 재능 있는 외국의 인재들에게 국경을 점진적으로 개방하는 이민정책의 개혁이 이루어져야 한다는 것이다.[139]

아탈리는 세계 질서 재편에 따른 새로운 중심의 등장과 관련하여, 2035년이 지나기 전에 미국의 지배가 끝나면 이후 세계는 '일레븐'이라고 불리는 11대 강국에 의해서 운영되는 '다중심적 체제'[140]로 개편될 것이라고 전망한다. 특히 11대 강국 중에는 중국, 일본, 인도, 러시아와 함께 우리나라도 들어 있다. 그러나 아탈리는 중국이나 일본의 경우 아시아에서의 리더 자리를 차지하려는 야욕에서 벗어나기 어렵기 때문에 3국간의 지역 통합 내지 공동체 구축에 있어 리더 역할을 수행하기는 어렵다고 본다.[141] 아탈리는 '일레븐' 중에서도 우리나라가 동북아 시장 공동체 형성에 매우 중요한 역할을 수행할 수 있으며 미래에 중심 국가로 부상하게 될 것이라고 예단한다. 우리나라와 중국, 일본은 공동의 에너지 정책을 펼칠 수 있고, 지역 금융 중심지로서의 위치를 확보할 수 있으며, 미국과 아시아 간의 거시적 무역 불균형에 따른 경제위기에도 보다 효과적으로 대처할 수 있고, 아시아개발은행이 이 지역 전체의 화폐 통일 문제에 대해서도 고려해 볼 수 있다는 것이다.[142]

그러기 위해서는 우리나라가 중국이나 일본과의 사이에 놓여 있는 과거 역사나 영토 문제로 인한 현안을 슬기롭게 해결할 수 있어야 하고, 중국과 일본이라는 두 경쟁 국가를 정치적·경제적으로 밀접하게 묶는 견인차 역할을 할 수 있어야 하며, 아울러 단계적인 한반도 평화통일이 달성되어야 한다고 아탈리는 말한다.[143] 그는 이러한 문제들을 제기하기는 했지만 그에 대한 구체적인 해법은 제시하지 않고 있다. 이 문제의 해법은 본서 제2장 3절과 제4, 5, 6장에서 집중적으로 다룬 '한반도발發 21세기 과학혁명', 제8장 2절과 제9장 2절에서 주로 다룬 'UNWPC와 동북아 광역 경제 통합', 그리고 제2장과 제9장에서 주로 다룬 '물질적·정신적 토대 구축을 통한 한반도 평화통일'에서 충분히 논의되었다고 본다. 앞서 살펴보았듯이 한반도발發 21세기 과학혁명과 UNWPC는 동북아 광역 경제 통합과 한반도 통일에 중요한 변수로 작용함으로써 21세기 새로운 문명의 표준을 전 세계에 전파하는 단초가 될 것이다.

세계는 지금 기후 붕괴, 자원고갈 위기와 에너지 의존성의 심화, 개발도상국의 빈곤 문제, 핵 위기, 수자원 위기, 농업의 위기, 건강의 위기[144]와 이들 위기의 상호 관련성으로 인해 총체적인 인간 실존의 위기에 처해 있다. 혼돈 속에는 창조성의 원리가 내재한다. 동東트기 전 어둠이 가장 짙은 것과 같은 이치다. 한반도에 지선至善과 극악極惡이 공존하는 것은 음양상극의 선천문명이 종말을 이루고 정음정양正陰正陽의 새로운 후천문명의 꼭지가 여기서 열리기 때문이다. 빛이 강할수록 그림자도 강한 것이 자연의 이치다.

냉전의 마지막 현장이자 새 역사의 새로운 현장이 될 한반도— "문제를 야기한 것과 동일한 의식 상태로는 어떤 문제도 해결할 수 없다."고 했던 아인슈타인의 말이 새삼 진하게 다가오는 것은, 한반도 평화통일을 위해서는 전일적 실재관으로의 패러다임 전환이 필수적이며 또한 이러한 패러다임 전환에 기초한 한반도 통일이 인류의 난제를 푸는 시금석이 될 것이기 때문이다. 전일성과 다양성이 상호 소통하는 현대 물리학의 전일적 실재관은 우리 상고시대의 실재관과 일맥상통한다. '해혹복본(解惑復本: 미혹함을 풀고 참본성을 회복함)'을 맹세하며 부도(符都: 하늘의 이치에 부합하는 나라 또는 그 나라의 수도) 건설을 약속했던 우리의 '천부天符스타일' [145]이 머지않아 대조화의 후천문명을 열기 위해 전 세계로 퍼져 나갈 것이다.

> 불러보세 불러보세 구구가를 불러보세
> 추분도수秋分度數 돌아왔네 구구가를 불러보세
> 천장지비도라지天藏地秘道羅地를 무슨 수數로 찾을 건가
> 구구鳩鳩는 구구九九요 구구九九는 팔일八一이니
> 후천선경後天仙境 돌아왔네 구구가를 불러보세

주석

서문

1 윤희봉, 『무기이온교환체 ACTIVA 연구와 응용의 실제와 가설 1권: 기초 점토연구 편』(서울: 에코액티바, 1988), 34-35쪽.
2 윤희봉, 『무기이온교환체 ACTIVA 연구와 응용의 실제와 가설 3권: 물의 물성과 물관리 편』(서울: 에코액티바, 2007), 3쪽.
3 천·지·인 삼신일체의 天道, 즉 하늘의 이치에 부합하는 나라 또는 그 나라의 수도.
4 神市本紀와 「三聖記全」下篇 등에서는 安巴堅 桓仁이 桓國을 개창하여 7대를 전하여 지난 햇수가 모두 3,301년이라고 하고, 7대 智爲利 桓仁[檀仁]의 뒤를 이어 居發桓 桓雄이 기원전 3,898년에 倍達國(桓雄 神市)을 개창했다고 하니, 환국의 개창 시기는 지금으로부터 약 9천 년 이상 전이다. 환국의 역사적 실재에 대해서는 『三國遺事』 원본에도 명기되어 있다. 『三國遺事』 中宗壬申刊本에는 "옛날에 환인의 서자 환웅이 있어(昔有桓因庶子桓雄)…"가 아닌, "옛날에 환국의 서자 환웅이 있어(昔有桓國庶子桓雄)…"로 시작하고 있다. 사실상 일본인들도 한일합방 전에는 『삼국유사』 원본과 일본어 번역본에서처럼 분명히 '桓因'이 아닌 '桓國'이라고 했던 것으로 나타난다.

제1부 | 21세기 과학혁명의 진원지, 한반도

1 Thomas S. Kuhn, *The Structure of Scientific Revolutions*, 3rd edition(Chicago and London: The University of Chicago Press, 1996), pp.98-102.
2 *Ibid.*, p.124.
3 *Ibid.*, pp.103, 112, 148, 150, 198ff.
4 *Ibid.*, pp.175-191.
5 *Ibid.*, p.24: "…normal-scientific research is directed to the articulation of those phenomena and theories that the paradigm already supplies."
6 *Ibid.*, p.92.
7 Ken Wilber, *Integral Psychology: Consciousness, Spirit, Psychology, Therapy*(Boston & London: Shambhala, 2000), p.5.
8 크리스틴 라쎈 지음, 유혜영 옮김, 박기훈 감수, 『스티븐 호킹』(서울: 이상, 2010), 105 108쪽.
9 Thomas S. Kuhn, *op. cit.*, p.151.

10 Ibid., p.150.
11 Ibid., pp.151-152.
12 Requoted from Ibid., p.151.
13 스티브 풀러 지음, 나현영 옮김, 『쿤/포퍼 논쟁』(서울: 생각의 나무, 2007) 참조.
14 찰스 햅굿 지음, 김병화 옮김, 『고대 해양왕의 지도』(서울: 김영사, 2005), 293쪽.
15 제러미 리프킨 지음, 안진환 옮김, 『3차 산업혁명』(서울: 민음사, 2012), 56-57쪽.
16 *Metaphysics*, Book I, 3, 983a25-30; Frederick Copleston, S. J., *A History of Philosophy*(Westminster, Maryland: The Newman Press, 1962), Vol. I, p.306.
17 피터 디어 지음, 정원 옮김, 『과학혁명: 유럽의 지식과 야망, 1500~1700』(서울: 뿌리와이파리, 2011), 35-37쪽.
18 위의 책, 표지글.
19 Francis Bacon, *Novum Organum*, edited by Joseph Devey, M.A.(London: BiblioLife, 2009), I. pp.79-80. (이하 *Novum Organum*으로 약칭)
20 첫째, '종족의 우상'은 인간 종족의 고유한 본성에 기인하는 것으로 인류에게 공통적으로 나타나는 현상이다. 인간의 불완전한 感官과 지각작용에서 오는 오류의 경향을 통칭하는 말로서, 자연을 의인화하여 설명하려는 경향은 그 대표적인 것이다(*Novum Organum*, I. 41.). 둘째, '동굴의 우상'은 개인적 편견에 기인하는 것으로 각 개인의 특수성에서 오는 오류의 경향을 말한다. 개인의 특성, 성질, 습관, 교육, 직업 등의 영향에 의해 자기만의 동굴 안에 갇혀 자연의 빛을 제대로 보지 못하는 데서 오는 오류이다(*Novum Organum*, I. 42.). 셋째, '시장의 우상'은 언어의 부적절한 사용에 기인하는 것으로 인간이 언어에 의해 기만당하기 쉬운 경향을 말한다. 직접적인 관찰이나 경험 없이 모든 언어와 일치하는 실재가 있다고 믿기 쉬운 경향을 일컫는 것으로, '운명의 여신'을 실재하는 신으로 숭배하는 경향은 그 대표적인 것이다(*Novum Organum*, I. 43.). 넷째, '극장의 우상'은 권위나 전통에 대한 맹신에 기인하는 것으로 사상의 극장이랄 수 있는 철학자의 여러 학설이나 권위 및 전통에 대한 무조건적 맹신 내지는 무비판적 수용으로 인해 생기게 되는 오류이다(*Novum Organum*, I. 44.).
21 Frederick Copleston, S. J., *op. cit.*, Vol. III, p.293.
22 拙著, 『동서양의 사상에 나타난 인식과 존재의 변증법』(서울: 도서출판 모시는사람들, 2011), 511쪽.
23 미국의 기상학자 에드워드 로렌츠(Edward Lorentz)가 1961년 기상관측 도중 생각해낸 이른바 '나비효과'는 '베이징에 있는 나비의 날갯짓이 다음 달 뉴욕에서 토네이도(tornado)를 일으킬 수도 있다'는 원리이다. 즉, 지구상 어디에선가 일어난 초기치의 작은 움직임이 크게 증폭되어 다른 지역에서는 예측할 수 없는 기상 현상으로 나타나는

경우를 설명하고자 한 것이다. 원래 기상학에서 나온 이 말은 장기적인 일기예보가 힘든 이유를 대기의 카오스적 성질에서 찾고 있는데, 이러한 '나비효과'는 훗날 물리학에 나오는 카오스 이론의 기초가 되었다. Fritjof Capra, *The Web of Life*(New York: Anchor Books, 1996), pp.134-135.

24 拙著, 『동서양의 사상에 나타난 인식과 존재의 변증법』, 771-786쪽.

25 「다운사이징(Downsizing, 규모축소)」·「심플 리빙(Simple Living)」·「자발적 검소(Voluntary Simplicity)」·「자발적 빈곤(Voluntary Poverty)」·「다운시프트(Downshift)」라는 용어 사용의 확산은 가치체계와 생활양식의 변화를 단적으로 말하여 주는 것이다.

26 元曉, 「金剛三昧經論」, 조명기 편, 『元曉大師全集』(서울: 보련각, 1978), 181쪽(이하 『金剛三昧經論』으로 약칭): "言無住菩薩者 此人雖達本覺 本無起動 而不住寂靜 恒起普化 依德立號 名曰無住."

27 『金剛三昧經論』, 185쪽: "無住菩薩言 一切境空 一切身空 一切識空 覺亦應空 佛言可一 覺者 不毁不壞 決定性 非空非不空 無空不空." 즉, "무주보살이 말하였다. 「일체 경계가 空하고 일체 몸이 '공'하고 일체 識이 '공' 하니, 깨달음(覺) 또한 응당 '공' 이겠습니다」. 붓다께서 말씀하셨다. 「모든 깨달음은 決定性을 훼손하지도 않고 파괴하지도 않으니, 공도 아니고 공 아닌 것도 아니어서 공함도 없고 공하지 않음도 없다」."

28 cf. 元曉, 「涅槃宗要」, 『元曉大師全集』, 66쪽: "由一心非因非果故得作因亦能爲果 亦作因因及爲果果."

29 봄은 '숨은 변수이론'에 의해 '보이는 우주' [물질계]와 '보이지 않는 우주' [의식계]의 상관관계를 규명했다. 첨단 이론물리학 중의 하나인 이러한 상관관계를 규명함으로써 그는 노벨 물리학상을 수상했다. David Bohm, *Wholeness and the Implicate Order*(London: Routledge & Kegan Paul, 1980), p.134.

30 *Ibid.*, pp.183-186, 224-225.

31 코펜하겐 해석에서는 양자(quantum)는 관측되기 전에는 불확정적이어서 존재인지 비존재인지를 알 수가 없고 관측되는 순간 비로소 파동 혹은 입자로서의 존재성이 드러난다고 본 데 비해, 봄의 양자이론에서는 파동은 관측되기 전에도 확실히 존재하며 파동이 모여서 다발(packet)을 형성할 때 입자가 되는 것이고 그 파동의 기원은 우주에 彌滿해 있는 초양자장이라고 본 점에서 상당한 해석상의 차이가 있다. 한편 봄의 양자이론을 인체에 적용한 양자의학(quantum medicine)에서는 인간의 의식 활동을 뇌에서 일어나는 양자의 확률로 설명할 수는 없기 때문에 코펜하겐의 표준해석법인 불확정성원리는 인체에 적용할 수 없다고 본다. 봄의 양자이론은 블랙홀 이론을 창시한 옥스퍼드대학의 로저 펜로즈(Roger Penrose), 양자이론의 개념적 토대를 세운 파리대학의 베르나르 데스파냐(Bernard d' Espagnat), 그리고 1973년 노벨 물리학상을 수상한 켐브리지대

학의 브라이언 조지프슨(Brian D. Josephson) 등의 열렬한 지지를 받았을 뿐만 아니라 과학적 쟁점들에 대해서도 해석할 수 있는 가능성을 열어놓고 있다는 점에서 세계적인 주목을 받고 있다.

32 『東經大全』「論學文」.
33 Gregg Braden, *The Divine Matrix*(New York: Hay House, Inc., 2007), p.vii에서 재인용.
34 전일적인 흐름으로서의 생명현상에 대해서는 拙著, 『동서양의 사상에 나타난 인식과 존재의 변증법』, 50-59, 125-146쪽 참조.
35 "John" in *Bible*, 14:6: "I am the way and the truth and the life…".
36 "John" in *Bible*, 8:32: "…the truth will set you free."
37 '자기조직화'란 용어는 일찍이 칸트가 살아있는 유기체의 본질을 밝히기 위해 사용한 이래, 1947년 정신과 의사 로스 애슈비(Ross Ashby)가 신경계를 설명하기 위해 사용했고, 1950년대 후반 물리학자이며 인공두뇌학자인 폰푀르스터(Heinz von Foerster)가 자기조직화하는 시스템의 모형을 계발하는 촉매역할을 하면서 널리 보급됐다. 1970, 80년대에 이르러 이러한 초기 모형의 핵심 개념들은 일리야 프리고진 등에 의해 더욱 정교화 됐다. Fritjof Capra, *The Web of Life*(New Yopr: Anchor Books, 1996), p.85.
38 비선형적, 비평형적인 복잡계를 다루는 카오스이론은 일리야 프리고진이 복잡성의 과학을 체계화하고 부분적으로 논의되던 카오스이론을 통합하여 복잡계 이론을 창시함으로써 1970년대 후반부터 활발하게 논의되기 시작했다. 이 이론은 역학계 이론이 모든 분야로 침투하는 계기를 마련함으로써 다양한 분야에서 학제적 접근을 통해 사고의 변혁과 학문적 진전을 이루는 데 크게 기여했다.
39 Ilya Prigogine and Isabelle Stengers, *Order out of Chaos: Man's New Dialogue with Nature*, foreword by Alvin Toffler(Toronto, New York: Bantam Books, 1984), p.292.
40 Ilya Prigogine, *From Being to Becoming*(San Francisco: Freeman, 1980).
41 Alfred North Whitehead, *Process and Reality*(New York: Macmillan, 1929) 참조.
42 스티븐 호킹, 레오나르드 블로디노프 지음, 전대호 옮김, 『위대한 설계』(서울: 까치, 2010).
43 위의 책, 13-14쪽.
44 拙著, 『동서양의 사상에 나타난 인식과 존재의 변증법』, 176쪽.
45 만물을 구성하는 12개 기본입자는 원자핵을 만드는 6개의 중입자 '쿼크(quark)'와 6개의 경입자 '렙턴(Lepton)'으로 이뤄져 있는데, 이들 쿼크와 렙턴을 페르미온(Fermion)이라 부른다. 경입자 중 전자·뮤온·타우 등 세 종류의 中性微子(neutrino)는 전하가 없으며 질량이 거의 없는 소립자의 한 종류로서 우주를 빛의 속도로 떠돌며 물질과의

상호작용이 없어 '유령입자'라고도 불리는데 공간에너지의 원천인 것으로 알려져 있다. 중성미자가 에너지를 제공하지 않으면 전자가 원자의 궤도를 돌 수 있는 에너지를 얻을 수 없고, 어떤 원자도 붕괴할 수밖에 없다고 한다. 2012년 4월 3일 한국의 '중성미자검출설비(리노 RENO)' 연구진(12개 국내대학 34명)은 전자-뮤온 중성미자 간 변환상수 측정에 성공했다고 밝혔다. 그동안 뮤온-타우 간 변환비율이 100%, 타우-전자 간 변환비율이 80%임은 이미 밝혀졌으나, 전자-뮤온 간 변환비율이 11.3%(실험오차 ±2.3%)임은 이번에 밝혀진 것이다.
(http://www.sciencetimes.co.kr/article.do?atidx=61369&todo=view (2012. 8. 8)).

46 拙著, 『동서양의 사상에 나타난 인식과 존재의 변증법』, 64쪽.
47 『海月神師法說』 「天地理氣」: "或 問日 理氣二字 何者居先乎 答日 「天地 陰陽 日月於千萬物 化生之理 莫非一理氣造化也」."
48 『海月神師法說』 「天地理氣」: "初宣氣 理也 成形後運動 氣也 氣則理也…氣者 造化之元體根本也 理者造化之玄妙也 氣生理 理生氣 成天地之數 化萬物之理 以立天地大定數也."
49 David Bohm, op. cit., p.205.
50 拙著, 『천부경・삼일신고・참전계경』(서울: 도서출판 모시는사람들, 2006) 참조.
51 cf. 에른스트 페터 지음, 이민수 옮김, 『과학혁명의 지배자들』(서울: 양문, 2002), 7쪽.
52 C. V. 게오르규 지음, 민희식 옮김, 『한국 찬가』(서울: 범서출판사, 1984).
53 '디비너틱스'는—흔히 21세기를 4D, 즉 유전자(DNA)・정보화(Digital)・디자인(Design)・영성(Divinity)의 시대라고 부르는 것에 착안하여— '靈性'을 뜻하는 '디비너티(divinity)'와 '정치'를 뜻하는 '폴리틱스(politics)'를 합성하여 필자가 주조한 것으로 영성정치를 의미한다. 필자는 '힘'이 지배하는 先天의 정치형태를 포괄하여 '파워 폴리틱스'라고 하고, '영성'이 지배하는 後天의 정치형태를 포괄하여 '디비너틱스'라고 명명하였다(拙稿, 「수운의 후천개벽과 에코토피아(Ecotopia)」, 『동학학보』제7호, 동학학회, 2004, 136쪽). '靈的', '전일적', '생태적', '시스템적' 이란 용어는 모두 전일적 패러다임의 범주에 속하는 동일한 의미를 지닌 것으로 볼 수 있다. 그런 점에서 디비너틱스는 생태정치(eco-politics 또는 생명정치)로도 명명될 수 있다.
54 본 절의 이하 부분은 拙著, 『동서양의 사상에 나타난 인식과 존재의 변증법』, 125-146쪽에서 발췌, 보완하여 재구성한 것임.
55 중국 渤海灣 동쪽에 있다는 蓬萊山・方丈山・瀛洲山의 삼신산과 우리나라 금강산・지리산・한라산의 삼신산이란 지명, 삼각산이란 지명, 사람이 태어나면서 삼신으로부터 받은 세 가지 참됨, 즉 性・命・精을 일컫는 三眞날(3월 3일), 불교의 삼신불, 기독교의 삼위일체, 천・지・인의 상생 조화를 나타낸 三太極, 고구려의 三足烏, 백제의 三足杯 등 삼신사상의 잔영을 보여주는 사례는 무수히 많다.

56 『桓檀古記』「太白逸史」桓國本紀 初頭에서는 『朝代記』를 인용하여 桓仁(또는 桓因)이 역사적 실존인물임을 밝히고 있으며 모두 7대를 전한 것으로 나온다. 神市本紀와 「三聖記全」下篇 등에서는 安巴堅 桓仁이 桓國을 개창하여 7대를 전하여 지난 햇수가 모두 3,301년이라고 하고, 7대 智爲利 桓仁[檀仁]의 뒤를 이어 居發桓 桓雄이 기원전 3,898년에 倍達國(桓雄 神市)을 개창했다고 하니, 桓國의 개창 시기는 지금으로부터 약 9,000년 이상 전이다. 또한 「檀君世紀」에는 기원전 2,333년에 창건한 고조선의 檀君[桓儉] 47대가 배달국의 18대 居弗檀 桓雄[檀雄]의 뒤를 이은 것으로 나와 있다.

57 생명의 본체는 분리 자체가 근원적으로 불가능한 절대유일의 하나인 까닭에 '유일신'이라고 부르는 것이다. 따라서 유일신은 특정 종교의 신을 지칭하는 고유명사가 아니라 생명의 본체를 일컫는 많은 대명사 중의 하나일 뿐이다. 『천부경』의 '하나(一)' 와 『삼일신고』의 一神, 이슬람교 『코란 Koran』의 '알라' 와 기독교 『성경』의 하느님, 힌두교 『베다 Vedas』·『우파니샤드 The Upanishads』·『바가바드 기타 The Bhagavad Gita』의 브라흐마(Brahma), 유교의 하늘(天)과 불교의 佛과 도가의 道, 그리고 천도교 『東經大全』의 天主와 우리 민족 고유의 경전들에 나오는 三神과 우리 민족이 예로부터 숭앙해온 하늘(天)이 서로 다른 것이 아니다. 모두 우주만물의 근원인 참자아, 즉 하나인 생명의 본체를 다양하게 명명한 것일 뿐이다. 또한 釋迦世尊의 誕生偈로 잘 알려진 '天上天下唯我獨尊'의 '유아' 와 기독교의 유일신이 서로 다른 것이 아니라 모두 절대유일의 참자아를 일컫는 대명사이다. 참자아[참본성]가 곧 하늘이요 신이라는 대명제에 대한 인식이야말로 진리의 중추를 把持하는 것이다.

58 cf. 『中庸』: "天命之謂性 率性之謂道."

59 마고성 시대가 열린 시기에 관해서는 졸저, 『통섭의 기술』(서울: 도서출판 모시는사람들, 2010), 125-128 참조. 노중평은 天文에서 麻姑와 동일시되는 별은 베가성으로 불리는 織女星이라고 하고, 마고는 지금으로부터 14,000년 전에 막고야산(마고산, 삼신산)에서 인류 최초로 문명을 시작했다고 본다.

60 천부경은 본래 81(9x9)자가 모두 연결돼 있지만, 필자는 천부경이 담고 있는 의미를 보다 명료하게 풀기 위하여 上經 「天理」, 中經 「地轉」, 下經 「人物」의 세 주제로 나누어 살펴보았다. 「천리」는 '一始無始一析三極無盡本, 天一一地一二人一三, 一積十鉅無匱化三'으로 구성돼 있고, 「지전」은 '天二三地二三人二三, 大三合六生七八九, 運三四成環五七'로 구성돼 있으며, 「인물」은 '一妙衍萬往萬來用變不動本, 本心本太陽昂明人中天地一, 一終無終一'로 구성돼 있다. 『天符經』81자 전문은 다음과 같다.

中 本 衍 運 三 三 一 盡 一
天 本 萬 三 大 天 三 本 始
地 心 往 四 三 二 一 天 無

```
一 本 萬 成 合 三 積 一 始
一 太 來 環 六 地 十 一 一
終 陽 用 五 生 二 鉅 地 析
無 昂 變 七 七 三 無 一 三
終 明 不 一 八 人 匱 二 極
一 人 動 妙 九 二 化 人 無
```

61 천부경의 전래·요체·구조와 주해에 대해서는 拙著, 『천부경·삼일신고·참전계경』 (서울: 도서출판 모시는사람들, 2006), 31-120쪽 참조.
62 『符都誌』(『澄心錄』15誌 가운데 제1誌)에는 "有因氏가 天符三印을 이어받으니 이것이 곧 天地本音의 象으로, 진실로 근본이 하나임을 알게 하는 것"(『符都誌』第10章: "有因氏 繼受天符三印 此即天地本音之象而使知其眞一根本者也")이라고 나와 있다.
63 拙著, 『천부경·삼일신고·참전계경』, 23쪽.
64 삼일신고의 전래·요체·구조와 주해에 대해서는 위의 책, 125-190쪽 참조.
65 『桓檀古記』「太白逸史」蘇塗經典本訓: "所以執一含三者 乃一其氣而三其神也 所以會 三歸一者 是易神爲三而氣爲一也." 말하자면 '하나를 잡아 셋을 포함하고 셋이 모여 하나로 돌아감'이란 뜻이다.
66 느낌을 그치고(止感) 마음을 고르게 하여(調心) 참본성을 깨달아(覺性) 성불을 추구하는 불교사상, 호흡을 고르고(調息) 원기를 길러(養氣) 불로장생하여(長命) 신인합일을 추구하는 도교사상, 부딪침을 금하고(禁觸) 몸을 고르게 하여(調身) 정기를 다하여 나아감으로써(精進) 성인군자를 추구하는 유교사상이 모두 삼일사상삼신사상에서 나온 것이다. 『三一神誥』: "哲 止感調息禁觸 一意化行 改妄卽眞 發大神機 性通功完 是."
67 참전계경의 전래·요체·구조와 주해에 대해서는 拙著, 『천부경·삼일신고·참전계경』, 195-751쪽 참조.
68 이는 檀君八條敎 제2조의 가르침과도 일치한다. 즉 "하늘의 홍범은 언제나 하나이고 사람의 마음 또한 다 같게 마련이니 내 마음으로 미루어 남의 마음을 헤아리도록 하라. 사람의 마음은 오직 교화를 통해서만 하늘의 홍범과 합치되는 것이니 그리해야 만방에 베풀어질 수 있는 것이다"(『桓檀古記』「檀君世紀」)라고 한 것이 그것이다. 부여의 九誓 세2서에서는 우애와 화복과 어짊과 봉서함(友睦仁恕)으로 나타나고, 『大學』『傳文』治國平天下 18장에서는 孝·悌·慈의 도로 제시하고 있다.
69 생명의 본체를 일컫는 많은 대명사가 있는데, '하나' 님, 하느님, 천주, 브라흐마, 알라, 유일자, 근원적 일자, 궁극적 실재, 창조주, 조화자 등이 그것이다. 우주의 실체는 의식이므로 이러한 생명의 본체는 混元一氣(一氣, 至氣), 우주의 창조적 에너지(律呂), 근원의식, 전체의식, 보편의식, 우주의식, 순수의식, 참본성[一心, 神性, 靈性] 등으로 명명되

기도 한다. 따라서 하늘(天)과 참본성(性)과 神이 하나이니, 유일신은 곧 하늘(님)[천지기운]이요 참본성이다.

70 *Maitri Upanishad* in *The Upanishads*, translated from the Sanskrit with an introduction by Juan Mascaro(London: Penguin Books Ltd., 1962), p.104: "Mind is indeed the source of bondage and also the source of liberation. To be bound to things of this world: this is bondage. To be free from them: this is liberation."

71 행정안전부 의정담당관실, 『태극기』(2012. 3), 3쪽 참조.

72 윤희봉, 「ACTIVA를 이용한 핵폐기물 처리 공정 제안」, 호서대학교 · 한국원자력연구소 · 원자력환경기술원 · (주)에코액티바 · (주)이엔이 편, 『ACTIVA에 의한 방사성 핵종의 흡착 유리화 성능 평가연구』(2004. 1. 10), 3-4쪽.

73 이근우, 「Activa에 의한 방사성 핵종의 흡착 성능 평가 연구」, 호서대학교 · 한국원자력연구소 · 원자력환경기술원 · (주)에코액티바 · (주)이엔이 편, 위의 책, 8-19쪽 참조; 송명재 · 박종길, 「무기이온교환체(Activa) 유리화 가능성 연구」, 호서대학교 · 한국원자력연구소 · 원자력환경기술원 · (주)에코액티바 · (주)이엔이 편, 위의 책, 20-36쪽 참조.

74 에코액티바 환경기술연구소 자료집(2008).

75 위의 자료집(2005).

76 액티바 연료 절감기의 원리는 기름입자를 2만분의 1로 작게 쪼개어 연소율을 높인 것이다. 60만㎞ 주행경력을 갖고 있는 승용차로 중국 전역을 3개월간 시험주행하고 얻은 성적서에 따르면 매연은 1/6로 줄었으며, 연료절감율은 약 20%였다(위의 자료집(2005)).

77 액티바의 침투력, 지방분해력, 흡착력, 세포재생력은 세포 내 수분 밸런스 유지를 통해 피부노화를 지연시켜주므로 화장품 소재로도 활용 가능하다.

78 에코액티바 환경기술연구소 자료집(2002).

79 희토류는 전기 및 하이브리드 자동차, 풍력 및 태양열 발전 등 21세기 저탄소 녹색성장에 필수적인 영구자석 제작이나 LCD · LED · 스마트폰 등의 IT산업, 카메라 · 컴퓨터 등의 전자제품, 형광체 및 광섬유 등 각종 제품의 신소재로 이용되는 한편, 원자로 제어제로도 널리 사용되고 있으며, 최근에는 의료 분야에서도 그 가치를 인정받고 있다. 한마디로 희토류가 없으면 미래도 없다. 희토류가 자원전쟁의 대명사가 된 가장 큰 이유는 매장 및 생산의 지역적 편재성이 크다는 점에 있다. 중국의 최고지도자 덩샤오핑(鄧小平)이 "중동에 석유가 있다면 중국에는 희토류가 있다"고 말할 정도로 중국은 희토류 매장량 세계 1위이자 세계 희토류 최대 생산국이다.
(http://www.korea.kr/policy/actuallyView.do?newsId=148730918&call_from=extlink (2012. 8.18))

80 에코액티바 환경기술연구소 자료집(2008).

81 위의 자료집.
82 제러미 리프킨 지음, 이진수 옮김, 『수소 혁명』(서울: 민음사, 2003), 244쪽.
83 http://media.daum.net/politics/newsview?newsid=20120826062204293 (2012. 8. 26)
84 에코액티바 환경기술연구소 자료집(2008).
85 拙著, 『생태정치학: 근대의 초극을 위한 생태정치학적 대응』(서울: 도서출판 모시는사람들, 2007), 456쪽.
86 오귀스탱 베르크 지음, 김주경 옮김, 『대지에서 인간으로 산다는 것』(서울: 미다스북스, 2001), 28쪽.
87 1972년 러브록은 지구 유기체가 단순히 주위 환경에 적응해서 생존을 영위하는 소극적이고 수동적인 존재가 아니라 지구의 물리·화학적 환경을 변화시키는 살아 있는 생명실체라는 '가이아 가설(Gaia hypothesis)'을 내놓았다. 그는 컴퓨터 모의실험(computer simulation)을 통하여 지구상의 생명체가 무생명계와 상호작용함으로써 스스로 恒常性(homeostasis)을 유지할 수 있음을 밝혔다. 그 데이지 행성(Daisyworld) 모의실험 결과, 자연이 허용하는 범위 내에서 생태계의 생물종 다양성(biodiversity)이 구현된 곳일수록 안정성과 자체 복원력이 더 강한 것으로 드러났다. 현재 과학계의 정설로 받아들여지고 있는 러브록의 '가이아 이론'은 지구 환경변화에 대한 세계 과학자들의 선언문인 2001년 〈암스테르담 선언〉에도 그대로 반영됐다.
88 http://news.chosun.com/site/data/html_dir/2013/05/02/2013050200065.html (2013. 5. 2)
89 http://news.chosun.com/site/data/html_dir/2013/05/13/2013051300073.html (2013. 5. 13)
90 James Lovelock, *The Revenge of Gaia*(New York: Basic Books, 2006).
91 Ibid., pp.48-65.
92 Ibid., pp.128-134.
93 Ibid., pp.11, 87-105.
94 Ibid., pp.135-136.
95 톰 하트만 지음, 김옥수 옮김, 『우리 문명의 마지막 시간들』(파주: 아름드리미디어, 1999), 31쪽.
96 Fritjof Capra, *The Tao of Physics*(Boston : Shambhala Publications, Inc., 1975), p,278.
97 제러미 리프킨 지음, 안진환 옮김, 『3차 산업혁명』, 56-57쪽.
98 위의 책, 59쪽.
99 위의 책, 15-16쪽.
100 위의 책, 159쪽.
101 위의 책, 170-171쪽.
102 http://news.chosun.com/site/data/html_dir/2012/05/09/2012050900016.html (2012.

8. 31)
103 『參佺戒經』第12事「正心」(誠 2體).
104 *The Bhagavad Gita*, translated from the Sanskrit with an introduction by Juan Mascaro(London: Penguin Books Ltd., 1962), 14. 5. : "SATTVA, RAJAS, TAMAS - light, fire, and darkness - are the three constituents of nature. They appear to limit in finite bodies the liberty of their infinite Spirit."
105 *The Bhagavad Gita*, 14. 9. : "Sattva binds to happiness; Rajas to action; Tamas, overclouding wisdom, binds to lack of vigilance."
106 *The Bhagavad Gita*, 14. 17. : "From Sattva arises wisdom, from Rajas greed, from Tamas negligence, delusion and ignorance."
107 *The Bhagavad Gita*, 14. 20. : "And when he goes beyond the three conditions of nature which constitute his mortal body then, free from birth, old age, and death, and sorrow, he enters into Immortality."
108 拙著, 『통섭의 기술』, 365쪽.
109 여기서 영혼의 개념을 이해하기 위해서는 힌두사상의 핵심 개념인 브라흐마(Brāhma)와 아트만(Ātman)의 관계에 대해 살펴볼 필요가 있다. 브라흐마와 아트만, 즉 대우주와 소우주가 하나인 것은 우주만물이 유일자 브라흐마의 자기현현인 까닭이다. 브라흐마(유일신)가 만유의 본질로서 내재해 있는 것을 두고 아트만(개별 영혼)이라고 부르는 것이니, 아트만이 곧 브라흐마이다. 아트만과 브라흐마는 나무와 숲의 관계와도 같이 분리할 수 없는 하나다. 그럼에도 대우주와 소우주, 신과 우주만물을 분리시키는 것은 의식의 진동수가 낮아 개체화 의식에 사로잡혀 있기 때문이다. 한 가지 분명한 사실은 이 우주가 필연적인 자기법칙성에 따라 스스로 생성되고 변화하여 돌아가는 '스스로(自) 그러한(然)' 자, 즉 '참여하는 우주'라는 것이다. 창조하는 자나, 목숨을 거둬들이는 자가 따로 있는 것이 아니며, 다만 상대계의 특성상 의인화된 표현을 쓴 것일 뿐이다.
110 拙著, 『통섭의 기술』, 368-369쪽.
111 拙著, 『동서양의 사상에 나타난 인식과 존재의 변증법』, 499-500쪽.
112 拙著, 『통섭의 기술』, 285-286쪽.
113 위의 책, 304쪽.
114 Edward O. Wilson, *Consilience: The Unity of Knowledge*(New York: Vintage Books, 1998).
115 拙著, 『통섭의 기술』, 302-304쪽.
116 켄 윌버 지음, 박정숙 옮김, 『의식의 스펙트럼』(서울: 범양사, 2006), 190쪽에서 재인용.

117 위의 책, 180-181쪽.
118 Richard Dawkins, *The God Delusion*(New York: Houghton Mifflin Company, 2006).
119 拙著, 『통섭의 기술』, 259-263쪽.

제2부 | '한반도發' 21세기 과학혁명

1 http://terms.naver.com/entry.nhn?docId=933723&mobile&categoryId=562 (2012. 9. 22)
2 拙著, 『동서양의 사상에 나타난 인식과 존재의 변증법』, 389-396쪽.
3 http://100.daum.net/encyclopedia/view.do?docid=b09b3722a (2012. 9. 24)
4 곽영직 지음, 『세상을 바꾼 열 가지 과학혁명』(파주: 한길사, 2011), 87-88쪽.
5 위의 책, 91쪽에서 재인용.
6 http://ko.wikipedia.org/wiki/%EC%A1%B4_%EB%8F%8C%ED%84%B4 (2012. 9. 26)
7 http://100.daum.net/encyclopedia/view.do?docid=b22t3306a (2012. 9. 26)
8 http://blog.naver.com/PostView.nhn?blogId=3wisdom3&logNo=100054741826 (2012. 9. 27)
9 윤희봉, 『무기이온교환체 ACTIVA 연구와 응용의 실제와 가설 2권: 파동과학으로 보는 새 원자 모델 편』(서울: 에코액티바, 1999), 38쪽.
10 http://blog.naver.com/PostView.nhn?blogId=3wisdom3&logNo=100054741826 (2012. 9. 27)
11 1896년 프랑스의 물리학자 앙투안 앙리 베크렐(Antoine Henri Becquerel)은 진단방사선학(diagnostic radiology)의 아버지로 불리는 빌헬름 뢴트겐(Wilhelm Conrad Rontgen)의 X-선 발견(1895)에 자극받아 우라늄에서 최초로 방사선을 발견했고, 1902년 러더퍼드는 방사능 물질에서 방출되는 방사선이 알파선, 베타선, 그리고 감마선으로 이뤄져 있다는 것을 발견했다
12 http://blog.naver.com/PostView.nhn?blogId=3wisdom3&logNo=100054741826 (2012. 9. 28)
13 http://blog.daum.net/heeangee490/583
14 http://terms.naver.com/entry.nhn?cid=200000000&docId=1157703&mobile&categoryId=200001540 (2012. 9. 29)
15 윤희봉, 『무기이온교환체 ACTIVA 연구와 응용의 실제와 가설 2권: 파동과학으로 보는 새 원자 모델 편』, 38-39쪽; http://navercast.naver.com/contents.nhn?contents_id=953 (2012. 9. 29)
16 윤희봉, 『무기이온교환체 ACTIVA 연구와 응용의 실제와 가설 2권: 파동과학으로 보는

새 원자 모델 편』, 38, 57쪽.

17 反물질은 反입자(反양성자·反중성자·反전자)로 구성된 물질이다. 反입자는 입자와 성질이나 질량은 같지만 전기적 성질인 '전하(+ 또는 −)'는 반대인 입자를 말한다. 예컨대, 전자는 마이너스(-)지만, 反전자는 플러스(+)다. 한국 등 14개국 국제연구팀인 '벨(BELLE) 그룹'에 따르면 빅뱅 이후 물질과 반물질은 같은 양으로 존재했으나 붕괴율이 서로 다른 까닭에 반물질이 순식간에 더 많이 붕괴돼 사라짐으로써 오늘의 우주가 존재하게 됐다. 물질과 반물질은 충돌하면 함께 소멸되므로 반물질과 충돌하지 않고 살아남은 물질이 현재의 우주를 만들게 됐다는 것이다.

18 윤희봉, 『무기이온교환체 ACTIVA 연구와 응용의 실제와 가설 2권: 파동과학으로 보는 새 원자 모델 편』, 40-42쪽.

19 http://terms.naver.com/entry.nhn?cid=200000000&docId=1066002&mobile&categoryId=200000464 (2012. 10. 7)

20 에코액티바 환경기술연구소 자료집(2010).

21 위의 자료집(2010, 2012).

22 위의 자료집(2010).

23 위의 자료집. 쿨롱력(Coulomb force)과 자력에 대해서는 윤희봉, 『무기이온교환체 ACTIVA 연구와 응용의 실제와 가설 2권: 파동과학으로 보는 새 원자 모델 편』, 22-30쪽.

24 에코액티바 환경기술연구소 자료집(2010).

25 위의 자료집.

26 위의 자료집.

27 위의 자료집.

28 http://100.daum.net/encyclopedia/view.do?docid=b14a3948a (2012. 10. 17)

29 http://100.daum.net/encyclopedia/view.do?docid=b09b2403a (2012. 10. 17)

30 에코액티바 환경기술연구소 자료집(2010).

31 위의 자료집.

32 http://navercast.naver.com/contents.nhn?contents_id=7644 (2012. 10. 18); http://terms.naver.com/entry.nhn?docId=794440&mobile&categoryId=1608 (2012. 10. 18)

33 삼일회계법인, 『에코액티바 투자유치를 위한 Information Memorandum』(June 2012), 7쪽.

34 위의 자료집, 7쪽에서 재인용; http://www.nonferrous.or.kr (2012. 10. 24)

35 삼일회계법인, 앞의 자료집, 7쪽에서 재인용; http://www.nonferrous.or.kr (2012. 10. 24)

36 삼일회계법인, 앞의 자료집, 13쪽에서 재인용; http://www.nonferrous.or.kr (2012. 10. 24)
37 삼일회계법인, 앞의 자료집, 14쪽에서 재인용; http://www.nonferrous.or.kr (2012. 10. 24)
38 삼일회계법인, 앞의 자료집, 16쪽에서 재인용; http://www.nonferrous.or.kr (2012. 10. 24)
39 삼일회계법인, 앞의 자료집, 16쪽에서 재인용.
40 위의 자료집, 19쪽에서 재인용; http://www.nonferrous.or.kr (2012. 10. 24)
41 삼일회계법인, 앞의 자료집, 17쪽.
42 http://news.chosun.com/site/data/html_dir/2012/10/17/2012101703050.html (2012. 10. 25)
43 http://ko.wikipedia.org/wiki/%ED%9E%88%EB%A1%9C%EC%8B%9C%EB%A7%88%EC%99%80_%EB%82%98%EA%B0%80%EC%82%AC%ED%82%A4%EC%9D%98_%EC%9B%90%EC%9E%90_%ED%8F%AD%ED%83%84_%ED%88%AC%ED%95%98 (2012. 10. 28)
44 김명자, 『원자력 딜레마』(서울: 사이언스 북스, 2011), 106-109쪽. 미국은 종전 후 1956년까지 원자력 개발에 130억 달러를 투입한 반면, 1954년 9월에 착공된 시핑포트 원전 건설에 배정된 예산은 8,500만 달러로 원자력의 평화적 이용에 사용된 예산은 군사 부문에 비해 훨씬 낮았다(위의 책, 118쪽).
45 http://100.daum.net/encyclopedia/view.do?docid=b17a0198a (2012. 10. 28)
46 김명자, 앞의 책, 114, 118쪽.
47 위의 책, 114-118쪽.
48 위의 책, 118쪽.
49 상업용 원자로와 핵연료 개발을 주도한 GE와 웨스팅하우스는 제2차 세계대전 중 원자탄 개발계획에 적극 참여하였으며 이들 기업이 개발한 경수로가 원자력잠수함에서 사용되던 군사용 원자로를 모델로 삼았다는 점은 핵에너지의 평화적 이용이 군사용으로부터 분리되지 않았음을 의미한다.
50 http://blog.naver.com/PostView.nhn?blogid=hhj666&logNo=30018249152 (2012. 11. 2)
51 김명자, 앞의 책, 176쪽.
52 http://terms.naver.com/entry.nhn?docId=69593&mobile&categoryId=2563 (2012. 11. 4)
53 http://www.scienceall.com/dictionary/dictionary.sca?todo=scienceTermsView&classid=&articleid=255561&bbsid=619&popissue= (2012. 11. 4)
54 이러한 조사 결과를 놓고 야누스의 얼굴을 갖고 있는 원자력에 대해 원전 개발에 유리

하도록 여건을 봐가며 여론 조사를 진행하는 것 아니냐는 의문이 제기되기도 했다.(김명자, 앞의 책, 206-207쪽).

55 http://news.donga.com/Inter/3/02/20110315/35574787/1 (2012. 11. 10)
56 http://terms.naver.com/entry.nhn?docId=938321&mobile&categoryId=630 (2012. 11. 10)
57 http://terms.naver.com/entry.nhn?docId=938321&mobile&categoryId=630 (2012. 11. 11)
58 http://cafe.daum.net/ygn2op/1jal/118?docid=512017270&q=%C7%D1%B1%B9%C0%C7%20%BF%F8%C0%DA%B7%C2%B9%DF%C0%FC%20%BB%EA%BE%F7%C0%BA%20%C0%FA%B7%C5%C7%D1%20%B9%DF%C0%FC%BF%F8%B0%A1%B8%A6%20%B1%E2%B9%DD%C0%B8%B7%CE&re=1 (2012. 12. 20)
59 http://biz.chosun.com/site/data/html_dir/2012/09/19/2012091902762.html (2012. 12. 20)
60 http://www.electimes.com/home/news/main/viewmain.jsp?news_uid=100075 (2012. 12. 20)
61 http://biz.chosun.com/site/data/html_dir/2012/09/19/2012091902762.html (2012. 12. 20)
62 http://biz.chosun.com/site/data/html_dir/2012/09/19/2012091902770.html (2012. 12. 25)
63 http://www.yonhapnews.co.kr/bulletin/2011/03/16/0200000000AKR20110316042500087.HTML (2012. 12. 30)
64 http://news.chosun.com/site/data/html_dir/2012/07/23/2012072300170.html (2012. 12. 31)
65 http://news.chosun.com/site/data/html_dir/2012/07/23/2012072300170.html (2013. 1. 3) 미국은 네바다주쎄 유카(Yucca)산 300m 지하 화산암반에 방폐물을 영구처분하는 시설을 지으려 했으나 주민들의 반대로 2009년 무산됐다.
66 에코액티바 환경기술연구소 자료집(2008, 2012). 현재 삼성중공업과 원텍산업기술연구소는 서울대 원자핵공학프리즈마연구소와 기술협력 및 제휴를 통해 공동 프로젝트를 수행 중에 있다. 두산중공업의 탄소전극봉 방식 프리즈마 아크시스템은 1995년 한국원자력연구원 내에 방사성폐기물 처리용으로 설치, 실험실시됐다. 아토믹코리아는 KAIST 원자력환경연구팀과 R&D 공동 수행 중에 있으며, 중·저준위 방사성 핵종 폐기물 처리뿐만 아니라, 고준위 방사성폐기물 처리 기술 개발도 추진하고 있다.
67 http://www.pressian.com/article/article.asp?article_num=10101119090949&section=03(2013.1.1)
68 에코액티바 환경기술연구소 자료집(2008).
69 윤희봉, 『무기이온교환체 ACTIVA 연구와 응용의 실제와 가설 1권: 기초 점토연구편』(서울: 에코액티바, 1988), 34-35쪽.
70 에코액티바 환경기술연구소 자료집(2008).

71 호서대학교 · 한국원자력연구소 · 원자력환경기술원 · (주)에코액티바 · (주)이엔이(E&E) 편, 『Activa에 의한 방사성 핵종의 흡착 유리고화 성능 평가연구』(2004. 1. 10), 6쪽.
72 위의 책, 1쪽.
73 에코액티바 환경기술연구소 자료집(2008).
74 위의 자료집.
75 위의 자료집.
76 위의 자료집(2010).
77 위의 자료집(2008).
78 위의 자료집.
79 위의 자료집.
80 http://www.ytn.co.kr/_ln/0115_201301110010150664 (2013. 1. 5)
81 http://news.chosun.com/site/data/html_dir/2012/08/28/2012082802820.html (2013. 1. 5)
82 James Lovelock, *The Revenge of Gaia*(New York: Basic Books, 2006), p.11.
83 http://economy.hankooki.com/lpage/opinion/201202/e2012020117400551420.htm (2013. 1. 10)
84 http://www.yonhapnews.co.kr/bulletin/2011/12/24/0200000000AKR20111224033400003.HTML?did=1179m (2013. 1. 10)
85 대기오염의 사회적 비용은 오염원으로 인한 건강과 산업, 농축산, 교통 등의 피해비용으로 구성된다. 대기 오염물질이 눈 녹으며 생긴 수증기와 결합하여 '스모그(smog 煙霧)' 현상이 발생하면 황사 발생시 생기는 미세먼지(PM-10)보다 훨씬 작은 초미세먼지(PM-2.5) 농도가 높아져 호흡기에 먼지가 더욱 깊게 침투한다. 겨울 난방 75%를 석탄에 의존하는 중국의 경우 2013년 1월 현재 베이징을 비롯한 중 · 동부 지역이 최악의 스모그 현상으로 호흡기 · 심혈관계 환자가 급증하고 일부 지역에서는 공장 조업 중단, 고속도로 폐쇄, 항공기 결항 사태가 빚어졌다. 이러한 중국發 최악의 스모그 속 대기오염 물질이 편서풍을 타고 한국으로 이동하면서 우리나라 전역에도 '중금속 스모그' 현상이 날이 갈수록 심해지고 있다. 동북아시아에도 유럽 국가들처럼 '장거리 대기오염 물질 이동에 관한 협약(CLRTAP)' 과 같은 구속력 있는 협약이 필요하다.
86 http://terms.naver.com/entry.nhn?cid=200000000&docId=1162075&mobile&categoryId=200000481 (2013. 1. 8)
87 http://terms.naver.com/entry.nhn?cid=200000000&docId=1162075&mobile&categoryId=200000481 (2013. 1. 8)
88 http://blog.naver.com/PostView.nhn?blogId=jin31303130&logNo=120146473942 (2013. 1. 8)

89　에코액티바 환경기술연구소 자료집(2008, 2012).
90　http://www.e2news.com/news/articleView.html?idxno=67386 (2013. 1. 8)
91　http://news.donga.com/3/all/20120921/49566451/1 (2013. 1. 9)
92　http://news.donga.com/3/all/20120921/49566451/1 (2013. 1. 10)
93　http://news.donga.com/3/all/20120710/47648607/1 (2013. 1. 10)
94　http://news.chosun.com/site/data/html_dir/2013/05/04/2013050400061.html (2013. 5. 4)
95　에코액티바 환경기술연구소 자료집(2012).
96　http://www.seoul.co.kr/news/newsView.php?id=20121031011005 (2013. 1. 12)
97　http://news.chosun.com/site/data/html_dir/2012/08/10/2012081002656.html (2013. 1. 13) 로버트 호워드가 2011년 3월 『클라이밋 체인지(Climate Change)』라는 과학전문지에 제기한 '셰일가스 경계론'에 따르면 천연가스는 연료로 태울 때 나오는 이산화탄소 배출량이 석탄의 55%, 석유의 70%밖에 안 되지만, 셰일 가스는 채굴 과정에서 종래의 천연가스 누출량 0.01%에 비해 1.9%의 상당한 양이 누출되며 운송·저장·정제 과정의 누출량까지 합치면 3.6~7.9%나 되어 새어나가는 천연가스(메탄가스)를 단위 질량으로 따지면 이산화탄소와는 비교할 수도 없을 만큼 강력한 온실기체라고 한다.
98　http://biz.chosun.com/site/data/html_dir/2013/03/20/2013032002451.html (2013. 3. 21)
99　Howard T. Odum, Environment, Power, and Society(New York: Wiley-Interscience, 1971), p.49.
100　톰 하트만 지음, 김옥수 옮김, 『우리 문명의 마지막 시간들』(파주: 아름드리미디어, 2009), 36쪽.
101　위의 책, 37쪽.
102　앨프리드 W. 크로스비 지음, 이창희 옮김, 『태양의 아이들 - 에너지를 향한 끝없는 인간 욕망의 역사』(서울: 세종서적, 2009).
103　위의 책, 106-107쪽.
104　위의 책, 128쪽에서 재인용.
105　위의 책, 177, 183-184쪽.
106　톰 하트만 지음, 김옥수 옮김, 앞의 책, 31쪽.
107　제이콥 브로노우스키, 『과학과 인간의 미래』(서울: 김영사, 2011), 350쪽.
108　위의 책, 14쪽.
109　위의 책, 422쪽.
110　제러미 리프킨 지음, 이진수 옮김, 『수소 혁명』, 12-13쪽.
111　위의 책, 14-17, 21쪽.
112　위의 책, 18-19쪽.

113 위의 책, 233-234쪽.
114 위의 책, 234-235쪽.
115 위의 책, 236쪽.
116 위의 책, 236-238쪽.
117 위의 책, 238-239쪽.
118 위의 책, 240-241.
119 拙著, 『통섭의 기술』, 401쪽.
120 http://terms.naver.com/entry.nhn?cid=200000000&docId=1115485&mobile&categoryId=200000464 (2013. 2. 9)
121 탄화수소 가운데 특히 석유는 잔여매장량의 65%가 중동지역에 편중돼 있기 때문에 앞으로도 국제적 분쟁을 야기할 소지가 다분히 있다. 현재 전 세계 석유 공급량의 27%를 공급하고 있는 중동이 2020년에는 63%를 공급할 것으로 예상된다. 따라서 에너지원의 다양화에 의한 안정적인 공급원 확보가 이루어지지 않으면 대부분의 나라들은 중대한 '에너지 안보' 문제에 봉착할 수 있다.
122 권호영·강길구 공저, 『수소저장합금개론』(서울: 민음사, 2003), 17-19쪽.
123 위의 책, 18쪽.
124 위의 책, 20쪽.
125 제러미 리프킨 지음, 이진수 옮김, 『수소 혁명』, 253-261쪽.
126 권호영·강길구 공저, 앞의 책, 21-22쪽.
127 수소 생산의 다양한 방법에 대해서는 위의 책, 23-39쪽; 존 O' M. 보크리스, T. 네잣 배지로글루, 프라노 바비 지음, 박택규 옮김, 『수소에너지의 경제와 기술』(서울: 겸지사, 2005), 91-103쪽 참조.
128 제러미 리프킨 지음, 이진수 옮김, 『수소 혁명』, 243-244쪽.
129 위의 책, 250쪽.
130 위의 책.
131 권호영·강길구 공저, 앞의 책, 42쪽.
132 위의 책, 71쪽.
133 위의 책, 69쪽.
134 위의 책, 23쪽.
135 브라운가스의 특성으로는 완전무공해, 완전연소, 열핵반응, 임플로션(implosion 응폭)을 들 수 있다(김상남, 『워터에너지 시대』(서울: (주)베스트코리아, 2010).
136 에코액티바 환경기술연구소 자료집(2013),
137 제러미 리프킨 지음, 이진수 옮김, 『수소 혁명』, 표지글.

138 위의 책, 279-280쪽.
139 제러미 리프킨 지음, 안진환 옮김, 『3차 산업혁명』, 159쪽.
140 제러미 리프킨 지음, 이진수 옮김, 앞의 책, 262, 268쪽.
141 위의 책, 267-268쪽.
142 위의 책, 281-285쪽.
143 위의 책, 289-290쪽.
144 위의 책, 304쪽.
145 위의 책, 310, 324-325쪽.
146 위의 책, 306, 310-311쪽.
147 위의 책, 325쪽.
148 http://www.koenergy.co.kr/news/articleList.html (2013. 2. 28)
149 http://www.energydaily.co.kr/news/articleView.html?idxno=16422 (2013. 2. 28)
150 http://www.hankyung.com/news/app/newsview.php?aid=2013030556381 (2013. 3. 2)
151 http://news.mk.co.kr/newsRead.php?sc=50100030&cm=과학기술·의약.&year=2009&no=180540&selFlag=sc&relatedcode=&wonNo=&sID=300 (2013. 3. 3)
152 http://www.ytn.co.kr/_ln/0105_200801170730592647 (2013. 3. 4)
153 http://www.hani.co.kr/arti/science/scienceskill/570658.html (2013. 3. 4) 액체수소는 수소자동차, 우주로켓 개발, 반도체 및 액정 산업의 환원제 등 그 수요가 크게 증가할 것으로 전망된다.
154 http://ekn.kr/news/articleView.html?idxno=70824 (2013. 3. 5) 중수소는 바닷물 1리터당 0.03그램이 존재하며 이 양만 가지고도 서울-부산 간을 세 번 정도 왕복할 수 있는 300리터의 휘발유와 동일한 에너지를 낼 수 있다고 한다. 또한 욕조 절반 분량의 바닷물과 노트북 배터리에 들어가는 리튬의 양으로도 한 사람이 30년간 사용할 수 있는 전기 생산이 가능하다고 하니 핵융합에너지는 그야말로 꿈의 에너지이다.
155 ITER의 최종 목표는 열출력 500MW, 에너지 증폭률 10 이상인 ITER을 공동으로 건설해 운영하는 것이다. 건설부지는 프랑스 카다라쉬이고, 건설 방식은 각 참여국이 할당된 조달품목을 제작 납품 후 현장에서 조립해 완성하는 분업방식이다. 재원은 유치국인 EU가 45.46%, 나머지 6개국이 각각 9.09%를 맡고 있다 (http://ekn.kr/news/articleView.html?idxno=70824 (2013. 3. 7))
156 http://cafe.daum.net/Antigravity/1z4A/198?docid=3350095331&q=2003%B3%E2%20%B1%B9%B0%A1%C7%D9%C0%B6%C7%D5%BF%AC%B1%B8%BC%D2%20%B0%FA%C7%D0%C0%DA%B5%E9%C0%CC%20%C7%D9%C0%B6%C7%D5%B7%CE%20%B0%B3%B9%DF%20%B1%E2%BC%FA%20%B9%DF%C7%A5&re=1 (2013. 3. 8)

157 http://ko.wikipedia.org/wiki/KSTAR (2013. 3. 8)
158 http://cafe.daum.net/Antigravity/1z4A/198?docid=3350095331&q=2003%B3%E2%20%B1%B9%B0%A1%C7%D9%C0%B6%C7%D5%BF%AC%B1%B8%BC%D2%20%B0%FA%C7%D0%C0%DA%B5%E9%C0%CC%20%C7%D9%C0%B6%C7%D5%B7%CE%20%B0%B3%B9%DF%20%B1%E2%BC%FA%20%B9%DF%C7%A5&re=1 (2013. 3. 8); http://blog.daum.net/choeahri/8645568 (2013. 3. 8)
159 http://biz.chosun.com/site/data/html_dir/2013/03/10/2013031001241.html (2013. 3. 9)
160 http://www.ckn.kr/news/articleView.html?idxno=82488 (2013. 3. 10)

제3부 | 한반도 통일과 세계 질서 재편

1 http://news.khan.co.kr/kh_news/khan_art_view.html?artid=201206071123061&code=970100 (2013. 3. 12)
2 Jared Diamond, *Collapse*(New York: Penguin Books, 2005).
3 http://article.joinsmsn.com/news/article/article.asp?cloc=rss|news|focus&total_id=4245752 (2013. 3. 15)
4 http://news.naver.com/main/read.nhn?mode=LSD&mid=sec&sid1=105&oid=009&aid=0000504170 (2013. 3. 17)
5 Lawrence E. Joseph, *Apocalypse 2012: An Investigation into Civilization's End*(New York: Broadway Books, 2007), pp.10, 16-17.
6 *Ibid.*, p.92.
7 *Ibid.*, p.100.
8 *Ibid.*, pp.102-105.
9 *Ibid.*, pp.51, 55.
10 *Ibid.*, pp.52-53.
11 *Ibid.*, pp.119-120.
12 *Ibid.*, pp.124, 135.
13 *Ibid.*, pp.142 143.
14 *Ibid.*, pp.126-129.
15 *Ibid.*, pp.94-95.
16 *Ibid.*, pp.106-107.
17 http://news.heraldcorp.com/view.php?ud=20120328001357&md=20120330003119_AO (2013. 3. 22)

18　Lawrence E. Joseph, *op. cit.*, pp.10, 17.
19　Paul Gilding, *The Great Disruption*(London: Bloomsbury Publishing PLC, 2011).
20　박영숙·제롬 글렌·테드 고든·엘리자베스 플로레스큐 지음, 『유엔미래보고서』(서울: 교보문고, 2012), 28쪽.
21　그렉 브레이든 외 지음, 이창미·최지아 옮김, 『World Shock 2012』(서울: 쌤앤파커스, 2008), 20쪽.
22　위의 책, 19쪽에서 재인용.
23　http://terms.naver.com/entry.nhn?cid=570&docId=913520&mobile&categoryId=1297 (2013. 3. 30)
24　김재수, 『2012 지구 대전환』(일산: 소피아, 2009), 135-136쪽.
25　http://100.daum.net/encyclopedia/view.do?docid=b09b1017a (2013. 3. 31)
26　그렉 브레이든 외 지음, 이창미·최지아 옮김, 앞의 책, 20쪽에서 재인용.
27　위의 책, 21쪽에서 재인용.
28　http://biz.chosun.com/site/data/html_dir/2013/03/04/2013030402852.html (2013. 4. 5)
29　http://biz.chosun.com/site/data/html_dir/2013/03/04/2013030402852.html (2013. 4. 6)
30　그렉 브레이든 외 지음, 이창미·최지아 옮김, 앞의 책, 24쪽에서 재인용.
31　위의 책, 24-25쪽.
32　위의 책, 25-27쪽.
33　위의 책, 29쪽에서 재인용.
34　Gregg Braden, *The Divine Matrix*, p.70: "Our world, our lives, and our bodies exist as they do because they were chosen from the world of quantum possibilities. If we want to change any of these things, we must first see them in a new way--to do so is to pick them from a 'soup' of many possibilities. Then, in our world, it seems that only one of those quantum potentials can become what we experience as our reality."
35　김재수, 앞의 책, 146-148쪽.
36　위의 책, 148쪽.
37　그렉 브레이든 외 지음, 이창미·최지아 옮김, 앞의 책, 32쪽.
38　Gregg Braden, *op. cit.*, p.30에서 재인용.
39　*Ibid.*, p.28에서 재인용: "Human beings, vegetables, or cosmic dust--we all dance to a mysterious tune, intoned in the distance by an invisible piper."
40　*Ibid.*, p.208.
41　이하 본 절의 후천개벽에 관한 내용은 拙著, 『동학사상과 신문명』(서울: 도서출판 모시는사람들, 2005), 85-92쪽에서 발췌하여 정리한 것임.

42 『皇極經世書』「纂圖指要 · 下」와「觀物內篇 · 10」.
43 『皇極經世書』「纂圖指要 · 下」.
44 『東經大全』「論學文」.
45 『龍潭遺詞』「夢中老少問答歌」: "천운이 둘렀으니 근심말고 돌아가서 윤회시운 구경하소 십이제국 괴질운수 다시 개벽 아닐런가."; 『龍潭遺詞』「勸學歌」: "차차차차 중험하니 윤회시운 분명하다."
46 『龍潭遺詞』「夢中老少問答歌」.
47 『龍潭遺詞』「夢中老少問答歌」.
48 『東經大全』「論學文」: "曰吾心卽汝心也 人何知之 知天地而無知鬼神 鬼神者吾也."
49 『東經大全』「論學文」: "故天有九星 以應九州 地有八方 以應八卦 而有盈虛迭代之數 無動靜變易之理."
50 그렉 브레이든 외 지음, 이창미 · 최지아 옮김, 앞의 책, 40쪽.
51 위의 책, 37, 50쪽.
52 위의 책, 53-54쪽.
53 본 절은 拙稿, "동아시아 신(新)질서와 한반도 통일", 『Korea Policy: 코리아 정책저널』 Vol.16(2013 01/02), 24-27쪽과 拙著, 『생태정치학: 근대의 초극을 위한 생태정치학적 대응』, 633-641쪽에서 발췌, 보완하여 재구성한 것임.
54 Manus I. Midlarsky, "Hierarchical Equilibria and the Long-Run Instability of Multipolar Systems," in Midlarsky(ed.), *Handbook of War Studies*(Boston : Unwin Hyman, 1989).
55 http://news.donga.com/3/all/20130626/56119338/1 (2013. 6. 26)
56 http://news.donga.com/3/all/20130626/56119338/1(2013. 6. 27)
57 http://news.chosun.com/site/data/html_dir/2013/05/04/2013050400137.html (2013. 5. 4)
58 http://blog.chosun.com/blog.log.view.screen?blogId=178&logId=6371701 (2013. 4. 20)
59 http://news.chosun.com/site/data/html_dir/2013/05/06/2013050600263.html (2013. 5. 6)
60 본 절은 拙著, 『세계인 장보고와 지구촌 경영』(서울: 도서출판 범한, 2003)에서 발췌, 보완하여 재구성한 것임.
61 圓仁 著, 深谷憲一 譯, 『入唐求法巡禮行記』(東京 : 中央公論社, 1990).
62 1994년 필자 등이 추진한 중국 산동반도 적산(赤山)에 「장보고기념탑」이 준공될 즈음 이루어진 강의에서 최태영 교수는 "…일본의 宮內省에 백제계의 神人 가라(韓)신의 사당을 마련하고 제사를 지낸 것은 당연한 일이지만, 신라계의 神人 소노(園)신을 함께 받들었다는 것은 생각해 볼 일이다. 『엔기시키(延喜式)』라는 성문법령집이 생기기 전부터 근세에 이르기까지, 그것도 궁내성에 사당을 마련해 놓고 제사를 지낸 것으로 보아

일찍이 일본과 신라 간에 밀접한 관계가 있었고, 후에도 일본이 통일신라를 받들지 아니할 수 없는 정치상·군사상 중대한 사정이 있었음을 알 수 있다. 여기서 문제가 되는 소노(園)신은 통일신라계 신으로, 『엔기시키』의 4時祭에 관한 규정에도 소노(園)신이 궁내성 座神 3座의 첫머리에 올라 있고, 名神祭 285좌 중에도 소노(園)신 사당이 첫머리에 올라 있는 것은 주목할 만하다"라고 했다(최태영, 『인간 단군을 찾아서』, 학고재, 2000), 233-234쪽 참조.

63 E. O. Reischauer, *Ennin's Travels in T'ang China*(New York: The Ronald Press Co., 1955), p.287.

64 今西龍,「慈覺大師入唐求法巡禮行記を讀みて」,『新羅史硏究』, 1933.
岡田正之,「慈覺大師の入唐紀行に就いて」,『東洋學報』12·13, 1921~1923.

65 김상기,「고대의 무역형태와 나말의 해상발전에 就하야-청해진대사 장보고를 주로 하야」,『震檀學報』1·2, 震檀學會, 1934·1935.

66 최남선,『고사통』(京城府: 三中堂書店, 1943), 43쪽.

67 『入唐求法巡禮行記』卷 2, 開成 5년(840) 2월 17일條.

68 세계 단일통화는 특정 국가나 집단의 반대가 있다고 해도 막을 수 없는 미래의 방향이다. IMF는 미국 메사추세츠 주에 본부를 설립하고 유로화를 모델로 단일통화를 추진 중이며, 2024년에 세계 단일 통화 출범을 공식 선언할 것이라고 발표했다. 세계 단일통화의 가장 큰 장점은 외환 거래 비용 제거와 외환 위기 등의 위험 소멸을 들 수 있다(박영숙·제롬 글렌·테드 고든·엘리자베스 플로레스큐 지음,『유엔미래보고서』(서울: 교보문고, 2012), 143-145쪽).

69 Asian Development Bank, *Asia 2050: Realizing the Asian Century*(New Delhi, London, Los Angeles, Singapore and Washington D.C.: SAGE Publications India Pvt. Ltd., 2011).

70 아시아개발은행(ADB) 지음, 박신현·위선주 옮김, 이준규·이창용 감수,『아시아 미래 대예측』(고양: 위즈덤하우스, 2012), 112쪽.

71 위의 책, 16-17쪽.

72 위의 책, 17쪽.

73 위의 책, 17-18쪽.

74 이 그룹에 해당하는 7개국은 브루나이, 홍콩, 일본, 한국, 마카오, 싱가포르, 대만인 것으로 나타난다(위의 책, 19쪽 각주 1).

75 이 그룹에 해당하는 11개국은 아르메니아, 아제르바이잔, 캄보디아, 중국, 조지아, 인도, 인도네시아, 카자흐스탄, 말레이시아, 태국, 베트남인 것으로 나타난다(위의 책, 19쪽, 각주 2).

76 이 그룹에 해당하는 31개국은 아프가니스탄, 방글라데시, 부탄, 쿡제도, 북한, 피지, 이란, 키리바시, 키르기스스탄, 라오스, 몰디브, 마셜제도, 미크로네시아, 몽골, 미얀마, 나우루, 네팔, 파키스탄, 팔라우, 파푸아뉴기니, 필리핀, 사모아, 솔로몬제도, 스리랑카, 타지키스탄, 동티모르, 통가, 투르크메니스탄, 투발루, 우즈베키스탄, 바누아투인 것으로 나타난다(위의 책, 19쪽, 각주 3).
77 위의 책, 18-20쪽.
78 위의 책, 20, 101-102쪽.
79 위의 책, 95쪽.
80 위의 책, 20-21, 102-103쪽.
81 위의 책, 21, 103-104쪽.
82 위의 책, 22, 73-74쪽.
83 위의 책, 76쪽.
84 위의 책, 370-377쪽.
85 위의 책, 113쪽에서 재인용.
86 위의 책, 113-114쪽에서 재인용.
87 문정인 · 서승원, "동아시아공동체 구상: 기회와 도전," 문정인 · 오코노기 마사오 공편, 『동아시아 지역질서와 공동체 구상』(서울: 아연출판부, 2010), 293쪽에서 재인용.
88 위의 글, 294쪽에서 재인용.
89 동아시아공동체의 다양한 담론에 대해서는 한승조, 『아시아태평양 공동체와 한국』(파주: 나남, 2011), 215-302쪽.
90 위의 글, 297-298쪽에서 재인용.
91 위의 글, 298쪽.
92 위의 글, 321쪽.
93 위의 글, 311쪽에서 재인용.
94 위의 글.
95 위의 글, 312-316쪽.
96 위의 글, 291-292쪽.
97 위의 글, 332쪽에서 재인용.
98 위의 글, 358쪽 각주 52)에서 재인용.
99 위의 글, 359쪽.
100 앨빈 토플러 지음, 김원호 옮김, 『누구를 위한 미래인가』(서울: 청림출판, 2012).
101 Alvin and Heidi Toffler, *Creating a New Civilization*(Atlanta: Turner Publishing, Inc., 1994), pp.32-33.

102 *Ibid.*, pp.31-34.
103 John Naisbitt and Patricia Aburdene, *Megatrends 2000*(New York: William Morrow and Company, Inc., 1990); John Naisbitt, *Global Paradox: The Bigger the World Economy, the More Powerful Its Smallest Players*(New York: William Morrow and Company, Inc., 1994) 참조.
104 자크 아탈리 지음, 양영란 옮김, 『미래의 물결』(서울: 위즈덤하우스, 2007), 20쪽.
105 위의 책, 15쪽.
106 위의 책, 385쪽.
107 위의 책, 378-379쪽.
108 위의 책, 233쪽.
109 자크 아탈리 지음, 권지현 옮김, 『세계는 누가 지배할 것인가』(서울: 청림출판, 2012), 15쪽.
110 자크 아탈리 지음, 양영란 옮김, 앞의 책, 233쪽.
111 위의 책, 16-18쪽.
112 위의 책, 18-19쪽.
113 Jeremy Rifkin, *The Age of Access: The New Culture of Hypercapitalism, Where All of Life is a Paid-For Experience*(New York: Penguin Group, 2001).
114 Immanuel Wallerstein, *The Modern World System:: Capitalist Agriculture and the Origins of the European World Economy in the Sixteenth Century*(New York : Academic Press, 1974) 참조.
115 그랙 브레이든 외 지음, 이창미·최지아 옮김, 앞의 책, 84-85쪽.
116 와다 하루키 著, 이원덕 譯, 『동북아시아 공동의 집』(서울: 일조각, 2004).
117 본 절의 이하 부분은 拙稿, "동아시아 신(新)질서와 한반도 통일", 『Korea Policy: 코리아 정책저널』Vol.16(2013 01/02), 26-27쪽에서 발췌, 보완하여 재구성한 것임.
118 이에 관한 자세한 내용은 본서 제2장 1절 '한민족의 사상과 정신문화' 참조.
119 제러미 리프킨 지음, 이진수 옮김, 앞의 책, 81-83쪽.
120 위의 책, 83-85쪽.
121 위의 책, 281-290쪽.
122 자크 아탈리 지음, 권지현 옮김, 『세계는 누가 지배할 것인가』(서울: 청림출판, 2012), 277-278쪽.
123 위의 책, 279-280쪽.
124 위의 책, 15-16쪽.
125 위의 책, 16-19쪽.

126 위의 책, 318-319쪽.
127 위의 책, 19쪽.
128 위의 책, 312-313쪽.
129 박영숙 · 제롬 글렌 · 테드 고든 · 엘리자베스 플로레스큐 지음, 앞의 책, 139-141쪽.
130 http://www.hani.co.kr/arti/culture/book/272945.html (2013. 6. 3); 안토니오 네그리 · 마이클 하트 지음, 조정환 · 정남영 · 서창현 옮김, 『다중』(서울: 세종서적, 2008), 18-23쪽.
131 위의 책, 17-23쪽.
132 박영숙 · 제롬 글렌 · 테드 고든 · 엘리자베스 플로레스큐 지음, 앞의 책, 200-201쪽.
133 자크 아탈리 지음, 권지현 옮김, 앞의 책, 225-228쪽.
134 위의 책, 338-343쪽.
135 다자주의적 프로젝트 사례로는 온실가스 배출을 줄이고 그와 관련된 체계적 위험을 제어하기 위해 온실가스 배출의 75%를 차지하는 G20이 다양한 사업을 전개하는 것, 세계 금융체계를 제어하고 그와 관련된 체계적 위험을 피하기 위해 세계 GDP의 85%를 차지하는 IMF의 통화금융위원회가 모든 금융기관에 적용 가능한 자기자본 비율을 정하고 세계 통화체계의 개혁을 수행하는 것, 곡물 비축량의 효율적인 관리를 위해 주요 생산국 모임인 G15가 식량 수급 문제를 향상시키는 것 등을 들 수 있다(위의 책, 346-347쪽).
136 위의 책, 343-350쪽.
137 위의 책, 350-357쪽.
138 자크 아탈리 지음, 양진성 옮김, 『더 나은 미래』(서울: 청림출판, 2011), 201-207쪽.
139 자크 아탈리 지음, 양영란 옮김, 앞의 책, 378-379, 383-384쪽.
140 위의 책, 15쪽.
141 자크 아탈리와 비슷한 맥락에서 에드워드 링컨(Edward J. Lincoln)은 다음 몇 가지 이유로 중국이 지역 통합 내지 공동체 구축에 있어 리더 역할을 수행하기는 어렵다고 본다. 즉, 중국이 주변 국가를 희생시키는 형태로 '세계의 공장'이 되고 있는 점, 중국이 아직 공산주의 정치체제를 유지하고 있고 경제체제 자체도 자본주의경제로 충분히 이행되시 않은 점, 외교적, 군사적 측면에서 주변국들의 신경을 자극하고 있는 점, 그리고 타이완을 배제하고자 하는 노력이 상황을 더욱 복잡하게 하고 있는 점이 그것이다. 한편 링컨은 일본의 리더 역할에 대해서는 중국 이상으로 회의적이다. 즉, 일본은 비효율적인 국내 경제를 아직도 보호하고 있고, 과거사 문제를 깨끗하게 처리할 능력이 없으며, 미국과의 관계를 최우선시하는 태도는 일본이 리더십을 취할 의도가 없는 것으로 주변국에 비쳐지고 있다는 것이다(문정인 · 서승원, "동아시아공동체 구상: 기회

와 도전," 문정인·오코노기 마사오 공편, 앞의 책, 358쪽과 각주 54)에서 재인용).
142 자크 아탈리 지음, 양영란 옮김, 앞의 책, 385쪽.
143 위의 책, 379-380, 385쪽.
144 헤르만 셰어 지음, 배진아 옮김, 『에너지 주권』(서울: 고즈윈, 2009), 55-62쪽.
145 '천부스타일'이란 천·지·인 삼신일체의 天道에 부합하는 스타일, 즉 하늘의 이치에 부합하는 스타일이란 뜻으로 우리 고유의 天符사상['한' 사상, 삼신사상]에서 필자가 따온 것이다. 이는 곧 생명의 전일성과 자기근원성, 근원적 평등성과 유기적 통합성에 기초한 스타일을 의미한다.

참고문헌

1. 경전 및 사서

『高麗史』
『檀奇古事』
『大乘起信論疏』
『符都誌』
『三一哲學譯解倧經合編』
『易經』
『澄心錄追記』
『太極圖說』
『華嚴一乘法界圖』
Bible

『金剛經』
『大乘起信論』
『大學』
『三國遺事』
『龍潭遺詞』
『義菴聖師法說』
『天符經』
『海月神師法說』
『桓檀古記』
The Bhagavad Gita

『金剛三昧經論』
『大乘起信論別記』
『東經大全』
『三一神誥』
『涅槃宗要』
『中庸』
『參佺戒經』
『華嚴經』
『皇極經世書』
The Upanishads

2. 국내 자료

곽영직 지음, 『세상을 바꾼 열 가지 과학혁명』, 파주: 한길사, 2011.
권호영 · 강길구 공저, 『수소저장합금개론』, 서울: 민음사, 2003.
그렉 브레이든 외 지음, 이창미 · 최지아 옮김, 『World Shock 2012』, 서울: 쌤앤파커스, 2008.
김명자, 『원자력 딜레마』, 서울: 사이언스북스, 2011.
김상기, 「고대의 무역형태와 나말의 해상발전에 就하야-청해진대사 장보고를 주로 하야」, 『진단학보』 1 · 2, 진단학회, 1934 · 1935.
김상남, 『워터에너지 시대』, 서울: (주)베스트코리아, 2010.
김장권, 「지구환경문제의 국제정치적 고찰」, 『정세논총』, 1집 1호(1990. 12), 세종연구소, 1990.
김재수, 『2012 지구 대전환』, 일산: 소피아, 2009.
김재영 외, 『환경정치와 환경정책』, 서울: 삼우사, 1996.
김지하, 『생명학』, 2 vols., 서울: 화남, 2003.
김한식, 『한국인의 정치사상』, 서울: 백산서당, 2006.
데이비드 V. J. 벨 외 편, 정규호 · 오수길 · 이윤숙 옮김, 『정치생태학』, 서울: 당대, 2005.

도널드 워스터 지음, 문순홍 옮김, 『지속가능한 사회를 향한 생태전략』, 서울: 나라사랑, 1995.
레스터 브라운 지음, 한국생태경제연구회 옮김, 『에코 이코노미』, 서울: 도서출판 도요새, 2003.
류수현, 『한국근대정치사』, 서울: 정음문화사, 1986.
류시화 옮김, 『현대 물리학이 발견한 창조주』, 서울: 정신세계사, 1988.
마이클 탤보트 지음, 이균형 옮김, 『홀로그램 우주』, 서울: 정신세계사, 1999.
마이클 화이트·존 그리빈 지음, 김승욱 옮김, 『스티븐 호킹: 과학의 일생』, 서울: 해냄, 2009.
문정인·서승원, 「동아시아공동체 구상: 기회와 도전」, 문정인·오코노기 마사오 공편, 『동아시아 지역질서와 공동체 구상』, 서울: 아연출판부, 2010.
박영숙·제롬 글렌·테드 고든·엘리자베스 플로레스큐 지음, 『유엔미래보고서』, 서울: 교보문고, 2012.
백승주 외, 『한국의 안보와 국방』, 서울" 한국국방연구원, 2012.
삼일회계법인, 『에코액티바 투자유치를 위한 Information Memorandum』(June 2012)
스티브 풀러 지음, 나현영 옮김, 『쿤/포퍼 논쟁』, 서울: 생각의 나무, 2007.
스티븐 호킹, 레오나르드 믈로디노프 지음, 전대호 옮김, 『위대한 설계』, 서울: 까치, 2010.
C. V. 게오르규 지음, 민희식 옮김, 『한국 찬가』, 서울: 범서출판사, 1984.
아시아개발은행(ADB) 지음, 박신현·위선주 옮김, 이준규·이창용 감수, 『아시아 미래 대예측』, 고양: 위즈덤하우스, 2012.
안토니오 네그리·마이클 하트 지음, 조정환·정남영·서창현 옮김, 『다중』, 서울: 세종서적, 2008.
앙리 베르그손 지음, 황수영 옮김, 『창조적 진화』, 서울: 아카넷, 2009.
앨빈 토플러 지음, 김원호 옮김, 『누구를 위한 미래인가』, 서울: 청림출판, 2012.
앨프리드 W. 크로스비 지음, 이창희 옮김, 『태양의 아이들 - 에너지를 향한 끝없는 인간 욕망의 역사』, 서울: 세종서적, 2009.
에른스트 페터 지음, 이민수 옮김, 『과학혁명의 지배자들』, 서울: 양문, 2002.
에코액티바 환경기술연구소 자료집(2002~2013).
오귀스탱 베르크 지음, 김주경 옮김, 『대지에서 인간으로 산다는 것』, 서울: 미다스북스, 2001.
와다 하루키 지음, 이원덕 역, 『동북아시아 공동의 집』, 서울: 일조각, 2004.
유호열, 「한국, 안보 우선 기조 남북대화 재개 타진」, 『통일한국』, No.325, 평화문제연구소, 2011.

윤희봉,『무기이온교환체 ACTIVA 연구와 응용의 실제와 가설 1권: 기초 점토연구 편』, 서울: 에코액티바, 1988.
_____,『무기이온교환체 ACTIVA 연구와 응용의 실제와 가설 2권: 파동과학으로 보는 새 원자 모델 편』, 서울: 에코액티바, 1999.
_____,『무기이온교환체 ACTIVA 연구와 응용의 실제와 가설 3권: 물의 물성과 물관리 편』, 서울: 에코액티바, 2007.
_____,「ACTIVA를 이용한 핵폐기물 처리 공정 제안」, 호서대학교·한국원자력연구소·원자력환경기술원·(주)에코액티바·(주)이엔이 편,『ACTIVA에 의한 방사성 핵종의 흡착 유리고화 성능 평가연구』(2004. 1. 10).
이근우,「Activa에 의한 방사성 핵종의 흡착 성능 평가 연구」, 호서대학교·한국원자력연구소·원자력 환경기술원·(주)에코액티바·(주)이엔이 편,『ACTIVA에 의한 방사성 핵종의 흡착 유리고화 성능평가연구』(2004. 1. 10)
이인식,『지식의 대융합』, 서울: 고즈윈, 2008.
자크 아탈리 지음, 권지현 옮김,『세계는 누가 지배할 것인가』, 서울: 청림출판, 2012.
_____, 양진성 옮김,『더 나은 미래』, 서울: 청림출판, 2011.
_____, 양영란 옮김,『위기 그리고 그 이후』, 서울: 청림출판, 2009.
_____, 양영란 옮김,『미래의 물결』, 서울: 위즈덤하우스, 2007.
장회익,『과학과 메타과학』, 서울: 지식산업사, 1990.
정희채·한배호 외,『국가발전의 사회과학』, 서울: 박영사, 1987.
제러미 리프킨 지음, 안진환 옮김,『3차 산업혁명』, 서울: 민음사, 2012.
_____, 이경남 옮김,『공감의 시대』, 서울: 민음사, 2010.
_____, 이영호 옮김,『노동의 종말』, 서울: 민음사, 2005.
_____, 이진수 옮김,『수소 혁명』, 서울: 민음사, 2003.
제이콥 브로노우스키,『과학과 인간의 미래』, 서울: 김영사, 2011.
조명기 편,『원효대사전집』, 서울: 보련각, 1978.
조윤수,『에너지 자원의 위기와 미래』, 서울: 일진사, 2013.
존 벨라미 포스터, 조길영 옮김,『환경혁명: 새로운 문명의 패러다임을 찾아서』, 서울: 동쪽나라, 1996.
존 O'M. 보크리스, T. 네잣 배지로글루, 프라노 바비 지음, 박택규 옮김,『수소에너지의 경제와 기술』, 서울: 겸지사, 2005.
존 S. 드라이제크 지음, 정승진 옮김,『지구환경정치학 담론』, 서울: 에코리브르, 2005.
차원용,『2030년까지의 녹색융합 기술 & 비즈니스 발전 로드맵』, 서울: 아스팩국제경영교육컨설팅, 2009.

차하순 · 이인호 외 『한국현대사』, 서울:세종연구원, 2013.
찰스 햅굿 지음, 김병화 옮김, 『고대 해양왕의 지도』, 서울: 김영사, 2005.
최남선, 『고사통』, 경성부 : 삼중당서점, 1943.
최민자, 『동서양의 사상에 나타난 인식과 존재의 변증법』, 서울: 도서출판 모시는사람들, 2011.
_____, 『통섭의 기술』, 서울: 도서출판 모시는사람들, 2010.
_____, 『생명에 관한 81개조 테제: 생명정치의 구현을 위한 眞知로의 접근』, 서울: 도서출판 모시는사람들, 2008.
_____, 『생태정치학: 근대의 초극을 위한 생태정치학적 대응』, 서울: 도서출판 모시는사람들, 2007.
_____, 『천부경 · 삼일신고 · 참전계경』, 서울: 도서출판 모시는사람들, 2006.
_____, 『동학사상과 신문명』, 서울: 도서출판 모시는사람들, 2005.
_____, 『세계인 장보고와 지구촌 경영』, 서울: 도서출판 범한, 2003.
_____, 「동아시아 신(新)질서와 한반도 통일」, 『Korea Policy: 코리아 정책저널』Vol.16 (2013 01/02)
_____, 「수운의 후천개벽과 에코토피아(Ecotopia)」, 『동학학보』제7호, 동학학회, 2004.
최태영, 『한국 고대사를 생각한다』, 서울: 눈빛, 2002.
_____, 『인간 단군을 찾아서』, 서울: 학고재, 2000.
_____, 『한국상고사』, 서울: 삼지사, 1993.
켄 윌버 지음, 박정숙 옮김, 『의식의 스펙트럼』, 서울: 범양사, 2006.
켄 윌버 지음, 정창영 옮김, 『켄 윌버의 통합 비전』, 서울: 물병자리, 2009.
크리스틴 라쎈 지음, 윤혜영 옮김, 박기훈 감수, 『스티븐 호킹』, 서울: 이상, 2010.
톰 하트만 지음, 김옥수 옮김, 『우리 문명의 마지막 시간들』, 파주: 아름드리미디어, 1999.
프리초프 카프라 지음, 김재희 옮김, 『신과학과 영성의 시대』, 서울: 범양사, 1997.
피터 디어 지음, 정원 옮김, 『과학혁명: 유럽의 지식과 야망, 1500~1700』, 서울: 뿌리와이파리, 2011.
한승조, 『아시아태평양 공동체와 한국』, 파주: 나남, 2011.
_____, 『한국의 정치사상』, 서울: 일념, 1989.
행정안전부 의정담당관실, 『태극기』(2012. 3)
헤르만 셰어 지음, 배진아 옮김, 『에너지 주권』, 서울: 고즈윈, 2009.
호서대학교 · 한국원자력연구소 · 원자력환경기술원 · (주)에코액티바 · (주)이엔이(E&E) 편, 『Activa에 의한 방사성 핵종의 흡착 유리고화 성능 평가연구』(2004. 1. 10)

3. 국외 자료

Aristotle, *Aristotle Selections*, translated with Introduction, Notes, and Glossary by Terence Irwin and Gail Fine, Indianapolis/Cambridge: Hackett Publishing Company, Inc., 1995.
_____, *Nicomachean Ethics*, translated by J. L. Ackrill, London: Faber & Faber Ltd., 1973.
_____, *Politics*, edited and translated by Ernest Barker, Oxford: Oxford University Press, 1962.
Asian Development Bank, *Asia 2050: Realizing the Asian Century*, New Delhi, London, Los Angeles, Singapore and Washington D.C.: SAGE Publications India Pvt. Ltd., 2011
Bacon, Francis, *Novum Organum*, edited by Joseph Devey, M.A., London: BiblioLife, 2009.
Bentov, Itzhak, *Stalking The Wild Pendulum: On the Mechanics of Consciousness*, Rochester, Vermont: Destiny Books, 1988.
Bohm, David, *Wholeness and the Implicate Order*, London: Routledge & Kegan Paul, 1980.
_____, *Quantum Theory*, New York: Prentice-Hall, 1951.
Boulding, Kenneth E., *Beyond Economics*, Ann Arbor: University of Michigan Press, 1968.
Boyle, Godfrey, *Renewable Energy*, Oxford: Oxford University Press, 1966.
Braden, Gregg, *The Divine Matrix*, New York: Hay House, Inc., 2007.
Bronowski, J., *The Common Sense of Science*, Cambridge: Harvard University Press, 1955.
Bucke, Richard, *Cosmic Consciousness*, New York: Dutton, 1969.
Caldicott, Helen, *Nuclear Madness*, New York: W. W. Norton, 1994.
Capek, M., *The Philosophical Impact of Contemporary Physics*, Princeton, N.J.: D. Van Nostrand, 1961.
Capra, Fritjof, *The Hidden Connections*, New York: Random House Inc. 2004.
_____, *The Web of Life*, New York: Anchor Books, 1996.
_____, *Uncommon Wisdom*, New York: Simon & Schuster Inc., 1988.
_____, *The Turning Point*, New York : Simon & Schuster, 1982.

_____, *The Tao of Physics*, Boston : Shambhala Publications, Inc., 1975.
Choe, Tae-Young and Pyong-Do Yi, *An Introduction to the History of Ancient Korea*, Alaska: University of Alaska, 1990.
Comby, Bruno, *Environmentalists for Nuclear Energy*, Paris: TNR, 2000.
Commoner, Barry, *The Politics of Energy*, New York: Knopf, 1979.
Copleston, Frederick S. J., *A History of Philosophy*, Westminster, Maryland: The Newman Press, 1962.
Davies, Paul, *God & The New Physics*, New York: Simon & Schuster, 1983.
Dawkins, Richard, *The God Delusion*, New York: Houghton Mifflin Company, 2006.
Diamond, Jared, *Collapse*, New York: Penguin Books, 2005.
Drexler, K. Eric, *Engines of Creation: The Coming Era of Nanotechnology*, New York: Anchor Books, 1986.
Drucker, Peter, *Post-Capitalist Society*, New York: Harper Collins, 1993.
Einstein, Albert, *Essays in Science*, New York: Philosophical Library, 1934.
_____, *Ideas and Opinions*, New York: Three Rivers Press, 1982.
Elgin, Duane, *Voluntary Simplicity*, New York: Morrow, 1981.
Fisher, Julie, *The Road from Rio: Sustainable Development and the Nongovernmental Movement in the Third World*, Wesport, CT: Praeger, 1993.
Ford, K. W., *The World of Elementary Particles*, New York: Blaisdell, 1965.
Fromm, Erich, *To Have or To Be*, New York: Harper & Row, 1976.
Gilding, Paul, *The Great Disruption*, London: Bloomsbury Publishing PLC, 2011.
Griffiths, Bede, A *New Vision of Reality: Western Science, Eastern Mysticism and Christian Faith*, Springfield, IL: Templegate Publishers, 1990.
_____, *The Marriage of East and West: A Sequel to the Golden String*, Springfield, IL: Templegate Publishers, 1982.
Harrington, Michael, *The Twilight of Capitalism*, New York: Simon & Schuster, 1976.
Hawking, Stephen with Leonard Mlodinow, *A Briefer History of Time*, New York: Bantam Dell, 2005.
Heidegger, M., *Being and Time*, New York: Harper, 1962.
Heisenberg, Werner, *Physics and Beyond*, New York: Harper & Row, 1971.
_____, *Physics and Philosophy*, New York: Harper & Row, 1962.
_____, *The Physicist's Conception of Nature*, New York: Harcourt, Brace, 1958.
Henderson, Hazel, *The Politics of the Solar Age*, New York: Doubleday/Anchor, 1981.

_____, *Creating Alternative Futures*, New York: Putnam, 1978.
Huntington, Samuel P., *The Clash of Civilizations and the Remaking of World Order*, New York: Simon & Schuster, 1996.
Isaacson, Walter, *Einstein : His Life and Universe*, New York: Simon & Schuster Paperbacks, 2007.
Jantsch, Erich, *The Self-Organizing Universe*, New York: Pergamon, 1980.
Joseph, Lawrence E., *Apocalypse 2012: An Investigation into Civilization's End*, New York: Broadway Books, 2007.
Koehane, Robert, *After Hegemony*, Princeton: Princeton University Press, 1984.
Kuhn, Thomas S., *The Structure of Scientific Revolutions*, 3rd edition, Chicago and London: The University of Chicago Press, 1996.
Lincoln, Edward J., *East Asian Economic Regionalism*, Washington, D.C.: Brookings Institution Press, 2004.
Lovelock, James, *The Revenge of Gaia*, New York: Basic Books, 2006.
_____, *Homage to Gaia*, Oxford: Oxford University Press, 2000.
_____, *The Ages of Gaia*, New York: W. W. Norton, 1988.
McGuire, Bill, *A Guide to the End of the World*, New York: Oxford University Press, 2002.
Midlarsky, Manus I., "Hierarchical Equilibria and the Long-Run Instability of Multipolar Systems," in Midlarsky(ed.), *Handbook of War Studies*, Boston : Unwin Hyman, 1989.
Naisbitt, John, *Global Paradox: The Bigger the World Economy, the More Powerful Its Smallest Players*, New York: William Morrow and Company, Inc., 1994.
Naisbitt, John and Patricia Aburdene, *Megatrends 2000*, New York: William Morrow and Company, Inc., 1990.
Needham, Joseph, *Science and Civilisation in China*, Cambridge, England: Cambridge University Press, 1962.
Nicolis, G. and Ilya Prigogine, *Self-Organization in Nonequilibrium Systems: From Dissipative Structures to Order through Fluctuations*, New York: Jone Wiley & Sons, 1977.
Nuttall, W. J., *Nuclear Renaissance*, London: Institute of Physics Publishing, 2005.
Odum, Howard T., *Environment, Power, and Society*, New York: Wiley-Interscience, 1971.

Oppenheimer, J. R., *Science and the Common Understanding*, New York: Oxford University Press, 1954.

Posner, Richard A., *Catastrophe: Risk and Response*, New York: Oxford University Press, 2004.

Prigogine, Ilya, *From Being to Becoming*, San Francisco: Freeman, 1980.

Prigogine, Ilya and Isabelle Stengers, *Order out of Chaos: Man's New Dialogue with Nature, foreword by Alvin Toffler*, Toronto, New York: Bantam Books, 1984.

Rees, Martin, *Our Final Hour: A Scientist's Warning*, New York: Basic Books, 2003.

Reischauer, E. O., *Ennin's Travels in T'ang China*, New York: The Ronald Press Co., 1955.

Rifkin, Jeremy, *The Hydrogen Economy*, New York: Tarcher/Putnam, 2002.

_____, *The Age of Access: The New Culture of Hypercapitalism, Where All of Life is a Paid-For Experience*, New York: Penguin Group, 2001.

_____, *The Biotech Century: Harnessing the Gene and Remaking the World*, New York: Tarcher/Putnam, 1998.

_____, *Biosphere Politics,* New York: Crown Publishers, 1991.

Roszak, Theodore, *The Making of a Counter Culture: Reflections on the Technocratic Society and Its Youthful Opposition*, Berkeley: University of California Press, 1995.

Rozman, Gilbert, *Northeast Asia's Stunted Regionalism: Bilateral Distrust in the Shadow of Globalization*, New York: Cambridge University Press, 2004.

Schumacher, E. F., *Small is Beautiful: Economic as if People Mattered*, New York: Harper & Row, 1973.

Sciama, D. W., *The Unity of the Universe*, London: Faber & Faber, 1959.

Skelton, L. W., *The Solar Hydrogen Energy Economy: Beyond the Age of Fire*, New York: Van Nostrand Reinhold, 1984.

Tainter, Joseph A., *The Collapse of Complex Societies*, Cambridge, UK: Cambridge University Press, 1988.

The Bhagavad Gita, translated from the Sanskrit with an introduction by Juan Mascaro, London: Penguin Books Ltd., 1962.

The Upanishads, translated from the Sanskrit with an introduction by Juan Mascaro, London: Penguin Books Ltd., 1962.

Toffler, Alvin and Heidi *Creating a New Civilization*, Atlanta: Turner Publishing,

Inc., 1994.
Wallerstein, Immanuel, *The Modern World System:: Capitalist Agriculture and the Origins of the European World Economy in the Sixteenth Century*, New York : Academic Press, 1974.
Weisskopf, V. F., *Physics in the Twentieth Century*, Cambridge, Mass.: M.I.T. Press, 1972.
Whitehead, Alfred North, *Process and Reality*, New York: Macmillan, 1969.
_____, *Science and the Modern World*, New York: Macmillan, 1967.
Wilber, Ken, *A Brief History of Everything*, Boston: Shambhala, 2007.
_____, *A Theory of Everything*, Boston: Shambhala, 2001.
_____, *Integral Psychology: Consciousness, Spirit, Psychology, Therapy*, Boston & London: Shambhala, 2000.
Wilson, Edward O., Consilience: *The Unity of Knowledge*, New York: Vintage Books, 1998.
岡田正之,「慈覺大師の入唐紀行に就いて」,『東洋學報』12・13, 1921～1923.
圓仁 著, 深谷憲一 譯,『入唐求法巡禮行記』, 東京 : 中央公論社, 1990.

찾아보기

【용어편도서논문인명편】

[ㄱ]

가스 하이드레이트(Gas Hydrate)법 196
가스원심분리기 173
가압경수로형(PWR) 179
가압흡착법 196
가역성 219
가연성 기체(수소) 213
가이아 이론(Gaia theory) 103,243
가이아(Gaia) 104
가이아(Gaia)의 뇌파 258
가치사슬(value chain) 302
개발원조 프로그램 305
개방적 지역주의 303,305
개방형 세계 무역시스템 303
개선형 한국표준형원전 179
개종 경험(conversion experience) 29
개체성 48,50,58,82,113
개체화 의식 60,128
객관적 보편성 25
객관적 진리체계 27,34
거대 경제권 통합 320
거대강입자가속기(LHC) 53,148
거시세계 28,57,61,112
건곤감리乾坤坎離 83
건곤이감 4괘 84
건운乾運 262
게슈탈트 심리학 44
게슈탈트 전환(gestalt switch) 29
결정론적 세계관 38,42,43
결정론적 해석 48,110
결흩어짐(decoherence) 27
경북 경주(월성) 180
경북 영덕 180
경북 울진 180
경세제민經世濟民의 무역왕 282
경신敬信 294

경신평원경구 288,298
경쟁적 지역주의 273
경제 문화적 지형 98,134,237
경제 여건의 상보성 291
경제적 및 사회적 허리케인 250
경제적 자유주의 272
경제적 지역 통합 307
경제적 지역주의 272
경제적 · 심리적 통합 330
경제지표(economic indicator) 97,160
경천敬天 · 경경人 · 경물敬物 71
경천敬天의 도 75
경천교(敬天敎, 고구려) 267
경천숭조敬天崇祖 70,76,328
고농축 우라늄(HEU) 173
고대 동북아 경제권 316
고리원자력발전소 175,178,179
고부가가치 93,134,152,237
고비사막의 녹지화 215
고성장 신흥중진국 301
고소득 선진국 301
고속로 개발 185
고속증식로 216
고압기체수소 216
고압수소가스 221
고온전기분해법 233
고용 창출 134
고전 물리학 42
고전역학 24,27,42
고준위 방사성폐기물(방폐물) 183,189,197
고준위 폐기물 처리 184,190
공감의 문명(the empathic civilization) 109
공공선(common good) 115
공共진화 58
공기 분자 252
공동지능 계발 323,324,325
공동지능(Co-Intelligence) 323
공동체의 재창조 106
공명 활성도 88,89,186,223
공명주파수 259
공무역 290
공유제 109,227

공작석(孔雀石 malachite) 150
공전궤도의 이심률(離心率 eccentricity) 253
공진화(co-evolution) 51,114,115
공해 방지 비용 224
공해산업 208
과정철학 52
과학 사조 25,30,36
과학과 문명 33
과학과 영성 52
과학과 영성의 접합 125
과학과 윤리의 접합 209
과학과 의식의 접합 50,56,60,61,66,99,120,129
과학과 종교의 통섭 126
과학기술 30,248
과학기술 한류(Korean Wave) 130,158
과학기술의 미래 167
과학만능주의 사조 121
과학발전 23,24,25,26,101
과학사학자 23
과학의 대중화 61
과학의 윤리성 209
과학의 인간성 회복 203,209
과학의 존재혁명 119
과학의 통섭 125
과학적 객관주의 42
과학적 방법론 100,121
과학적 표준 29
과학적 합리주의 31,33,43,100
과학철학 논쟁 31
과학철학자 23
과학혁명 45,62,23,24,25,26,30,34,35,36,38,
 39,56,99,112,134,237
관계의 경제(relational economy) 315,316,332
관성(慣性 inertia) 25
관조적인 삶(vita comtemplativa) 30
관찰자 효과(observer effect) 88
광가속기 152
광명이세光明理世 70,71
광분해법 219
광양자(photon) 260
광양자가설(photon hypothesis) 43
광에너지 222

광역 경제 통합 299,318,323
광전효과(photoelectric effect) 43
광촉매 152
광파광선 87
광파에너지 152
구규九竅 111
구동화이求同化異 279
구리 92,93,150,156,157,159
구리 광맥 164,166
구리 국내 수요량 162
구리 산업 158
구리 생산 공정 154
구리 시대(copper age) 159
구리 야금법 158,159
구리 원소 93,135,151,152,155,156,157,166
구리 이온 157
구리 제조 97,165,166,324
구리 혁명 134,135,237
구리 화합물 159
구리(Cu) 제련 189
구리괴 92,157
구리괴 생산 단계 154
구리이온 분말 생산 154
구체제 26
국가 브랜드 가치 268
국가 소프트웨어 164
국가경제 활성화 86
국가핵융합연구소 235
국기시정위원회 83
국립 항공 우주국(NASA) 172
국민국가의 패러다임 274,282,290,313
국제 순수 및 응용화학연맹(IUPAC) 135
국제 행정부 341
국제결제은행 341
국제금융관세연대(ATTAC) 336
국제금융기구(IMF) 317
국제수소에너지협회(IAEHE) 214
국제연맹 290
국제연합(UN) 171,290,338
국제우주정거장(ISS) 243
국제원자력기구(IAEA) 94,172,173,174,182,
 190,203,236

국제원자력사고등급(INES) 177
국제통화기금(IMF) 335
국제특허소송 94,187
국제핵융합실험로(ITER) 234
군비감축 271
군비경쟁 271
군사대국화 280
군사안보 논리 271
군산복합체 172
군집붕괴현상(CCD) 254
궁극적 실재 59,102,128
궁극적인 에너지원 236
권하교圈河橋 296
궤도 모형(orbit model) 146
귀납주의적 과학관 24
규산염 광분 94
규산염 광분 제조 특허 86
규산염硅酸鹽 광물 86
그노스틱 휴먼(Gnostic Human) 323
그리스의 원자론 142
극동 시베리아 개발 계획 274
극동러시아 320
극동지역 중시정책 298
근대 과학 23,37,38,61,121,134,237
근대 과학혁명 36,39,43,61,92,101,126,139
근대 부르주아지 338
근대 산업문명 317
근대 서구의 세계관 39
근대 세계 100,101,125
근대 합리주의 43
근대 화학혁명 140
근대성 100,101
근대의 도그마 30,32
근대적 사유 38,99
근본 물질 135,136,138
근본입자 139
근본적인 이원주의 124,125
근본지根本智 116
근원적 비예측성(unpredictability) 43
근원적 평등성 77
글로벌 경제위기 302
글로벌 공공재 303

글로벌거버넌스 305
글로벌코먼스 305
금속수소화물 217,221
금속원소 136
금융 부문 개선 300
긍정적인 에너지 118
기계론적 세계관 39,38,43,61,99,121
기계에너지 217
기氣 55,115
기氣・색色・유有 57
기념비 제막식 288
기능성 식품 가공제 91,325
기본입자 12개 148
기상이변 101,251
기술 개발 302,306
기술 발전 339
기업가 정신 300
기체 방전 현상 143
기초 소재 산업 164
기후 모델 244
기후 변화 194,223,248,301,303
기후 붕괴 103,104,105,192,194,343
기후 위기 234
기후변화협약 197,230
끈이론(string theory) 53

[ㄴ]

나가사키(Nagaski) 169
나노 혁명 35
나노(Nano) 기술 86,125
나노과학 44,122
나비효과(butterfly effect) 43
나사(NASA) 243,248,250,253
나선형 구조 79,81
나선형 문양 83,84
나선형 파동 81
나스카 지상 그림 33
나진・선봉 298
나진・선봉 특구 291
난사군도南沙群島 275
남대서양의 이변(the South Atlantic anomaly)

245
남동석(藍銅石 Azurite) 150
남북경제공동체 330
남북경협 326
남북연합 330
남북한 유엔동시가입 274
남중국해 도서 영유권 분쟁 275
남해구단선南海九段線 275
내식성耐蝕性 163
내재성(immanence) 50,58,111
내재적 법칙성 48
내재적 자연(intrinsic nature) 47,70
내적 자아의 각성 114
냉각장치 174,176
냉전 구조 271,273,274
냉전 종식 271,273
냉전체제 274
네트워크 스타일 308
네트워크 체제 77
노마디즘(nomadism) 313
노벨 물리학상 134,142,145,148,237
노벨 화학상 143,144,145,149,186
노비 약매掠賣 282
노심 용융 174,177
녹색 에너지 108
녹색기술 지식맵 231
녹색성장 202
녹색주의자 105
녹조현상 92
농업 에너지 215
농축 우라늄 179
누스(nous) 137
뉴칼레도니아 164,165
뉴턴 과학 27,28,35
뉴턴 역학 25,28,38
뉴턴의 운동법칙 28
니켈 광맥 164
니켈 생산국 164

[ㄷ]

다국적기업 210,214,272,274,282

다문화주의 30
다세계 이론(Many World Theory) 257
다세계해석(MWI) 27
다시개벽 264
다원론(pluralism) 136
다원론적 자연철학 137
다원적 공동체 307
다원적 에너지 92,152
다원주의학파(Pluralist School) 137
다자간 경제협력체 289
다자주의(multilateralism) 272,340
다중多衆 337
다중심적 체제 313,342
단군 고조선 시대 71
단백질 합성 90
단선적인 사회발전 단계 이론 32
닫힌사회 282
대규모 도시화 300
대륙간 탄도 미사일(ICBC) 172
대륙문화권 291,295
대립자의 역동적 통일성 111
대북정책 278,280,281
대사성 질환 90
대삼각지역(TREDA) 289,319
대안 미래(alternative futures) 311
대안 에너지 체계 331
대안사회 336
대안세계화 운동 336
대우주(macrocosm) 73,112
대정수 55
대정화(great purification) 241,261,266,329
대천교(代天敎,부여) 267
대체에너지 86,193,222,232
대체에너지원 95,96,181,194,196,215,216,220, 223,230
대통섭 112,261,266,327,329
댜오위다오釣魚島 275
더블딥(double deep) 97
데카르트-뉴턴의 기계론적 세계관 99,122,317
도구적 이성 101
도구적 합리성 101
도요타(Toyota) 94,187

독일 녹색당 106
돌턴의 원자 모형 142,148
돌턴의 원자설 143
동·식물 생장촉진제 165,325
동굴의 비유(the allegory of the Cave) 102
동귀일체同歸一體 265
동남아국가연합(ASEAN) 303
동력인(또는 작용인) 36,149
동물 묵시록 254
동방의 등불 166
동북 간방艮方 290
동북3성 320
동북공정 274
동북아 98,134,215,237,274,276,281,282,289, 290,291,292,296,297,298,299,308,309, 317,318,320,322,323,324,325,330
동북아 경제권(Northeast Asian Economic Sphere) 97,282
동북아 공동의 집 323,325
동북아 광역 경제 통합 318,320,330,343
동북아 문화경제활동 294
동북아 시장 공동체 313,314,342
동북아 연대 282,293
동북아 지역 274,289,297,319
동북아 지역 협력 325
동북아 코리안 325
동북아 평화 발의(Northeast Asia Peace Initiative, NEAPI) 323
동북아 평화 정착 320
동북아공동체 325
동북아시대 274,291,297,313
동북아의 경제 문화적 지형 326
동북아의 역학 구도 318
동북아의 코리아 330
동북아 지역개발지구(NEARDA) 319
동서 냉전체제 170
동서문화권 295
동아시아 291,307,308,309
동아시아 시대 288,289,292
동아시아 신新질서 271,275
동아시아공동체 299,306,307,308,309,320
동양적 사유 57

동위원소 142,143,156
동유럽 공산권의 몰락 271
동이족 77,85
동학 264
동학사상 77
됨(becoming) 52
두뇌력 경제 312
두만강 하구 방천 288
두만강지역개발 319
두산중공업 184
드럼처리 방식 190
디바인 매트릭스(Divine Matrix) 49
디비너틱스(divinitics) 67

[ㄹ]

라듐 145
라자스 116
란타넘 177
란탄(La) 계열 94
랴오닝성遼寧省 280,298,320
러더퍼드 원자 모형 143,146
러시아 극동지역 291
런던클럽 341
럼퍼드 메달(Rumford Medal) 144
레시(RHESSI) 호 249
레이저 기술 126
로열 더치 셸사社 212
롯카쇼무라(六ヶ所村) 핵 재처리 시설 276
루테늄 177
르네상스 39,60,120,125,128,129
리튬(Li) 156,234

[ㅁ]

마고 문화 69
마고麻姑 68,261,328
마고성麻姑城 71,261
마고지나麻古之那 68
마음의 과학 57,47,120
마음의 구조 47
마음의 작용 81,111,119

마이크로소프트(MS) 192
막스플랑크태양계연구소 244
만물화생萬物化生 59
만유인력 29
만유인력(중력)의 법칙 28,45
만인의 에너지 211,226
말타(Malta) 선언 271
망해각望海閣 295
매개입자 4개 148
매머드 253
맨해튼 290
맨해튼 계획 145
맨해튼 프로젝트(Manhatan Project) 170
메가트렌드(megatrend) 312,317
메소포타미아문명 267
메탄가스 202,250
면역체계 256,259
모더니즘 100
목적인目的因 36,149
몰도바 298
무결정 188
무결정 유리고화 186,203,324
무결정질無結晶質 186
무공해 연료 223
무극대도無極大道 264
무극無極의 원기元氣 49
무기물산삼無機物山蔘 91
무기이온교환체 85,86,185,186
무비자(No-Visa) 지대 299
무산소 구리 152
무산소 전기동電氣銅 158
무석면 물질 87
무속성無俗性 53
무역 네트워크 292
무역왕(Merchant Prince) 285
무왕불복지리無往不復之理 48
무위이화無爲而化 264
무위자연 265
무의식의 창고 119
무주無住의 덕德 46,47
무탄소 새생 가능 에너지 221
무형적 건립 294

문명의 대순환주기 332
문명의 대전환 267
문명의 대전환기 46,290
문명의 표준 312
문예부흥 운동 120
문턱에너지(threshold energy) 152
문화적 르네상스 66,328
문화적 자본주의 316
물 분자 88,89,96,152,222,223
물 분자각 87
물 산업 195
물 전기분해(electrolysis) 96,221,223
물 전쟁 195,207
물 전해(電解 electrolysis) 95,96,194,195,215, 220,222,223,224,233
물극필반物極必反 317
물로 가는 자동차 224
물리량 110
물리적 세계 47
물성物性 57,74,88,89,111,186,223
물신物神 53,118,128,166
물신 숭배 101
물의 백탁점 151
물적 토대 구축 326
물질 개념 139,140
물질 순환 217
물질계[현상계] 44,74,119,148
물질관 144
물질문명 38,126
물질시대 46,67
물질의 공성(voidness) 124
물질적 성장 제일주의 122
물질적 · 정신적 토대 281
물질파(또는 드브로이파) 143
물질화된 영(materialized Spirit) 110
물체의 전자파 86
물활론(物活論 hylozoism) 136
뮌헨대학교 90
미중 정상회담 281
미국 국립과학원(NAS) 243
미국 에너지부(DOE) 187
미국 연방준비제도이사회(FRB) 97

미국 지질조사국(USGS) 250
미국 항공우주국(NASA) 242
미국 해양대기청(NOAA) 103,243
미국연합통신(AP) 245
미니 발전소 107
미니멀리즘(minimalism) 198
미래 신성장 동력 237
미래 원자력 기술 233
미래의 에너지 213
미래창조과학부 232
미립자(corpuscles) 24
미사일방어시스템(MD) 280
미시세계 28,57,61,112
미시세계에서의 역설(paradox) 47,46,56,111
미시적 요동(fluctuation) 51
미쓰비시三菱중공업 199
미완성의 프로젝트 101
미토콘드리아(mitochondria) 90
미회未會 263,264,265
민족의 환국 129
민주 에너지 210
민주적인 에너지 권력 시대 226
민주주의적 세계정부 338
민주주의적 정통성 336
민주화한 에너지망 229
밀레투스학파 137,138

[ㅂ]

바루크 계획(Baruch Plan) 170
바륨(Ba) 156,177
바이오 혁명 35
바이오기술 125
바이오디젤 101
바이오매스(biomass) 95,218
바이오연료 202,208
바이오테크(biotech) 86
반동석(斑銅石 bornite) 150
반反물질(antimatter) 147
반증가능성(反證可能性 falsifiability) 31
반핵운동 178
발지 대전투(Battle of the Bulge) 207

밝은 기운(sattva) 116
방사능 90,94,143,144,183,184,185,186,188,
    193,202,233
방사능 분해 165
방사능 흡착 90
방사선 134,143,144,149,151,183,237
방사선 동위원소의 인공 변환 155
방사성 143,180
방사성 동위원소 143,150
방사성 물질 176,177,186,187,188,198,278,
    324
방사성 붕괴 142,155,156
방사성 원소 143,149
방사성 핵종 폐기물 유리고화(琉璃固化 vitrifica-
    tion) 94
방사성 핵종 폐기물(방폐물) 182,183,185,186,
    189,196,220,223
방사성 핵종 흡착 184
방사성 핵폐기물 유리고화 324
방사성 핵폐기물 유리고화 영구처리 326
방사성폐기물(방폐물) 95,180,184,186,189,195
방천경구防川景區 288,298
방천防川 320,321
방천지구 291
방폐물 95,96,98,184,188,190,196,203,223,
    225,237,324
방폐물 영구처리 기술 191
방폐물 유리고화 영구처리 96
방폐물 유리고화 영구처리 시스템 200
방폐물 처리 시장 188
방폐물처리업 세계시장 196
방폐장 175,180,187,324
배수비례의 법칙 142
배천교(拜天敎, 遼·金) 267
백동 159
백제계의 가라카미韓神 284
백탁점(Cloud Point) 152
밴앨런복사대(Van Allen radiation belt) 252
법화원法華院 286
법황 제도 121
베이징 조약北京條約 298
베타 붕괴 이론 145

베타 붕괴(beta decay) 155,156
베타파 258,259,260
벡텔(Bechtel) 사(社) 172,191
벨라루스 298
변각變角 86
변성 135,143,151,156,157,166
변성 인고트(Ingot: 구리괴) 92
변성구리 원소 152
변성구리 제조 157,158,166
병진운동 86
보병궁寶甁宮시대 45
보본報本사상 70,328
보본의 계 76
보어의 궤도 모형 148
보어의 원자 모형 147
보이나(Boina) 245
보이는 우주 44,55
보이지 않는 우주 44,55,110
보일의 법칙(Boyle's Law) 140
보텀 업(bottom-up) 방식 308
보편적인 지능(universal intelligence) 315
복잡계 과학 44,51
복잡계 이론(complex system theory) 44,51,59
복잡계(complex system) 43,51,52,121,122,
본각本覺 46
본체 59,60,110
본체계 44,48,58,70,266,268
부도符都 72,344
부메랑 효과(boomerang effect) 114
부분 산화법 219
부산 기장(고리) 180
부생副生수소 219
부정적인 에너지 89
부정적인 카르마 118
북 축제 293,294
북·미 제네바 합의 275,281
북미자유무역지대(NAFTA) 272
북방 실크로드 320
북아프리카 273
북한의 부포리 288
북한자원연구소 90,326
북핵 문제 277,278,318

분과 학문화 318
분기(bifurcation) 52
분산 에너지 인프라 230
분산 자본주의(distributed capitalism) 108
분산 통신망 228
분산전원 218,227
분산전원 에너지망 230
분산전원 협회(DGA) 211
분산형 재생 가능 에너지 109
분석적·환원주의적 접근 방법 44
분열 도수度數 264
분자 외부 회전운동 87
불가공약성(不可公約性 incommensurability) 25,34
불연기연不然其然 266
불의 고리(Ring of Fire) 176
불전,불란,무핵無核 279
불확정성 원리(uncertainty principle) 27,43,48,110
브라운가스 223,224,225
브라운가스의 실용화 225
브룩 헌터(Brook Hunt)사 162
브뤼셀학파 52
블라디보스토크 291,320
비가역적(irreversible) 52
비국소성(non-locality) 46,47,102,110,148
비금속원소 136,215
비디오 아트 126
비분리성(inseparability) 46,102,110
비상 노심 냉각장치(Emergency Core Cooling System, ECCS) 174
비선형 피드백 과정(non-linear feedback process) 51,58
비정부기구(NGO) 272,317
비정질(非晶質, noncrystalline) 186
비철금속 163,221
비철금속 가격변동 163
비텐베르크 성城 121
비평형 열역학(non-equilibrium thermodynamics) 52
비평형의 열린 시스템 51
비핵화 277,278,280
빛의 이중성 개념 143

빛의 입자성 43

[ㅅ]

사고의 권역認知圈 270
사바나 리버사(Washington Savannah River Company, WSRC) 189
사막화 100,250
사바나리버 국립연구소 189
사용후핵연료 175,177,180,183,184,185,187
사용후핵연료 재처리 185
사원론 137
사유제 109,227
사유화(privatization) 316
사트바 116
사회 정의 115
사회개벽 265,266
사회개혁 운동 120
사회구성주의(social constructivism) 30
사회적 정의 113,119
사회주의 109,228,329
사회혁명 211
산소(oxygen) 이론 24,140
산소핵 87
산업문명 103
산업사회 121
산업자원부 232
산업통산자원부 232
산업혁명 35,39,105,109,206
산업환경 215
산-염기 반응 155,156
산일구조(散逸構造 dissipative structure) 42,51,52,58
삶의 과학 33
삶의 법칙 110,112,113,114,117,119
삶의 혁명적 전환 35
삼각교역 286,314
삼국통일 267
삼사라(samsara 生死輪廻) 80
삼성중공업 184
삼신三神 69,74
삼신사상 68,69,70,72,267,328

삼신일체 69,110
삼일 원리 75
삼일三一사상 74
삼일신고 73,74,76
삼일회계법인 154
삼중수소(Tritium) 234
삼진(三眞: 眞性·眞命·眞精) 75
상대계 79,80,81
상대론적 양자역학(relativistic quantum mechanics) 147
상대성이론(theory of relativity) 27,28,42,56,143
상보성원리(complementarity principle) 27
상생의 국제경영관 292,320
상생의 패러다임 283,287,294,306
상수象數 261
상수학象數學 72
상업 발전용 원자로 172
상의하달식 접근법 227
상태의 변화(change of state) 25
상품화(commercialization) 316
상해지수傷害之數 264
상향 환기(upward ventilation) 222
상호 신뢰 회복 318,322,330
상호의존적 협력 체계 323
새로운 문명의 가능성 123
새로운 삶의 양식의 원형 327,328
새로운 중심의 등장 330
생리 대사 90
생명 50,54,60,80,85,102,105,109,111,124,125,127
생명 유지 기체(산소) 213
생명 중심의 가치관 122
생명 현상 46,51,52
생명경生命經 74
생명계 114,122,128
생명공학 44,122
생명공학 첨단화 86
생명공학적 응용 86
생명사상 51,70
생명의 3화음적 구조(the triad structure of life) 58,59,74
생명의 교향곡 259

388 · 새로운 문명은 어떻게 만들어지는가

생명의 그물망 59
생명의 기旗 85,327
생명의 기원 52,59
생명의 난로 205
생명의 낮의 주기 69,111
생명의 다차원적 속성 268
생명의 밤의 주기 69,111
생명의 본체 47,49,55,73,116
생명의 본체와 작용의 합일 58,69
생명의 뿌리 120
생명의 속성 109
생명의 순환 58,59,111,261
생명의 순환 구조 268
생명의 역동적 본질 124
생명의 자기근원성 52
생명의 자기조직화 51
생명의 전일성(holism) 50,62,73,77,81,101,102,
    111,114,128,149,266,268,317
생명의 전일적 본질 85,129
생명의 전일적 흐름 44
생명의 전일적·시스템적 속성 52
생명장 259
생명체의 DNA 구조 327
생물권 정치학 210,230
생물종 다양성 208,242,316
생사윤회 114,115
생산 네트워크 308
생산성 제일주의 317
생육광파生育光波 87,89,90,220
생장촉진제 91
생존 노동 229
생태 위기 122
생태 재앙 61,100,101
생태 패러다임 122
생태 합리주의 43
생태계의 역동성 229
생태관광 293
생태이론 44
생태재앙 194
생태적 딜레마 122
생태적 사유 102
생태적 지속성(ecological sustainability) 268

생태학적 관점 44
생태효율적 289
서구 문명 100
서구적 보편주의 312
서구중심주의(Eurocentrism) 316,317
서구화 339
서양의 물질관 139
서울해석(SIQM) 27
서태평양 MD 배치 280
석류석 94
석유 위기 214
석유 전쟁 94,207
석유 중심 경제체제 230
석유산업 195
석유시대의 종말 209
석유파동 178
석탄 가스화 219
선·후천의 대개벽 262
선도형 기업 활동 300
선별적 자유무역주의 272
선종 불교 282
선천 건도乾道시대 265,266
선천先天 5만년 262
선택과 책임의 법칙 118,119
선회운동 138
성간 난류(interstellar turbulence) 246
성간星間 에너지 구름 244,246
성배聖杯의 민족 327
성性·명命·정精 69
성속일여聖俗一如 265
성운盛運 264,265
성장 제일주의적 산업문명 317
성장과 포용 300
성장잠재력 302
성층권 252
성통공완性通功完 75,76
세계 3대 핵융합로 235
세계 경제 패러다임 332
세계 구리 매장량 161,162
세계 구리 생산량 162,163
세계 구리 소비 현황 160
세계 구리 시장 158,162

세계 권력 구조 227
세계 금융 시스템 303,341
세계 금융의 중심 97,326
세계 단일통화 338
세계 방폐물처리업 시장규모 326
세계 삼부회 341
세계 에너지망 226,227
세계 원리(world principle) 36
세계 자본주의 272
세계 자본주의 체제 312
세계 전기동 소비 증가율 162
세계 정치 공동체 335
세계 질서 재편 330,332,333
세계 코덱스 340
세계 통신망 227
세계 GDP 성장률 162
세계가 잃어버린 영혼 327
세계경영 268
세계경제포럼(World Economic Forum) 336
세계무역기구(WTO) 272,317
세계사회포럼(World Social Forum) 336
세계시민사회 322
세계시민주의 정신 283,314
세계은행(IBRD) 335
세계의 경제엔진 305
세계의회 340
세계적 경제 통합 272
세계정부 334,336,338,339,341
세계체제론(world-system perspective) 318,322
세계테마파크 295,297
세계평화 288,289,299,336
세계평화의 중심 324
세계평화의료원 295
세계현자회의 294
세계화 271,272,273,307,315,318,322,339
세륨 177
세슘 177
세차 운동(precession) 45
세차수勢差數 87
세차진동 152
세포 활성화 원리 89
세포내 침투력 89

셰일가스 202
셰일가스의 온난화 작용 202
소규모 생산자 중심 227
소규모 플레이어 108
소듐냉각고속로(SFR) 192
소디(Frederick Soddy) 143,144,149
소립자 48,148
소삼각지역(TREZ) 289,319
소셜네트워크 서비스 335,336
소스(SORCE) 위성 249
소스(SORCE) 회의 244
소우주(microcosm) 112
소유지향적 316
소통성 50,80,268
소형모듈원전 198
소호(Solar and Heliospheric Observatory, SOHO) 248,249
속제속체俗諦 267
속초-자루비노-훈춘 292
수두교蘇塗敎 267
수력 208,220
수메르 문명 72
수메르인 159
수밀이국須密爾國 72
수분受粉 255
수소 140,210,212,213,215,216,217,218,219, 221,222,223,228,233,331,332
수소 산업 236
수소 생산 96,97,158,219,220,232,326
수소 생산 플랜트 233
수소 수출국 214
수소 시대 228
수소 연료 215
수소 연료전지 218
수소 운송용 첨단 에너지망 228
수소 응용분야 220
수소 저장 기술 220
수소 중심 경제체제 230
수소 핵융합 213
수소 혁명 134,237
수소 화합물 219
수소·연료전지 230,231

수소 · 헬륨의 핵융합 반응 234
수소가스 224,225
수소경제 국가 214
수소경제 마이애미 에너지 회의(The Hydrogen Economy Miami Energy(THEME) Conference) 214,225
수소경제 비전 226,231
수소경제 인프라 226
수소경제(hydrogen economy) 210,214,225, 226,228,229,230,231,232,233
수소경제센터 231
수소경제시대 226,232
수소경제이행촉진법 231
수소무기물합성 221
수소비행기 219
수소-산소 연료전지(베이컨 전지) 214
수소-산소 혼합가스 224
수소산업 196
수소산업 실용화 86
수소생산 91
수소생산 산업 324
수소생산공정 233
수소스테이션 215,232
수소시대 205,209,210,212,223,332
수소에너지 95,96,194,195,210,211,212,214, 217,218,226,232,237
수소에너지 경제 218
수소에너지 발전 시스템 215,293
수소에너지 변환 기술 222
수소에너지 산업 237
수소에너지 생산 소재 222
수소에너지 시대 232
수소에너지 시스템 214,217,225
수소에너지 응용 기술 222
수소에너지 인프라 215
수소에너지 체계 229,332
수소에너지망(HEW) 211,226,228
수소에너지원의 특성 228
수소에너지의 실용화 222,223
수소연료전지 227,231
수소이 온도 218
수소의 저장 방법 221

수소의 지위 228,332
수소이온 156
수소자동차 219,224
수소저장합금 215,221
수소차 231
수소폭탄 170,172
수소혁명 205
수입대체 효과 158
수자원 86
수중압출(extrusion in water) 164
수증기 개질改質 공정 95,194,219
수평적 권력 109,227
순수 현존(pure presence) 102
순수의식 53
순환운동 48
숨은 변수이론(hidden variable theory) 47,48
숭천교崇天敎 267
슈만공명주파수(Schumann resonance frequency) 258
슈퍼 박테리아 변종 250
슈퍼 태양폭풍 243
슈퍼컴퓨터 45
스리마일 섬 원전 사고(TMI nuclear accident) 174
스리마일 섬(Three Mile Island) 174
스마트 원전 198
스마트(SMART) 원자로 198,199
스마트그리드 197
'스스로自 그러한然' 자 50,54,118
스칸듐(Sc) 94
스콜라철학 39
스테레오(STEREO) 쌍둥이 위성 249
스트론튬 177
스페르마타(spermata 씨) 137
스펙트럼의 진동수 147
승수효과乘數效果 107
시공時空 연속체 42,114
시민사회의 정치화 272
시사군도西沙群島 275
시스템적 사고 44
시스템적 · 전일적 사고 120
시스템적 · 전일적인 세계관 43

시운관 264,266
시장 중심 세계정부 334
시장경제 271,315
시카고 파일 1호 146
시핑포트(Shippingport) 원전 171
식량 문제 92,96,323
신 중심의 세계관 38,99,129
신[神性] 54
신·인간 이원론 74
신경생리학 44
신고리 1·2호기 179
신과 세계와 영혼의 세 영역 56
신과학 204
신교神敎 267
신국과 지상국가 121
신라명신新羅明神 286
신문명 67,261,266,268,270,296,329
신사회운동 267
신성장 동력 134
신의 입자(God Particle) 54,149
신인류 130
신자유주의 336
신장보고 시대 282,299
신재생에너지 181,182,193,194,202,212,223, 231,232
신종교운동 267
신지학(神智學 theosophy)협회 45
신축운동 87
신형新型 대국관계 281
신흥중진국 304
실증주의 121
실천적인 삶(vita activa) 38
실험물리학(experimental physics) 42,100
심리·물리적 통합체 125
심리적 메커니즘 256
심정적 통합 325
쌍무적 방위조약 274
쌍방향 에너지 공유 227
쌍방향 에너지망 227
쌍방향 통신 227
쌍방향 통신 매체 시대 228
쌍어궁雙魚宮시대 45

[ㅇ]

아랍에미리트(UAE) 199
아랍에미리트(UAE) 원전 수주 175,192
아리스토텔레스 과학 27,35
아리스토텔레스 범주론 36
아리스토텔레스 역학 25,36
아마존 열대우림의 사막화 104
아멕사 191
아바즈 커뮤니티 336
아바즈Avaaz 336
아베로에스주의 37
아세안자유무역지대(AFTA) 272
아스카문화 267
아시아 경제공동체 302
아시아 단일시장 302
아시아 세기 302,303,304,305,306
아시아 세기 시나리오 304,306
아시아 역내 협력 302,303
아시아 지역주의 303
아시아 회귀(pivot to Asia) 280
아시아개발은행(Asian Development Bank,ADB) 299,343
아시아태평양경제협력체(APEC) 272
아亞원자 물리학 46
아야요阿也謠 68
아원자 물리학 102
아이슬란드 214
아이슬란드 뉴 에너지 214
아이티 포르토프랭스 지진 176
아인슈타인 과학 35
아인슈타인 역학(Einsteinian dynamics) 24
아인슈타인과 보어의 논쟁 110
아인슈타인의 중력법칙(일반상대성이론) 29
아카식 레코드(Akashic Records) 45
아태 패권 경쟁 275,278
아태시대 64,296,319,320,322,328,330
아태지역 320
아토마(atoma) 137
아토믹코리아 184
아페이론(apeiron 無限者) 136
악성 산업폐기물 94,185,188,189,191

안면도 계획 175
안사安史의 난 283
안정 동위원소 150
알파 붕괴(alpha decay) 155
알파 입자 144,155
알파 입자 발사 실험 144
알파(α) 입자 산란 실험 144,149
알파파 258,259
앎의 원圓 111
앙상블 해석(EIQM) 27
액체 민주주의(Liquid Democracy) 109,317
액체수소 221
액티바 87,88,89,90,92,96,86,87,91,94,186, 187,188,189,195,203,220,221,222,223, 225,237
액티바 공법 95,188,222,237,324
액티바 구리(Activa Copper) 150
액티바 기술력 186,223
액티바 소재 95,324
액티바 시스템 공법 158
액티바 시스템(Activa System) 150
액티바 신기술 92,93,135,189,324
액티바 신소재 94,96,157,185,187,189,195, 196,200,203,326
액티바 첨단소재 96,134,157,158,160,165,166, 186,196,197,221,223,237,323
액티바 혁명 85,134,165,166
액티바 혁명의 진원지 96,237
액티바연구소 90,91,95,188,190
액티바워터 89
액화수소 213
액화천연가스(LNG) 224
양검론兩劍論 38,121
양성 수소 핵자 93,151,157
양성자 띠 252
양성자(陽性子 proton) 144,145,148,155,252
양성자수 145,156
양이온 136
양자 156
양자 변환 261
양자 세계 43
양자 얽힘(quantum entanglement) 260

양자 형이상학(quantum metaphysics) 49
양자가설(quantum hypothesis) 43
양자계 46,47,48,102,110
양자다리(quantum bridge) 257
양자도약(quantum leap) 257
양자론 42,146,147
양자물리학 44,88,147,149
양자물리학자 34,47,56
양자수 147
양자수 변환 155,156
양자兩者 FTA 318
양자역학 27,42,43,47,48,56,110,102,112,143, 147
양자역학의 원자 모형 147
양자역학적 관점 44,46
양자역학적 세계관 44,47,58
양자역학적 실험 77
양자역학적 원자 모형 146
양자역학적 해석 110
양자의학 44
양자이론 48
양자장 이론 56
양자장(quantum field) 46,102,148
양자적 가능성(quantum possibilities) 257
양자화 147,148
양자화 가설 146
양자화된 에너지 146
양전자 방출 156
양전하 142,143,144,148,155
양쪽성원소 136
어두운 기운(tamas) 116
에고(ego)의식 60,111
에너지 공유 인터그리드(intergrid) 108
에너지 대사 작용 89,90
에너지 독립 단지 215
에너지 매체 218
에너지 문제 92,96,208,323
에너지 민주화 108,225,226,227,230,237
에너지 밀도 212
에너지 변환 기능 217
에너지 변훈의 매체 219
에너지 보관법 213

에너지 보텍스(energy vortex) 129
에너지 산업 95,196,220
에너지 산업 소재 91,324
에너지 생산ㆍ소비 환경 232
에너지 소비 시스템 216
에너지 소비량 229
에너지 소비자 230
에너지 시스템 114,128,216
에너지 안보 174,191,210,232,233,236,302,306
에너지 연결자 229
에너지 예금통장 205
에너지 위기 174,214,234
에너지 인프라 229
에너지 자원의 다양화 216
에너지 저장 수단 220
에너지 전략 2020 274
에너지 정보 공유체 227
에너지 주권 191
에너지 준위(energy level) 146
에너지 진동 56,117
에너지 체계 226,227
에너지 혁명 35,211
에너지 환경회의 178
에너지 효율성 301
에너지 흡수 파장대 87
에너지ㆍ식량 단지 조성 215
에너지ㆍ지성ㆍ질료 54,110
에너지경제연구원 180,197
에너지공동체 293
에너지변환ㆍ저장기술 217
에너지변환매체 217
에너지원 208,232,233
에너지원의 다변화 301
에너지원의 다양화 220
에너지원의 다원화 178
에너지의 바다[氣海] 149
에너지의 청정화 220
에너지의 탈탄소화 212
에너지장場 117
에코액티바 86,185
에코액티바 환경기술연구소 86

에코토피아(ecotopia) 71
에페시안학파(Ephesian School) 137
엔닌(圓仁) 284,285
엔트로피 51
엘레아학파(Eleatic School) 137
여성성 267
역내 협력 302,303,304,306,318,320
역동적 균형체계(dynamic equilibrium) 272
역사적 복권復權 293
역逆파동 85,327
역학적易學的 순환사관 264
연금술 139,140,144
연료 절감기 91,165,325
연료전지(燃料電池 fuel cell) 95,108,217,218,219,226,230,231
연료전지산업 230
연미연중聯美聯中 279
연방 단계 330
연속열처리 164
열린사회(open society) 31,282
열분해 216
열분해법 219
열수변질 진동파쇄법 87
열에너지 217
열차폐체(Thermal Shield) 234,236
열화학법 233
열화학분해법 219
염기(鹽基 또는 알칼리) 136,156
염기성 탄산구리 141
염파念波 81,85,327
염화가스 151
염화구리 92,152,154,157
염화구리 생산 단계 154
염화구리 소량 생산 과정 155
염화제이철 151
염화제일철 151
영광원자력발전소 179
영구 연료(the forever fuel) 210,225
영구처리 94,185,186,188,189,190,196,324
영구처분 방식 183,184
영국 고전 경험론 39
영성 계발 114

영성靈性 54,111,113,124,260,267
영성 과학자 256
영원의 철학(perennial philosophy) 28
영육쌍전靈肉雙全 265
영적 각성 103,269
영적 교정 114
영적 일체성(spiritual identity) 113,266
영적 진화 55,80,103,114,115,116,118,119
영혼의 환국桓國 129
예술관 295,296
옌지 291
옐로스톤 244
옐로스톤 화산폭발 249
오로라 252,253
오메가 포인트(Omega Point) 129,270
오브닌스크(Obninsk) 원전 171
오스만 제국(Ottoman Empire) 32
오시리스 숫자 33
오존층 252
오존층 파괴 100,208
온실가스 103,104,105,132,181,182,187,192, 232,236,250
온실기체 202
온실효과 225
와이즈만 과학연구소(Weizmann Institute of Science) 88
완력경제(brute-force economies) 312
왕검교(王儉敎, 고려) 267
외재적 자연(extrinsic nature) 48,70
요코 위성 B 249
용융(鎔融 melting) 93,157
용제추출법 196
우나로아(Mauna Loa)산 103
우라늄 농축 173
우라늄(U) 173,143,156
우로보로스(ouroboros) 261
우연과 필연의 논쟁 111
우주 1년의 이수(理數, 천지개벽수) 262
우주 구성원소 215
우주 대폭발(빅뱅) 53
우주 발생 270
우주 생명력 에너지(cosmic life force energy) 54
우주 생성의 비밀 53,149
우주 원리 60
우주 지성[보편의식,참본성] 115
우주 탄생의 비밀 54
우주 환경 249
우주계획(US space progamme) 214
우주권 270
우주력宇宙曆 262
우주물리학자 258
우주법칙 119,110,112,117
우주섭리 116,117,262,265,270
우주에너지(Cosmic Energy) 202,594
우주의 근본 원리 128
우주의 근본 질료 54,69
우주의 본원 50,58
우주의 본질 50,54,59,62,80,102,111,124
우주의 생성 원리 53
우주의 실체 56,208
우주의 창조적 에너지 55,115
우주의식[전체의식,보편의식,근원의식,순수의식] 55
우주적 정의 113,119
우주적인 유기체(Cosmic Whole Organism) 325
우주환경센터 243
우크라이나 298
울란바토르 319
울진원자력발전소 180
원방각圓方角 69
원소 135,136,139,140,142,144,156,159
원소 변성 135,149,155,156,157,166
원소 변성 소재 91,324
원소 변성 이론 135
원소 변환 149
원소 주기율표 94
원소관元素觀 24,140
원소루자 137
원소의 인공 변환 144
원소의 주기성週期性 135
원소의 핵변환核變換 145
원소주기율표 135
원소표 140
원유부산물(피치) 219
원자 구조 142,143

원자 모형 148
원자 물리학 143
원자량(질량수) 145
원자력 169,171,175,1181,193,195,201,207,
　　　　208,218,220,223,224,233
원자력 산업 171,192,200
원자력 혁명 134,169,237
원자력발전 산업 324
원자력발전(원전) 91,95,96,105,172,173,174,
　　　　181,183,191,192,193,194,195,196,197,
　　　　199,202,220,222,223,224,225,236,237
원자력발전선 200
원자력발전소 171,176,179
원자력법안 171
원자력수소 233
원자력시대 143,147
원자력안전위원회 178,198
원자력에너지 190,196
원자력위원회(Atomic Energy Commission, AEC)
　　　　170,171
원자력의 평화적 이용 170,172,187,203
원자력의 평화적 이용안(Atoms for Peace, 1953)
　　　　171,172
원자력환경기술원 90,184
원자로(nuclear reactor) 176,182,216
원자론 137,139
원자번호(양성자수) 155
원자폭탄 145,169,170,172
원자학파(Atomist School) 137
원자핵 142,143,144,145,146,147,148,149,
　　　　155,156
원자핵 발견 143
원자핵 분열(atomic fission) 146,156
원적외선 방사(복사)체 86
원전 기술 191
원전 대국大國 182
원전 민영화 201
원전 방사성 폐기물 151
원전 산업 175,178
원전 시장 188,198
원전 폐기물(고준위, 중준위, 저준위) 196
원전原電 방사능 100

원전폐기물 연구소 90
원천기술 86,93,94,96,134,150,157,158,160,
　　　　165,166,186,195,196,200,203,221,223,
　　　　237,323,326
원텍산업기술연구소 184
원한신제園韓神祭 284
원회운세元會運世 263,264
월가 점령 시위 338
월드 와이드 웹 228,269,332
월성원자력발전소 179
월스트리트저널(WSJ) 276
웨스팅하우스(Westinghouse) 172
위계적 균형체계(hierarchical equilibrium) 272
위기 관리(crisis management) 능력 122
위성 장애 249
윈-윈 협력체계 318
유기농업 165
유기적 통일체 44
유기적 통합성 44,77
유기적·시스템적 속성 58
유기체생물학 44
유대기독교 세계정부 334
유대인 공동체 306
유라시아 특급 물류혁명 291
유라시아 특급 물류혁명의 전초기지 295
유라시아판 176
유럽연합(EU) 272,307
유럽입자물리연구소(CERN) 53,148
유리고화 공법 185,188
유리고화(琉璃固化 vitrification) 90,185
유리고화 영구처리 90,95,98,165,203,223,225,
　　　　237
유물론·유심론 논쟁 74
유비쿼터스(ubiquitous) 335
유비쿼터스(ubiquitous) IT시스템 구축 293
유엔 미래보고서 195
유엔 안전보장이사회 335
유엔 창립 50주년 기념사업 288
유엔 총회 335
유엔개발계획(UNDP) 212,319
유엔세계평화센터(UNWPC) 282,320
유엔평화대학 295,297

유엔환경계획(UNEP) 241
유일신 73,127
유일신 논쟁 74,128
유체에너지 217,218
윤회시운輪廻時運 264
율려(律呂,波動,에너지장) 81
융합기술 125
음극선 142,142
음극선 실험 142,149
음양동정陰陽動靜 263,264
음양상극 263
음양오행 73
음양의 원리 74
음양지합 26,265
음전하 142,144,148
의료기기 소재 91,324
의식 변환 258,259,266
의식 성장 122
의식계[본체계] 44,73
의식과 자기장 257
의식과 지성을 가진 정신(conscious and intelligent Mind) 49
의식시대 46,67
의식의 자기교육과정 103,111,115
의식의 진화 56,80
의식의 창조성 260
의식의 투사영投射影 209
의식의 투사체 101
의약산업 165,324
의약품 첨가제 91,324
이론물리학자 27,147
이분법 50,60,82,107,111
이분법적 사유체계 47
이분법적 패러다임 43
이산화탄소(CO_2) 150,194
이산화탄소(CO_2) 농도 103
이산화탄소(CO_2) 방출량 211,231
이성적 자유(rational freedom) 68
이오니아(Ionia) 136,137
이원론 38,60
이원론석 사고 42,100
이원성 47,81,85,116,120,327

이理·공空·무無 57
이중나선二重螺線 77
이중슬릿 실험(double slit experiment) 88
이집트문명 267
이타카(Ithaca) 해석(IIQM) 27
이트륨(Y) 94
이화세계理化世界 76
인간 실존의 위기 100,343
인간 의지의 자유 113
인간 존재의 세 중재축 56,57,122
인간 중심의 가치관 122
인간 중심의 세계관 99,129
인간 중심주의 42,100,105,106
인간과 자연의 연대성 290
인간의 얼굴을 한 과학 209
인간의 자기실현 75
인공 방사능 145
인공 방사능 연구 145
인공 방사성 동위원소 145,149
인공원소 136
인공태양 207,234
인과의 법칙[카르마의 법칙] 113,117
인기어인人起於寅 263
인더스문명 267
인도-호주판 176
인력의 법칙 119,115,117
인류 공동의 집 325
인류 문명의 구조 122
인류의 가치지향성 45
인류의 환국 129
인사人事 263,265,266,270
인식 구조의 변화 30,31
인식과 존재의 변증법적 관계 30
인식론 58
인위적 원소 변환 144,149
인중천지일人中天地一 74,76
인지認知 탄생 270
인지학人智學 64
인지학(anthroposophy)협회 45
인체 구성원소 215
인터넷 커뮤니케이션 기술 107
인회寅會 263

일레븐 313,342
일렉트롤라이저사社 213
일반상대성이론 112
일신[유일신] 69
일심[보편의식,전체의식,우주의식,근원의식,순수의식] 47,115,118
일심의 세 측면 73
일심의 체성體性 47
일원론(monism) 136
일원一元 262
일정성분비의 법칙(law of definite proportions 또는 정비례의 법칙) 141,142
일즉다一卽多·다즉일多卽一 50,68,70,72,73,74
일즉삼·삼즉일 70
일체유심조一體唯心造 57
임계질량(critical mass) 323
임시저장 184
임시저장 시설 183,188
입자 47,55,56,142,148
입자 철학 139
입자물리학 표준모형 148
입자물리학(particle physics) 53
입자성 142,143
입자와 파동의 이중성 56,147
있음(being) 52

[ㅈ]

자극 247
자극 역전 244
자기 자오선(magnetic meridians) 246
자기감지력(magnetoreception) 256
자기광물질 81,254
자기교육과정 81,327
자기권 245,252
자기근원성 50,62,74,77,101,102,111,149,268
자기냉각기술 234
자기복제(self-replication) 50,69
자기생성적 네트워크 체제 50
자기유사성[자기반복성] 51
자기장 247,253,256

자기장 변동 249
자기장의 교란 253
자기장의 약화 257
자기정화과정 82,327
자기조직화 42,50,51,52,54,58,77,114,149
자기폭풍(흑점) 252
자동촉매작용(autocatalysis) 51
자루비노항 291
자미원지구 294
자본자근自本自根 59
자본주의 109,227,316,329
자본주의 경제의 세계화 272
자본주의 체제 337
자본주의의 발전 과정 313
자생자화自生自化 59
자연 동력 208
자연농업 293
자연법 114
자연에너지 216
자연열화 201
자연의 대순환주기 261,329,332,333
자연철학 37,136
자연철학자 136,138
자연친화적 289
자원 문제 92,96,323
자원 혁명 157,165,166
자유무역협정(FTA) 274
자유민주주의 121
자유와 평등 82
자유와 평등의 대통합 329
자유의지 34,117,118
자유주의 경제 원칙 272
자율적인 개인의 집합 338
자율주의(아우토노미아) 337
자장磁場의 반전 33
자전축의 변화 253
자정自淨작용 261
자회子會 263
작용·반작용의 법칙[카르마의 법칙] 113,117
작용과 본체 57
장고봉張鼓峰 사건 297

장령자長岺子 295
장보고 시대 282,284,292
재생에너지 96,107,109,220,301
재세이화在世理化 75,77
재스민혁명(Jasmine Revolution) 273,339
재처리 기술 185
재처리 방식 183,184
재처리 시설 184
저궤도 위성低軌道衛星 243
저농축 우라늄 173
저밀도 개발 289
저온 융융 소재 190,197
저장 에너지 220
적동석(赤銅石 cuprite) 150
적산명신赤山明神 286
적산포赤山浦 286
적산포-청해진-하카다 314
적석산積石山 시대 71
전기동 가공산업 164
전기동電氣銅 150,164
전기분해 216,221
전기에너지 216,217,218
전남 영광 180
전력 경제 218
전리층 258,259
전위예술(아방가르드 avant-garde) 125
전이원소 136
전일성[一] 50,109,344
전일성의 세계 44,47
전일적 과정 60
전일적 실재관(holistic vision of reality) 43,67
  44,45,60,62,68,74,99,106,109,112,122,
  328,344
전일적 패러다임(holistic paradigm) 42,43,67,
  100,329
전일적 · 유기론적 세계관 57
전일적인 흐름(holomovement) 44,52,124
전자 띠 252
전자 방출 156
전자 시대 149
진자 에너지 준위 147
전자 포획 156

전자(electron) 48,55,88,142,143,146,148,149,
  156
전자구름 147,148
전자구름 모형(electron cloud model) 147,148
전자기 인력 152
전자기 폭풍(electromagnetic storm) 247
전자기력 112
전자기파 143,146
전자운동 88,89
전자의 운동성 88
전자입자 가속기 152
전자파 87,88,89,152,186,223
전체성 48,50,58,82,111,113
전하량 142
전해수소 발생기 213
전해조電解槽 213
절대온도 86
접속(access) 316
정보기술 125
정보-에너지장(information-energy field) 49
정보화혁명 102
정부평의회(Council of Governments) 340,341
정상과학(正常科學 normal science) 26,29,32,
  43,62,112,204
정신 · 물질 이원론 67,99,101,121
정신개벽 265,266
정신문명 시대 129
정신문화 66,165,166,327,328
정신문화 수출국 166
정신문화적 토양 268
정신적 토대 구축 327
정신적 · 영적 통합체 125
정원형正圓形 263
정음정양正陰正陽 265
정지궤도 위성靜止軌道衛星 243
정치 · 안보 공동체 325
정치적 리더십 303
정치적 지역주의(regionalism) 308
정치적 · 종교적 충돌 316
정합적 역사 관점(CHP) 27
성혈精血작봉 89,220
정화의 시간 261

제1물결(the First Wave) 312
제1원리 53
제1원인의 삼위일체[三神一體] 54,69
제1의 불 169
제1질료(Prima Materia) 124
제1차 석유파동 173
제2물결(the Second Wave) 312,313,317
제2의 르네상스 61,120,122,127,129,130
제2의 불 169,201
제2의 에너지 형태 212
제2의 종교개혁 120,122,127,129,130
제2철염(Fe3+) 81
제3물결 312,313,317
제3의 불 169,201
제4세대 원전 시스템 192,199
제5차 지구환경 전망 241
제로섬(zero-sum) 게임 319
제로포인트(Zero Point) 의식 258
조류藻類 92
조에(Zoe) 172
조화造化 작용 55,128
존재론적 딜레마 62,112,121
존재론적 지형 134,237
존재의 괴리 62
존재의 대사슬(The Great Chain of Being)28
존재혁명 35,60,62,67,99,101,102,103,105, 106,112
존재혁명의 과제 60
종교개혁 39,61,120,128,129
종속적 환원주의 123,124
주석(Sn) 156,159
주신교(主神敎,만주) 267
주체와 객체의 이분법 46
죽음의 소용돌이(vortex of death) 251
준결정(準結晶, quasicrystal) 물질 186
준準금속(metalloid) 136
중간자 이론 93,149
중간저장 방식 184,180,183
중간저장(Interim Storage) 시설 180
중개무역 282,283,292,293,314
중국 동북지역 291
중국의 대북 전략 278

중도中道 118
중력 56,29,112,146
중력의 법칙 52
중력장(gravitational field) 29
중성미자(中性微子 neutrino) 145
중성자(neutron) 145,148,156
중소형 원전 198,202
중소형 원전 세계시장 199
중소형 원전 스마트 198
중수소(D, Deuterium) 234
중수重水 179
중앙외사공작영도소조 277
중정中正 119
중진국의 함정 301
중진국의 함정 시나리오 304
증발법 196
지각이동설 32
지구 대격변 241,243,249,261
지구 대기권 250
지구 문명 45
지구 생태계 248
지구 자기권 252
지구 자기장 81,247,249,252,253,254,256,257, 258,259
지구 자기장 역전 257
지구 자기장의 변화 255,258,259,266
지구 자원 문제 324
지구 중심핵 206
지구 탄생 270
지구 환경 219,223,241
지구공동체 325
지구공명주파수 259
지구공학(geoengineering) 61
지구단일체계 314
지구물리학자 245,246
지구온난화 100,104,105,182,187,191,194, 202,207,208,213,214,223,225,245,247, 255,256
지구의 극이동(pole shift) 251
지구의 주파수 259
지구의 주파수와 인간의 뇌파 258
지구의 핵 252

지구중심설(geocentrism) 24
지구중심체계 24
지구촌 경영 286,293
지구촌 패러다임 290
지구촌 환경문화교육센터 294
지구촌의 미래 청사진 289
지구촌의 분권화 282
지동설 24,126
지르코늄 177
지린성吉林省 298,320
지벽어축地闢於丑 263
지속가능한 개발 289
지속가능한 경제발전 230
지속가능한 경제성장 302
지속가능한 문명 316
지속가능한 발전 104,105,340
지속가능한 복지 134,237
지속가능한 성장 300,340,341
지속가능한 에너지 208
지속가능한 후퇴(sustainable retreat) 104,105, 106,192
지식 융합 125
지식 혁명 123
지식경제부 180,198,232
지식의 나무 125
지식의 대통합 124
지식의 융합 123
지역 경제 발전 유도 289
지역 에너지망 227
지역 정체성 308
지역 정체성 확립 318,322,330
지역 통합 299,307,308,309,318,320,340
지역화(regionalization) 272,308,322
지열 212,215,216,218,220
지오스민(geosmin) 92
지자극 역전 251,253,257,258,259
지자극(地磁極 geomagnetic poles) 251
지자기(地磁氣 terrestrial magnetism) 251
지정학적 전략 278,280
지천태괘地天泰卦 265,266
지축 263
지축(rotational axis)의 변화 253

지축의 경사 263
지축정립 264
진단 의학계 134,237
진동수 89,115
진리가 과학의 핵심 209
진성眞性 69
진여眞如 47
진제眞諦 267
진종교(眞倧敎, 발해) 267
진지의 빈곤 60
진화(evolution) 33
진화의 기말고사 268,270
질량 불변 원칙 152
질량보존의 법칙 141,142
질료(質料 matter) 36,55,149
질료인(質料因 causa materialis) 36,138
질소 원자핵 144
집단무의식 257
집단지성 336
집일함삼執一含三 74

[ㅊ]

차세대 상업혁명 226
차세대 성장국(slow-or modest-growth aspiring economies) 302
차세대 신성장 동력 230
차세대 에너지 234
차세대 원자로 192
차세대 핵융합로 235
참나 73,74
참본성 71,74,75,117,118,119,129
참여와 성과의 공유 300,323
참여하는 우주(participatory universe) 46,77, 118,260
참자아 69,102,116
참전계경 73,76
창조경제 11
창조론 · 진화론 논쟁 74
천 · 지 · 인 삼신 69,70
천 · 지 · 인 삼신일체 71,72,74,328
천 · 지 · 인 삼재 69,76,85,122,264

천개어자天開於子 263
천도天道 71,72,74,264
천리天理 265
천부 문화 72,261
천부경 59,65,73,74,76
천부경 81자 73
천부사상['한' 사상, 삼신사상] 77,261,328
천부天符스타일 344
천산주天山州 71
천시天時 263,265,266
천신교天神敎 267
천연 구리 160
천연 우라늄 179
천연가스 95,194,208,210,216,218,219,222
천연자원 301
천인합일天人合一 58,75,77
천지개벽 265,266
천지개벽의 도수度數 262,265
천지본음天地本音 73
천지비괘天地否卦 265,266
천지운행 117,263
천지운행의 원리 261,262,264,266
천지이기天地理氣 55
철 원소 핵자 93,151
철로 구리 제조 96,150,165,324,326
첨단 산업의 비타민 94
청정 대체에너지원 223
청정 문화사업 225
청정 수소에너지 산업 237
청정 에너지원 149,202
청정 연료 217
청정 핵융합에너지 236
청정에너지 225
청정에너지 시대 231
청해정신淸海精神 282
청해진淸海鎭 285,286,287,290,292
체계적 위험 333,339,340
체르노빌 원전原電 사고(Chernobyl nuclear accident) 174,177
체르노빌(Chrnobyl) 174
체첸 273
체코슬로바키아 273

초개인심리학자(transpersonal psychologist) 27
초고온가스로(VHTR) 233
초공간성 47
초국가적 실체 322
초국가적 중앙은행 341
초국적 기업 317,336
초국적 발전 패러다임 274,318,319,322
초국적 실체 272,274
초끈이론(superstring theory) 112
초양자장(superquantum field) 48,49
초월성(transcendence) 50,58
초전도 235
초전도체 235
최첨단 유리고화 188
최첨단 유리고화 공법 191
축전지 에너지 저장 방식 215
축회畜會 263
출해권 298
충격파(a shock wave) 247
치산치수 산업 165
친환경 수소경제 230,232
칠레 콘셉시온 지진 176
칠레구리위원회 160
침전처리제 186

[ㅋ]

카르마(karma 業)의 법칙 113,114,119
카르마(karma) 113,115,117,118,119
카르마의 그물 115
카오스 51
카오스의 가장자리(edge of chaos) 51
카오스이론(chaos theory) 43,51
칼더홀(Calder Hall-1) 원전 171
캐번디시 연구소(Cavendish Laboratory) 143,144
캘리포니아 발 세계 금융위기 339
케논(Kenon 공허) 138
케미컬 히트펌프 217
코로나 질량 방출 248
코리언 웨이브(Korean Wave) 268
코페르늄(Cn) 156
코펜하겐 해석(CIQM) 27,48,110,147

쿠릴열도 275
쿤달리니(kundalini) 85
쿨롱 인력(coulomb attraction) 152
크라이스트처치 지진 176
크립톤(Kr) 156
킬리만자로 산 248

[ㅌ]

타르샌드 210
타마스 116
타임웨이브(Timewave) 268,269
탄산염 150
탄소 배출 182,237
탄소 배출량 210
탄소 원자 212
탄소배출권 시장 191
탄화수소 212,214,218,219,222
탄화수소체 95,219
탈근대적 혁명 338
탈근대주의 317
탈냉전(post-Cold War) 272,273,274
탈대량화(de-massification) 312
탈물질화 211
탈중앙화 229
탈탄소화 211
탈脫원전 178
탈패권(post-hegemony) 272
탈화석 연료 시대 212
태극·4괘 84
태극·4괘太極四卦 도안 83
태극도太極圖 83
태극양의太極兩儀 83,84
태극의 눈 84
태백산(중국 陝西省 소재) 시대 71
태양 탐사 위성 248,249
태양 탐사선 248
태양 토네이도 249
태양 플레어 248
태양 활동 246,249,252
태양계 246
태양광 181,215

태양광 발전소 181
태양광 에너지 212
태양광 패널 181
태양광발전 181
태양권(heliosphere) 247
태양력 193
태양에너지 205,207,214,242,245
태양역학관측위성(SDO) 249
태양열 212,215,218,220
태양의 활성화 245
태양중심설(지동설) 24,37
태양중심체계 24
태양폭풍 243
태양풍 252,258
태양흑점 폭발(태양폭발) 245
태양흑점(sunspots) 244,245,252,258
태평양의 열쇠 64,327,330
태평양판 176
텅쉰 278
텔루륨 177
토륨 143
토바 호(Lake Toba) 249
토양개선제 91,165,325
토카막(Tokamak) 235
톰슨의 원자 모형 143,148
통리교섭통상사무아문統理交涉通商事務衙門 83
통섭의 본질 124
통섭적 지식 332
통신 혁명 210,227
통신의 민주화 228
통일 도수 264
통일 비용 97,326
통일장이론(unified field theory) 53,112
통합 학문 124,125
튀니지 273
트랜스휴먼(trans human) 315
특수적 상호주의(specific reciprocity) 307
특이점(singularity) 269

[ㅍ]

파도바(Padova) 37

파동 에너지 260
파동 증폭 88,186,223
파동(waves) 24,46,47,48,55,56,80,110
파동과 입자의 이중성(wave-particle duality) 48,49,50
파동과학 86,92
파동역학(wave mechanics) 43,147
파동의 기원 48
파동의 대양 118
파동의 원리 81
파동의 형태 89
파동-입자의 이중성 27,111,143
파동함수 48,147,148
파미르 고원 71,261
파워 폴리틱스(power politics) 67
파이로프로세싱 재처리 방식 185
파이로프로세싱(Pyroprocession) 184,185
파이워터 89,196
팍스 로마나(Pax Romana) 334,337,338
팍스 브리태니카(Pax Britanica) 334
팍스 시니카(Pax Sinica) 334
팍스 아메리카나(Pax Americana) 334
팍스 임페리이(Pax Imperii) 337
패러다임 이론 30,33
패러다임 전환 23,24,26,30,33,34,38,43,45,46, 62,67,99,107,112,122,317,328,344
패러다임의 변화 35,56
평등성지平等性智 47
평형 열역학(equilibrium thermodynamics) 52
평화 정착 274,325
평화의 광장 294,295,296
평화의 방(Peace Room) 323
평화의 불 203
평화지대 297,298
포스트 게놈시대(Post-Genome Era) 51,102
포스트모더니즘(postmodernism) 30,100,125
포스트모던 사상가 27
포시에트 291,292
포용적 금융시스템 301
포용적 성장(inclusive growth) 305,323
포용적 혁신(inclusive innovation) 300,323
폴로늄 145,155

폴리실리콘 전지판 기술 215
표준모형(standard model) 53,54
표준해석 110
풍력 181,193,208,212,215,216,218,220
풍류(風流, 신라) 267
풍이족風夷族 85
퓨전(fusion) 66,125
프랑스 아레바 컨소시엄 199
프랙털(fractal) 51
프랙털(fractal) 함수 268
프로메테우스의 불 169,207
프리에너지(Free energy) 204
프리즈마 유리고화 시스템 188,190
프린스턴 해석(PIQM) 27
플랜트(plant) 수출 191,200
플럼-푸딩 모형(plum-pudding model) 142,148
플로지스톤 이론 140
플로지스톤(phlogiston) 24,140
플루토늄(Pu239) 173,177,183,185,187,203, 324
피시스(physis) 34
피타고라스의 사상 138
피타고라스학파(Pythagorean School) 137
필립스연구소 221
필연적인 자기법칙성 50,118

[ㅎ]

하나(一) 49,59,73,75
하늘의 이치 73
하원갑下元甲 264
하의상달식 세계화 230
하이브리드(Hybrid) 방식 196
하이테크 변성공법 92,150
하이퍼 리얼리즘 126
하이퍼 민주주의 315,316,332
하이퍼 분쟁 315,316
하이퍼 유목민 314
하이퍼 자본주의 316,332
하이퍼 제국 314,316
하카다博多 286
학문의 분과화 61

학습기제(learning mechanism) 116,327,329
한국과학기술연구원 233
한국과학기술원(KAIST) 198
한국과학기술정보연구원(KISTI) 231
한국비철금속협회 160,161,162
한국산產 정신문화 165
한국수력원자력(한수원) 181,184,190
한국에너지기술연구원 233
한국원자력안전기술원(KINS) 177
한국원자력연구소 90,190
한국원자력연구원 185,191,198
한국전력공사(한전) 198
한국형 미사일방어시스템(KAMD) 280
한국형 표준 원자로 175
한국형 핵융합로(인공태양) 235
한국화학융합시험연구원(KTR) 155
한류 현상 267,268
한몽수교 274
한미원자력협정 173,184
한민족 67,77,268,327,328
한반도 비핵화 275,281
한반도 통일 82,98,134,237,279,299,318,320, 322,325,326,327,329,330
한반도 평화통일 325,343,344
한반도발發 21세기 과학혁명 96,130,134,237, 343
한반도외사영도소조 280
한반도의 정신적 토양 85,96,134,237
한반도의 존재론적 지형 77,82,84,327
'한' 사상 48,49,70,71,72,73,165,166,328,329
한울림 북 축제 294
합리주의 철학 38,121
합병형 공동체(amalgamated community) 307
핫산 291,292,298
핫산구정부 288
항공우주산업 159
항법장치航法裝置 교란 249
항산화 작용 89,90,91
해상상업제국(Maritime Commercial Empire) 285
해수담수화 기술 195
해수담수화 산업 190
해수담수화海水淡水化 195,196,199

해양문화권 291,295
해양산업 314
해양생태계(marine ecosystem) 250
해양투기 188
해혹복본解惑復本 72,82,344
핵 개발 도미노 현상 276
핵 경쟁체제 276
핵개발 173,177
핵력(核力 nuclear force) 93
핵무기 276
핵무기 개발 172
핵무기 원료 183
핵무기 제조 183
핵무장 276
핵물리학의 아버지 142
핵반응 151,152,173
핵반응 공법 151,152
핵변환 149
핵분열 142,145,149,156,156,173,183,193,199
핵에너지 132,145,172,173,192,216
핵에너지 시대 146,149
핵연료 183,185,225,233,237
핵융합 기술 234
핵융합 발전 193,202,324
핵융합 실용화 234
핵융합(nuclear fusion) 106,142,149,156,207, 234,235,236,324
핵융합로 열차폐체 개발 235
핵융합로 원천기술 236
핵융합로(fusion reactor) 216,234,236
핵융합에너지 234,236
핵입자 152
핵자 이동 93,152,155,156,157,166,324
핵자 이동의 원리 324
핵자(核子) 92,93
핵자기 공명 152
핵자기 운동 87
핵자核子 이동설 149
핵잠수함 151,221
핵주권론 184
핵폐기물 96,165
핵폐기물 유리고화 영구처리 324

핵폐기물 처리 문제 92
핵폐기물(저준위, 중준위, 고준위) 94,178,183, 185,188,192
핵확산금지조약(Nuclear Non-Proliferation Treaty, NPT) 172,276
햇빛에너지 206
행렬역학(matrix mechanics) 43,147
행성 모형(planetary model) 143,148
행성 의사(planetary physician) 103
행성간 자기장(interplanetary magnetic field,IMF) 245
행성의 운동에 관한 3개의 법칙 38
행위예술(performance) 125
헤르마누스 자기관측소 245
헤이룽장성 298,320
헬리오스(Helios) 248
혁명적 과학관 23
혁명적 발전 32
현대 과학 44,45,51,102,122,138,143
현대 과학혁명 43
현대 물리학 43,44,49,56,58,60,68,102,106, 111,122,142,149,328,344
현대 물리학의 '의식' 발견 46
현대 물리학적 사유 57
현대 원자론 142
현대 화학 141
현묘지도玄妙之道 267
현상계[물질계] 44,48,58
혈구지도矩之道 76
협력 거버넌스 308
협력의 리더십 303
협업 경제(the collaborative economy 109,317
협업 메커니즘 317
형상(形相 form) 36,48
형상론形相論 138
형상인(形相因 causa formalis) 36,138
형태형성장(morphogenic field) 49
호모 노에티쿠스(Homo Noeticus) 323
호모 레시프로쿠스(Homo Reciprocus) 123
호모 심비우스(Homo Symbious:) 123
호모 유니버살리스(Homo Universalis) 322
호모 이그니스(Homo Ignis) 169

호모 프로그레시부스(Homo Progressivus) 322
호서대학교 90,190
혼원일기混元一氣 259
혼합가스 223
홀로그램 47,126
홀로그램 모델 44
홀로그램 우주론 44
홀로무브먼트(holomovement) 46,55
홍익인간弘益人間 64,70,71,75,77,268,328,329
홍익인간 사상 66,67,328
홍익인간 DNA 68,268
홍익인간의 이념 129
홀원소물질(자연구리) 150
화계사 165,166
화교 네트워크 308,309
화력발전 202
화력발전소 198,199
화석 에너지원 228
화석에너지 100,194,223,224
화석연료(fossil fuel) 95,104,105,107,182,191, 194,196,197,199,202,205,206,207,210, 212,214,216,218,219,220,223,226,230, 301,332
화석연료 시대 210,229
화석연료 에너지 체계 229
화석연료 중독 207
화석연료의 종말 223
화폐금속(coinage metal) 150
화학 원소의 변환 144,149
화학에너지 218
화학적 원자론 139,141,142
화학혁명 24
화합물 139,140,141,142,159
확률론적 해석 110
확산적 상호주의(diffuse reciprocity) 307
환경 파괴 61,100
환경 회생 294
환경·경제·문화 공동체 형성 325
환경·문화의 세기 290
환경공동체 293
환경난민(environmental refugees) 194,208
환경론자 105,192

환경문화교육센터 299
환경복지(environmental welfare) 292
환경산업 165,188,191
환경산업 소재 91,324
환경생태 336
환경생태 문제 292
환경생태공동체 292
환경운동 105,193
환국桓國 70,328
환단桓檀시대 328
환동해경제권 297
환원주의 122
환태평양 지진대 176
환황해경제권 297
활동적인 기운(rajas) 116
활성산소 90,91
활성수(진동수) 89,196
활인검活人劍 89
황금동 158
황금의 삼각주 291
황도대 45
황동(놋쇠) 158,159
황동석(黃銅石 chalcopyrite) 150
황엔다오黃巖島 275
황하문명 267
황해경제권黃海經濟圈시대 286
황화물 150
회룡봉경구回龍峰景區 288,298
회삼귀일會三歸一 74
회전운동 87
효소의 자기조직화하는 원리[hypercycle] 49
후기 산업사회 126
후천 곤도坤道시대 265,266
후천개벽 265,268,253,261,262,263,264,265,
 200,270,329
후천문명 344
후천시대 264
후천後天 5만년 262
후쿠시마 원자력발전소 182
후쿠시마 원전 177
후쿠시마 원전 사고 236,276
후쿠시마 제1원전 176,177

훈춘 288
훈춘-나진·선봉-포시에트 289
훈춘시 인민정부 288
휘동석(輝銅石 chalcocite) 150
휴대용정보단말기(PDA) 226
흡착(adsorption) 95,185
희토류 생산 96,97,326
희토류계 합금(LaNi5) 221
희토류稀土類 94
희토류 전쟁 207
히로시마(Hiroshima) 169
힉스 입자(Higgs Boson) 53,54,56,148,149
힉스(Higgs) 53,54

[기타]

(주)에코액티바 85,86,150,185,190
〈95개조의 논제〉 121
〈뉴욕타임스(The NewYork Times)〉 251
〈데일리메일(The Daily Mail)〉 249,254
〈라프레스 프랑세스(La press Francaise)〉 64,
 327
〈사이언스 뉴스(The Science News)〉 253
〈시사신보時事新報〉 83
〈엘 우니베르살〉 182
〈워싱턴포스트(WP)〉 277
〈프레시안〉 185
12개 기본입자 453
1차 산업혁명 35
1차 에너지 216,217,218
20세기 지성사의 랜드마크 23
21세기 과학 134
21세기 과학의 주체 61
21세기 과학혁명 23,46,50,60,77,85,99,101,
 102,109,112,120,129,157,204,328,329
21세기 과학혁명의 과제 56
21세기 문명의 표준 317,321
21세기 문화 코드 66
21세기 생명시대 327
21세기 세계경영의 주체 66,328
21세기 존재혁명 103
21세기 프로메테우스 203

21세기 환경·문화의 시대 293
25시 327
2차 산업혁명 35
2차 에너지 216,217,218
366사事 76
3국접경지역 288,292,293
3원리 139
3차 산업혁명 35,99,107,108,109
3차 핵실험 278
3C 105
4강强 구도 290
4개 매개입자 53
4대 비철금속 163
4대 핵심 기술 125
4원소 137,138,139
4원소설 138,140
4원소이론 139
4원인설(Four Causes) 36
4자 조인식 288,322
6각원환형六角圓丸形 87
6자회담 275,277,278
7~20㎛ 파장대 광파 96,222
8강령 76
9·11테러 127
95개조 반교황선언문 121
ASEAN 307
B&W(Babcock and Wilcox) 172
BIS(국제결제은행) 340
CE(Combustion Engineering) 172
DNA 90
DNA 구조 259
DNA의 나선형 구조 85
DNA의 이중나선 구조 81
DT 핵융합 반응 234
e시위대 341
EU 318
FTA(자유무역협정) 282
G2 시대 279
G20 305,314,333,335,340,341
G7 341
G8 341
GDP 299,341

GE(General Electric Company) 172
GTI(광역두만강개발계획) 289,319
IBRD(세계은행) 340
IMF 340,341
IPCC(기후변화에 관한 정부간 협의체) 103,104
IT 혁명 35
IT공동체 293
KSTAR(Korea Superconducting Tokamak Advanced Research) 235
M이론 53,112
MERCOSUR(남미공동시장) 318
NADH 90
NAFTA(북미자유무역지대) 307,318
NGO 282
ORAC 테스트 90,91
PCT(Product Consistency Test) 187
PMC(계획관리위원회) 319
PV=k(k는 상수) 140
RBMK형 원자로 174
SC 구조 모듈화 공법 200
TCA회로 90
TKR(한반도 종단철도) 291,295,296,320
TRADP(두만강지역개발계획) 289,290,319,320
TSR 전철화 274
TSR(시베리아 횡단철도) 290,291,295,296,320
UNESCO 340
UNWPC 290,292,294,297,298,299,318,322, 323,343
UNWPC 건립 287
UNWPC 본부 297
UNWPC 프로젝트 292,321
WHO 340
WTO 340
WTO 체제 272,282
WTO 체제의 등장 274
X선(뢴트겐선) 134,143,237
'건' 괘 84
'곤' 괘 84
'이' 괘 84
「장보고기념탑」 294
「저低환경비용 고高생산효율」 294
「최대보전 최소개발」 289

【용어편|도서논문|인명편】

갈릴레오 갈릴레이(Galileo Galilei) 37
게오르규(Constantin Virgil Gheorghiu) 327
게오르크 헤겔(Georg Wilhelm Friedrich Hegel) 68
게이츠(Bill Gates) 192
고스와미(Amit Goswami) 56
고종황제 83
곽분양郭汾陽 283
곽자의郭子儀 283
궁희 261
기무라 구니오(木村邦夫) 91
길딩(Paul Guilding) 250
김상기金庠基 285
김진섭 176
김진우 197
김항金恒 253

나이스빗(John Naisbitt) 312,317
네그리(Antonio Negri) 337
노린(Somsey Norindr) 322
노자老子 269
눌지왕訥祗王 71
뉴턴(Sir Isaac Newton) 24,25,29,38,42,45,139

다빈치(Leonardo da Vinci) 37
다이아몬드(Jared Diamond) 242
다카하시 이와오(高橋巖) 65
단군 261
데니(Owen N. Denny) 83
데모크리토스(Democritus) 137,139
데이토(Jim Dator) 311
데카르트(René Descartes) 38,121
도킨스(Richard Dawkins) 127
돌턴(John Dalton) 139,141,142
드미트리예프(Alexey Dmitriev) 246,247
드브로이(Louis Victor de Broglie) 143
디락(Paul Adrian Maurice Dirac) 27,147,148,149
디어(Peter Dear) 38

라부아지에(Antoine-Laurent Lavoisier) 24,26,140,213
라이샤워(Edwin O. Reischauer) 285
라플라스(Pierre Simon de Laplace) 38,42
러더퍼드(Ernest Rutherford) 142,143,144,145,149
러브록(James Lovelock) 52,103,104,106,192,243
러셀(Peter Russell) 269
레우키푸스(Leucippus) 137
레이스(Pīrī Reis) 32
록펠러 2세(John Davison Rockefeller,Jr) 290
롱(Walter Rong) 207
뢴트겐(Wilhelm Conrad Röntgen) 134,237
루스벨트(Franklin D. Roosevelt) 290
루터(Martin Luther) 38,120,121
리프킨(Jeremy Rifkin) 107,109,209,210,225,226,228,316,330

마굴리스(Lynn Margulis) 52
마투라나(Humberto Maturana) 52
맥케나(Terence McKenna) 268
머민(N.D. Mermin) 27
메르카토르(Gerardus Mercator) 32
멘델레예프(Dmitri Ivanovich Mendeleev) 94,135
모즐리(Henry Gwyn Jeffreys Moseley) 135
무바라크(Hosni Mubarak) 273
무주보살無住菩薩 46

바렐라(Francisco Varela) 52
박근혜 281
박영효朴泳孝 83
박제상朴堤上 71
박헌휘 187
발로(John Perry Barlow) 332
백범白凡 김구金九 66
버냉키(Ben Shalom Bernanke) 97
버스톡(Herbert A. Behrstock) 320,321
버터필드(Herbert Butterfield) 23
베르크(Augustin Berque) 101
베르톨레(Claude Louis Berthollet) 141
베른(Jules Verne) 212

찾아보기 · 409

베버(Max Weber) 61
베이컨(F. Bacon) 92
베이컨(F.T. Bacon) 214
베지로글루(T. N. Veziroglu) 214
보어((Niels Bohr) 27,110,145,146,147,149
보일(Robert Boyle) 38,139
보카치오(Giovanni Boccaccio) 120
보크리스(Jhon OM Bockris) 214
봄(David Bohm) 34,47,49,55
분양왕汾陽王 283
붓다 269
브라운(Yull Brown) 224
브레이든(Gregg Braden) 256,257,259
브로노우스키(Jacob Bronowski) 209
블라바츠키(Helena Petrovna Blavatsky) 45
비치코프(Alexander Bychkov) 236

살레(Ali Abdullah Saleh) 273
셰흐트만(Daniel Shechtman) 186
소강절邵康節 262,263
소디(Frederick Soddy) 143
소크라테스(Socrates) 136
솔란키(Sami Solanki) 244
수운水雲 최제우崔濟愚 264
숭산崇山 큰 스님 165
샤르댕(Teilhard de Chardin) 270,322
쉘드레이크(Rupert Sheldrake) 49
슈뢰딩거(Erwin Schrödinger) 43,147,148,149
슈만(O. S. Schumann) 258
슈타이너(Rudolf Steiner) 45,64,327
스페드(James Gustave Speth) 321,322
시진핑習近平 281
시코르스키(Igor Sikorsky) 213
신무왕神武王 287
신지神志 268

아낙사고라스(Anaxagoras) 137
아낙시만드로스(Anaximander) 137
아낙시메네스(Anaximenes) 137
아난(Kofi Annan) 322
아리스토텔레스(Aristotle) 24,25,28,36,37,48, 138,139

아베 신조(安倍晋三 Abe Shinjo) 178,199
아이겐(Manfred Eigen) 49,52
아이젠하워(Dwight D. Eisenhower) 171,172
아인슈타인(Albert Einstein) 27,32,42,43,53,110, 146,147,167,255,260,344
아퀴나스(Thomas Aquinas) 37
아탈리(Jacques Attali) 313,314,315,316,332, 334,339
안중근安重根 296
알리(Zine El Abidine Ben Ali) 273
얀츠(Erich Jantsch) 114
에버렛 3세(Hugh Everett III) 257
에사키 레오나(江崎玲於奈) 91
엔닌圓仁 284,285
엠페도클레스(Empedocles) 137
오마에 겐이치(大前研一) 276
오바마(Barack Obama) 277
욥(Job) 64
와다 하루키(和田春樹 Wada Haruki) 325
와트(James Watt) 206
왕인王仁 267
원효元曉 267
월러스틴(Immanuel Wallerstein) 318
윌러(J.A. Wheeler) 27
윌버(Ken Wilber) 27,124
윌슨(Edward O. Wilson) 124
유인씨有因氏 71
유카와 히데키(湯川秀樹 Yukawa Hideki) 93,149
윤희봉 86,151,186,190,195,200,221
이근대 180
이임회李臨淮 283
일부一夫 253

자각대사慈覺大師 285
장보고張保皐 268,282,283,284,285,286,287, 290,292,293,314,320
장순흥 198
장정욱 185
장회익 27
정연호 191
제우스(Zeus) 169
조로아스터(Zoroaster) 269

조지프(Lawrence E. Joseph) 243,249
졸리오(Jean Frédéric Joliot) 145
졸리오퀴리(Joliot-Curie) 145,172
진찬룽金燦榮 279

채드윅(Sir James Chadwick) 145,149
최경수 96
최남선崔南善 285
최태영崔泰永 284

카다피(Muammar Gaddafi) 273
카첸스타인(Peter Katzenstein) 308
카프라(Fritjof Capra) 57,106
캐번디시(Henry Cavendish) 213
케네디(Paul M. Kennedy) 65,66
케플러(Johannes Kepler) 37,38
켈리(Petra Kelly) 106
코넌트(James B. Conant) 24
코이레(Alexandre Koyré) 23
코체(Pieter Kotze) 245
코페르니쿠스(Nicolaus Copernicus) 24,37
쿤(Thomas Kuhn) 23,24,28,29,30,33,34,99
퀴리(Marie Curie) 145
크로스비(Alfred W. Crosby) 206,207,208
크세노파네스(Xenophanes) 137

타고르(Rabindranath Tagore) 63,166
탈레스(Thales) 136
토인비(Arnold Joseph Toynbee) 65
토플러(Alvin Toffler) 312,317
톰슨(Sir Joseph John Thomson) 142,149
트루먼 독트린(Truman Doctrine) 170

파라셀수스(Paracelsus) 139
파울리(Wolfgang Pauli) 146
페르미(Enrico Fermi) 145,149,172
페트라르카(Francesco Petrarca) 120
포퍼(Karl Raimund Popper) 31
폰노이만(John von Neumann) 27
풀러(Buckminster Fuller) 268
풀러(Steve Fuller) 31
프로메테우스(Prometheus) 169

프루스트(Joseph Louis Proust) 141,142
프리고진(Ilya Prigogine) 51,59
프리브램(Karl Pribram) 34
프톨레마이오스(Claudius Ptolemaeos) 37
플라톤(Plato) 102,138,269
플랑크(Max Planck) 30,43,49,146
피나에우스(Oronteus Finaeus) 32
피셔(Richard Fisher) 242
피타고라스(Pythagoras) 137,138

하버마스(Jügen Habermas) 335
하벨(Václav Havel) 251
하이데거(Martin Heidegger) 65
하이젠베르크(Werner Heisenberg) 43,147,148, 149
하켄(Hermann Haken) 52
하트(Michael Hardt) 337
하트만(Thom Hartmann) 106,205,206,209
해월海月 최시형崔時亨 55
햅굿(Charles H. Hapgood) 32
허버드(Barbara Marx Hubbard) 322
헤라클레이토스(Heraclitus) 137
현각玄覺 스님 165,166
호워드(Robert Howarth) 202
호킹(Stephen Hawking) 52
홀데인(John Burdon Sanderson Haldane) 213
화이트(John White) 323
화이트헤드(Alfred North Whitehead) 52
환웅 261
환인 261
환인씨桓因氏 70,71
황궁 261
황궁씨黃穹氏 71
후진타오胡錦濤 277,280

【용어편|도서논문|인명편】

『25시 Vingt-cinquième heure』 64
『3차 산업혁명 The Third Industrial Revolution』 107,317
『가이아의 복수 The Revenge of Gaia』 104
『강대국의 흥망 The Rise and Fall of the Great Powers』 65
『고대 해양왕의 지도』 32
『고사통故事通』 285
『과학과 인간의 미래 A Sense of the Future Essays in Natural Philosophy』 209
『과학적 자서전 Scientific Autobiography』 30
『과학혁명 Revolutionizing The Sciences』 38
『과학혁명의 구조 The Structure of Scientific Revolutions』 23,24
『근대 과학의 탄생 The Origins of Modern Science』 23
『금강삼매경론金剛三昧經論』 46
『네이처 Nature』 244,249
『다중 Multitude』 337
『대붕괴 The Great Disruption』 250
『동국사략東國史略』 283
『동국통감東國通鑑』 283
『동국통감제강東國通鑑提綱』 283
『동사강목東史綱目』 283
『동이전東夷傳』 283
『마이뜨리 우파니샤드 Maitri Upanishad』 80
『몽중노소문답가夢中老少問答歌』 264
『문명의 붕괴 Collapse』 242
『미래의 물결』 313
『바가바드 기타 The Bhagavad Gita』 116
『번천문집樊川文集』 283,286
『본각이품本覺利品』 46
『부도지符都誌』 71
『사이언스 Science』 255
『삼국사기』 283
『삼국유사』 283
『삼일신고(三一神誥, 敎化經)』 72
『설괘전說卦傳』 82
『소명으로서의 정치』 61
『속일본기續日本紀』 284
『속일본후기續日本後紀』 284
『수소경제 The Hydrogen Economy』 209
『신당서新唐書』 283,286
『신비의 섬 L'Île mystéieuse』 212
『신아틀란티스 The New Atlantis』 92
『신이라는 미망迷妄 The God Delusion』 127
『아시아 미래 대예측 Asia 2050: Realizing the Asian Century』 299,304
『아포칼립스 2012 Apocalypse 2012』 243
「안심가安心歌」 264
『알마게스트 Almagest』 37
『엔기시키延喜式』 284
『엔닌의 당唐 여행기 Ennin's Travels in T'ang China』 285
『역경易經』 82
「요한복음(John)」 50
『용담유사龍潭遺詞』 264
『우리 문명의 마지막 시간들 The Last Hours of Ancient Sunlight』
『위대한 설계 The Grand Design』 52
『일본기략日本紀略』 284
『일본삼대실록日本三代實錄』 284
『일본서기日本書紀』 284
『입당구법순례행기入唐求法巡禮行記』 284,286
『자연학 Physica』 24
「장보고·정년전張保皐·鄭年傳」 283
『접속의 시대 The Age of Access』 316
『정역正易』 253
『제국 Empire』 337
『존재와 시간 Sein und Zeit』 65
『진단학보震檀學報』 285
『참전계경(參佺戒經, 治化經)』 72,111
『천구의 회전에 관하여 De revolutionibus orbium coelestium』 37
『천부경(天符經, 造化經)』 49,72
『천지이기天地理氣』 55
『천체역학 celestial mechanics』 38
『코리아 찬가』 64
『탈민족국가시대 The Postnational Constellation』 335
『태양의 아이들 Chilren of the Sun』 206
『통섭 Consilience』 124

『통합과학백과사전 Encyclopedia of Unified Science』 23
『티마이오스 Timaeus』 138
『프린키피아 Principia』 24
『화학명명법 Méthode de nomenclature chimique』 140
『화학요론 Traité élémentaire de chimie』 140
『화학철학의 신체계 A New System of Chemical Philosophy』 142
『황극경세서黃極經世書』 263
『회의적 화학자 The Sceptical Chemist』 139

새로운 문명은 어떻게 만들어지는가

등 록 1994.7.1 제1-1071
초판 발행 2013년 9월 10일
3쇄 발행 2018년 2월 25일

지은이 최민자
펴낸이 박길수
편집인 소경희
편 집 조영준
디자인 이주향
관 리 위현정
펴낸곳 도서출판 모시는사람들
　　　　03147 서울시 종로구 삼일대로 457(경운동 수운회관) 1207호
전 화 02-735-7173, 02-737-7173 / 팩스 02-730-7173

인 쇄 (주)상지사P&B(031-955-3636)
배 본 문화유통북스(031-937-6100)
홈페이지 http://www.mosinsaram.com/

값은 뒤표지에 있습니다
ISBN 978-89-97472-50-5 93100

* 잘못된 책은 바꿔드립니다.
* 이 책의 전부 또는 일부 내용을 재사용하려면 사전에 저작권자와 도서출판
  모시는사람들의 동의를 받아야 합니다.

이 도서의 국립중앙도서관 출판예정도서목록(CIP)은 서지정보유통지원
시스템 홈페이지(http://seoji.nl.go.kr)와 국가자료공동목록시스템
(http://www.nl.go.kr/kolisnet)에서 이용하실 수 있습니다. (CIP제어번
호: CIP2013014822)